U0342609

高性能耐磨铜基材料开发与应用

Development and Applications of High Performance Copper Based Wear Resistant Materials

国秀花　周延军　宋克兴　著

北　京

冶 金 工 业 出 版 社

2022

内 容 提 要

本书共分为 8 章。首先分别系统介绍了耐磨铜合金设计、制备与加工，耐磨铜基复合材料设计、增强相选择、界面理论及控制，耐磨铜基粉末冶金材料设计与制备、成形和烧结技术；其次，针对不同类型耐磨铜基材料的摩擦学特性进行了详细论述；最后，对耐磨铜基材料的工程化应用和服役效能评估技术的研究进展进行了阐述。本书提出了耐磨铜基材料的设计原则，即包含载流摩擦条件下铜基耐磨材料的特征参量选择、最佳制备工艺及不同工况条件下铜基材料的配副选择等内容，以期为铜基材料在摩擦学领域的设计和应用提供相关理论依据和实际指导。

本书可作为铜基材料领域的工程技术人员、科研院所研究人员的参考用书，也可作为材料、机械类专业的高等院校师生的教学用书。

图书在版编目 (CIP) 数据

高性能耐磨铜基材料开发与应用/国秀花，周延军，宋克兴著. — 北京：冶金工业出版社，2020.6（2022.6 重印）

ISBN 978-7-5024-8608-2

Ⅰ.①高…　Ⅱ.①国…　②周…　③宋…　Ⅲ.①耐磨材料—铜基复合材料—研究　Ⅳ.①TB333.1

中国版本图书馆 CIP 数据核字（2020）第 140403 号

高性能耐磨铜基材料开发与应用

出版发行	冶金工业出版社	**电　话**	(010)64027926
地　址	北京市东城区嵩祝院北巷 39 号	**邮　编**	100009
网　址	www. mip1953. com	**电子信箱**	service@ mip1953. com

责任编辑　王　双　美术编辑　郑小利　版式设计　禹　蕊
责任校对　郑　娟　责任印制　李玉山

北京虎彩文化传播有限公司印刷

2020 年 6 月第 1 版，2022 年 6 月第 2 次印刷

787mm×1092mm　1/16；18.75 印张；450 千字；287 页

定价 128. 00 元

投稿电话　(010)64027932　投稿信箱　tougao@cnmip. com. cn
营销中心电话　(010)64044283
冶金工业出版社天猫旗舰店　yjgycbs. tmall. com
（本书如有印装质量问题，本社营销中心负责退换）

前　言

　　铜基材料是指以铜或铜合金为基体，通过合金化或复合强化等手段引入其他合金元素或增强相，从而获得具有较好的传导性能、力学性能和特殊服役性能的一类结构-功能一体化材料，包括铜合金、铜基复合材料和铜基粉末冶金材料等。铜基材料因具有优异的传导性能（导电/导热）和力学性能，在电子、机械、国防等领域具有广泛的应用。近年来，随着高速铁路、新能源汽车、5G通信等国家重点产业的迅猛发展，对铜基材料的综合性能提出更高的要求，特别在摩擦性能研究领域，要求铜基材料不仅具有良好的力学性能和传导性能，同时应具有优良的抗摩擦磨损性能。

　　本书作者长期进行铜基材料开发及其摩擦学应用相关研究工作，书中部分内容结合作者及课题组多年来承担和参与的重大项目研究成果，以铜基材料设计—制备—加工—服役性能评估—应用为主线，涵盖了国内外耐磨铜基材料最新研究结果和发展趋势，系统地介绍了耐磨铜基材料的全流程制备工艺以及服役性能评估，包括铜基材料设计、制备工艺调控、干摩擦与载流摩擦磨损特性、增强相特征参量与其服役性能的内在关联、工艺参数对铜基材料摩擦学性能的影响，以及耐磨铜基材料在航空、微电子、高压电器等特殊服役工况下的应用和摩擦学性能评估测试技术等内容。研究工作涉及多学科交叉，旨在为铜基材料在摩擦性能研究领域的设计和应用提供理论依据和借鉴。

　　本书由国秀花、周延军、宋克兴、宋晨飞和贺甜甜撰写。共分为8章，其中第3章和第5章由国秀花撰写；第2章由周延军撰写；第1章由宋克兴、周延军、国秀花共同撰写；第4章和第6章由贺甜甜撰写；第7章和第8章由宋晨飞撰写。全书由国秀花副教授统稿，宋克兴教授负责审稿，周延军博士和宋晨飞副教授校稿。同时，对数十年来与作者们一起工作的同事和研究生表示真诚的感谢。

　　本书中的研究工作得到国家自然科学基金（项目号：51605146、51775173、U1502274、U1804252）、国家重点研发计划课题（项目号：

2016YFB0301401、2017YFB0306403）、河南省杰出人才创新基金（项目号：182101510003）、河南省创新引领专项（项目号：191110210400）、河南省高等学校青年骨干教师培养计划项目（项目号：2018GGJS045）、中国博士后科学基金资助项目（项目号：2018M632769）、河南省创新型科技团队（项目号：C20150014）、河南省重点攻关项目（项目号：20174GJPT1）、河南省高等学校重点科研项目（项目号：19A430012）、清华大学摩擦学国家重点实验室开放基金资助项目（项目号：SKLTKF18B14）、河南科技大学青年学术带头人启动基金和博士科研启动基金等项目的资助。

　　本书出版得到河南科技大学、河南省有色金属材料科学与加工技术重点实验室、有色金属新材料与先进加工技术省部共建协同创新中心、高端轴承摩擦学技术与应用国家地方联合工程实验室、河南省有色金属材料国际联合实验室、冶金工业出版社的大力支持，在此一并表示感谢！

　　在本书编写过程中，引用了国内外许多学者的研究成果，作者在此表示感谢！同时，由于耐磨铜基材料研究为多学科交叉，涉及的知识面很宽，且作者的水平有限，对许多资料取舍和理解必然存在不妥和不足之处，敬请广大读者批评指正。

作　者

2020 年 5 月于河南科技大学

目　　录

1 绪 论

1.1 耐磨铜基材料概述

我国是世界铜材生产和消费第一大国，据中国有色金属加工工业协会统计，2019年我国铜加工材产量达1816万吨。铜基材料是指以铜或铜合金为基体，通过合金化或复合强化等手段引入其他合金元素或增强相，从而获得具有较好的传导性能、力学性能和特殊服役性能的一类结构-功能一体化材料，包括铜合金和铜基复合材料[1~4]。铜基材料因具有优异的传导性能（导电/导热）和力学性能，在航空航天、5G通信、高速铁路、电力装备、电子信息、新能源汽车、国防军工等国家重点产业和极端制造领域具有广泛的应用和潜在应用价值，对国民经济社会发展和国家战略安全保障起着重要作用。然而，目前在上述领域中，高性能铜基材料仍是制约我国重点领域发展和战略安全的"卡脖子"关键材料。

随着科学技术和现代工业的迅猛发展，特别是摩擦性能研究领域，对铜基材料的综合性能提出更高的要求，不但要具有良好的力学性能，更重要的是应具有优良的抗摩擦磨损性能、抗黏着性能、抗电弧烧蚀性能等。例如滑动轴承、轴套轴瓦等耐磨件对使用的铜基材料力学性能和摩擦磨损性能均有特殊要求：（1）耐磨性能。不仅铜基材料基体的耐磨性要好，且对配对材料的磨损也要小。（2）抗黏着性能。要求铜基材料具有良好的抗黏着性，即当油膜破裂后，摩擦面的局部直接接触处不会产生大量的热且无明显的金属黏着现象。由此发展起来的耐磨铜基材料，在保持优良传导性能（导电/导热）和力学性能的同时，还具有良好的耐磨减磨性能、抗黏着性能和抗电蚀性能，并已广泛应用于制造轨道交通、国防军工、机械、电力、造船等行业的各种轴瓦、衬套、内衬、轴承、蜗轮、蜗杆、齿条等关键耐磨零部件。表1-1所列为部分典型耐磨铜基材料的物理性能、力学性能和摩擦磨损性能。

表 1-1 典型耐磨铜基材料的性能一览表[5]

主 要 性 能		KK铝青铜	HJT-2铜合金	ZCuSn10Pb1锡青铜
物理性能	密度/g·cm^{-3}	7.5	7.7	8.76
	凝固温度/℃	1037	922	934
	比热容/J·(kg·K)$^{-1}$	0.419×10^3	0.376×10^3	0.96×10^3
	线膨胀系数/℃$^{-1}$	16×10^{-6}	17.8×10^{-6}	18.5×10^{-6}
	热导率/W·(m·℃)$^{-1}$	41.87	88	36.4
	电阻率（20~100℃）/Ω·m	12.5×10^{-8}	21.6×10^{-8}	21.3×10^{-8}
	线收缩率/%	2.3	1.8	1.44

主 要 性 能		KK 铝青铜	HJT-2 铜合金	ZCuSn10Pb1 锡青铜
力学性能	抗拉强度 σ_b/MPa	600~700	700~740	324
	屈服强度 σ_s/MPa	300~380	380~410	185
	伸长率/%	15~22	7~18	5~20
	布氏硬度 HB	140~175	155~175	90~130
	冲击韧性 α_k/J·cm^{-2}	40~50	40~50	11.7
	抗弯强度 σ_{bb}/MPa	925	830	590
	抗压强度 σ_{bc}/MPa	1050	850	587
	弹性模量 E/GPa	125~127	98	88~103
	泊松比 μ	0.327	0.344	0.299~0.330
	蜗轮许用接触应力 ($v \leqslant 12$m/s) σ_H/MPa	260（金属型）210（砂型）	220（金属型）185（砂型）	200（金属型）134（砂型）
	轴承许用压强 ($v \leqslant 12$m/s) σ_F/MPa	40	12	15
摩擦磨损性能	干摩擦系数	0.3101	0.3250	0.1577
	有润滑摩擦系数	0.0530	0.0575	0.1577
	磨损率/mm^3·(N·mm)$^{-1}$	0.3536×10^{-8}	0.7072×10^{-8}	2.7×10^{-8}
	润滑油温升/℃	48.3	75	79.2

近年来，随着我国电力、交通、通信等行业的快速发展，耐磨铜基材料摩擦副在轨道交通弓网系统、电磁轨道炮电枢/导轨系统、微电子及电器控制插接件等领域的服役条件日益苛刻，逐渐向高速、重载、交变温度、腐蚀性介质等苛刻化方向发展，由此导致的磨损、疲劳、断裂等已成为耐磨铜基材料损伤的主要形式[6~11]。同时，为满足实际工况使用要求，对耐磨铜基材料的使用性能评价向高品质长寿命等综合性能良好的全方位演变。例如，在高速铁路弓网系统中，受电弓滑板/接触线摩擦副的使用工况条件向高电压、大电流、高速滑动、随机变载荷、外部环境复杂多变等苛刻化方向发展，而对高速铁路导电接触不良的时间比率（离线率）则严格限制在 5% 以下[12,13]；在电磁轨道炮电枢/导轨系统中，电磁轨道炮发射初速高，驱动电流脉冲幅值可达数百千安甚至兆安量级，电枢/导轨界面上的摩擦、电弧等会导致导轨材料局部熔化和磨损，要求炮体导轨材料应满足高电导率、高耐磨性和高抗烧蚀能力[14,15]。因此，对于载流摩擦磨损用耐磨铜基材料的设计开发及制备加工方面的研究，已成为国内外高性能铜基材料研发领域学者关注和研究的热点之一。

1.2 耐磨铜基材料的分类及其制备方法

从摩擦学的观点来分析研究摩擦的具体工况（载荷、速度、温度、介质等），并根据使用条件的要求来确定摩擦副材料的选配。例如在农业机械、电力机械、矿山机械中许多机械零件直接与泥沙、矿石和灰渣接触，相对摩擦而产生不同形式的磨料磨损或冲击磨损，因此摩擦副材料有较高的耐磨性，应选用耐磨材料，以保证有一定的使用寿命。而对于各类轴承、蜗轮运动副、机床导轨、活塞油缸等，为了提高工作效率，保证精度，需要减少因相对摩擦而产生的能量损失和磨损，这就要求所选的摩擦副材料具有低的摩擦系数和较高的耐磨性，即应选用减摩材料。此外许多运输和工程机械如汽车、火车、飞机、起重机和提升机等，其安全可靠性非常重要，它们的制动摩擦副材料应具有高而稳定的摩擦系数（磨阻材料）和耐磨性。因此，摩擦材料按其使用要求和工况条件可分为三大类，即耐磨材料、减摩材料和磨阻材料。根据铜基材料中添加元素或增强相的方式可将耐磨铜基材料分为：合金类铜基材料和复合材料类铜基材料。

1.2.1 合金类铜基材料及其制备方法

合金类铜基材料是指在铜基体中添加一些合金元素，如 Zn、Sn、Ni、Be、Al、Fe、Mn 等元素，这些溶质原子溶入铜基体中会引起晶格畸变，从而阻碍位错运动，再加上采用一定的手段使组织和结构发生变化，从而提高合金强度和耐磨性能。采用合金化法强化铜合金的主要手段有：固溶强化、析出强化、细晶强化和形变强化，其本质都是通过阻碍位错运动实现强化[16~19]。

1.2.1.1 固溶强化

固溶强化是利用添加的合金元素（如 Zn、Sn 等）与铜基体在晶格常数、晶体类型等特征参量方面存在的差异，从而在基体中引起较大晶格畸变，提升基体强度。当溶质原子含量增加时，材料的屈服应力迅速上升，主要是因为一方面固溶原子通过柯氏气团钉扎位错，进而提高材料的强度，但另一方面也会增加对电子的散射作用而降低合金导电性[20,21]，单一的固溶强化已不作为制备高性能耐磨铜合金的研究重点。例如，Cu-Zn 系耐磨黄铜合金作为典型的固溶强化型铜合金，在 Cu-Zn 二元简单黄铜中加入 Al、Si、Mn、Fe、Sn、Ni、Pb 等元素使其成为复杂黄铜，利用固溶强化和颗粒强化的共同作用使复杂黄铜具有简单黄铜所不具备的高强度、高耐磨性及高耐冲击性。此时，产生固溶强化作用元素的选择及含量、颗粒强化作用元素的选择及含量、α 相与 β 相的相对含量等因素对于复杂黄铜合金综合性能的提升产生显著影响[22,23]。

1.2.1.2 时效析出强化

析出强化是在铜基体中加入固溶度随温度降低而明显减小的合金元素（Cr、Zr、Ag、Be、Co、Cd、Fe、P、Ti、Si 等），通过高温固溶处理形成过饱和 α 固溶体，而后通过时效处理使过饱和 α 固溶体分解，合金元素以形成单质强化相或化合物强化相的形式析出并均匀分布在铜基体中，析出相能有效阻止晶界和位错运动，从而大幅提高合金强度[24]。同时，相对于固溶在铜基体中溶质原子引起点阵畸变对电子的散射作用而言，铜基体中形成的纳米级析出相对电子的散射作用要弱得多，因而当合金元素以第二相形式析出造成材料力学性能大幅提高的同时，保持了较好的传导性能[18,19,25~27]。

析出强化添加的合金元素应具备以下条件[19,25]：高温和低温条件下在铜基体中的固溶度相差较大，高温时合金元素在铜基体中的极限固溶度较大，且固溶度随温度降低而急剧减小，以保证时效时能产生足够多的析出相；室温时元素在铜基体中的平衡固溶度极小，以保证铜基体较高的导电性。目前，时效析出强化已成为获得高性能铜合金的主要方法，形变强化和细晶强化常作为辅助手段，固溶处理的目的更多在于形成过饱和固溶体为后续时效析出强化做准备。

1.2.1.3　细晶强化

将通过细化晶粒以提高材料强度的方法称为细晶强化，金属通常是由许多晶粒组成的多晶体，一般情况下，多晶体强度及其晶粒尺寸之间符合 Hall-Petch 公式[28,29]：

$$\sigma = \sigma_0 + kd^{-\frac{1}{2}} \tag{1-1}$$

式中，σ 为屈服强度，MPa；σ_0 为单晶体屈服强度，MPa；d 为晶粒平均尺寸，mm；k 为常数，相邻晶粒位向差对位错运动的影响关系，与晶界结构有关。

由式（1-1）可知，晶粒尺寸大小直接影响到合金强度高低。实验表明，在常温下的细晶粒金属比粗晶粒金属有更高的强度、硬度、塑性和韧性。这是因为细晶粒受到外力发生塑性变形可分散在更多的晶粒内进行，塑性变形较均匀，应力集中较小；此外，晶粒越细，晶界面积越大，晶界越曲折，越不利于裂纹的扩展[30~32]。

1.2.1.4　形变强化

形变强化是通过对铜基材料进行塑性变形来提高材料的硬度和强度。由于冷加工产生的晶体缺陷对铜基材料的电导率影响不大，并且在回复或再结晶过程中能够部分或全部恢复，这种强化方法在提高材料强度的同时仍具有很高的电导率。但是，随着温度的升高，形变强化所产生的强化效果会因回复和再结晶作用而消失。因此，单一的形变强化手段很难使材料强度大幅度提高，经常与其他强化手段联合使用[33~35]。

合金化法是获得高性能耐磨铜合金的主要手段，技术较成熟，适宜于规模化生产。耐磨铜合金最常规的工艺路线是：熔铸→塑性成形→热处理。其中，熔炼和铸造环节包含的具体工艺见表 1-2，实际大规模生产最常用的熔铸工艺有大气熔炼+立式半连续铸造、大气熔炼+水平连铸、大气熔炼+上引连铸等。塑性成形环节主要包括：锻造（自由锻、模锻）、挤压（立式、卧式）、拉拔、轧制（热轧、冷轧）等，此外还有旋压、摆碾、楔横轧、辊锻、液态模锻工艺（重力铸造+模锻）等。热处理环节主要是固溶和时效，以及在此基础上延伸出来的形变热处理、轧制—时效复合热处理、多场耦合时效热处理（温度场+电流场、温度场+电磁场、温度场+应力场）、欠时效—冷轧—峰时效组合热处理、预时效—组合形变热处理等。

表 1-2　铜合金熔炼和铸造工艺分类

工序	所含具体工艺分类
熔炼	普通大气熔炼、气体保护熔炼、真空熔炼、电渣熔炼、感应熔炼、反射炉熔炼、电弧炉熔炼等
铸造	普通重力铸造、低压铸造、挤压铸造、离心铸造、半固态铸造、电磁铸造、悬浮铸造、立式半连续铸造、水平连铸、连续铸挤、连铸连轧

对于不同类型的耐磨铜合金，其制备方法略有不同。例如：耐磨黄铜合金、锡青铜合金主要是依靠固溶强化机制，不需要进行时效热处理；耐磨锡青铜合金由于含多元低熔点合金元素，偏析问题严重，其组织性能控制主要在熔铸和塑性成形工艺环节；耐磨铍青铜和铝青铜则属于典型的时效析出强化型铜合金，主要依靠固溶+时效热处理在铜基体中引

入细小且弥散分布的纳米第二相实现合金强化。

然而，目前单一合金化法制备的耐磨铜合金材料的强度一般低于600MPa，电导率一般低于85%IACS，同时由于在高温下金属将发生再结晶、第二相粗化和溶解、金属间化合物长大等问题，导致耐磨铜合金抗高温软化性能和抗电弧烧蚀性能有待进一步提高。因此，在耐磨铜合金材料设计和制备加工方面，越来越多地借助固溶强化、析出强化、细晶强化、形变强化，以及第二相颗粒强化等复合强化手段进行实现。

1.2.2 复合强化类铜基材料及其制备方法

复合强化是近年来制备高性能铜基材料的主要强化手段，这主要是由于复合强化法不但能发挥铜基体与增强相颗粒的协同作用，又具有很大的设计自由度，使铜基体的强度和导电性达到最佳匹配，而且增强相的作用还可以改善基体的室温及高温性能[1,2]。表1-3列出了目前铜基复合材料常用的增强相物理性能。这些增强相均兼具有高熔点、高的比强度和比模量，同时化学稳定性良好等特点。根据增强相的引入方式的不同，铜基复合材料的制备方法可分为外加法和原位合成法。

表1-3 颗粒/晶须增强铜基复合材料常用增强体的性能

增强相	密度 /$(g \cdot cm^{-3})$	熔点/℃	热导率 /$J \cdot (cm \cdot s \cdot K)^{-1}$	热膨胀系数 /℃$^{-1}$	弹性模量 /GPa
SiC_p	3.19	2970	0.168	4.63×10^{-6}	430
TiC	4.99	3433	0.172~0.311	$(7.4 \sim 8.8) \times 10^{-6}$	440
TiB	4.57	2473	—	8.6×10^{-6}	550
B_4C	2.51	2720	0.273~0.290	4.78×10^{-6}	445
TiB_2	4.52	3253	0.244~0.260	$(4.6 \sim 8.1) \times 10^{-6}$	500
ZrB_2	6.09	3373	0.231~0.244	5.68×10^{-6}	503
TiN	5.40	3290	—	9.3×10^{-6}	250
Al_2O_3	3.97	2323	0.024~0.087	8.3×10^{-6}	420
SiC_w	3.18	2700	—	5.0×10^{-6}	480.2
CNTs	1.8	—	—	—	1000
Al_2O_{3w}	3.96	2040	—	—	430
WC	15.63	2870	0.45~0.53	6.2×10^{-6}	722
AlN	3.05	2230	0.17	6.08×10^{-6}	340

1.2.2.1 外加法

外加法是指在铜基体中人为地加入高强度、热稳定性好的第二相，主要方法有粉末冶金法、机械合金化法、复合铸造法、复合电沉积法等[36~38]。

A 粉末冶金法

粉末冶金法是最早用来制造金属基复合材料的方法，是生产铜基复合材料中的摩擦材料、结构件和高导电材料的主要手段。其基本原理是固态金属粉末和增强材料在一定温度和压力下，金属在增强材料周围被迫扩散、流动，从而相互黏接在一起。常规的工艺是把一定比例的金属粉与纳米增强相颗粒粉末混合均匀、压制成型后进行烧结。

对于纳米增强相铜基复合材料而言，由于铜和增强颗粒的浸润性差，密度相差较大，采用液态法制备复合材料容易产生增强相的聚集，导致第二相分布不均匀等现象，粉末冶金法工艺较成熟，可以按所需比例将金属粉末和增强相颗粒混合均匀，解决了增强相的分布问题，制备的材料性能较好并且该工艺简单，易于控制。该方法的最大优点是增强相的含量可根据需要进行设计、增强颗粒的大小和形状均不受工艺限制。制备出的复合材料颗粒分布均匀、组织细密、可以进行机加工等优点。但复合材料界面容易受到污染，界面反应严重，从而限制了弥散强化铜基复合材料性能的提高。

B　机械合金化法

机械合金化法是通过将不同金属粉末和弥散强化相颗粒长时间在高能球磨机中研磨，使粉末达到纳米级水平的紧密结合状态，同时使增强相颗粒均匀地嵌入到金属颗粒中得到复合粉末，然后经过压制、成型、烧结、挤压等工序。近年来 MA 法已成功应用于研制和开发高强高导铜基材料，如 $Cu-Al_2O_3$、$Cu-TiC$、$Cu-ZrC$ 等。此法的缺点是得到的晶粒尺寸较大而且生产控制困难，所制得的复合粉末容易受到污染，制品性能难以进一步提高。

C　复合铸造法

复合铸造法是将增强相颗粒与铜基体一起熔化或者边搅拌基体熔体边加入增强相颗粒，然后再剧烈搅拌熔体至半固态，注入模型，冷却后得到铜基复合材料。由于该方法生产工艺简单，可以在一定程度上解决增强相的偏析问题，因此适合大规模工业化生产，有一定的发展优势。但是该方法在制备复合材料时，由于剧烈地搅拌，会卷入大量的气体，在铸造过程中无法排除，因而铸件中形成气孔，复合材料的性能下降。为了尽量排除材料在铸造过程中的气孔，可以采用真空铸造法，但增加了设备费用同时使工艺流程变复杂。所以铸造过程中熔体的除气是复合铸造方法的一大难点。

D　复合电沉积法

复合电沉积法是近 20 年来发展起来的制备弥散强化铜基复合材料的新方法。它是通过用电化学或化学方法将镀液中的不溶性非金属固体颗粒与基体金属或合金共沉积到阴极表面形成复合镀层，从而改善了材料的性能。在向复合镀液中添加弥散相颗粒之前，应先向颗粒中加入添加剂和适量的蒸馏水充分搅拌，以便打碎团聚的颗粒和脱去表面不溶物与杂质。所得复合镀层与单金属和合金相比，有较高的硬度以及更好的耐磨性等优点，复合电沉积法无须高温，制备工艺比较简单，成本低廉，成分可控性好。

E　化学镀铜包覆法

化学镀铜包覆法是对纳米颗粒进行化学镀铜，以 $CuSO_4$ 为镀液主盐，NaH_2PO_2 为还原剂，经过滤、冲洗、烘干制得包覆粉，然后与铜粉混合长时间在高能球磨机中研磨，经热压烧结成型。镀铜时采用超声波搅拌可破坏纳米颗粒的团聚，因此用包覆法提高了纳米颗粒与铜基体间的界面结合力，耐磨性与纯铜相比有所提高。

1.2.2.2 原位合成法

原位合成法是指通过铜基体中的化学元素与化合物之间的反应来获得增强相的制备方法。与外加法相比，该方法可以获得界面不受污染且更为细小的增强相，且增强相在铜基体中均匀分布。该类方法是制备高性能铜基复合材料的研究热点，主要包括：共沉淀法、反应喷射沉积法、溶胶-凝胶法和内氧化法等。

A 共沉淀法

共沉淀法是用硝酸铜和硫酸铝两种原料，配制成具有一定体积分数的氧化物当量值的水溶液，在20℃的条件下搅拌，同时添加一定浓度的氨水溶液，经沉淀过滤后再用冷水洗涤该沉积物，然后在110℃条件下烘干，同时引燃成氧化物，最后再进行选择性还原处理。用该方法制备的弥散强化铜基复合材料由于粉末受还原工艺和原料纯度的影响，所以烧结制品性能较低。

B 反应喷射沉积法

反应喷射沉积法制取 Al_2O_3 弥散强化铜基复合材料的流程为：首先利用含氧氮气作雾化气的同时氧化 Cu-Al 合金雾滴中的 Al，使之生成细小的 Al_2O_3 粒子，然后沉积得到一定体积的 Al_2O_3 弥散强化铜基复合材料，然后经热挤压成型。

由于合金液被气体分散成非常细小的液滴，因此反应迅速，生成的颗粒大部分是 Al_2O_3，颗粒度为 100~300nm，只有少量的 CuO 或 Cu_2O。反应喷射沉积法将金属的熔化、陶瓷增强颗粒的原位合成以及快速凝固工艺结合在一起，不仅保证了增强相颗粒与基体牢固结合，而且工艺相对简单、周期短，适合于工业化生产。但因 Al_2O_3 颗粒的生成是在液滴的运行过程中，导致生成 Al_2O_3 颗粒的时间、场所不可能是同步的，因此生成的 Al_2O_3 颗粒大小不同、分布不均；而且在实际生产中对氧含量的控制较难，因此该工艺目前尚未成熟。

C 溶胶—凝胶法

溶胶—凝胶法是用来制备玻璃、陶瓷等无机材料的一种工艺。以溶胶-凝胶法制取 Al_2O_3 弥散强化铜基复合材料为例，其工艺流程为：首先将氨水逐滴滴入剧烈搅拌的硝酸铝溶液中经反应后得到 $Al(OH)_3$ 溶胶，然后将纯铜粉缓慢加入溶胶，经搅拌、静置、过滤，最后得到铜与氢氧化铝湿凝胶的混合物。将混合物放入球磨机中进行湿粉球磨，在室温下干燥后，将其装入石墨模具中进行热压烧结，然后加压成型。此方法工艺过程容易控制，但生成的 Al_2O_3 颗粒尺寸仍然较大且很难进行大规模工业化生产，目前仍处于实验阶段。

D 内氧化法

内氧化是指在合金氧化过程中，氧溶解到合金相中，并在合金相中扩散，合金中较活泼的组元与氧发生反应，在合金内部原位生成氧化物颗粒，可以获得细小的、分布均匀的弥散相颗粒并能够精确控制增强相的数量。

内氧化法制备弥散强化铜基复合材料的典型应用是制备 Al_2O_3 弥散强化铜基复合材料，其工艺流程大致为：（1）铜铝合金粉末的制备：首先熔炼铜铝合金，然后采用雾化法制备铜铝合金粉末；（2）氧导入粉末：将制成的粉末与以 Cu_2O 为主的氧源混合；

（3）内氧化：把混合粉末加热并控制氧分压，Cu_2O 分解，生成的氧扩散到铜铝合金粉末中，由于铝的活性比铜高，因此合金中的铝被优先氧化成氧化铝；（4）氢气中还原多余的氧；（5）后续粉末冶金成型：将还原后的粉末采用等静压、烧结、挤压等粉末冶金手段制成所需要的型材。采用内氧化法制备的 Al_2O_3/Cu 复合材料综合性能优良尤其是高温性能突出，是目前商业化生产高性能弥散铜基复合材料的最佳方法。

1.3　耐磨铜基材料的研究趋势与展望

随着航空航天、5G 通信、轨道交通、电力装备、国防军工等国家重点领域的快速发展和技术水平的不断提高，铜基材料摩擦副在高温、高压、强电流等苛刻条件下必须同时保持良好的摩擦接触和电接触，对耐磨铜基材料的综合性能要求也越来越高，要求铜基材料不仅具有高强、高导、高耐磨，而且需要在高温下依然保持高的强度和优异的抗高温软化特性。因此，载流摩擦用耐磨铜基材料的开发具有前沿性，是高性能铜基材料研发水平的标志。

目前产业化应用较为广泛的耐磨铜基材料主要是耐磨铜合金（黄铜、锡青铜、铍青铜、铝青铜等）和颗粒增强铜基复合材料（Al_2O_3/Cu、SiO_2/Cu、SiC/Cu、TiB_2/Cu 等）。然而，单纯依靠合金化手段难以满足上述领域服役效能要求。例如，析出强化型铜合金在高温下（$\geqslant500℃$）析出相将发生粗化和回溶，合金力学性能急剧恶化。依靠复合强化手段引入高温稳定性良好增强相（陶瓷颗粒、晶须或纤维）制备的铜基复合材料，可以充分发挥增强相和铜基体的协同作用，而往往以牺牲传导性能为代价来提高铜基复合材料的强度、耐磨性等，虽然在一定程度上解决了高温软化问题（例如，Al_2O_3/Cu 复合材料软化温度超过 900℃），改善了耐磨性能，但随着增强颗粒体积分数的增加，其导电性能急剧降低，从而大大限制了铜基复合材料在电接触领域的应用和推广。

1.3.1　耐磨铜合金研究趋势与展望

耐磨铜合金主要有黄铜和青铜（如锡青铜、铍青铜、铝青铜和硅青铜等）两大类[3]。其中，黄铜中加入锡、铝、铅、锰、硅等元素，可以在保持其力学性能和工艺性能基本不变的前提下，显著提高合金的耐磨性和抗腐蚀性，在齿轮、轴套、轴瓦等耐磨件上应用较多[39]。而青铜中的锡青铜主要用于制造汽车及其他工业部门中的气缸活塞销衬套、副连杆衬套、轴承及轴承内衬、圆盘和垫圈等承受摩擦零件；铍青铜常作为高速、较高温度下轴承、精密齿轮等材料；铝青铜主要用作轴套、衬套、摇臂、轴承等高强度、高耐磨结构零件[40~43]。目前，各类耐磨铜合金的发展趋势与展望如下所述。

1.3.1.1　耐磨黄铜合金的研究趋势与展望

长期以来，人们致力于 α 单相黄铜和 α+β 双相黄铜的研究，而忽略了以 β 相为基的高锌复杂黄铜的研究[44]。随着人们对高锌黄铜的深入研究，发现在黄铜中加入少量的合金元素能够对合金基体起到明显的固溶强化作用，且各元素之间通过相互作用形成弥散分布的硬质耐磨相，在合金中起到颗粒弥散强化作用。除提高合金强度外，所添加的合金元素所形成的硬质耐磨相还能够提供良好的承载性能和高耐磨性。例如，针对一些部件特殊的性能要求，在现行普通黄铜的基础上添加 Al、Fe、Ni、Mn、Si 等元素形成特殊黄铜，可以明显提高普通黄铜的耐磨和耐蚀性能；近年来人们也开发出了一系列高性能耐磨青铜合金，如向锡青铜中添加 Pb 元素，向铝青铜中添加 Fe、Mn、Ni 等元素，可使合金的强度、耐磨性及抗蚀性等均有显著的提高[45~47]。

随着我国精密制造行业及汽车行业的迅猛发展，高强耐磨黄铜具有极其广阔的市场及发展前景，传统简单耐磨黄铜合金的性能已不能满足现代化工业生产的需求，研制开发高强高耐磨黄铜合金已势在必行。新型的高锌、高锰、高铝等高强耐磨复杂黄铜一直被人们关注着。其中，在简单黄铜中加入 Al、Si、Mn、Fe、Sn、Ti、Ni、Pb 等元素使其成为复杂黄铜，例如以 Al 为第三主元素的合金称为复杂铝黄铜，以 Mn 为第三主元素的合金称为复杂锰黄铜。此时复杂黄铜具有简单黄铜所不具备的高强度、高耐磨性及高耐冲击性，复杂黄铜的设计是根据工程材料对各项性能指标的要求进行的，利用的是固溶强化和颗粒强化使其具有高的强度和耐磨性。目前，高强高耐磨复杂黄铜合金已逐渐应用于各种要求高强度、高耐磨性的重载高速液压转子、轴承、汽车同步器齿环及各种精密高强耐磨锻压件等精密制造行业。同时国内该类合金的市场需求量仍在不断扩大，但高端仍依赖进口。新型高强高耐磨黄铜以低成本、高性能来代替传统的耐磨材料已成为目前研究的焦点。

新型高强高耐磨黄铜合金的技术含量要求高、附加值高，因此必须对该类新型合金的组织成分控制进行更深入的研究。新型高强高耐磨黄铜的合金设计包括材料成分设计、加工工艺设计以及热处理制度设计，前期研究结果显示，黄铜合金的耐磨性能与其硬度、α 相和 β 相的相对体积分数、合金元素的种类和含量等因素有关，同时选择合适的第二相作为硬质相也至关重要。近些年来，国内外十分重视对新型高强高耐磨黄铜及其摩擦学特性的研究。例如，东南大学的黄海波等人[48,49]研究发现，除了控制耐磨黄铜中的铝含量，采用合适的热处理工艺使组织中出现少量 α 相时，黄铜合金的耐磨性能可以得到进一步的改善。并发现耐磨黄铜进行 700℃ 高温淬火热处理时可以抑制颗粒相和 α 相的析出，使基体处于过饱和状态，从而提高合金的强度。湖北工业大学陈洪等人[50]采用原位复合先进工艺使 Mn_5Si_3 硬质相均匀分布基体中，硬质相形状呈短杆状，且与磨损面垂直定向分布，其耐磨性能显著提高。另有文献表明[51,52]，Fe_3Si 硬质相比 Mn_5Si_3 的硬度稍微要低，但耐磨性能优于 Mn_5Si_3，这是因 Fe_3Si 和 β′ 相具有相同的有序体心立方结构，能够形成共格界面，而 Mn_5Si_3 则是六方结构，和 β′ 相形成的是非共格界面，同时 Fe_3Si 和基体的结合性能要比 Mn_5Si_3 好。

因此，耐磨黄铜合金材料的未来发展方向是面向特殊服役工况条件下的多元复杂高强高耐磨黄铜合金材料开发，具体发展路径主要集中在以下 3 个方面：（1）研究不同工况下的磨损机理，针对不同工况，设计不同的 α 相和 β 相相对体积百分数；（2）加入变质元素控制组织、细化晶粒，提高材料的力学性能；（3）尝试加入不同的合金元素，以获得良好的基体组织和耐磨质点。

1.3.1.2 耐磨锡青铜合金的研究趋势与展望

作为典型耐磨铜合金之一的锡青铜合金具有良好的耐蚀性、减磨性、抗磁性和低温韧性，主要用于制作蒸汽锅炉、海船及其他机器设备的弹性元件和耐磨零件，如低压蒸汽管配件、泵体、叶轮、轴套、齿轮、蜗轮等。工业用锡青铜的锡含量一般在 3%~14% 之间，变形锡青铜的含锡量不超过 8%。随着工业用锡青铜合金（含 Sn3%~14%）中锡含量的增加，合金耐磨性能提高，但密度、塑性指标下降。对于锡含量大于 8% 的锡青铜合金，采用传统熔铸工艺制备的合金存在致密度低、缩松裂纹等缺陷较多、偏析严重等问题，同时由于锡含量较高，合金塑性极差，难以通过塑性成形工艺提高合金性能和组织。因此，寻求针对锡含量大于 8% 的高锡耐磨锡青铜合金的先进制备加工技术，同步改善其致密度和偏析状况，是耐磨锡青铜合金开发需要关注的主要问题。

目前，针对常规锡青铜合金的摩擦磨损特性和机理，国内外学者开展了系列研究，例如，S. Equey、Bekir Sadık Unlu 等人[53,54]研究了 CuSn10Pb10 轴承用锡青铜合金的摩擦磨损机制；B. K. Prasad 等人[55,56]研究了不同化学成分的含铅锡青铜合金干滑动摩擦磨损行为；宁丽萍、王静波等人[57,58]研究了采用粉末冶金工艺制备的锡青铜基自润滑复合材料的力学性能和摩擦磨损特性；Guo Xueping 等人[59]研究了 Cu-6% Sn 和 Cu-8% Sn（质量分数）两种锡青铜涂层的微观组织、显微硬度和干滑动摩擦磨损行为。

随着产品服役条件向高速、重载、交变温度、腐蚀性介质等苛刻化方向发展，对耐磨锡青铜合金的材料、性能和成形工艺提出了更高要求，同步改善锡青铜合金致密度与偏析状况，开发满足服役条件的高性能耐磨锡青铜合金材料已成为制约许多领域技术进步的瓶颈。因此，耐磨锡青铜合金未来发展方向主要是多元新型耐磨锡青铜材料设计和先进制备加工技术开发。

（1）多元新型耐磨锡青铜材料设计方面。这主要表现在：在二元锡青铜合金的基础上，加入 Zn、Ni、Pb、Bi、P 等合金元素，发展出一系列的锡锌青铜、锡磷青铜、锡锌铅青铜、锡锌铅镍青铜等多元锡青铜合金。例如，多国志、肖明等人[60]研制了德国 5A-200 型高速精密压力机上用新型锡青铜合金 G2CuSn12Pb；王强松等人[61]通过在 ZCuSn3Zn8Pb6Ni1 合金里添加 Fe 和 Co，开发了新型耐高压铸造锡青铜合金 ZCuSn3Zn8Pb6Ni1FeCo。河南科技大学研究人员[62]在传统二元耐磨锡青铜合金的基础上，通过添加 Ni、Pb 等元素，设计了新型 Cu-Sn-Ni-Pb 锡青铜合金，提出了基于 Sn 固溶强化+Ni 细晶强化+Pb 自润滑的耐磨锡青铜合金成分优化设计原则。其中，锡元素 Sn 有限固溶于铜基体实现固溶强化，并形成 δ 相（Cu31Sn8 金属间化合物）硬质点镶嵌于铜基体中，提高合金力学性能和耐磨性；铅元素 Pb 以单质相存在于铜基体中，含量（质量分数）不超过 5%，几乎不溶于 α 相，凝固后呈黑色颗粒状质点分布于枝晶之间（但分布不均匀），起到降低合金摩擦系数的自润滑作用；镍元素 Ni 无限固溶于铜基体，细化晶粒的同时改善 Pb 元素比重偏析，提高热稳定性和耐磨性。

（2）锡青铜先进制备加工技术开发方面。重点关注包套挤压、液态条件下直接挤压成形等工艺。例如，河南科技大学周延军[62]探索出了针对 8%～12% 锡含量（质量分数）的高锡耐磨 Cu-10Sn-4Ni-3Pb 锡青铜合金液态挤压成形制备方法，确定了其最佳制备工艺参数。新工艺改变了传统工艺中的大气条件下重力浇注工序，而是在浇注后当熔液尚处于液态或半固态状态下时通过施加瞬时、较大压力实现凝固成型，既提高了合金密度、强度等性能指标，又明显改善甚至消除了偏析，减少了缩松、裂纹等铸态缺陷，开发的耐磨 Cu-10Sn-4Ni-3Pb 锡青铜合金密度大于 8. 9g/cm³，有效控制了宏观成分偏析和微观枝晶偏析，解决了高锡耐磨铜合金采用传统熔铸工艺制备密度低、易产生偏析，而又难以进行塑性变形提高密度的关键技术难题。

1.3.1.3　耐磨铍青铜合金的研究趋势与展望

铍青铜（Cu-Be 系）作为典型时效析出强化型铜合金，具有高的强度和硬度、良好的导电性和导热性、优良的耐磨性、耐疲劳性、抗腐蚀性、抗黏着性以及冲击时不产生火花等性能特点，广泛应用于海洋工程、航空航天、电子电气、石油化工、日用五金等领域。同时，具有良好导电导热性能和抗热疲劳性能的铍青铜合金，也是非晶甩带辊环、连续铸轧辊套、5G 通信和航空航天用高可靠连接器接插件的首选材料[63,64]。其中，以连接器用铜合金为例，随着 5G 通信时代的到来，预计 2020 年连接器市场规模将突破 570 亿，所用铜合金材料市场规模可达 102 亿。同时，5G 通信用连接器向高精度、高可靠、小型化方向发展，电流由 4G 的 30~40A 增加到 60~80A，同时要求体积不增加，对接插件材料的选材提出了更高要求。上述应用领域要求接插件材料兼具优良的电学性能（导电）、热学性能（散热）、力学性能、高抗应力松弛性能和耐磨抗电蚀性能，以及夹持力稳定、插拔性能好、折弯性能好等结构特性[65,66]。因此，上述领域对铍青铜的应用带来了机遇，同时也对材料开发提出了新的挑战。

耐磨铍青铜合金的主强化元素 Be 含量（质量分数）范围为 0.2%~2.0%，同时添加 Co、Ni、Ti、Si 等元素作为第三或第四组元[67,68]。根据 Be 元素含量不同，铍青铜可分为高铍高强铍青铜（Be 含量（质量分数）1.6%~2.0%）和低铍高导铍青铜（Be 含量（质量分数）0.2%~0.6%）。目前，铍青铜的研究和应用主要集中在 Be 含量（质量分数）1.6%~2.0% 的高强铍青铜，强度硬度高，但导电导热性能差（电导率不大于 30%IACS，热导率不大于 130W·(m·K)$^{-1}$）。同时，由于 Be 元素及其氧化物有毒，污染环境，要求 Be 含量越低越好，降低 Be 含量会导致强度硬度大幅下降，而导电导热性能显著提高。因此，在铍青铜合金现行国际标准规定的铍含量范围内（质量分数 0.2%~2.0%），如何最大限度地降低铍含量，在保证一定力学性能的基础上，大幅提高合金导电/导热性能，开发出高强高导抗疲劳高耐磨的新型铍青铜合金材料，对于该合金在 5G 通信连接器、连续铸轧辊套等领域的应用具有重要意义。

纵观国内外铍青铜在热处理及强化相析出行为方面的研究现状，关于高强铍青铜合金研究的较多，而对于以高导电/导热性能为主的高导铍青铜合金（Be 含量（质量分数）0.2%~0.6%）的相关研究较少，尤其是基于高的热/电传导条件下的合金析出相演变规律、热力学性能以及电接触行为等方面研究鲜见报道。部分研究人员开展了低铍高导铍青铜方面的研究，例如：Gallo 等人[69]研究了低铍 Cu-Be-Co 合金（质量分数：Be 0.35%~0.6%，Co 0.15%~0.5%）室温到 650℃ 条件下的疲劳性能，采用应变能密度（SED）分析疲劳数据，发现带缺口试样对高温敏感度较低。Peng 等人[70]研究了低铍 Cu-0.34Be-2.04Ni 合金（C17510）经 525℃ 不同时间（0~16h）时效后的强度、电导率以及微观组织变化，发现该合金的峰值强度为 450.7MPa，电导率为 60%IACS，强化机制为 Orowan 绕过机制。Woodcraft 等人[71]研究了低铍 C17510 合金（质量分数：Be 0.2%~0.6%，Ni 1.4%~2.2%）低温条件下（<1K）的热导率，发现该合金热导率远远高于高强铍青铜。王志强等人[72]利用正交试验法，研究了时效工艺对低铍 Cu-Be-Ni-Zr-Sn（质量分数：Be 0.25%~0.55%，Ni 1.1%~1.35%）合金力学性能和电导率的影响。河南科技大学研究人员[73~78]以低铍高导 Cu-0.2Be-0.8Co 合金为研究对象，研究了时效温度（460℃、480℃、

500℃）和时效时间（30min、60min、120min、180min、240min、360min）对合金性能
（硬度、电导率）的影响规律，重点研究了不同时效工艺参数下析出相结构、形貌、大
小、数量、分布以及析出相与基体共格关系的演变规律，为时效工艺参数优化提供理论依
据；研究了 Cu-0.2Be-0.8Co 合金的热学性能、力学性能和耐电蚀性能，考察了析出相对
合金热导率、断裂行为和电接触行为的影响规律，为合金服役过程中的性能预测及失效控
制提供依据。

因此，耐磨铍青铜合金的未来研究和发展趋势主要集中在以下方面：（1）基于现有
Cu-Be 合金体系，在保持较低 Be 含量的基础上，通过多元微合金化手段，进一步研究
Co、Zr、Ni、RE 等添加元素对合金综合性能的协同作用机理；（2）通过后续形变时效、
多级时效等热处理工艺参数调整，有望在保持现有 Cu-0.2Be-0.8Co 合金的高导电导热性
能基础上，进一步提高合金的强度、硬度、韧性等性能，开发综合性能优良的铍青铜合
金。（3）进一步地，随着社会对环境指标要求的提高，铍青铜合金的未来长远发展趋势
是开发新型无铍铜合金，目前国内外部分研究单位已开展了相关研究工作，并开发了 Cu-
Ni-Sn、Cu-Ni-Mn 等无铍铜合金，硬度强度高，但电导率低（不大于 20%IACS），综合性
能仍无法与铍青铜合金媲美。因此，在无铍铜合金的设计开发方面仍需进一步开展深入的
研究工作。

1.3.1.4 耐磨铝青铜合金的研究趋势与展望

铝青铜是主要以 Cu、Al 元素为基的一类铜合金，为了改善某些性能，常在二元铝青
铜中添加 Fe、Mn、Ni 等元素形成多元铝青铜。铝青铜除了具有铜合金的一般性能外，其
主要特点是具有高强度、高塑性、高耐磨、高耐蚀等优良的综合性能。

铝青铜合金性能通常与元素的成分及含量有很大的关系，铝青铜合金的元素主要涉及
主元素（Fe、Al、Mn、Ni 等）和微量杂质元素（S、P、C、Zn 等）。其中，Ni、Fe、Mn
等元素固溶在铜基体中可以提高铜合金的耐磨性耐蚀性能；Sn、Al、Ti 等元素溶入基体
中，易氧化成致密的氧化物薄膜，对基体起保护作用；Y、La、Ce 等稀土元素，可以脱氧
除杂，明显改善合金的综合性能。同时，O、S、P、C、Zn 等微量杂质元素对合金性能也
产生影响。

合金元素成分对铝青铜组织与性能的影响一直是国内外学者的研究热点和趋势。例
如，兰州理工大学卢凯[79]研究发现，提高 Co 元素含量，可在对高铝青铜 Cu-14Al-X 合金
中合金基体组织中形成类梅花形的新相；Co 是有效促进 κ 相形成的元素，Co 元素的提高
使得 κ 相成分发生了变化，大部分的 Co 元素可以固溶在 κ 相中；由于合金中 κ 相硬质点
存在，形成了以硬相 β'+（α+β）为基体、镶嵌较多弥散分布 γ₂ 相和 κ 相硬质点的相结
构，合金硬度和耐磨性能提高。李元元等人[80]研究了自制的高强度耐磨铝青铜合金 KK
及其摩擦学特性。其结果表明，铝青铜中加入适量的 Pb，有利于改善其摩擦磨损性能，
但会降低其力学性能，须辅以变质处理；加入适量的 Ti 和 B 后，能明显细化合金组织并
提高合金的综合性能。在边界润滑条件下，新型铝青铜合金表现为较轻微的疲劳磨损，这
种磨损机制可以获得较佳的减摩和耐磨效果。辽宁工程技术大学王爱群[81]研究发现，铸
造铝青铜 ZCuAl9Mn2、ZCuAl9Fe4、ZCuAl9Mn2Pbl、ZCuAl9Fe4Pbl、ZCuAl9Mn6Fe4Zn2 铝
青铜微观组织均由 α+β+少量（α+γ₂）共析体组成，加入 Pb 元素可以改善铝青铜干摩擦

和有润滑摩擦的摩擦特性，降低摩擦系数和摩擦磨损量，但力学性能有所降低。河南科技大学研究人员[82~84]发现 Ti 元素可形成 Ni_3Ti 化合物提高合金力学性能，并改善耐冲刷腐蚀性能，试验范围内，Ti 元素的合理添加量（质量分数）为 0.5%。同时，通过添加不同质量分数的 Al 元素设计开发了 Cu-7Ni-xAl-1Fe-1Mn 合金（x = 0、1、3、5、7、9），系统研究了 Al 元素含量对合金力学性能（硬度、强度）和耐蚀性能（腐蚀速率和形貌）的影响规律，优化出试验范围内的 Al 元素的合理添加量（质量分数）为 3%。

首先，各添加元素对铝青铜合金的作用不能一概而论。例如，Fe 加入铝青铜可起到细化晶粒、减小"自发回火脆性"、提高力学性能的作用，但当 Fe 含量较高时，会以 Fe_3Al 金属间化合物形式析出，弱化合金性能；另外 Zn 元素的作用，部分研究认为 Zn 与基体金属固溶后，可提高金属塑性，而也有研究认为 Zn 为杂质元素。其次，对于杂质元素含量的要求现在无明确界定，例如，ASTMB148295 标准中对铝青铜合金的主要添加元素（Fe、Al、Ni、Mn）指定了限量，而对除 Si 和 Pb 以外其他杂质元素（Zn、Sn 等）的最大限量并没有界定。

因此，如何通过主元素成分优化设计，研究主元素对组织性能和服役效能的影响规律，同时如何精确控制杂质元素的含量，找到一个合适的上下限值，以及杂质元素含量如何影响材料性能，仍是未来高性能耐磨铝青铜材料设计开发过程中需要重点关注的问题。

1.3.2　耐磨铜基复合材料研究趋势与展望

研究表明[85~88]，陶瓷颗粒/晶须增强相不会在高温（>450℃）下向铜中固溶或聚集长大而降低传导性能和强度，避免了析出强化型铜合金在使用温度超过 450~500℃时，析出强化合金元素不断向铜基中固溶、或部分析出相聚集长大以及晶粒长大，致使铜合金的强度、传导性、耐磨性等性能大幅降低。目前铜基材料的增强相主要以颗粒和晶须的研究及应用最为广泛，但研究也多集中在对单一组元、单一尺寸、单一形貌及含量对性能的影响[11,36,38,89~94]，这种单一形式的增强铜基材料难以解决铜基材料强度与传导性、强度与塑性和韧性、强度与耐磨性等矛盾问题。因此，综合合金类铜基材料与复合材料类铜基材料的性能特点，将多组元、多尺度、多形貌复合增强（混杂增强）的设计理念引入到铜基材料中，利用各种增强相的特征参量协同增强铜基材料，以期得到综合性能优良的铜基材料，是满足现代社会和科技发展对耐磨铜基材料要求的发展方向。

传统混杂增强复合材料主要有颗粒/颗粒混杂、颗粒/晶须混杂、晶须/晶须混杂，而在混杂增强金属基复合材料方面的研究主要是钛基、铝基、镁基复合材料，而混杂增强铜基复合材料则主要集中在颗粒/颗粒不同尺寸、种类、含量之间混杂和颗粒/晶须混杂方面的研究。

1.3.2.1　颗粒/颗粒混杂

不同尺寸颗粒混杂主要是指纳米级颗粒与微米级颗粒的混杂增强铜基复合材料。纳米级颗粒弥散分布在铜基体及亚晶界处，阻碍位错及晶界的移动，提高临界形核半径，从而提高形变基体的再结晶抗力，改善铜基复合材料的高温软化抗力，表 1-4 所列为已公开发表的混杂增强铜基复合材料的力学性能和传导性能。此外，相关研究表明[95~99]，微米和纳米颗粒混杂增强铜基复合料与单一颗粒增强铜基复合材料相比，耐磨性能均有提升，这主要归因于不同尺度的颗粒协同保护铜基体材料，其中纳米颗粒强化铜基体和微米颗粒在摩擦磨损过程中起到主要承载作用，从而提高铜基复合材料的耐磨性能。张胜利等人[97]采用粉末冶金工艺制备了（2μm+50μm）TiB$_2$/Cu 复合材料，结果表明，与 2μm 单粒径 TiB$_2$/Cu 复合材料相比，电流 25A 条件下双粒径 TiB$_2$/Cu 复合材料的磨损率降低了 45.8%。同时，（2μm+50μm）TiB$_2$/Cu 复合材料具有更低的燃弧时间和燃弧能量，如图 1-1 所示。

表 1-4　混杂增强铜基复合材料性能参数[98]

材料名称（质量分数）	抗拉强度/MPa	电导率/%IACS	硬度 HV	热导率/W·m·k^{-1}
Cu	105.96	100	78.3	269.3
1.0% Al$_2$O$_3$-Cu	128.01	76.2	110.4	206.42
1.0% CNTs-Cu	160.61	81.2	110.8	249.26
（0.8% Al$_2$O$_3$+1.0% CNTs）-Cu	175.08	75	133.1	201.66
（1.0% Al$_2$O$_3$+0.8% CNTs）-Cu	165.9	71.9	125.3	200.81
0.25% Al$_2$O$_3$-Cu	—	63.8	162.5	—
（0.25% Al$_2$O$_3$+0.6% α-Al$_2$O$_3$）-Cu	—	58.1	169.0	—
0.5% Al$_2$O$_3$-Cu(体积分数)	452	93	125(HB)	—
20% SiC-Cu(体积分数)	123	70	88.9(HB)	250
（10% SiC+4% Gr）-Cu(体积分数)	—	75	72.9(HB)	273
（10% SiC+8% Gr）-Cu(体积分数)	—	75	68.8(HB)	—
1%（TiB$_2$+TiB）-Cu	—	86	69.5(HB)	—
3%（TiB$_2$+TiB）-Cu	—	67	100.2(HB)	—

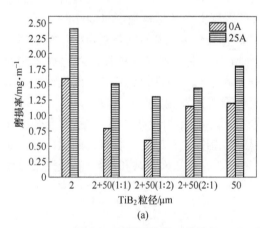
(a)

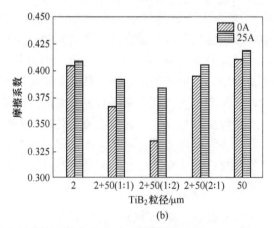
(b)

图 1-1　不同配比的双粒径 TiB$_2$/Cu 复合材料的磨损率（a）和摩擦系数（b）

不同种类颗粒混杂增强铜基复合材料，主要是利用耐磨硬质相（SiC$_p$、TiB$_{2p}$等颗粒）与减摩软质相（石墨（Gr）、MoS$_2$等颗粒）混杂为主。徐飞等人[100]研究了（SiC$_p$+Gr）混杂增强铜基复合材料的摩擦磨损性能，混杂增强铜基复合材料相对于单一增强，体磨损率降低 22% 以上。混杂增强相中 Gr 作为固体润滑剂，在摩擦磨损过程中 Gr 颗粒从磨损表面向摩擦表面转移，摩擦表面由 SiC 和 Gr 两种颗粒形成混合层，而混合层的存在减小了复合材料与对磨盘的直接接触面积，因此 Gr 在摩擦过程中可以起到自润滑减磨作用。湛永钟[101]研究了 SiC 和 Gr 混杂增强铜基复合材料的高温摩擦磨损特性研究，结果表明混杂增强铜基复合材料高温摩擦磨损率均低于 SiC/Cu 复合材料。主要有以下 3 方面的原因：(1) 由于混杂增强复合材料在高温摩擦磨损过程中摩擦面上形成了一层石墨保护层，在摩擦磨损过程中起了润滑作用；(2) SiC 颗粒的加入，改善了铜基体的抗高温软化性能，提高了铜基体的高温强度；(3)（SiC+Gr）混杂增强有效防止了黏着磨损，降低了磨损率。不同种类颗粒混杂增强铜基复合材料，耐磨硬质相在摩擦磨损中起到支撑和增强铜基体以及提高基体的抗高温软化能力，而减摩软质相则起到润滑作用。

不同含量配比的颗粒/颗粒混杂增强铜基复合材料对摩擦磨损性能有显著影响。周永欣等人[102]研究石墨含量对摩擦磨损性能的影响，制备了 SiC 颗粒含量（体积分数）为 10%，Gr 颗粒的体积分数为 0、2%、4%、6%、8%混杂增强铜基复合材料，并进行了摩擦磨损实验，其电导率、抗拉强度等性能指标未见报道。磨损率随着 Gr 含量的增加，铜基复合材料的磨损率先减小随后增大，主要由于摩擦表面 Gr 含量少，起不到固体润滑的作用，而随着 Gr 含量增加摩擦表面 SiC 颗粒含量相对减少，摩擦表面承载不足，则易磨损。因此在设计制备混杂增强铜基复合材料时，要充分考虑到混杂颗粒在基体上的作用，选择合适的含量配比，最大限度地发挥出混杂增强铜复合材料的性能。

1.3.2.2 颗粒/晶须混杂

晶须是以单晶形式生长成的一种纤维，其直径非常小（纳米或微米数量级），其原子排列高度有序，缺陷极少，因晶须的高度取向结构使其具有高强度、高模量和高伸长率，而用作复合材料的增强相，可以制造高强高韧复合材料。

金属基复合材料中常用的晶须主要 SiC_w、Al_2O_{3w}、碳纳米管（CNTs）、β-Si_3N_4 等晶须，而颗粒/晶须混杂增强钛基、铝基、镁基复合材料研究最多，而混杂增强铜基复合材料主要集中在 CNTs/颗粒混杂增强[103~107]。崔照雯[108]研究了碳纳米管/氧化铝颗粒协同增强铜基复合材料，混杂增强较单一颗粒或晶须增强，其强度和硬度均有较大幅提高。以上研究主要归因于以下几点：(1) CNTs 作为一维纳米纤维，轴向优异的抗拉强度和对位错的钉扎作用，能够分担大部分的平均应力，从而提高铜基复合材料的抗拉强度；(2) 颗粒分散在 CNTs 之间，有效提高其分布的均匀性并阻止 CNTs 的接触，同时减少 CNTs 的折断，改善 CNTs 的空间分布；(3) 同时，颗粒均匀弥散分布在基体上，细化晶粒，同时在变形过程中起到阻碍晶界的移动，对位错和 CNTs 起钉扎作用。颗粒和 CNTs 的混杂增强铜基复合材料综合性能较单一颗粒增强铜基复合材料有较大提高，但与理论强度和电导率相比还有一定差距，因此制备工艺是限制混杂增强性能提升的技术难题。

晶须引入基体虽然可以提高复合材料的强度和韧性，但也有不利的一方面，Philips[109]理论推导表明，晶须含量越高，基体内部的平均拉应力越大，则降低基体的负载能力，若晶须含量过高时，易造成在基体中分布不均、团聚等缺陷增多，不利于载荷的传递；含量过低，起不到增强增韧效果，因此复合材料的韧性随着晶须含量增加先增强随后降低。

颗粒/晶须混杂与颗粒/颗粒混杂增强相比，颗粒/晶须混杂增强复合材料在轴向上的抗拉强度和韧性更好，但是各向异性也限制了其使用范围，同时制备技术难度高，易造成晶须分布不均等微观组织缺陷。

综上所述，突破传统铜基材料的强化机制，发展新型铜基材料的强化方法和制备工艺技术是提高铜基材料综合性能的关键。目前新型混杂增强铜基材料已取得了一系列研究成果，力学性能和摩擦磨损性能都有一定的提高，但研究更多集中在外加法制备混杂增强铜基材料，其综合性能受到很大限制。而原位混杂增强铜基材料可以利用多组元物理特征参量和空间配置模式，充分发挥各组元的优点和耦合效应，协同增强铜基材料，但原位合成混杂增强铜基材料研究成果仅局限于现象观察，而制备出分布、形貌、成分比例可控的铜基材料等技术难题仍需要进一步的探索。

参 考 文 献

[1] 刘培兴，刘晓瑭，刘华鼐. 铜与铜合金加工手册 [M]. 北京：化学工业出版社，2008.

[2] 钟卫佳. 铜加工技术实用手册 [M]. 北京：冶金工业出版社，2007.

[3] 田荣璋，王祝堂. 铜合金及其加工手册 [M]. 长沙：中南大学出版社，2002.

[4] Yao Gongcheng, Cao Chezheng, Pan Shuaihang, et al. High-performance copper reinforced with dispersed nanoparticles [J]. Journal of Materials Science, 2019, 54 (5)：4423~4432.

[5] 刘平，田保红，赵冬梅，等. 铜合金功能材料 [M]. 北京：科学出版社，2004.

[6] Song Kexing, Xing Jiandong, Dong Qiming. Optimization of the processing parameters during internal oxidation of Cu-Al alloy powders using an artificial neural network [J]. Materials and Design, 2005, 26 (4)：337~341.

[7] Zhou Shijie, Zhao Bingjun, Zhao Zhen, et al. Application of lanthanum in high strength and high conductivity copper alloys [J]. Journal of Rare Earths, 2006, 24 (1)：385~388.

[8] Yasar I, Canakci A, Arslan F. The effect of brush spring pressure on the wear behaviour of copper-graphite brushes with electrical current [J]. Tribology International, 2007, 40 (9)：1381~1386.

[9] 薛群基. 中国摩擦学研究和应用的重要进展 [J]. 科技导报，2008，(23)：3.

[10] 上官宝，张永振，邢建东，等. 电流密度对铬青铜/黄铜载流配副表面温度和摩擦学特性的影响 [J]. 中国有色金属学报，2008，(7)：1237~1241.

[11] Song Kexing, Guo Xiuhua, Wang Yongpeng, et al. Wear behavior of Cr_2O_3/Cu composite under electrical sliding [J]. Advanced Materials Research, 2010, 97-101：861~866.

[12] 林修洲，朱昊，陈光雄. 高速电气化铁路弓/网系统的摩擦磨损研究进展 [J]. 润滑与密封，2007，32 (2)：180~183.

[13] 赵印军. 高速接触网悬挂类型的比较 [J]. 铁道标准设计，2003，(6)：66~68.

[14] 巨兰，张碧雄. 电磁轨道炮的炮体结构设计 [J]. 舰船科学技术，2011，33 (7)：94~98.

[15] 王刚华，谢龙，王强，等. 电磁轨道炮电磁力学分析 [J]. 火炮发射与控制学报，2011，(1)：69~76.

[16] 刘平. 高性能铜基合金的研究进展 [J]. 功能材料，2014，45 (7)：7016~7021.

[17] 周小中. Cu-Ni-Zn-Al 系新型高强导电弹性铜合金组织、性能及相关基础研究 [D]. 长沙：中南大学，2010.

[18] 戴姣燕. 高强导电铜合金制备及其相关基础研究 [D]. 长沙：中南大学，2009.

［19］ 陆德平. 高强高导电铜合金研究［D］. 上海：上海交通大学，2007.

［20］ Butt Mz, Feltham P. Solid-solution hardening［J］. Journal of Materials Science, 1993, 28：2557~2576.

［21］ Kocks Uf. Kinetics of solution hardening［J］. Metallurgical Transactions A, 1985, 16A：2109~2129.

［22］ 郭淑梅，王硕. 复杂黄铜的合金设计［J］. 云南冶金，1999，（5）：40~44.

［23］ 陈洪，邓雪莲，杨贤镛. 第二相对特种黄铜材料磨损性能的影响［J］. 湖北工业大学学报，2005，20（1）：30~34.

［24］ Wang Zhiqiang, Zhong Yunbo, Lei Zuosheng, et al. Microstructure and electrical conductivity of Cu-Cr-Zr alloy aged with dc electric current［J］. Journal of Alloys Compounds, 2009, 471（1~2）：172~175.

［25］ 苏娟华. 大规模集成电路用高强度高导电引线框架铜合金研究［D］. 西安：西北工业大学，2006.

［26］ Purcek G, Yanar H, Demirtas M, et al. Optimization of strength, ductility and electrical conductivity of Cu-Cr-Zr alloy by combining multi-route ECAP and aging［J］. Materials Science and Engineering A, 2016, 649（1）：114~122.

［27］ Chenna Krishna S, Sudarsana Rao G, Jha Abhay K, et al. Analysis of phases and their role in strengthening of Cu-Cr-Zr-Ti alloy［J］. Journal of Materials Engineering Performance, 2015, 24（6）：2341~2345.

［28］ Yu Huihui, Xin Yunchang, Wang Maoyin, et al. Hall-Petch relationship in Mg alloys：A review［J］. Journal of Materials Science & Technology, 2018, 34（2）：248~256.

［29］ 贾少伟，张郑，王文，等. 超细晶/纳米晶反 Hall-Petch 变形机制最新研究进展［J］. 材料导报，2015，29（23）：114~118.

［30］ 范晓嫚，徐流杰. 金属材料强化机理与模型综述［J］. 铸造技术，2017，38（12）：2796~2798.

［31］ Shen D P, Yang X, Tong W P. Strain-induced refinement and extension of solubility in Cu-1Cr-0.1Zr（%）alloy subjected to surface mechanical attrition treatment［J］. JOM, 2019, 71（11）：4153~4161.

［32］ 梁晓光. Cu-Zn 合金及 Cu-Al 合金强塑性行为机理的研究［D］. 昆明：昆明理工大学，2012.

［33］ Stephan Laube, Alexander Kauffmann, Friederike Ruebeling, et al. Solid solution strengthening and deformation behavior of single-phase Cu-base alloys under tribological load［J］. Acta Materialia, 2020, 185：300~308.

［34］ Wang Peng, Yin Tenghao, Qu Shaoxing. On the grain size dependent working hardening behaviors of severe plastic deformation processed metals［J］. Scripta Materialia, 2020, 178：171~175.

［35］ 王晨. 微合金化及 ECAP 变形对纯铜组织性能的影响［D］. 兰州：兰州理工大学，2018.

［36］ 国秀花，龙飞，周延军，等. 粉末冶金法制备氧化物颗粒增强 Cu 基复合材料［J］. 特种铸造及有色合金，2018，38（2）：205~209.

［37］ 国秀花. 颗粒特征参量对铜基复合材料载流摩擦磨损性能的影响［D］. 西安：西安理工大学，2015.

［38］ 郑翠华. 基于特征参量的弥散强化铜基复合材料制备及其性能研究［D］. 洛阳：河南科技大学，2012.

［39］ 刘金龙，刘洪涛，丁静倩. 黄铜/钢摩擦副接触面积对磨损的影响［J］. 摩擦学学报，2010，30（3）：279~284.

［40］ Equey S, Houriet A, Mischler S. Wear and frictional mechanisms of copper-based bearing alloys［J］. Wear, 2011, 273（1）：9~16.

［41］ Lebreton V, Pachoutinski D, Bienvenu Y. An investigation of microstructure and mechanical properties in Cu-Ti-Sn alloys rich in copper［J］. Materials Science and Engineering A, 2009, 508（1~2）：83~92.

［42］ Hayase T, Kajihara M. Kinetics of reactive diffusion between Cu-8.1Sn-0.3Ti alloy and Nb［J］. Materials Science and Engineering A, 2006, 433（1/2）：83~89.

［43］徐建林，陈超，喇培清．新型铸造铝青铜的润滑摩擦性能［J］.中国有色金属学报，2004，14（6）：917～921.

［44］陈一胜，傅政，朱志云，等．高强耐磨黄铜的研究现状［J］.有色金属科学与工程，2012，（5）：23～29.

［45］范舟，陈洪，王霞，等．微量硼对特殊黄铜组织和耐磨性能的影响［J］.机械工程材料，2006，30（6）：63～65.

［46］王吉会，姜晓霞，李曙，等．腐蚀磨损过程中材料的环境脆性［J］.材料研究学报，2003，17（5）：449～458.

［47］陈洪，邓雪莲，杨贤铺．第二相对特种黄铜材料磨损性能的影响［J］.湖北工业大学学报，2005，20（1）：30～34.

［48］黄海波，孙扬善．汽车同步环材料的研究［J］.汽车工程，1995，17（3）：187～192.

［49］孙扬善，黄海波，谭东伟，等．热处理对耐磨黄铜组织和性能的影响［J］.金属热处理，1993，（1）：27～32.

［50］陈洪．特种黄铜同步器齿环耐磨性能影响因素的研究［J］.理化检验：物理分册，2005，41（12）：604～607.

［51］孙扬善，黄海波．两种耐磨黄铜的组织和性能［J］.机械工程材料，1991，（1）：21～23.

［52］Rigney D A. Comments on the sliding wear of metals［J］. Tribology International, 1997, 30（5）：361～367.

［53］Equey S, Houriet A, Mischler S. Wear and frictional mechanisms of copper-based bearing alloys［J］. Wear, 2011, 273：9～16.

［54］Bekir Sadık Unlu, Enver Atik, Cevdet Meric. Effect of loading capacity（pressure-velocity）to tribological properties of CuSn10 bearings［J］. Materials and Design, 2007, 28（7）：2160～2165.

［55］Zeng Jun, Xu Jincheng, Wei Hua, et al. Wear performance of the lead free tin bronze matrix composite reinforced by short carbon fibers［J］. Applied Surface Science, 2009, 255（13～14）：6647～6651.

［56］Prasad B K. Sliding wear behaviour of bronzes under varying material composition, microstructure and test conditions［J］. Wear, 2004, 257：110～123.

［57］宁丽萍，王齐华．锡青铜梯度自润滑复合材料的摩擦性能［J］.摩擦学学报，2004，24（1）：74～78.

［58］王静波，吕晋军，宁莉萍，等．锡青铜基自润滑材料的摩擦学特性研究［J］.摩擦学学报，2001，21（2）：9～12.

［59］Guo Xueping, Zhang Ga, Li Wenya, et al. Investigation of the microstructure and tribological behavior of cold-sprayed tin-bronze-based composite coatings［J］. Applied Surface Science, 2009, 255（6）：3822～3828.

［60］多国志，肖明．新型锡青铜的研制和应用［J］.金属加工：热加工，2005，（9）：75～76.

［61］王强松，王自东，范明，等．新型耐高压铸造锡青铜的研制［J］.特种铸造及有色合金，2007，29（11）：1070～1074.

［62］周延军．高性能耐磨锡青铜合金及其先进制备加工技术研究［D］.洛阳：河南科技大学，2012.

［63］杨奋为．军用电连接器接触件的技术集成创新［J］.机电元件，2014，34（4）：31～37，41.

［64］杨奋为．高可靠电连接器接触件材料的联合创新研讨［J］.机电元件，2014，34（1）：40～48.

［65］Liao K C, Chang C C. Applications of damage models to durability investigations for electronic connectors［J］. Materials & Design, 2009, 30（1）：194～199.

［66］Martin Buggy, Colm Conlon. Material selection in the design of electrical connectors［J］. Journal of Materials Processing Technology, 2004, 153～154：213～218.

［67］ Knudson T. A qualitative overview of the use of beryllium, beryllium-containing alloys and beryllium oxide ceramic in electrical and electronic equipment (EEE) ［R］. Brush Wellman Inc, 2008：1~29.

［68］ 潘震. 铍铜替代用高性能铜基弹性合金的开发现状 ［J］. 材料开发与应用, 2014, 29 （2）：99~104.

［69］ Gallo P, Berto F, Lazzarin P, et al. High temperature fatigue tests of Cu-Be and 40CrMoV13.9 alloys ［J］. Procedia Materials Science, 2014, 3：27~32.

［70］ Peng L J, Xiong B Q, Xie G L, et al. Precipitation process and its effects on properties of aging Cu-Ni-Be alloy ［J］. Rare Metals, 2013, 32 （4）：332~337.

［71］ Woodcraft A, Sudiwala R V, Bhatia R S. The thermal conductivity of C17510 beryllium-copper alloy below 1K ［J］. Cryogenics, 2001, 41 （8）：603~606.

［72］ 王志强. 热处理对低铍铜力学性能及电导率影响的实验研究 ［D］. 长沙：中南大学, 2007.

［73］ 周延军. 低铍高导 Cu-0.2Be-0.8Co 合金组织性能演变规律 ［D］. 西安：西安交通大学, 2016.

［74］ Zhou Yanjun, Song Kexing, Xing Jiandong, et al. Precipitation behavior and properties of aged Cu-0.23Be-0.84Co alloy ［J］. Journal of Alloys and Compounds, 2016, （658）：920~930.

［75］ 朱科研, 李兆鑫, 王琳琳, 等. 时效时间对 Cu-Be-Ni 合金组织和性能的影响 ［J］. 材料热处理学报, 2019, 40 （10）：80~85.

［76］ Zhou Yanjun, Song Kexing, Mi Xujun, et al. Phase transformation kinetics of Cu-Co-Be-Zr alloy during aging treatment ［J］. Rare Metal Materials and Engineering, 2018, 47 （4）：1096~1099.

［77］ Zhou Yanjun, Song Kexing, Xing Jiandong. Mechanical properties and fracture behavior of Cu-Co-Be alloy after plastic deformation and heat treatment ［J］. Journal of Iron and Steel Research, International, 2016, 23 （9）：933~939.

［78］ Zhou Yanjun, Song Kexing, Xing Jiandong, et al. Arc erosion behavior of Cu-0.23Be-0.84Co alloy after heat treatment：An experimental study ［J］. Acta Metallurgica Sinica, 2016, 29 （4）：399~408.

［79］ 卢凯. Co 对高铝青铜组织及耐磨性能的影响 ［D］. 兰州：兰州理工大学, 2007.

［80］ 李元元, 夏伟. 高强度耐磨铝青铜合金及其摩擦学特性 ［J］. 中国有色金属学报, 1996, 6 （3）：76~80.

［81］ 王爱群. 铸造铝青铜的摩擦特性与机械性能 ［J］. 辽宁工程技术大学学报, 2000, 19 （1）：87~89.

［82］ 乔景振, 田保红, 宋克兴, 等. 含 Ti 镍铝青铜合金的人工海水冲蚀行为 ［J］. 金属热处理, 2018, 43 （5）：55~59.

［83］ 乔景振, 田保红, 张毅, 等. Ti 含量对耐蚀铜合金冲蚀性能的影响 ［J］. 材料热处理学报, 2018, 39 （5）：71~77.

［84］ Yang Ran, Wen Jiuba, Zhou Yanjun, et al. Effect of Al element on the microstructure and properties of Cu-Ni-Fe-Mn alloys ［J］. Materials, 2018, 11：1777.

［85］ Zhang Yi, Sun Huili, Volinsky Alex A, et al. Small Y addition effects on hot deformation behavior of Copper-matrix alloys ［J］. Advanced Engineering Materials, 2017, 19：1700197.

［86］ Jiang Yihui, Li Dan, Liang Shuhua, et al. Phase selection of titanium boride in copper matrix composites during solidification ［J］. Journal of Materials Science, 2017, 52 （5）：2957~2963.

［87］ Zhang Y, Volinsky A A, Tran H T, et al. Aging behavior and precipitates analysis of the Cu-Cr-Zr-Ce alloy ［J］. Materials Science and Engineering A-Structural Materials Properties Microstructure and Processing, 2016, 650：248~253.

［88］ Zhang Q L, Chen X H. Microstructure of interfaces in a Cu-15Cr-0.1Zr in situ composite ［J］. Superlattices and Microstructures, 2014, 75：54~62.

［89］ 李国辉, 刘勇, 国秀花, 等. TiB$_2$/Cu 复合材料的电弧侵蚀行为 ［J］. 复合材料学报, 2018, 35

　　　　　（3）：616~622.

［90］王庆福，张彦敏，国秀花，等．在铜镁合金表面制备 MgO/Cu 复合材料内氧化层的组织和性能
　　　　［J］．机械工程材料，2015，39（1）：58~62.

［91］Fathy A，El-Kady Omyma. Thermal expansion and thermal conductivity characteristics of Cu-Al₂O₃ nano-
　　　　composites［J］．Materials & Design，2013，46：355~359.

［92］Wang Xianhui，Liang Shuhua，Yang Ping，et al. Effect of Al₂O₃ particle size on vacuum breakdown behav-
　　　　ior of Al₂O₃/Cu composite［J］．Vacuum，2009，83（12）：1475~1480.

［93］Tian Baohong，Liu Ping，Song Kexing，et al. Microstructure and properties at elevated temperature of a
　　　　nano-Al₂O₃ particles dispersion-strengthened copper base composite［J］．Materials Science and
　　　　Engineering A，2006，435~436：705~710.

［94］Song Kexing，Xing Jiandong，Dong Qiming，et al. Internal oxidation of dilute Cu-Al alloy powers with oxi-
　　　　dant of Cu₂O［J］．Materials Science and Engineering A，2004，380（1~2）：117~122.

［95］Feng Jiang，Song Kexing，Liang Shuhua，et al. Electrical wear of TiB₂ particle-reinforced Cu and Cu-Cr
　　　　composites prepared by vacuum arc melting［J］．Vacuum，2020，175：109295.

［96］Fedorchenko A I. Influence of dry frictional heating on acceleration disruption in a railgun with a metal ar-
　　　　mature［J］．Engineering Failure Analysis，2020，109：104384.

［97］张胜利，国秀花，宋克兴，等．多粒径 TiB₂ 颗粒增强铜基复合材料制备与载流摩擦磨损的特性
　　　　［J］．复合材料学报，2019，36（10）：2348~2356.

［98］冯江，宋克兴，梁淑华，等．混杂增强铜基复合材料的设计与研究进展［J］．材料热处理学报，
　　　　2018，39（5）：1~9.

［99］陆东梅，杨瑞霞，王清周．掺杂纳米 SnO₂-Al₂O₃/Cu 新型电触头复合材料的制备及耐磨性能［J］．
　　　　复合材料学报，2016，33（12）：2815~2823.

［100］徐飞．SiC 和石墨混杂增强铜基复合材料的制备及磨损性能的研究［D］．西安：西安理工大
　　　　学，2014.

［101］湛永钟．铜基复合材料及其摩擦磨损行为的研究［D］．上海：上海交通大学，2003.

［102］周永欣，徐飞，吕振林，等．SiC 和石墨颗粒混杂增强铜基复合材料的摩擦磨损性能［J］．机械工
　　　　程材料，2015，39（2）：90~97.

［103］Zuo T，Li J，Gao Z，et al. Simultaneous improvement of electrical conductivity and mechanical property of
　　　　Cr doped Cu/CNTs composites［J］．Materials Today Communications，2020，23：100907.

［104］龙飞，贾淑果，国秀花，等．碳纳米管和 TiB₂ 混杂增强铜复合材料的电弧侵蚀行为［J］．复合材
　　　　料学报，2019，36（12）：2869~2877.

［105］Long F，Guo X，Song K，et al. Enhanced arc erosion resistance of TiB₂/Cu composites reinforced with the
　　　　carbon nanotube network structure［J］．Materials & Design，2019，183：108136.

［106］Akbarpour M R，Alipour S，Safarzadeh A，et al. Wear and friction behavior of self-lubricating hybrid Cu-
　　　　（SiC + x CNT）composites［J］．Composites Part B：Engineering，2019，158：92~101.

［107］李国辉．TiB₂ 颗粒和 CNTs 混杂增强铜基复合材料制备及其电接触行为研究［D］．洛阳：河南科
　　　　技大学，2018.

［108］崔照雯．碳纳米管、氧化铝颗粒协同增强铜基复合材料及表面涂层［D］．北京：北京科技大
　　　　学，2015.

［109］Philips J，Gerald D C. Fiber optic bearing monitor［J］．International Journal of Power Metallurgy and
　　　　Power Technology，1982，29（5）：43~50.

2 耐磨铜合金设计与制备

以铜为基体的耐磨铜合金（wear resistant copper alloy）主要有黄铜和青铜两大类，其中耐磨黄铜包括简单黄铜和多元复杂黄铜，耐磨青铜合金主要有锡青铜、铍青铜、铝青铜、铬青铜、硅青铜、铅青铜等，最早的耐磨铜合金是含锡、铅、锌和磷的锡青铜，包括ZCuSn5Zn5Pb5、ZCuSn3Zn8Pb6Ni1、ZCuSn10P1、ZCuSn10Zn2 等铸造锡青铜合金，QSn4-0.3、QSn6.5-0.1、QSn6.5-0.4、QSn7-0.2 等加工锡青铜合金，以及QSn4-4-4、QSn6-6-3-2 等铸造和加工两用锡青铜合金。参照 GB/T1176-2013《铸造铜及铜合金》，其他常见的铸造耐磨铜合金牌号主要有 ZCuPb10Sn10、ZPb17Sn4Zn4、ZCuAl8Mn13Fe3、ZCuAl10Fe3、ZCuAl10Fe3Mn2、ZCuAl9Mn2、ZCuZn38Mn2Pb2、ZCuZn40Pb2 等[1]；参照 GB/T 5231—2012《加工铜及铜合金牌号和化学成分》，典型加工耐磨铜合金牌号主要有 C48200、C48500、C90300、C90500、C90700、C17200、C95200、C95400、C95500、C95800、C83600、C92200、C92900、C93200、C93700 等[2]。

本章主要介绍了耐磨黄铜合金、耐磨锡青铜合金、耐磨铍青铜合金、耐磨铝青铜合金的性能特点、材料设计、制备加工、性能组织分析等方面的相关研究成果。

2.1 耐磨黄铜合金设计与制备

本节主要介绍多元复杂黄铜合金成分优化设计、熔铸制备工艺与组织性能、塑性变形工艺与组织性能、热处理工艺与组织性能等方面研究情况，重点介绍多道次拉拔工艺对黄铜合金组织性能的影响。

2.1.1 黄铜合金成分设计

黄铜是以锌作主要添加元素的铜合金，具有优良的力学性能、耐磨耐蚀性能、冷热加工性能，是应用最为广泛的耐磨铜合金材料之一。根据黄铜中所含合金元素种类的不同，可分为普通黄铜（简单黄铜）和特殊黄铜（复杂黄铜）两种。普通黄铜主要有铜、锌二元组成（即 Cu-Zn 二元合金），具有良好的导电导热、冷热加工性能、切削性能、耐磨性能和耐蚀性能，常被用于制造阀门、水管、空调内外机连接管和散热器等产品。普通黄铜的塑性随 Zn 元素含量的增加逐渐提高，含量（质量分数）至 20%~32% 时（出现 β 相之前）达最大值，但耐磨性、耐蚀性能较差。因此，通常在以锌为主的普通黄铜基础上添加其他组元（如铅、锡、锰、镍、铁、硅等）来改善其性能，形成高切削性能的铅黄铜，高强度的硅黄铜、锰黄铜和铁黄铜以及耐蚀的镍黄铜和铝黄铜等特殊黄铜。

影响耐磨黄铜合金性能的主要因素为合金成分、制备工艺和热处理工艺，研究结果显示：黄铜的耐磨性能与其硬度、α 相和 β 相的相对体积分数、合金元素的种类和含量等因素有关。A. Waheed 等人[3]研究指出，在一定的摩擦条件下，复杂黄铜由 β 相和集中在 β 相界大约 25% 的 α 相组成时，磨损量最小；H. Mindivan 等人[4]研究发现，当黄铜合金中 α 相的体积分数从 8.4% 增加到 23.0% 时，合金的硬度 HV 从 281 下降到 250，对不同的摩擦类型和摩擦表面，其耐磨性可提高 15%~80%。因此，在高强高耐磨黄铜合金成分设计阶段，主要从铜基体组织中的相结构调控和添加合金元素的优化设计两个方面进行考虑。

2.1.1.1　黄铜合金基体组织中的相结构调控

黄铜合金的力学性能、耐磨性能与其基体组织中的相结构密切相关，由其 Zn 含量和相结构决定。锌元素大量固溶于铜基体，在一定温度下，其固溶度（摩尔分数）最高可达 39%。随着锌含量的不同，冷却时经过一系列包晶反应，出现一系列的固溶体相。Cu-Zn 二元体系中存在的固溶体相有 α、β（β′）、γ、δ、ε、η 等六大类型，其相结构特征见表 2-1。

表 2-1　Cu-Zn 二元合金中的相结构特征[5]

Zn 元素含量（摩尔分数）/%	相名称	电子化合物		晶格类型
		分子式	价电子∶原子数	
0~38	α	—		面心立方
45~49	β	$Cu Zn$	3∶2	无序体心立方
	β′			有序体心立方
50~66	γ	$Cu_5 Zn_8$	21∶13	复杂立方
74.5~75.4	δ	$Cu Zn_3$	7∶4	有序体心立方
77~86	ε	$Cu Zn_3$	7∶4	密集六方
98~100	η	—		密集六方

（1）α 相。Zn 在 Cu 中的固溶体，具有面心立方晶格，其溶解度随温度下降而增加。随含 Zn 量的增加黄铜颜色由紫变黄，质软而塑性大。铸态下呈树枝状或针状偏析，枝晶轴部分含 Cu 量高，颜色发亮；枝晶间含 Zn 元素高，颜色发黑。退火后为带双晶的等轴 α 晶粒，呈多边形晶粒组织，晶粒大小与冷加工率及退火温度和时间有关。

（2）β 相。以 CuZn 电子化合物为基的固溶体，具有体心立方晶格。在 454~468℃ 之间产生无序转变和有序转变，即由无序的 β 相转变为有序的 β′ 相，呈灰黄色，强度和硬度比 α 相大，塑性比 α 相小，但比 α 相具有高的高温塑性。随着成分改变，在冷却过程中可能析出 α 相或 γ 相。β 相比 α 相容易被腐蚀，金相组织呈暗色，退火后可获得等轴晶粒，但无孪晶现象。

（3）γ 相。即以 $Cu_5 Zn_8$ 电子化合物为基的固溶体，具有复杂立方晶格。在 270℃ 温度下引起相转变，呈淡黄色，铸态时质硬而脆，γ 相的出现会使合金的力学性能变差，在传统黄铜中作为不利相予以避免。近年来，科研工作者通过变质处理来改变 γ 相的形态、尺寸及分布，合金的综合性能可得到明显改善。

（4）α 相和 β 相的相对含量。为了保证合金既要具有一定的强度、硬度使之耐磨损，还要保证其具有足够的塑性和韧性以利用加工成型和承受冲击载荷，这就对合金中 α 相与 β 相的相对含量有一定要求。

α 单相黄铜具有良好的塑性，可进行冷热加工。（α+β）双相黄铜和 β 单相黄铜热轧均需加热到 β 相区的温度下进行，究其原因，在此温度下将发生有序无序化转变，导致易溶杂质在此温度下由晶界向晶内转移，进而该成分黄铜的高温塑性得以提高。一般情况下，该成分黄铜的热加工温度范围应不低于600℃。

α单相黄铜抗拉强度和伸长率随着含Zn量的增加而增加，当达到α相的极限成分时，其塑性达到最高。当组织中出现β相时，黄铜的塑性开始下降，其抗拉强度快速增加，当β相和α相的量相等时，抗拉强度达到最高。在室温下γ相为硬脆质点相，合金硬度迅速提高，强度和塑性急剧下降。因此，合金中要求存在一定量的α相以保证合金一定的塑性，同时，少量α相能够有效地改善合金的耐磨性能，因为α相是沿β相的晶界析出，在磨损过程中，磨损表面产生微裂纹，当裂纹进一步扩展时，微裂纹产生的应力会沿着α相的分布进行扩散，从而降低裂纹扩展的速度。

当合金中除Cu、Zn、Al以外其他元素不变的情况下，α相与β相摩尔分数分别为66%和33%时，其抗拉强度550MPa、伸长率为8.0%、布氏硬度HB为146；当α相与β相摩尔分数分别为27%和62%时，抗拉强度为760MPa、伸长率为7.0%、布氏硬度HB为179。由此可见，β相的相对含量高，合金抗拉强度及硬度均高。高强耐磨黄铜合金中，理想的基体组织为一定量的β'相和少数α相。

一般为了降低材料成本，尽可能使Zn含量高些，为了避免产生较多的γ相而使材料的韧性降低，在设计合金时Zn含量应有一个控制的上限。目前，工业上应用的黄铜主要以α单相黄铜和（α+β）两相黄铜为主，其成分中Zn含量（摩尔分数）一般不超过50%，Zn含量（摩尔分数）在46%~50%之间为单一的β相，当Zn含量（摩尔分数）高于50%时，黄铜铸态组织中将会出现硬且脆的γ相，严重影响黄铜合金的综合性能。

2.1.1.2 添加合金元素的优化设计

复杂黄铜的合金设计包括材料成分设计、加工工艺设计以及热处理制度设计。其中，在简单黄铜中加入Al、Si、Mn、Fe、Sn、Ti、Ni、Pb等元素使其成为复杂黄铜，例如以Al为第三主元素的合金称为复杂铝黄铜，以Mn为第三主元素的合金称为复杂锰黄铜。此时复杂黄铜具有简单黄铜所不具备的高强度、高耐磨性及高耐冲击性，复杂黄铜的设计是根据工程材料对各项性能指标的要求进行的，利用的是固溶强化和颗粒强化使其具有高的强度和耐磨性。

产生固溶强化作用元素的选择及含量、颗粒强化作用元素的选择及含量、α相与β相的相对含量等因素对于复杂黄铜合金综合性能的提升产生显著影响。在Cu-Zn二元合金中加入其他元素，大多添加元素固溶于α相和β相中，铜合金基体组织并不会发生根本性的变化，只是与增加锌时的情况一样，改变了α相与β相的相对含量，而其各种性能与单纯增加锌时会有较大不同。但合金元素的加入量超过一定限度时，也会产生新相，但多半以独立的小质点分布在α相和β相之中。

复杂黄铜的合金组织可根据Cu-Zn二元合金中加入元素的"锌当量系数"来推算，具体各添加元素所对应的锌当量系数见表2-2。

表2-2 Cu-Zn二元合金中添加元素的理论锌当量系数[5,6]

添加元素	Si	Al	Sn	Mg	Pb	P	Fe	Mn	Ni
锌当量系数	10	6	2	2	1	1	0.9	0.5	-1.3

　　添加的合金元素根据自身的锌当量系数不同，调节合金基体 α 相和 β 相的含量，同时各种合金元素之间通过相互作用，在铜基体上形成高熔点的硬质耐磨相，从而提高合金的耐磨性能。硬质耐磨相作为第二相在高温下几乎不与基体组织中 Cu、Zn 发生任何反应，具有良好的高温稳定性，能够在黄铜中形成耐磨相的合金元素有：Fe、Al、Si、Mn、Ni、Ti、Co 等，它们之间可以形成 $FeAl_3$、Mn_5Si_3、Fe_3Si、$Ni\text{-}Ti$、$Co\text{-}Ni\text{-}Fe\text{-}Si$、$Co_2Si$ 等硬质耐磨相，硬质相的类型、数量、形态及分布规律对合金的耐磨性能有着显著影响。黄铜合金中常见耐磨相的显微硬度值见表 2-3[6]。因此，硬质耐磨相的自身硬脆性、形貌、分布等特征参量和铜基体成分、组织形貌、基体相含量之间比例，共同决定着合金的综合性能。在高强耐磨复杂黄铜设计过程中，必须择优选择硬度高、稳定性好以及与基体结合良好的耐磨相。

表 2-3　黄铜合金中常见耐磨相的显微硬度[6]

耐磨相	$FeAl_3$	Mn_5Si_3	Fe_3Si	Co-Ni-Fe-Si	Cr-Si
质量比	6 : 2.1	3.2 : 1	6 : 1	—	—
显微硬度 HV	400	700	600	600	500

　　添加的各合金元素对 Cu-Zn 二元黄铜合金组织和性能的影响如下：

　　（1）Si 元素作用。Si 元素的锌当量系数为 10，可以使 Cu-Zn 二元合金平衡相图的 β 相区大大左移，缩小 α 相区，因此加入少量的 Si 元素就能提高合金的强度和硬度。Si 在合金中与 Fe、Mn 等元素共存时可生成 Fe_3Si、Mn_5Si_3 等金属间化合物，可显著改善合金的耐磨性。Si 元素含量的最佳添加范围（质量分数）为 0.1% ~ 2.0%。当 Si 含量（质量分数）不足 0.1%，形成的硬质相很少，对合金的强化效果不显著；当 Si 含量（质量分数）大于 2.0% 时，会使合金脆化。

　　（2）Al 元素作用。Al 元素的锌当量系数为 6，为强化母相的有效元素。Al 的原子半径为 0.143nm，大于 Cu 原子半径（0.128nm）和 Zn 原子半径（0.137nm）。Al 元素溶入 Cu-Zn 合金中以置换原子的形式存在，当 Al 原子置换了晶格中的 Cu 原子或 Zn 原子后，使晶体固有应力场的周期性在局部发生变化，会引起晶体弹性应力场发生改变。当合金在外力作用下通过运动位错产生形变时，弹性应力场与运动位错发生交互作用，增加了合金的变形阻力，从宏观上来看就提高了合金的强度。同时，Al 元素的添加可以使 Cu-Zn 二元合金平衡相图的 β 相区左移，缩小 α 相及（α+β）相区，大大地提高 β 相的稳定性，促使黄铜合金组织中出现（β+γ）两相，还可对 α 相和 β 相的相对比率产生很大影响。因此，加入少量的 Al 元素能提高强度和硬度，而降低其塑性。通常对 Al 元素含量的控制为不出现或少量出现 γ 相为宜，当 Al 含量（质量分数）超过 8%，合金的热加工性能会降低。

　　（3）Mn 元素作用。Mn 元素在 Cu-Zn 二元合金中的溶解度（质量分数）较大，室温下可达 4%，但在复杂黄铜中由于受其他元素的影响，其溶解度有所下降。Mn 元素的锌当量系数是 0.5，故对黄铜的基体组织无太大影响，但 Mn 是黄铜的重要强化元素，能稳定含铝黄铜中的 β 相，减少铝促使 γ 相析出的作用，因此可以在较小降低塑性的情况下提高铝黄铜的强度和硬度。加入质量分数为 2% ~ 3% 的 Mn 元素对提高合金的强度和硬度效果明显。Mn 和 Si 都是高强耐磨黄铜中的重要元素，当加入量（质量分数）Mn：Si =

(3~4)∶1（%）时，Mn 可与 Si 结合，生成六方结构的 Mn_5Si_3 硬质耐磨相，提高合金的耐磨性。当 Mn 含量（质量分数）大于 4% 时，合金塑性和韧性均有下降。陈一胜等人[6]研究了 Cu58Mn7.7Si1Zn33.3 多元复杂黄铜合金的微观组织，合金的组织为基体 α 相+少量 β 相+硬质耐磨相。

（4）Fe 元素作用。Fe 元素在黄铜中的溶解度（质量分数）极小，室温条件下只有 0.1%~2%，超过溶解度的 Fe 以富铁相微粒析出，并首先从合金液相中析出成为晶核，细化铸锭晶粒，还可提高合金再结晶温度，抑制退火时再结晶晶粒长大，提高合金强度。Fe 和 Mn、Si 或 Al 同时加入效果更好，合金中会形成以 Fe_3Si 为主的富铁相颗粒，并且随着 Fe 含量的增加，富铁相颗粒的形态由粒状向块状再向条状发生演变。一般认为细化黄铜组织所需要的最低 Fe 含量（质量分数）为 0.7%~1%，最高添加量（质量分数）为 3%。

（5）其他添加元素的作用。其他元素主要包括：

1）Ni 元素主要提高合金的耐蚀性与韧性。Ni 和 Al 结合可生成球状的 Ni_3Al，产生显著的沉淀硬化效应，但 Ni 元素具有抑制 β 相析出的作用。

2）Sn 元素能少量溶于 α 相及（α+β）相黄铜中，起抑制脱锌的作用，能提高材料的抗蚀能力，改善耐磨性，但 Sn 元素可导致铸锭的反偏析。

3）Pb 元素在黄铜中不固溶，以单质相存在，具有减磨作用，同时可改善切削性能。

4）B 元素可使黄铜晶粒明显细化、α 相数量增加、分布均匀、形态圆整，在磨损过程中有利于释放裂纹形核和扩展的应力。同时，B 元素能促使特殊黄铜中 Mn_5Si_3 硬质颗粒增多、细小、分布均匀，并充分固溶于 α 相。B 元素还能使黄铜在磨损区表层形成致密的氧化物，减轻黏着磨损，从而提高耐磨性[7]。

长期以来，人们致力于 α 单相黄铜和（α+β）双相黄铜的研究，而忽略了以 β 相为基的高锌复杂黄铜的研究。随着对高锌黄铜的深入研究，人们发现在黄铜中加入少量的合金元素能够对合金基体起到明显的固溶强化作用，且各元素之间通过相互作用形成弥散分布的硬质耐磨相，在合金中起到颗粒弥散强化作用。除提高合金强度外，所添加的合金元素所形成的硬质耐磨相还能够提供良好的承载性能和高耐磨性。因此，在进行高强耐磨复杂黄铜合金材料设计时，必须综合考虑相结构调控和添加元素的因素。在添加微量合金元素形成耐磨相的过程中，必须严格按照其所形成的耐磨相的原子比例进行，在保证能够充分形成所需数量耐磨相的同时，应尽量减少其在合金中的残留量，从而避免影响合金基体的组织性能，尤其是锌当量系数大的元素（Al、Si）和一些在合金中固溶度很高的元素（Mn）。

2.1.2 熔铸制备工艺与组织性能

对于多元复杂黄铜的熔铸，由于添加的合金元素种类较多，且各元素的锌当量系数、熔点、化学反应特性、烧损量等各不相同，使得黄铜合金的熔铸需从配料、合金元素添加顺序、熔炼过程熔体净化、铸造方式选择及工艺控制等多方面进行综合考虑。

2.1.2.1 熔炼过程控制

配料工序根据添加的合金元素种类选择添加纯金属（如电解铜、纯铝、电解锌等）或者中间合金（Cu-Mn 中间合金、Cu-Fe 中间合金等），所有配料添加前必须进行表面除油除锈等预处理。在加料环节，需根据合金元素的熔炼特点选择合适的添加时机和方式（见表2-4）。

表 2-4　黄铜合金中合金元素的熔炼特点及添加方式

合金元素	熔炼特点及添加方式
Al	熔点低，在熔体表面可形成保护膜，溶解时释放大量热，添加同时需加入降温料以防止熔体过热
Mn	易造渣，添加锌及旧料之前随铜一起加入，升温熔化，加入后依靠扩散溶解于铜中
Fe	熔点高、易氧化，需在较高温度下熔化，加入后依靠扩散溶解于铜中
Ni、Co	熔炼时性能稳定、烧损极小，容易控制，添加锌及旧料之前随铜一起加入，升温熔化
Si	易于熔化、烧损较少，随铜一起加入熔化
Cr	熔点高，高温下易氧化，不溶于铜。必须在严格覆盖保护下，升温至1300℃以上高温快速熔化。建议采用中间合金方式加入，以降低合金熔炼温度，精确控制成分

由于 Zn 元素和 Al 元素熔点低（分别为419.5℃和660.4℃），因此极易被氧化。当合金熔液温度较高时，加入的 Zn、Al 元素极易被氧化燃烧掉，可采用待 Mn、Fe 溶解后加入冷料（电解铜或废旧料）进行降温，再加入 Zn、Al 的方式生产。由于 Al 和 Zn 在 Cu 中的固溶度较大，很容易溶解于铜中，可保证合金的化学成分。微合金元素（Sn、稀土等）一般在最后一道工序加入，并升温至喷火出炉。

熔炼过程需选用合适的覆盖剂和精炼剂，以对熔体进行保护和净化。一般选择煅烧木炭作为覆盖剂，覆盖层厚度应在50mm以上，可以隔绝熔体与大气的接触，降低合金烧损程度；为了净化合金熔体，在出炉前加入冰晶石、硼砂、苏打等精炼剂对合金熔体进行精炼。同时，由于硬质耐磨相的熔点非常高，往往在液相中已经形核，在合金凝固过程中会起到变质细化的作用，尤其是在加入少量的 Fe、B、P、稀土的情况下，变质细化晶粒效果更加明显。

2.1.2.2　铸造过程控制

黄铜的凝固范围窄，流动性好，晶内偏析较小，但易产生集中缩孔现象。尤其对于多元复杂黄铜合金的连续铸造相对比较困难，在采用水平连铸工艺生产时，由于铜水的自重会对液穴形态、散热方向和凝固时的体积收缩产生影响，铸锭上部出现"月牙状"空隙，使铸锭上部散热条件变差，导致铸锭结晶中心上移，易形成锭坯上下截面组织不均匀，同时锌蒸气在结晶器内易渗入石墨套内，使铸锭表面产生横裂和结疤，影响铸锭质量[8,9]。

同时，对于多元复杂铝黄铜，合金在400℃时将出现 α+β′+γ 相共存区。如果冷却速度过快，合金中的 γ 相来不及分解而保留到室温，由于 γ 相脆性大、硬度高，合金的硬度升高、塑性和韧性降低，将影响到下一步的塑性加工工序。另外，由于冷却速度过大，表面快速凝固收缩，易造成铸锭表面纵裂和内应力过高等缺陷。因此，建议采用缓慢冷却工序。

2.1.3　塑性变形工艺与组织性能

晶粒度是影响黄铜力学性能和服役效能的一个重要指标。晶粒度大小与合金热加工、冷加工等塑性变形程度，以及后续的热处理密切相关。

对于热加工而言，热加工及其随后的冷却制度是调整黄铜合金基体 β′相、α相比例的重要工艺措施。热加工温度必须保证黄铜合金基体在高温下处于单相 β 相组织，其后的冷却速度决定了 α 相的析出数量及形态。在相变温度以下，α 相首先在 β 相晶界处呈针状析出，而且具有明显的方向性，此时合金基体所含 α 相较少，具有良好的力学性能；在较高温度停留时间过长会导致 α 相在晶内大量析出、粗化，逐渐失去其方向性，导致合金硬度急剧下降。因此，热加工温度尽量选择偏下限，增加冷却强度，减少合金冷却时在相变温度以下的停留时间。

对于冷加工而言，黄铜合金冷加工后长期存放或在低于再结晶温度退火时，通常会出现异常硬化现象，而且晶粒越细，低温退火硬化也越显著；含有较多 β 相的黄铜合金进行较大变形量的冷加工时易开裂，因此一般只能进行热加工；如黄铜合金基体组织中出现较多 γ 相，则黄铜合金进行塑性变形比较困难。

Cu-Zn 合金的冷态加工性能和成分、组织有关。单相 Cu-Zn 合金具有很高的室温塑性，两次退火之间的加工率可达 70% 或 90%（线材）；双相 Cu-Zn 合金易于加工硬化，且随着第二相的增加，塑性剧烈下降，冷加工时要严格控制加工率，防止材料表面开裂。在工业生产中单相 Cu-Zn 合金两次退火之间的加工率一般控制在 65%；双相 Cu-Zn 合金一般控制在 55%，为进一步改善产品质量，一般采取多道次低加工率法（多道次拉拔法）生产。王青等人[10,11]针对 Cu-38Zn 双相合金，通过较小的平均应变，在不经过中间退火条件下进行大应变多道次拉拔，研究了 Cu-38Zn 合金线材在大应变多道次拉拔条件下的组织和性能。

如图 2-1 所示，当初始直径为 7.0mm 时，Cu-38Zn 合金线材不同平均应变下抗拉强度随应变的变化趋势。从图中可以看出，Cu-38Zn 抗拉强度随应变的增加而增加，且增加速度逐渐下降。当平均应变为 0.05 时，合金未变形时抗拉强度为 352MPa；当拉拔最大应变为 4.9 时，抗拉强度为 994MPa，整个变形过程中强度上升了 182%。Cu-38Zn 合金线材伸长率随应变的增加先急剧减小后缓慢减小，未变形时伸长率为 54%，当应变增加为 4.9 时，伸长率接近 0。

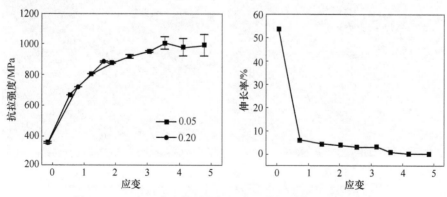

图 2-1　Cu-38Zn 合金线材抗拉强度和伸长率随应变变化曲线

Kim 等人[12]研究了等通道转角挤压 Cu-38Zn 合金的组织和性能，Cu-38Zn 合金经 3 次挤压后抗拉强度达 730MPa；Liu[13]对 Cu-38Zn 合金采用等径侧向挤压进行大变形量变形，挤压道次达到 200 次，相对应变 80，晶粒大小达到 100~200nm，挤压次数为 20 时抗拉强度近 800MPa；Peng 等人[14]采用反复模压变形成形 Cu-38Zn 合金，经反复变形 8 次抗拉强度 502MPa。一般工业生产用变形 Cu-38Zn 合金抗拉强度低于 800MPa。通过多道次小应变拉拔变形 Cu-38Zn 合金线材至应变 4.9，抗拉强度比目前已报道的变形 Cu-38Zn 合金强度高 200MPa。

　　通过图 2-2 所示的断口形貌可以看出，未变形时，Cu-38Zn 合金断口形貌表现为：在整个断裂区存在着大量的等轴韧窝，韧窝形态、大小不一，大多数细小韧窝中间分布少量直径较大、孔洞较深的韧窝，韧窝通过撕裂棱相互联结起来，这表明基体有良好的塑性变形能力，因而断口表现出韧性断裂的特征。当应变增大至 4.9 时，断口形貌发生显著变化，断面呈比较平整的平面，且平面与拉拔方向夹角约 45°，同时在断口面存在细小浅显的晶界纹路，表现出明显的剪切断裂特征。Cu-38Zn 合金伸长率与断口形貌密切相关。断口形貌由韧窝断裂向剪切断裂是断面收缩率随应变增加而减小的主要原因。进一步地，合金断口形貌变化受微观组织中第二相影响，Cu-38Zn 合金 β 相尺寸随应变增加逐渐减小，β 相作为硬脆相降低材料的伸长率，β 相尺寸和形态发生改变，分布也更加密集均匀，阻碍基体内位错运动和滑移带的滑移，降低材料塑性。

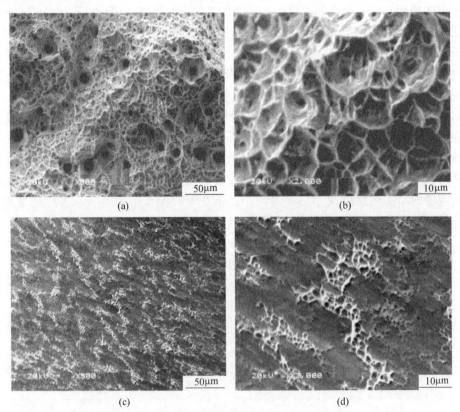

图 2-2　Cu-38Zn 合金线材不同应变下的拉伸断口形貌
(a)，(b) $\varepsilon=0$；(c)，(d) $\varepsilon=4.9$

　　图 2-3 所示为初始直径 7.0mm、平均应变 0.05 时，Cu-38Zn 合金线材拉拔过程中不同应变下的横截面金相组织。从图中可以看出，Cu-38Zn 合金经 650℃×2h 退火+450℃×1h 固溶处理后组织为两相组织（见图 2-3（a））。基体相为 α 相等轴晶组织，平均晶粒大

小约 $40\mu m$；第二相为 β 相，分布在基体各晶粒的晶界处，β 相形态大部分为颗粒状，尺寸大小 $5\sim10\mu m$，少量 β 相形态为长条状，这是因为第二相沿晶界析出的结果。在拉拔变形过程中，随应变的增大，第二相发生明显的变化，当应变从 0 增大至 1.4 时，第二相被拉长，变成长条形，同时发生弯曲，第二相密度增大。随着应变的增加，第二相尺寸和间距逐渐变小，当应变为 4.9 时，在低倍金相照片中无法观察到清晰的第二相形态。

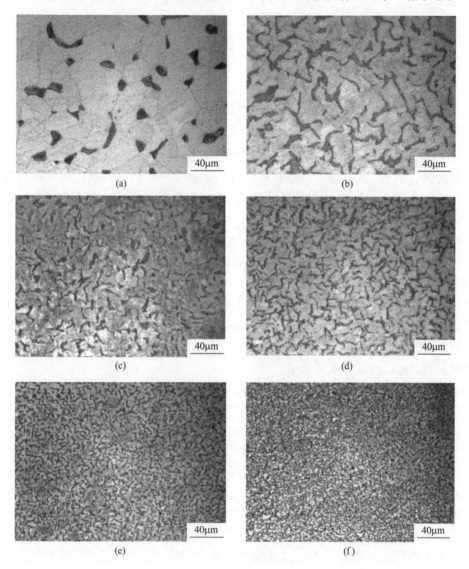

图 2-3 Cu-38Zn 合金线材不同应变下的横截面 SEM 组织

（a）$\varepsilon=0$；（b）$\varepsilon=1.4$；（c）$\varepsilon=2.0$；（d）$\varepsilon=2.6$；（e）$\varepsilon=3.6$；（f）$\varepsilon=4.9$

通过对应变 4.9 时 Cu-38Zn 合金线材横截面和纵截面 SEM 图的观察，如图 2-4 所示，可以看出，第二相组织由原来的微米级变为纳米级，第二相在横截面方向的形状变为条带状，在纵截面被拉长成为细长的带状组织，带状组织相互平行且方向与拉拔方向一致。

在变形过程中，Cu-38Zn 合金第二相体积分数有增加趋势。通过对 Cu-38Zn 合金进行 XRD 分析，根据基体和第二相的衍射峰，从中选取最强的三强峰，通过计算其积分

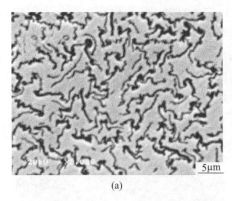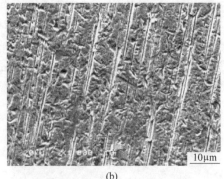

（a）　　　　　　　　　　　　　（b）

图 2-4　应变为 4.9 时 Cu-38Zn 合金 SEM 图

（a）横截面；（b）纵截面

强度，计算了基体和第二相的体积分数，计算结果表明：Cu-38Zn 合金在变形前第二相体积分数较低，约为 7%；当拉拔变形开始后，随着应变的增加，第二相体积分数急剧增加，当应变为 2.0 时，第二相体积分数为 26%；随着应变进一步增加，第二相体积分数变化不大。

从表 2-5 中可以看出，Cu-Zn 合金中 Zn 在铜基体中的溶解度随温度的降低而降低。Cu-38Zn 合金经 450℃保温，Zn 基本溶解在铜基体中，当合金经过快速水淬冷却后，Zn 由于来不及析出，在铜基体中形成了过饱和固溶体，此时，第二相体积分数较低。当进行拉拔变形时，Cu-38Zn 合金由于形变热的产生温度急剧升高，此时过饱和固溶体中的 Zn 析出形成第二相，变形越剧烈，产生的形变热越多，温升越大，导致合金中 Zn 的析出越充分。第二相的析出往往集中在晶界或者伴随已有的第二相发生长大，所以当基体晶体发生细化时，第二相尺寸随之发生细化。

表 2-5　不同温度下 Zn 在铜基体中的溶解度

温度/℃	540	400	250	167	20
溶解度（质量分数）/%	39.0	36.0	35.2	33.4	28.4

通过对合金经不同应变后的第二相厚度（t）和间距（d）进行计算，绘制了其与拉拔应变之间的关系曲线，并对曲线进行拟合，如图 2-5 所示。进一步对 Cu-38Zn 合金变形过程中抗拉强度（σ）与第二相厚度（t）和间距（d）的变化绘制曲线，如图 2-6 所示。可以看出，随着拉拔变形过程中第二相厚度和间距的减小，抗拉强度逐渐升高。抗拉强度与第二相厚度和间距呈线性关系，当抗拉强度为 994MPa 时，第二相厚度和间距分别为 0.4μm 和 2.8μm。Cu-38Zn 合金极限抗拉强度为 1040MPa，说明合金经拉拔变形至应变为 4.9 时，材料强度达到极限值。

对拉拔变形过程中不同应变条件下 Cu-38Zn 合金进行了透射电镜观察，获得的不同应变时的 TEM 组织分别如图 2-7 和图 2-8 所示。图 2-7 所示为初始直径 7.0mm，平均应变 0.05 时 Cu-38Zn 合金线材不同应变下的纵截面 TEM 组织。从图中可以看出，Cu-38Zn 合金拉拔变形过程中基体在拉拔方向被拉长，随应变增加，晶粒逐渐细化，当应变为 4.9 时，基体中细长的条带状组织平均厚度约为 30nm。

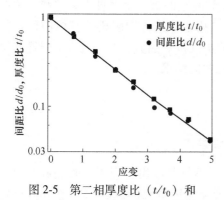

图 2-5 第二相厚度比（t/t_0）和
间距比（d/d_0）与应变关系

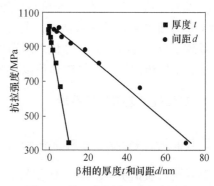

图 2-6 第二相厚度 t 和间距 d 与
抗拉强度的关系

由于 Cu-38Zn 合金基体相层错能较低，在拉拔变形过程中容易发生孪生变形。从图 2-8 所示的 Cu-38Zn 合金 TEM 照片可以看出，合金基体在变形过程中形成了大量的孪晶组织。当应变为 1.4 时，孪晶方向与拉拔方向大约成 45°夹角，随着应变的增加，孪晶方向与拉拔方向的夹角逐渐减小；当应变为 4.9 时，孪晶方向与拉拔方向基本一致。Cu-38Zn 合金经大应变拉拔，组织发生剧烈塑性变形，形成的孪晶宽度小于 10nm，在随后的继续变形中，孪晶内部发生二次孪生变形，并形成二次孪晶。

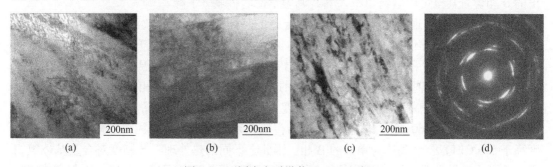

图 2-7 不同应变时纵截面 TEM 组织
（a）$\varepsilon=1.4$；（b）$\varepsilon=2.0$；（c）$\varepsilon=4.9$；（d）选区（c）衍射斑点

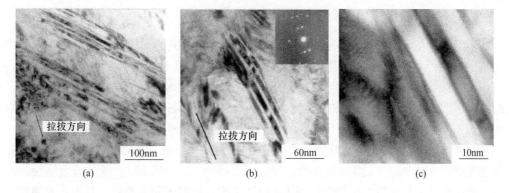

图 2-8 Cu-38Zn 合金中的孪晶组织
（a）$\varepsilon=1.4$；（b），（c）$\varepsilon=4.9$

由以上可知，Cu-38Zn 合金强度随第二相厚度和间距的减小呈线性上升趋势，说明第二相尺寸的细化提高了材料强度。与此同时，第二相在拉拔方向阻碍了基体内位错的运动，导致了位错缠结、晶粒碎化，从而提高了材料的强度。因此，抗拉强度的升高是第二相改变、基体组织细化、位错增值以及孪晶强化的共同结果。

2.1.4　热处理工艺与组织性能

2.1.4.1　热处理工艺对黄铜合金基体组织的影响

高强耐磨黄铜基体组织中 α 相与 β′ 相的含量，不仅可以由合金成分来控制，而且还能够通过热处理工艺进行控制与调整[6]。当黄铜合金加热到 550℃ 以下时，β 相开始转变成 α 相，并以针状形式在 β 相晶界析出，且具有一定的方向性；随着保温时间延长，α 相逐渐增多、粗化、失去方向性；当温度下降至 280℃ 时，α 相便不再析出。将合金加热到 750℃ 并且保温 2h 以上，冷却方式对合金基体组织和性能影响显著。若采用快速冷却（水淬）方式，α 相来不及析出，最终能够得到单一的 β 相基体组织，此时合金的硬度 HB 能够达到 180 以上；若采用风冷和空冷，在 β 相晶界上能够析出少量的 α 相，此时的冷却速度不及水淬的冷却速度快，β 相有一定量的时间转变成 α 相，合金的硬度 HB 可以达到 165 以上；采用随炉冷却，冷却速度缓慢，β 相具有足够的时间转变成为 α 相，所析出的 α 相含量甚至可以达到 30% 左右，其力学性能将显著下降。

固溶+时效热处理同样能够影响黄铜合金的基体组织。当时效温度在 200℃ 以下时，由于温度过低，α 相不析出，基体组织基本保持不变；当时效温度升到 300℃ 时，微量的 α 相开始从过饱和的 β 相并且沿着晶界析出[15]；当在 300~360℃ 温度条件下时效 1h 后，α 相不仅在 β 相晶界上析出，而且在 β 相的晶内也开始析出，β 相上开始出现球状的 α 相，且数量随温度升高而增多；当时效温度升至 360~420℃ 时，晶界上的针状 α 相开始球化；时效温度在 460~550℃ 时，α 相开始转变成为 β 相，此时 α 相含量减少；在时效温度高于 550℃ 时，合金基体为单一的 β 相。因此，不同的热处理工艺制度对合金基体组织结构的影响效果是不同的，需根据合金的性能要求选择合适的温度、时间、冷却方式等热处理工艺参数。

2.1.4.2　热处理工艺对黄铜合金耐磨相的影响

黄铜合金中的硬质耐磨相一部分是在液相中就已经形成的，还有一部分则是自固相中析出来的，因此可以通过热处理的方式来控制在固相中析出的那一部分硬质耐磨相。图 2-9 所示为 Cu1.5Mn1.5Si 黄铜合金铸态和经 750℃ 保温 3h 水冷后热处理态的金相组织[6]。从图中可以看出，图中的点状颗粒为硬质耐磨相。对比铸态和热处理态，发现热处理后合金中的长条状耐磨相明显减少，形貌多为圆点状，且耐磨相多数沿晶界方向析出。

岳立新[16] 进行了黄铜多元共渗及热处理工艺研究，发现：H62 黄铜在 600℃ 保温 6h 进行单元渗铝和 Al、Mn、Fe 多元共渗后，可分别获得约 72μm 和 85μm 厚的合金渗层，黄铜经单元渗铝和多元共渗后，硬度都得到了提高，多元共渗好于单元渗铝，其中单元渗铝最高硬度 HV 可达 232，多元共渗渗层硬度 HV 最高可达 292。同时，耐磨性能也得到了显著提高，单元渗铝合金的相对耐磨性是未渗试样的 8.6 倍，多元共渗合金是未渗试样的 11.2 倍。

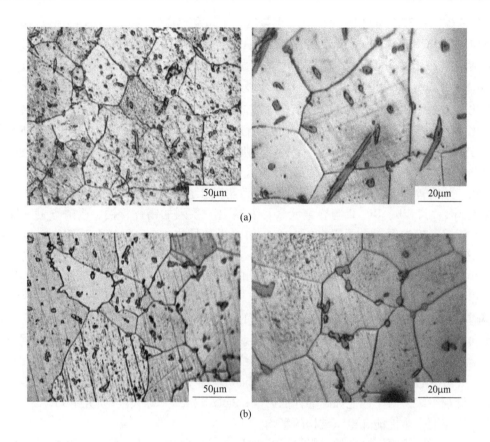

图 2-9 Cu1.5Mn1.5Si 黄铜合金铸态和热处理态低倍和高倍金相组织[6]

（a）铸态；（b）经 750℃×3h 水冷后热处理态

2.2 耐磨锡青铜合金设计与制备

锡青铜合金是以锡为主要合金元素，并通常添加锌、铅、镍、磷等合金元素的典型耐磨铜合金。工业用锡青铜的锡含量一般在 3%~14% 之间，按照锡青铜合金成形工艺可分为铸造锡青铜和加工锡青铜，加工锡青铜的含锡量一般低于 8%，随着含锡量的增加其塑性变形能力急剧下降。其中，锡含量小于 5% 的锡青铜合金适合于冷加工，而用于热加工的锡含量一般在 5%~7% 之间。

本节主要介绍耐磨锡青铜合金成分优化设计、熔铸制备工艺与组织性能、塑性变形工艺与组织性能、热处理工艺与组织性能等方面研究情况，重点介绍多元耐磨 Cu-10Sn-4Ni-3Pb 合金的制备及组织性能。

2.2.1 耐磨锡青铜成分设计

耐磨锡青铜按照添加的合金元素种类可分为二元锡青铜合金和多元锡青铜合金。其中，二元锡青铜合金是单纯以锡为合金元素，如国标牌号中的 QSn1.5-0.2、QSn4-0.3、QSn6.5-0.1 等，锡在其中可以降低合金的摩擦系数和提高合金的电极电位，从而提高锡青铜合金的耐磨性和耐腐蚀性。

锡青铜凝固范围宽（160~170℃），包括一个包晶反应（799℃下 $L+\alpha \rightleftharpoons \beta$）和两个共析反应（586℃下 $\beta \rightleftharpoons \alpha+\gamma$ 和520℃下 $\gamma \rightleftharpoons \alpha+\delta$）。其中，锡有限固溶于铜基体中形成面心立方结构的 α 相置换固溶体，α 相塑性好且强度高于纯铜；β 相和 δ 相是分别以电子化合物 Cu_5Sn 和 $Cu_{31}Sn_8$ 为基的固溶体，均具有复杂体心立方结构和硬而脆的特性；γ 相是以电子化合物 Cu_3Sn 为基的体心立方结构固溶体[17,18]。随着锡含量的增加，锡在铜中的固溶强化作用会使合金硬度、强度增加，耐磨性能得到提升，但硬而脆的 δ 相固溶体在基体中的分布也随之增多，进而导致合金脆性增加，塑性变形抗力增大，难以直接进行冷热塑性变形。

在二元锡青铜合金的基础上，为进一步改善其工艺性能、力学性能等，实际生产中通常加入 Zn、Ni、Pb、Bi、P 等合金元素，发展出一系列的锡锌青铜、锡磷青铜、锡锌铅青铜、锡锌铅镍青铜等多元锡青铜合金，如国标牌号中的 ZCuSn10Zn2、ZCuSn5Pb5Zn5、ZCuSn3Zn8Pb6Ni1 等。其中锌可以较多固溶于 α 相中，产生固溶强化作用，提高合金强度，并且加锌能减小二元锡青铜合金的结晶间隔，提高合金的充型、补缩能力，降低缩松、热裂纹形成倾向，减轻逆偏析程度，但锌的加入会降低合金的硬度、耐磨性和耐蚀性；磷是良好的脱氧剂，能改善锡青铜合金的流动性和耐磨性，但同时会增大合金的逆偏析倾向；铅的加入可降低锡青铜合金的摩擦系数，改善合金可切削性和耐磨性，但略微降低合金的力学性能；镍的加入能细化合金晶粒，使合金力学性能提高，热稳定性和耐磨性增强，并可减轻铅的密度偏析。Huseyin Turhan 等人[19]研究了 Fe、Mn、P 等元素对锡青铜合金微观组织、力学性能和耐磨性的影响；Jang-Sik Park 等人[20]研究了 Zn、Sn、Pb 等元素对锡青铜合金性能和组织结构的影响。

在新型耐磨锡青铜合金的材料设计开发方面，多国志等人[21]研制了德国 5A-200 型高速精密压力机上用新型锡青铜合金 G2CuSn12Pb；王强松等人[22]通过在 ZCuSn3Zn8Pb6Ni1 合金里添加 Fe 和 Co，开发了新型耐高压铸造锡青铜合金 ZCuSn3Zn8Pb6Ni1FeCo。宋克兴、周延军等人[23]在传统二元耐磨锡青铜合金的基础上，通过添加 Ni、Pb 等元素，设计了新型 Cu-Sn-Ni-Pb 锡青铜合金，提出了基于 Sn 固溶强化+Ni 细晶强化+Pb 自润滑的耐磨锡青铜合金成分优化设计原则。其中，锡元素 Sn 有限固溶于铜基体实现固溶强化，并形成 δ 相（$Cu_{31}Sn_8$ 金属间化合物）硬质点镶嵌于铜基体中，提高合金力学性能和耐磨性；铅元素 Pb 以单质相存在于铜基体中，含量不超过 5%，几乎不溶于 α 相，凝固后呈黑色颗粒状质点分布于枝晶之间（但分布不均匀），起到降低合金摩擦系数的自润滑作用；镍元素 Ni 无限固溶于铜基体，细化晶粒的同时改善 Pb 元素密度偏析，提高热稳定性和耐磨性。

2.2.2　熔铸制备工艺与组织性能

锡青铜合金的熔炼铸造具有以下特点：

（1）熔炼过程。锡青铜合金熔体中的锡和氧易反应生成二氧化锡（SnO_2）硬脆夹杂物，会造成合金力学性能下降，因此锡青铜合金熔炼时要充分脱氧。

（2）铸造过程。锡青铜合金结晶温度范围大，流动性差，不易形成集中缩孔，体积收缩很小，易产生热裂纹、缩松等铸造缺陷，凝固时合金以树枝晶方式长大，会产生严重的宏观偏析（如逆偏析、密度偏析等）和微观枝晶（晶内）偏析。尤其对于富含锡、铅等低熔点元素的多元复杂锡青铜合金，易出现锡的逆偏析，严重时铸锭表面可见到白色斑点，甚至出现富锡颗粒；而铅不固溶于铜锡合金中，且铅的密度较大，因此易形成密度偏析，以单质相、呈黑色夹杂物分布在枝晶间。其中，宏观偏析需在合金熔铸过程中通过工艺参数调控予以改善，而枝晶偏析则需通过均匀化退火进行改善。因此，偏析问题是锡青铜合金开发过程中需要解决的关键问题。

2.2.2.1 多元复杂 Cu-Sn-Ni-Pb 锡青铜合金熔铸工艺研究

针对锡含量高于 8% 的多元复杂 Cu-Sn-Ni-Pb 锡青铜合金，研究了普通熔铸工艺制备出的合金性能和微观组织。总体工艺路线为：配料→熔炼→浇铸→均匀化退火→机加工→成品。[23,24]

（1）配料。选取 Cu、Sn、Pb、Ni 原材料，按照 Cu 83.25%，Sn 10%，Ni 3.5%，Pb 3.25%（质量分数）比例进行配料，并进行烘干和表面除锈除油等预处理。

（2）熔炼。按照 Cu、Ni、Sn、Pb 的先后顺序在中频感应熔炼炉中微氧化气氛下进行熔炼，熔炼温度控制在 1150~1250℃ 之间，采用磷铜脱氧剂进行脱氧，熔炼过程采用石墨搅拌棒进行搅拌，保证熔体均匀性。熔炼工序严格控制加料顺序、熔炼气氛和熔体净化。

（3）浇铸。将熔液浇铸到事先预热的石墨模型腔中，表面采用覆盖剂保护，待冷却后脱模取出铸锭。浇铸工序中注意浇铸前石墨铸型预热，并控制好浇铸温度、浇铸速度等。

（4）均匀化退火。为有效改善铸态组织存在的成分偏析，将铸锭在热处理炉中进行高温均匀化退火，退火温度保持在 600~850℃，保温时间控制在 2~8h。

制备的多元复杂 Cu-Sn-Ni-Pb 合金实际化学成分及密度、硬度、抗拉强度和伸长率等主要性能见表 2-6。

表 2-6　制备的 Cu-Sn-Ni-Pb 合金实际化学成分和主要性能

实际化学成分（质量分数）/%					主要性能			
Sn	Ni	Pb	P	Cu	密度/g·cm^{-3}	硬度 HB	抗拉强度/MPa	伸长率/%
9.97	3.45	3.06	≤0.02	余量	8.89	116	302	9.8

制备的 Cu-10Sn-4Ni-3Pb 合金铸态金相组织如图 2-10 所示。从图中可以看出，采用传统熔铸工艺制备的 Cu-10Sn-4Ni-3Pb 合金铸态组织中，树枝状结晶较明显且具有一定的取向性和贯穿性，枝晶晶轴区呈白色，白色枝干区域为锡在铜中的置换式固溶体（α 固溶体），α 树枝晶的间隙分布着灰白色的（α+δ）共析体，铅以单质相颗粒分布在铜基体上，可显著提高合金的耐磨性。

为进一步分析 Cu-10Sn-4Ni-3Pb 合金微观组织及各区域成分，将试样在配备有 EDAX 能谱仪的 JSM-5610LV 扫描电子显微镜下进行了显微组织观察和微区能谱分析（EDS），由于该合金中所含 Cu、Sn、Ni、Pb 等各元素的原子序数不同，利用原子序数造成的衬度变化可对合金进行定性成分分析，在分析时，样品上原子序数较高区域因收集到较多的背散射电子而呈现较亮的图像，合金铸态组织 SEM 照片和微区成分分析结果分别如图 2-11 和图 2-12 所示。从图 2-11 中可以看出，由于合金中 Sn、Cu 等元素（轻元素）原子序数较低，对应图像上暗区，重元素（如 Pb）区域对应亮区，因而 SEM 照片中铸态树枝晶的

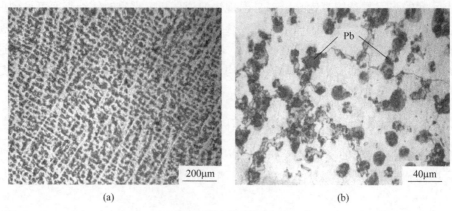

图 2-10　铸态组织金相照片

（a）100 倍；（b）500 倍

枝干部分呈暗黑色，枝晶间隙是灰色组织，而金相组织中的黑色质点则呈现白色；进一步结合如图 2-12 所示的 EDS 能谱分析，可以看出树枝晶枝干部分是铜基体，镍元素能无限溶于 α 固溶体内，而白色质点（金相照片中的黑色质点）则是铅单质相颗粒。

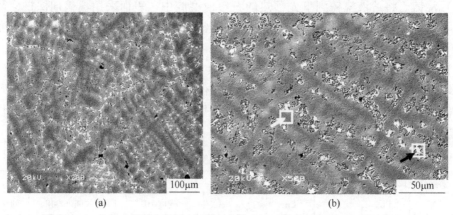

图 2-11　铸态组织 SEM 照片

（a）200 倍；（b）500 倍

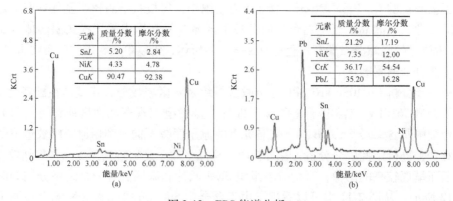

图 2-12　EDS 能谱分析

（a）白色箭头；（b）黑色箭头

通过研究，确定了高性能耐磨铜合金的成分优化设计原则，优化的多元耐磨锡青铜合金主元素成分（质量分数）范围：Sn 8%~12%、Pb 2%~4%、Ni 2%~4%。其中，锡元素在铜中有固溶强化作用，使合金的抗拉强度和伸长率增加；铅以单质相存在于铜中，且具有自润滑作用，能降低合金的摩擦系数，提高合金的耐磨性；镍能无限固溶于基体中细化晶粒，使合金力学性能、耐磨性和热稳定性提高。因此，在锡、铅、镍各元素的协同作用下合金的密度没有因为较高的锡含量而较低，硬度强度等性能都得到了较大提升，韧性也得到了改善。同时，由于石墨铸型内外温度梯度较小，有利于铸件实现同时凝固，减少缩孔缩松等缺陷。

2.2.2.2 精炼剂对多元复杂 Cu-Sn-Ni-Pb 锡青铜合金组织性能的影响研究[23,25,26]

对于多元铸造耐磨铜合金，由于各添加元素（Sn、Ni、Pb 等）熔点、密度、原子半径等自身特征参数以及在铜基体中的固溶度差异较大，且熔炼过程中各元素添加比例、烧损率、反应特性各不相同，导致熔体净化困难。

河南科技大学宋克兴等人[24]发明了一种耐磨锡青铜合金熔炼专用复合精炼剂。主要成分（质量分数）为：Eu 或 Eu_2O_3 60%~80%、SiO_2 10%~30%、Rb_2O_2 8%~10%、YVO_4 或 Y_2O_3 0.5%~2%，可以实现脱氧脱氢、除渣、细化晶粒等功能，且配方无毒无害、对环境友好。通过系统研究阐明了多组元脱气除渣协同作用机制：Eu_2O_3 吸收二氧化碳和水，SiO_2 与铜液中 SnO_2、Al_2O_3、ZnO 等金属氧化物反应生成高熔点硅酸盐，Rb_2O_2 具有催化作用，YVO_4 或 Y_2O_3 与 Eu 粉末协同作用细化晶粒。

将发明的精炼剂应用于多元复杂 Cu-Sn-Ni-Pb 耐磨锡青铜合金的熔炼，并取得了显著效果，系统研究了精炼剂对耐磨铜合金组织性能的影响规律。具体实验过程如下：主要原材料为纯度为 99.95% 的 1 号电解铜板、纯度为 99.90% 的 1 号锡锭、纯度为 99.99% 的 1 号镍板、纯度为 99.994% 的 1 号铅锭等，在熔铸之前，将原材料裁剪成小块，并在烘干炉中进行烘干和表面除油处理。主要试验设备及工装为 KGPT200-2.5 中频感应熔炼炉，$\phi100mm/\phi103mm \times 170mm$ 金属铸型，WFHB 红外辐射测温仪。

熔铸工艺路线为配料→熔炼→添加精炼剂→浇铸→脱模取锭。具体过程为：

（1）配料。按照（质量分数）Cu 83.25%、Sn 10.5%、Pb 3.2%、Ni 3.5% 进行配料。

（2）熔炼。先将电解铜板加入已预热至暗红色的石墨坩埚中，迅速加热使其熔化，待铜熔化后继续升温至 1500~1550℃ 后加入镍板，最后加入锡、铅元素，用石墨搅拌棒均匀搅拌，熔炼温度为 1150~1250℃，熔化过程持续 30~50min。

（3）添加精炼剂。将青铜精炼剂压入铜液内，加入量为 0.5%~2%，充分搅拌，静置 3~5min 后用扒渣棒充分扒渣。

（4）浇铸。熔化 40~60min 后，待坩埚内熔液呈镜面状后转移至浇包内，然后迅速浇铸到金属铸型中，浇铸前金属型进行预热，浇铸温度为 1120~1150℃。

（5）脱模取锭。浇铸完后迅速覆盖煤灰层保护，待冷却后脱模取锭。

作为对比试样，采用同样熔铸工艺但不添加精炼剂制备 Cu-Sn-Ni-Pb 合金。通过添加精炼剂制备的合金密度和硬度 HB 分别达到 8.9083g/cm³ 和 113，抗拉强度和伸长率分别达到 314.7MPa 和 32.7%，较之不加精炼剂的 302.3MPa 和 9.8%，合金的抗拉强度和伸长率分别提高了 4.1% 和 234%，精炼剂的加入改善了合金强度，尤其对伸长率的提升作用显著。

　　合金力学性能改善的主要原因是由于精炼剂主要成分中含有铕、铷、钇等稀土元素，其中氧化铕（Eu_2O_3）能吸收空气中二氧化碳和水，氧化铷（Rb_2O_2）具有催化作用，掺铕的氧化钇（Y_2O_3+Eu）或掺铕的钒酸钇（YVO_4+Eu）可有效降低合金晶粒度，细化晶粒。该精炼剂可以实现熔液覆盖、清渣、精炼等功能，其加入后在铜液中产生大量微小气泡，促进铜液中气体逸出与夹杂物上浮，并且由于应用对象锡青铜的锡含量（质量分数）高达 8%~12%，锡的加入极易形成二氧化锡（SnO_2）等夹杂物，精炼剂与铜液中 SnO_2、Al_2O_3 及 ZnO 等夹杂物反应生成高熔点复合盐，随即受表面张力与气泡的作用而形成浮渣，经扒渣处理后有效除渣，从而改善材料内部与表面质量，提高产品的力学性能。同时，精炼剂的使用还能有效地脱氧除氢，减少了气孔、夹杂等铸态缺陷的产生。另外，由于精炼剂中含有稀土元素，能够与锡青铜合金中的低熔点 P、S 等杂质元素反应生成高熔点化合物，从而有效消除了晶界上有害杂质对金属晶体间浸润作用导致的不利影响。以上宏观和微观综合因素的影响导致添加精炼剂后能够改善合金硬度、强度及韧性等综合性能。

　　分别对添加精炼剂和未加精炼剂制备的合金铸锭经机加工后，浸入 30% 硝酸水溶液中浸泡 10~15min 腐蚀，用工业纯碱擦拭并用清水进行冲洗后，用肉眼观察不同工艺条件下合金铸锭径向截面宏观组织变化，如图 2-13 所示。图 2-13（a）所示为添加精炼剂后制备的合金，可以看出精炼剂的加入明显细化了组织晶粒，整个截面组织由均匀细小的等轴晶组成。图 2-13（b）所示为未加精炼剂制备的合金，可以看出仅靠近铸型内壁的液态金属由于冷却速度较快形成一层细小的等轴晶外壳，而后以枝晶形式生长，形成与模壁垂直的柱状晶，后因结晶潜热释放冷速减慢，枝晶前端变细脱落成为结晶核心而在中心部位出现等轴晶，整个合金截面以大块柱状晶为主，晶粒较粗大。

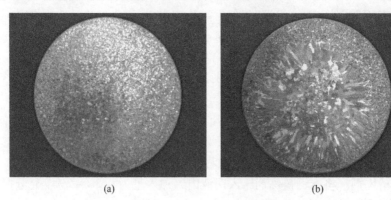

(a)　　　　　　　　　　　　　(b)

图 2-13　Cu-Sn-Ni-Pb 合金铸锭径向截面宏观组织图
（a）添加精炼剂；（b）未添加精炼剂

　　分别对添加精炼剂和未加精炼剂制备的合金试样经研磨、抛光、腐蚀后，在金相显微镜下进行微观组织分析，如图 2-14 所示。从图 2-14 中可以看出，添加精炼剂和未添加精炼剂制备的合金微观组织有较大差别。通过比对低倍下微观组织，可以看出未加精炼剂制备的合金微观组织树枝状结晶较明显且取向杂乱，锡元素分布在枝干间，晶粒较粗大，铅也以较大颗粒状的单质点分布于铜基体上，添加精炼剂后，枝晶虽仍存在但枝干细而长且取向基本一致，铅质点的分布也更加弥散均匀，晶粒明显得到细化，如图 2-14（a）和（c）所示。从图 2-14（b）和（d）中可以看出，多元耐磨 Cu-Sn-Ni-Pb 锡青铜合金铸态组织为 α 固溶体+（α+δ）共析体组织以及 Pb 单质相，精炼剂的加入明显改善了（α+δ）共析体的团聚和单质相 Pb 颗粒的大小和分布，细化了组织晶粒。

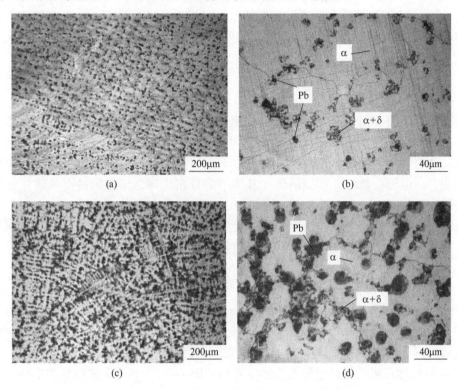

图 2-14　精炼剂对 Cu-Sn-Ni-Pb 合金微观组织影响

（a），（b）添加精炼剂；（c），（d）未添加精炼剂

多元复杂耐磨 Cu-10Sn-4Ni-3Pb 合金主要由铜、锡、镍、铅等元素组成，固态下锡在铜中的扩散过程极慢，镍能无限固溶于铜基体中，能细化晶粒使合金的强度和热稳定性提高，铅不溶于铜，一般呈游离相分布在树枝晶间。由于该合金中各元素熔点差异大，结晶温度范围大，在凝固结晶过程中各元素凝固先后次序不一样，Cu、Ni 等高熔点合金首先凝固形成树枝晶枝干，而低熔点 Sn、Pb 元素后凝固分布于树枝晶枝干骨架间隙。因此，合金铸态组织中可以看到明显的树枝晶，枝晶中心晶轴区呈白色，白色枝干区域为锡元素在铜基体中的置换式固溶体即 α 固溶体，由于固溶强化作用 α 固溶体强度得到提高；α 树枝晶的间隙中分布着灰白色的（α+δ）共析体，其中以 $Cu_{31}Sn_8$ 为基体的固溶体 δ 相作为硬质点镶嵌于 α 基体中，有利于提高合金的耐磨性；铅呈黑色颗粒状均匀分布在晶界和晶粒内，镍无限溶于 α 固溶体内，促使 α 树枝晶发达。由于金属型铸型导热系数高，在铸造过程中铸锭冷速快，α 相未能足够长大，形成的（α+δ）共析体较多且易沿晶界形成团聚，如图 2-14（d）所示。通过在熔炼过程中添加该精炼剂，增强了熔体流动性，且有效地除渣除气，使团聚的（α+δ）共析体分散，单质相铅颗粒变得细小而弥散分布，整

个树枝晶变细且有方向性，合金组织晶粒得到了细化，进而改善了产品综合性能。

通过该研究发现，在熔炼过程中添加适量精炼剂，可以实现熔体的高效化、绿色化精炼，精炼剂的合适添加量（质量分数）为熔体总重的 0.5% ~ 1.0%。制备的多元复杂 Cu-10Sn-4Ni-3Pb 合金密度和硬度 HB 分别达到 8.9083g/cm³ 和 113；抗拉强度和伸长率分别达到 314.7MPa 和 32.7%，较之不加精炼剂的 302.3MPa 和 9.8% 分别提高了 4.1% 和 234%。同时，未添加精炼剂制备的合金微观组织树枝状结晶较明显，合金铸态组织为 α 固溶体+（α+δ）共析体组织，精炼剂的加入明显细化了组织晶粒，实现了 Sn、Pb 元素的弥散细小均匀化分布。

2.2.3　塑性变形工艺与组织性能

对于工业用锡青铜合金（锡含量（质量分数）在 3% ~ 14%），锡含量（质量分数）在 8% 以下的锡青铜合金热加工性能较好，可在 600℃ 左右进行热轧，800 ~ 850℃ 之间进行热挤压。随着锡含量的增加，锡在铜中的固溶强化作用会使合金硬度、强度增加，耐磨性能得到提升，但硬而脆的 δ 相固溶体在基体中的分布也随之增多，进而导致合金脆性增加，塑性变形困难。

针对锡含量（质量分数）为 10% 的多元复杂耐磨 Cu-10Sn-4Ni-3Pb 合金，分别研究了立式反挤压、包套挤压、液态挤压等三种塑性成形工艺对合金性能和组织的影响。

2.2.3.1　立式反挤压工艺对锡青铜合金组织性能的影响[27]

针对多元复杂耐磨 Cu-10Sn-4Ni-3Pb 合金进行了 800 ~ 950℃ 不同温度条件下的反挤压成形工艺试验，研究了热挤压温度对合金密度、硬度和强度等性能以及微观组织的影响，并同普通熔铸工艺制备的铸态合金性能及微观组织进行了对比。

利用 315t 油压机对普通熔铸工艺制备的 Cu-10Sn-4Ni-3Pb 合金进行立式反挤压。坯料加热温度分别为 800℃、850℃、900℃、950℃，保温 1.5h。

采用排水法和 HB-3000B 型布氏硬度计测得普通熔铸工艺制备的合金密度和硬度 HB 分别为 8.8893g/cm³ 和 116，经不同温度条件下反挤压变形后密度与硬度都有所增加，其中在 900℃ 温度条件下挤压后合金密度和硬度 HB 分别达到最高值 9.0409g/cm³ 和 139；随着温度的进一步升高，经 950℃ 条件下挤压后密度和硬度 HB 有所降低，但仍然分别达到了 9.0041g/cm³ 和 132，高于普通熔铸法制备的合金铸态性能。

由于 Cu-10Sn-4Ni-3Pb 合金的结晶温度较宽，800 ~ 900℃ 之间时合金处于半固态温度区间，该区间下合金仍保持固定外形，合金密度和硬度也随着温度的增加而呈增大的变化趋势。这是因为随着变形温度的升高，合金的流动性升高，内部组织塑性变形抗力减小，在持续三向压应力的作用下，普通熔铸法制备的铸态合金中的缩松缩孔、裂纹气孔等缺陷得到了明显改善甚至消除，从而导致合金致密度和硬度的提高。同时，在较高温度塑性变形过程中合金发生了再结晶过程，随着变形温度的升高，变形抗力减小，微观组织在外力作用下发生挤压破碎从而晶粒得到细化，进而产生了细晶强化导致硬度的提高。但当温度继续升高，在 950℃ 条件下进行反挤压塑性变形时，变形抗力进一步降低，但已接近合金熔点，在挤压力的作用下合金有熔化趋势，导致其密度和硬度下降。

对不同温度条件下反挤压制备的合金进行微观组织观察和对比，如图 2-15 所示。对比普通熔铸工艺制备的铸态试样，合金铸态组织存在明显的树枝晶。其中锡在铜基体中形成的 α 置换固溶体构成枝晶中心的白色晶轴区，而熔液凝固过程中低熔点元素在压力作用下沿着 α 树枝晶的间隙进行移动，部分形成以 $Cu_{31}Sn_8$ 为基体的 δ 相固溶体，并以灰白色（α+δ）共析体形式分布在枝晶间隙之间。而铅由于不溶于铜基体，因此多以黑色颗粒状的游离相分布在晶界和晶粒内，对于该合金的耐磨性提高起到抗磨减阻作用。

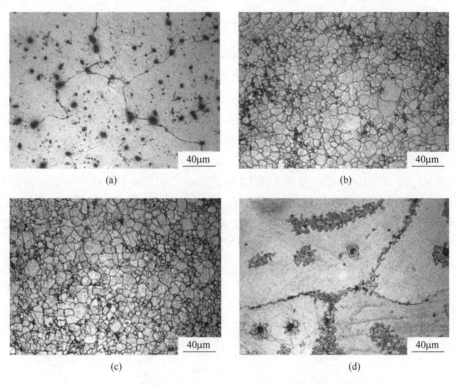

图 2-15 挤压温度对 Cu-10Sn-4Ni-3Pb 合金微观组织的影响
（a）800℃；（b）850℃；（c）900℃；（d）950℃

对比图 2-10 和图 2-15 可以看出，不同于合金铸态组织以树枝状结晶为主，该合金铸锭经二次加热、热挤压变形后，组织发生了明显改变，粗大的树枝晶被晶粒明显细小的挤压组织所取代。并且从图 2-15（a）~（c）可以看出，当挤压变形温度从 800℃升到 900℃时，随着温度的升高，粗大的树枝晶被细化，晶粒也越来越小，尤其在 900℃时晶粒细化作用非常明显，但当变形温度继续升高到 950℃时，晶粒反而发生了明显长大（见图 2-15（d））。从挤压工艺角度分析，当合金挤压变形在 800~900℃之间进行时，此时处于半固态状态的合金虽然整体还保持着定型状态，但随着挤压温度的升高，内部组织发生变化，挤压时有效抵抗挤压塑性变形抗力的能力降低，进而导致合金组织在外力作用下发生挤压破碎，从而使得合金组织致密化程度提高，基体连续性增强，偏析也有所改善。同时，由于晶粒细化使得细晶粒在受到外力发生塑性变形时可分散在更多的晶粒内进行，塑性变形较均匀，应力集中较小；此外，晶粒越细，晶界面积越大，晶界越曲折，越不利于裂纹的扩展。但当温度升到 950℃时，虽然从力学角度将塑性变形抗力进一步降低，但由于该温度已临近合金熔点，合金表面和内部已部分出现了熔化现象，合金组织在高温下发生了再结晶、晶粒长大过程，因此，在该温度下挤压变形得到的合金组织变得粗大。

因此，经不同温度反挤压塑性变形后，密度和硬度都有所提高，经 900℃ 挤压后密度和硬度 HB 分别达 9.0409g/cm^3 和 139；均高于普通熔铸工艺制备的合金铸态密度和硬度 HB（分别为 8.8893g/cm^3 和 116）。同时较之铸态组织树枝晶明显，由 α 固溶体+（α+δ）共析体构成，挤压后合金组织晶粒明显细小和致密。在试验范围内，多元复杂 Cu-10Sn-4Ni-3Pb 合金的适宜反挤压塑性成型温度为 900℃。

2.2.3.2　包套挤压工艺对锡青铜合金组织性能的影响[28]

针对多元复杂 Cu-10Sn-4Ni-3Pb 合金，研究了包套挤压工艺对合金密度、力学性能和微观组织的影响，并同合金铸态性能及微观组织进行了对比。

包套挤压工艺的方式是将普通熔铸工艺制备的 Cu-10Sn-4Ni-3Pb 合金铸锭进行机加工处理，装到壁厚 3mm 的紫铜套内，上下用紫铜片密封；将外包紫铜套的 Cu-10Sn-4Ni-3Pb 合金坯料加热到 950℃ 保温 5min 后出炉进行挤压成型，挤压前凹模和凸模分别进行预热。

采用外加紫铜包套热挤压工艺制备的 Cu-10Sn-4Ni-3Pb 合金力学性能如图 2-16 所示。从图中可以看出，采用包套挤压工艺制备的多元复杂 Cu-10Sn-4Ni-3Pb 合金，密度和硬度 HB 分别达到 8.9801g/cm^3 和 135.7，较之铸态下的密度和硬度 HB（8.8353g/cm^3 和 99.6）分别提高了 1.6% 和 36.2%；挤压后合金抗拉强度和伸长率分别为 345.366MPa 和 11.4%，较之铸态下的 302.294MPa 和 9.8% 分别提高了 14.2% 和 16.3%。

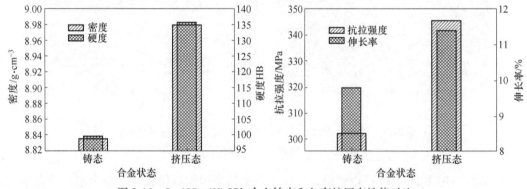

图 2-16　Cu-10Sn-4Ni-3Pb 合金铸态和包套挤压态性能对比

图 2-17～图 2-19 所示分别为 Cu-10Sn-4Ni-3Pb 合金铸态组织、经包套热挤压后的合金挤压态组织以及进一步经 680℃ 保温 10h 均匀化退火后的退火态组织。从图 2-17 中可以看

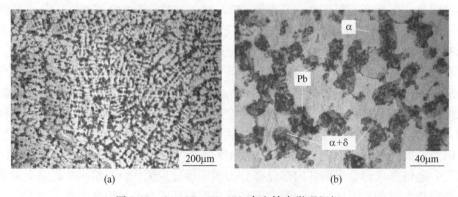

(a)　　　　　　　　　　　　(b)

图 2-17　Cu-10Sn-4Ni-3Pb 合金铸态微观组织

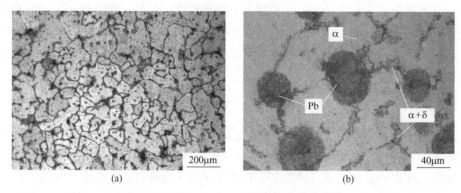

图 2-18 Cu-10Sn-4Ni-3Pb 合金挤压态组织

图 2-19 Cu-10Sn-4Ni-3Pb 合金退火态组织

出，Cu-10Sn-4Ni-3Pb 合金铸态组织以树枝晶为主，且枝晶生长有一定的几何取向性，树枝晶中心的晶轴区呈现白色，经进一步的高倍观察分析，合金铸态组织主要有锡在铜基体中形成的 α 置换固溶体和（α+δ）共析体，铅元素以游离态单质相呈黑色颗粒分布于铜基体上，合金微观枝晶偏析严重。

在外加紫铜套的作用下，合金经 950℃ 加热保温 5min 后进行反挤压，得到的合金挤压态组织已看不到树枝晶的存在，晶粒在挤压力的作用下变得细小，进一步观察可以看到（α+δ）共析体分布在晶粒间隙，单质相铅则较均匀地分布在晶界处与基体上（见图 2-18）。为进一步消除枝晶偏析，对合金进行了 680℃ 保温 10h 均匀化退火，其退火态组织中出现了较多的退火孪晶，且黑色铅颗粒以一种"钉扎"形式分布于晶界结合处，对合金耐磨性有一定提高作用（见图 2-19）。

对于锡含量（质量分数）大于 8% 的锡青铜合金材料，由于 δ 相硬质相的存在导致合金硬度、强度很高，但塑性成形温度区间极窄，采用常规的塑性加工工艺很难控制成型温度。如果采用普通的反挤压工艺生产该合金，由于挤压过程中的坯料变形主要集中在模口附近区域即在定径带处，坯料表面将会形成冷硬层从而内外层出现温度差，导致无法成型或者制件组织的不均匀，甚至在坯料表面产生裂纹等缺陷。采用外加紫铜套进行挤压，能起到三向压应力作用，可以减少摩擦力和挤压载荷，从而使变形抗力大、塑性低的锡青铜合金更易于流动。紫铜套对坯料可以起到隔热保温、润滑作用，减少挤压前和挤压过程中因辐射和与模具接触造成的坯料热量损失，防止坯料表面温度急速降低而使变形阻力大幅度增大，从而延长了合金的变形时间和增加了变形程度。另外，提高挤压温度也有利于该合金包套挤压的进行，由于该锡青铜合金的凝固区间为 799~1084.5℃，在 950℃ 挤压温度下，坯料已处于半固态区间，在外加紫铜套三向压应力的作用下合金铸态组织中树枝晶发生挤压破碎而变得细小，从而合金的致密度得到提升。

2.2.3.3　液态挤压工艺对锡青铜合金组织性能的影响[23,29,30]

普通熔铸工艺制备 Cu-10Sn-4Ni-3Pb 合金的工艺路线为：熔炼→浇铸→高温均匀化退火→机加工（去冒口、车外圆）→二次加热→塑性变形（挤压/锻造）→精加工→成品。其中，配料工序按照液态挤压成型工艺配料工序中各元素比例进行配料；熔炼工序严格控制加料顺序、熔炼气氛和熔体净化；浇铸工序中注意浇铸前石墨铸型预热，并控制好浇铸温度、浇铸速度等。该工艺首先制备铸坯，经高温长时间均匀化退火改善枝晶偏析，随后通过二次加热进行塑性变形提高合金密度。存在以下局限性：（1）整个工艺分阶段进行，工序多、周期长、材料利用率低；（2）能耗高，在熔炼、均匀化退火、塑性变形阶段进行三次加热；（3）偏析难以通过后续均匀化退火等固态扩散方式进行消除。

基于多元复杂耐磨 Cu-10Sn-4Ni-3Pb 合金的实际使用工况要求，在满足合金中各组元化学成分、密度、主要性能（硬度、抗拉强度、伸长率等）以及微观组织（偏析、铸态缺陷等）要求的前提下，开展多元复杂耐磨 Cu-10Sn-4Ni-3Pb 合金的液态挤压成型制备工艺试验。解决思路：直接将熔体浇铸到模具型腔内，通过快速加压实现同时凝固来抑制偏析产生，连续完成熔炼、浇铸、塑性变形三道工序。新工艺路线：熔炼（加专用精炼剂）→浇铸并同时液态/半固态下挤压→机加工→成品。

液态挤压成型制备 Cu-10Sn-4Ni-3Pb 合金的工艺路线为：配料→熔炼→保温→浇铸挤压→（均匀化退火）→机加工→成品。具体过程为：（1）配料。选取铜、锡、铅、镍原材料，按照 Cu 83.25%，Sn 10%，Ni 3.5%，Pb 3.25%（质量分数）的比例进行配料，并将配好的原材料进行烘干和表面除锈除油等预处理。（2）熔炼。按照铜、镍、锡、铅的先后顺序在中频感应熔炼炉中微氧化气氛下进行熔炼，熔炼温度控制在 1150~1250℃ 之间，采用磷铜脱氧剂进行脱氧，熔炼过程采用石墨搅拌棒进行搅拌，保证熔体中各元素的均匀化。（3）保温。将熔液转移至高温保温炉内进行保温，保温温度控制为 1150~1200℃ 之间，并进行进一步的熔体净化处理。（4）浇铸挤压。从保温炉内将熔液定量浇铸到事先预热的挤压凹模型腔中，快速在 Y32-500T 四柱液压机作用下进行挤压成型，根据实际试样截面大小，单位挤压力分别控制为 310MPa、475MPa、540MPa、680MPa，保压时间控制为 2min，重点研究了压力对 Cu-10Sn-4Ni-3Pb 合金性能和微观组织的影响规律。

不同单位挤压力作用下制备的 Cu-10Sn-4Ni-3Pb 合金室温力学性能（密度、硬度、抗拉强度和伸长率等）随单位挤压力变化曲线分别如图 2-20 和图 2-21 所示。从图 2-20 和图 2-21 中可以看出，随着单位挤压力从 310MPa 增大到 680MPa，制备的 Cu-10Sn-4Ni-3Pb 合金密度、伸长率大幅度提升，说明压力的增大在有效提高合金密度的同时，也使合金的韧性有了明显改善，而硬度和抗拉强度在经历了 475MPa 到 540MPa 的缓慢增加后总体上也呈增大趋势。从图中可以进一步看出，同传统熔铸制备工艺相比，液态挤压成型工艺制备的 Cu-10Sn-4Ni-3Pb 合金综合性能均有提高，尤其在 680MPa 单位挤压力下制备的挤压态

Cu-10Sn-4Ni-3Pb 合金综合性能改善最明显，其中，合金密度和硬度 HB 分别为 9.19g/cm³ 和 150，较之铸态的 8.89g/cm³ 和 116 分别提高了 3.4% 和 29.3%；合金室温抗拉强度和伸长率分别为 462MPa 和 14%，较之铸态下的 302MPa 和 9.8% 分别增加了 53% 和 42.9%。因此，采用液态挤压成型工艺制备的 Cu-10Sn-4Ni-3Pb 合金性能较之传统熔铸工艺有了改善，且在试验范围内，680MPa 单位挤压力下室温力学性能改善效果显著。

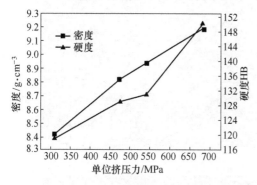

图 2-20 单位挤压力对合金密度和硬度的影响

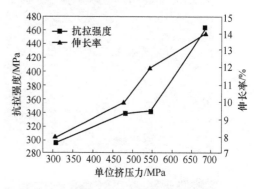

图 2-21 单位挤压力对合金强度和伸长率的影响

采用液态挤压成型工艺制备的 Cu-10Sn-4Ni-3Pb 合金综合性能明显优于传统熔铸制备工艺，其主要原因可以从以下两方面进行分析：第一，从 Cu-10Sn-4Ni-3Pb 合金自身特点分析，合金中通过锡元素有限溶于铜基体中产生固溶强化作用，并且在压力凝固结晶过程中以 $Cu_{31}Sn_8$ 为基体的 δ 相固溶体能更好地作为硬质点镶嵌在 α 基体中，有利于合金自身硬度、强度等性能的提高；第二，从制备工艺角度分析，传统熔铸工艺针对锡含量较高、结晶温度范围较大、凝固特征以糊状凝固为主的 Cu-10Sn-4Ni-3Pb 合金，制备出来的合金缩孔、裂纹以及偏析等铸态缺陷严重，导致合金密度、硬度、强度等性能较差；而液态挤压成型工艺由于是在 Cu-10Sn-4Ni-3Pb 合金液浇铸后仍处于液态或半固态的状态下，通过直接施加瞬时较大挤压力而实现合金的挤压成型，合金液在铸型内没有充分的时间进行树枝晶的形核、长大等过程，以及已形成树枝晶枝干的部分也在随后的强大压力作用下发生折断、破碎等，从而使得 Cu-10Sn-4Ni-3Pb 合金液以近似同时凝固结晶的过程进行，且随着压力的增大，Cu-10Sn-4Ni-3Pb 合金组织晶粒也逐渐变得细小，细晶强化效果更加明显。同时，由于是在液态或半固态下对合金施加压力，合金塑性变形抗力较小，可以有效地消除缩孔缩松等铸态缺陷。因此，采用液态挤压成型工艺制备的 Cu-10Sn-4Ni-3Pb 合金密度、硬度和强度等性能都得到了极大提升，韧性也得到了明显改善。而随着压力的不断增大，合金性能逐步提高的原因，可以进一步地从下述微观组织分析中寻求更深入的解释。

不同单位挤压力作用下制备的 Cu-10Sn-4Ni-3Pb 合金微观组织如图 2-22 所示。从图中可以看出，随着单位挤压力的不断增加，合金的微观组织发生了明显改变。当单位挤压力为 310MPa 时，可以看出合金微观组织中仍然为非常明显的树枝晶，一次枝晶臂和二次枝晶臂轮廓都比较清晰且粗大，如图 2-22（a）所示；当单位挤压力增加到 475MPa 时，合金微观组织中虽然仍有树枝晶存在，但整个树枝晶晶轴变得细小，二次枝晶臂间距也明显减小，如图 2-22（b）所示；随着单位挤压力的进一步增大，在 540MPa 单位挤压力下的合金微观组织中基本看不到明显而完整的树枝晶组织，大部分枝晶臂发生折断、挤压而变形，如图 2-22（c）所示；当单位挤压力达到 680MPa 时，整个合金微观组织已完全看不到树枝晶的存在，大量类等轴晶的细小晶粒取而代之，如图 2-22（d）所示。随着单位挤压力的增大，树枝晶的形成条件、数量、枝晶臂粗细、晶粒大小等发生了明显变化，二次枝晶臂间距越小，680MPa 单位挤压力下细小晶粒完全取代树枝晶。

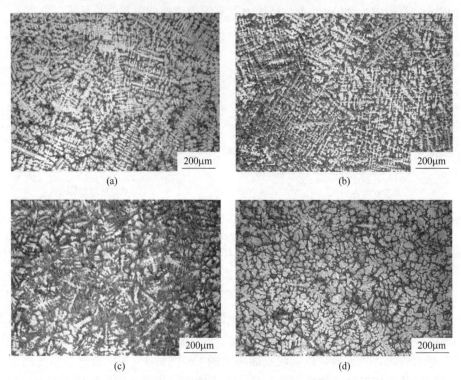

图 2-22　单位挤压力对合金微观组织影响

（a）310MPa；（b）475MPa；（c）540MPa；（d）680MPa

进一步利用 JSM-5610LV 扫描电子显微镜和 EDAX 能谱仪，对 680MPa 单位挤压力下制备的 Cu-10Sn-4Ni-3Pb 合金挤压态组织进行显微组织和微区成分分析，结果分别如图 2-23 和图 2-24 所示。从图 2-23 可以看出，同铸态组织相比，整个合金挤压态组织晶界明显，看不到树枝晶的存在，铅颗粒在铜基体上的数量、大小、分布等特征发生了较大改变。结合图 2-24（b）进一步证实了不溶于铜基体且具有自润滑作用的单质相铅颗粒在晶粒内和晶界结合处的大量分布，对合金硬度、耐磨性等性能提高产生重要影响。

不同于合金铸态组织以树枝晶为主，采用 680MPa 液态挤压成型工艺制备的 Cu-10Sn-4Ni-3Pb 合金不仅消除了树枝晶，也提高了合金晶粒度，改变了铅元素分布，这是因为在较大压力作用下对合金液直接进行压力加工，由于在 680MPa 瞬间压力下合金来不及充分凝固结晶，已结晶部分在随后的保压作用下组织也会发生改变，合金中树枝晶组织在压力下发生折断、挤压而变得细小，因此，该工艺条件下制备的 Cu-10Sn-4Ni-3Pb 合金宏观偏析和微观偏析得到一定改善，进而合金性能得到显著提高。

对 680MPa 液态挤压成型制备的挤压态 Cu-10Sn-4Ni-3Pb 合金进一步通过 JEM2100 高分辨透射电子显微镜进行微观组织观察，合金的 TEM 显微照片及区域电子衍射图分别如图 2-25 所示。从图 2-25（a）的 TEM 图像形貌可以看出，制备的 Cu-10Sn-4Ni-3Pb 合金基

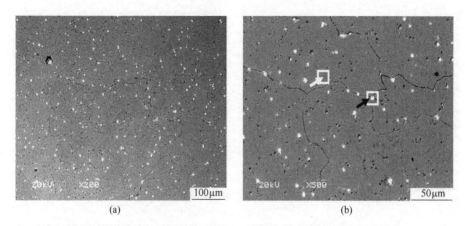

图 2-23 680MPa 压力下制备的合金微观组织

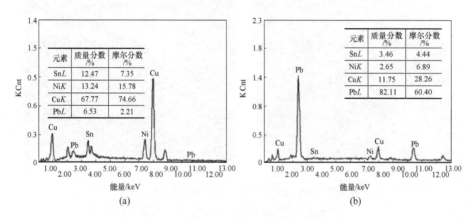

元素	质量分数 /%	摩尔分数 /%
SnL	12.47	7.35
NiK	13.24	15.78
CuK	67.77	74.66
PbL	6.53	2.21

元素	质量分数 /%	摩尔分数 /%
SnL	3.46	4.44
NiK	2.65	6.89
CuK	11.75	28.26
PbL	82.11	60.40

图 2-24 微区成分分析

（a）白色箭头所指；（b）黑色箭头所指

体中分布了大量位错及部分颗粒状析出相，析出相和位错相互聚集在一起分布在基体上，对合金的性能产生重要影响；从图 2-25（b）中可以看出，较大的黑色颗粒状铅单质相在铜基体和晶界处均有分布，改善合金摩擦磨损性能。

进一步地在更高倍率下观察 Cu-10Sn-4Ni-3Pb 合金的组织和微区电子衍射图，从图 2-25（c）中可以看到 Cu-10Sn-4Ni-3Pb 合金中明显的晶界和具有共格界面特征的孪晶线，在孪晶线两侧的晶粒上弥散分布着大量平均直径在 10~20nm 的颗粒状析出相，进一步通过如图 2-25（d）所示的区域电子衍射图可以看出，图谱上出现了两套衍射斑点，其中较强衍射斑点主要是六方晶系 $Cu_{10}Sn_3$ 的衍射，其入射光束方向为 $[1\bar{1}0]$；而较弱衍射斑点主要是单斜晶系 Cu_6Sn_5 的衍射，其入射光束方向为 $[10\bar{1}]$。

采用的 680MPa 液态挤压成型工艺是在合金处于完全液态或半固态时直接施加强大压力实现 Cu-10Sn-4Ni-3Pb 合金的挤压变形，在瞬时较大压力作用下，合金晶体中处于高温平衡浓度的空位将沿特定晶面聚合并形成空位排，当空位排发展到一定程度崩塌，从而使 Cu-10Sn-4Ni-3Pb 合金材料内部产生大量的位错，如图 2-25（a）所示。同时，呈网状密集分布的位错在晶体内分布不均匀，高密度的缠绕结位错主要集中在位错胞周围地带构成

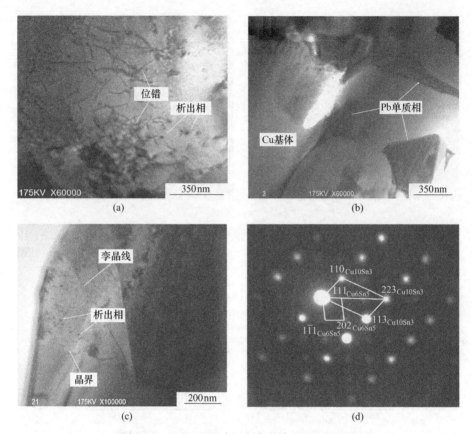

图 2-25　680MPa 压力下制备的合金 TEM 照片
（a）位错；（b）Pb 颗粒；（c）析出相；（d）衍射花样

胞壁。由于合金受到挤压变形后整个体系处于高能量状态，合金内部的空位、位错等缺陷大量增加，为析出相形核和生长提供了有利条件，析出相大量析出且分布较为弥散，如图 2-25（c）所示。由于 Cu-10Sn-4Ni-3Pb 合金基体中保留的较高位错密度，析出相和残留位错缠绕在一起，阻碍了晶体滑移的进行，产生了较强的加工硬化效果，提高了合金强度。同时，从图 2-25（c）中还可以看出，由于合金在 680MPa 瞬时单位挤压力的作用下，合金中部分同一成分和结构的两晶体可能会形成以孪晶界为对称面的显微组织特征，其晶面原子呈共格界面特征。由于孪晶界对滑移有阻碍作用，并且晶界上存在晶格畸变，因而在室温下对合金的塑性变形起到阻碍作用，在宏观上使 680MPa 液态挤压成型制备的合金力学性能较好。

2.2.4　热处理工艺与组织性能

锡青铜合金由于结晶温度范围大，凝固区域宽，实际凝固时是非平衡结晶，在合金中极易出现偏析现象，包括宏观锡元素的逆向偏析，严重时铸锭表面出现白色斑点（δ 相析出）甚至富锡颗粒（锡汗），通过改进熔铸工艺条件可减轻逆向偏析程度；而对于微观枝晶偏析，则必须采取均匀化退火措施进行改善，同时由于锡在铜基体中扩散缓慢，需经过多次均匀化退火与加工才能有效改善这种偏析。

均匀化退火是将金属加热到略低于固相线温度范围内进行长时间保温，最主要是通过合金元素固态下的溶质原子扩散来实现易偏析元素的均匀化分布，有效改善合金微观枝晶偏析。在锡青铜合金热处理工艺研究方面，W. Ozgowicz[31]研究了 CuSn6P 锡青铜合金经750~910℃淬火处理后 α 固溶体的热膨胀系数和晶格参数；林国标、王昌燧等人[32,33]分别研究了熔铸工艺制备的 ZQSn10-2 和含 15%Sn 的 Cu-Sn-Pb 青铜合金经不同均匀化退火后的组织和性能变化。周延军[23]对 680MPa 液态挤压成型制备的 Cu-10Sn-4Ni-3Pb 合金进行不同均匀化退火工艺试验，通过对均匀化退火温度和保温时间等主要工艺参数的调控，重点观察 Cu-10Sn-4Ni-3Pb 合金退火温度、保温时间与退火态组织之间的内在关联，揭示不同均匀化退火工艺对合金微观枝晶偏析的改善程度。

Cu-10Sn-4Ni-3Pb 合金经不同均匀化退火后的微观组织分别如图 2-26 ~ 图 2-29 所示。从整体上看，退火态组织既不同于传统熔铸工艺制备的铸态合金树枝晶组织，也不同于680MPa 单位挤压力下制备的挤压态合金细小组织。由于 Cu-10Sn-4Ni-3Pb 合金经过了较高温度、较长时间的加热和保温处理后，对合金中元素的微扩散、晶粒大小和形态产生了不同程度的影响。首先，从图 2-26 ~ 图 2-29 纵向看，可以看出：在同一保温时间下，随着退火温度升高，合金晶粒从粗大变较细小最后又变粗大，基体上黑色铅颗粒的大小和分布也发生了变化。例如，在保温 10h 的前提下，从 600℃升到 680℃再到 750℃，可以看出晶粒在小范围内发生微小变化，铅颗粒在晶粒和晶界处的分布更加细小、弥散，分别如图2-26（c）、图 2-27（c）和图 2-28（c）所示。随着温度进一步升高到 800℃，晶粒明显变得粗大，如图 2-29（c）所示。其次，在同一退火温度条件下，保温时间对合金微观组织的影响程度相对不明显，随着保温时间的延长，晶粒大小也呈现先略微减小而后又增大的趋势。以 750℃退火温度为例，在保温 6h 后合金的晶粒较粗大，如图 2-28（a）所示；保温时间增加到 8h 后，合金退火态组织中首次观察到了大量退火孪晶，晶粒变得比较细小且黑色铅单质相颗粒较多的分布在晶界处，如图 2-28（b）所示；随着保温时间继续增加到 10h，观察不到退火孪晶，晶粒又发生长大，如图 2-28（c）所示。

图 2-26　600℃不同保温时间退火后 Cu-10Sn-4Ni-3Pb 合金微观组织
(a) 6h；(b) 8h；(c) 10h

从热力学角度分析，均匀化退火是溶质原子从高浓度区域流向低浓度区域并最终使合金成分趋向于平均的扩散过程，其本质是由于原子（或分子）的热运动而导致物质在材料中宏观迁移的现象。在多晶体中，原子扩散可在晶粒内部或沿面缺陷（晶界等）、线缺陷（位错）等进行。Cu-10Sn-4Ni-3Pb 合金中锡在铜中形成的是置换固溶体，溶质和溶剂

图 2-27　680℃不同保温时间退火后 Cu-10Sn-4Ni-3Pb 合金微观组织

（a）6h；（b）8h；（c）10h

图 2-28　750℃不同保温时间退火后 Cu-10Sn-4Ni-3Pb 合金微观组织

（a）6h；（b）8h；（c）10h

图 2-29　800℃不同保温时间退火后 Cu-10Sn-4Ni-3Pb 合金微观组织

（a）6h；（b）8h；（c）10h

原子尺寸都较大，原子主要是通过空位进行扩散。在温度较低时，晶界扩散起重要作用，由于合金中存在大量位错，位错周围存在较大的晶格畸变，原子处于较高能量状态而易于运动，原子可以通过位错线较快的进行扩散。随着温度的升高，借助于热起伏获得足够能量的原子越过势垒进行扩散的概率增大，晶粒内空位密度大幅增加，位错对晶体总扩散贡献降低，晶格扩散起主要作用。另外，在合金枝晶偏析较严重的情况下，除了靠温度来调控扩散速率外，延长保温时间对于促进原子沿晶界或在晶粒内部的扩散也有重要影响，会进一步影响 α 相溶解度向平衡浓度转移和 δ 相的分解，进而对合金枝晶偏析改善产生积极作用。

对 680MPa 液态挤压成型工艺制备的 Cu-10Sn-4Ni-3Pb 合金进行均匀化退火试验后，通过对图 2-26~图 2-29 中的合金微观组织观察和分析发现：在相同保温时间条件下，均匀化退火温度越高，析出相溶解越充分，残留相分布越少，合金的组织均匀化程度就越高，对枝晶偏析程度影响也就越大。主要原因在于温度是影响原子扩散速度的最重要因素，温度越高，原子迁移越容易，原子扩散系数和扩散速度也越大，组织达到均匀化所需的时间也就越短；在一定退火温度下，延长保温时间，原子扩散将随浓度梯度的减小而减小，当溶质原子的均匀化效果趋于稳定，进一步增加保温时间对合金中元素分布变化影响不大。例如：从图 2-29（c）中可以看出，如果退火温度过高、保温时间过长，合金晶粒长大趋势明显，容易导致过烧和晶粒粗大等缺陷，进而影响合金的力学性能。同时，过高温度、过长时间的均匀化过程虽然对消除偏析有利，但同样会增加实际生产中热处理设备的损耗，增加生产成本和周期，降低生产效率。因此，综合考虑退火温度和保温时间的影响作用，Cu-10Sn-4Ni-3Pb 合金的均匀化退火工艺参数为 750℃×8h 空冷。

通过对 680MPa 压力下制备的 Cu-10Sn-4Ni-3Pb 合金不同均匀化退火工艺处理后的微观组织观察和分析，并综合比对不同退火温度和保温时间对合金微观组织的影响后，发现经 750℃×8h 均匀化退火后，合金微观组织中无网块状粗大相，晶粒较细小，并出现大量退火孪晶，晶界明显，基体为 α 固溶体，δ 相因分解而减少，剩余少量的（α+δ）共析体分布于晶界间，铅形成的单质不溶相颗粒呈球状弥散分布于晶内和晶界处，如图 2-30（a）所示。进一步通过更高倍率的观察，发现分布在晶界处的铅颗粒形成了类似"钉扎"效应的现象，如图 2-30（b）所示。同时，对 750℃×8h 均匀化退火后的 Cu-10Sn-4Ni-3Pb 合金力学性能进行测试，同 680MPa 液态挤压成型工艺制备的 Cu-10Sn-4Ni-3Pb 合金挤压态性能相比，硬度和抗拉强度分别有所降低，但伸长率反而增加，说明退火后合金韧性有所改善。

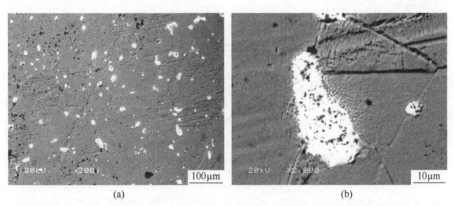

(a)　　　　　　　　　　　　　(b)

图 2-30　Cu-10Sn-4Ni-3Pb 合金经 750℃×8h 均匀化退火后微观组织

(a) 200 倍；(b) 2000 倍

对于经 750℃×8h 退火后合金微观枝晶偏析改善较明显的原因可以从扩散的角度进行分析：温度对原子扩散起到重要影响，选择的 750℃ 温度略低于 Cu-10Sn-4Ni-3Pb 合金的固相线温度（799℃），在该温度下原子沿晶界和晶格扩散都在进行，其中原子沿晶界扩散与晶界面积、晶界结构、晶粒位相差等因素有关，在 750℃ 温度下经 8h 退火后合金晶粒细小，晶界总面积较大，原子扩散系数明显增加，沿晶界扩散比较显著。同时，该温度下保温时间的选择对增加晶粒内空位密度、降低原子激活能进而增加原子沿晶格扩散速率也起到了促进作用。溶质原子的扩散使得不同区域的元素浓度逐渐趋向平均化，铸态组织中的 δ 相得到了极大消除，从而改善了 Cu-10Sn-4Ni-3Pb 合金微观枝晶偏析程度。另外，当均匀化退火温度高于 450℃ 时，退火过程中不稳定的（α+δ）共析体逐渐分解，硬而脆 δ 相的逐渐消失，导致退火态 Cu-10Sn-4Ni-3Pb 合金硬度和抗拉强度较之挤压态性能有所下降，而韧性有所提高。

2.3　耐磨铍青铜合金设计与制备

　　铍青铜（Cu-Be 系）作为典型时效析出强化型铜合金，主强化元素 Be 含量（质量分数）范围为 0.2%~2.0%，同时添加 Co、Ni、Ti、Si 等元素作为第三或第四组元，具有高的强度和硬度、良好的导电性和导热性、优良的耐磨性、耐疲劳性、抗腐蚀性、抗黏着性以及冲击时不产生火花等性能特点，广泛应用于海洋工程、航空航天、电子电气、石油化工、日用五金等领域。根据 Be 元素含量不同，铍青铜可分为高铍高强铍青铜（Be 含量（质量分数）为 1.6%~2.0%）和低铍高导铍青铜（Be 含量 0.2%~0.6%）。例如：现行美标 ASTM 中的 C17000、C17200、C17300、C82400 以及国标（GB/T 5231—2012）中的 TBe2、TBe1.9、TBe1.7 均为高强铍青铜，C17500、C17510、C17410 为高导铍青铜。同时，根据制备加工方式不同，铍青铜可分为铸造铍青铜（Cu-2Be-0.5Co-0.3Si、Cu-0.5Be-2.5Co 等）和变形铍青铜（Cu-2Be-0.3Ni、Cu-1.9Be-0.3Ni-0.2Ti 等）。

　　本小结主要介绍耐磨铍青铜合金成分优化设计、熔铸制备工艺与组织性能、塑性变形工艺与组织性能、热处理工艺与组织性能等方面研究情况，重点介绍耐磨 Cu-Be-Co 系铍青铜合金的制备及组织性能研究成果。

2.3.1　耐磨铍青铜成分设计

2.3.1.1　合金元素对铍青铜合金的影响

　　根据 Cu-Be 和 Cu-Co 二元合金体系平衡相图，Be 元素和 Co 元素在铜基体中的溶解度随温度降低而急剧减少。其中，在共晶反应温度 866℃，Be 元素在铜基体中的固溶度（摩尔分数）为 16.5%（转化成质量分数为 2.73%），共析反应温度 600℃ 条件下固溶度（摩尔分数）降至 10%（转化成质量分数为 1.4%），而室温条件下 Be 元素在铜基体中的极限固溶度小于 0.2%（质量分数）；在共晶反应温度 1112℃ 时，Co 元素的固溶度（摩尔分数）为 8.8%（转化成质量分数为 5.0%），而室温条件下 Co 元素在铜基体中的极限固溶度仅为 0.5%（质量分数）。同时，Be 元素在铜基体中扩散系数随温度降低而急剧减小，1075℃ 条件下的扩散系数为 $2.1 \times 10^{-8} \, \text{cm}^2/\text{s}$，850℃ 降至 $4.3 \times 10^{-10} \, \text{cm}^2/\text{s}$，700℃ 降至 $2.4 \times 10^{-11} \, \text{cm}^2/\text{s}$。

　　铍青铜在固溶时效热处理过程中，Be 元素在铜基体中可形成 α、β 和 γ 相。其中，α 相是以 Cu 为基体的固溶体，具有面心立方结构（fcc），β 相和 γ 相均为体心立方结构（bcc）。随着温度降低，合金在 866℃ 发生共晶反应析出 β 相，β 相为无序固溶体；经 600℃ 共析反应后形成有序 γ 固溶体，为硬脆的金属间化合物，对合金强度、硬度具有提升作用。当高温固溶处理后，上述相变过程来不及发生，合金将保留高温时组织即过饱和

α 固溶体，经后续时效处理后，过饱和 α 固溶体脱溶并析出 γ 强化相，实现合金强化。Cu-Be 二元合金在进行固溶处理时，易因冷却速度过慢发生过饱和固溶体的部分分解，致使随后时效强化效果减弱，加入其他微量元素，能够显著控制固溶冷却过程中过饱和固溶体的提早分解，为随后时效强化提供组织基础。除 Be 元素的强化作用外，其他元素的添加对合金性能也会产生显著影响：

（1）Co 元素的影响。Co 元素的加入能够提高合金强度、硬度、韧性和耐高温性能，延缓晶粒粗化、抑制晶界反应。同时，Co 元素与 Be 元素形成的金属间化合物（如 BeCo、Be_5Co、$Be_{12}Co$ 等）在时效过程中大量析出会产生显著强化效果。

（2）Ni 元素的影响。Ni 元素的加入能明显降低 Be 元素在铜基体中的固溶度，固溶时可抑制合金局部分解，延缓再结晶、细化晶粒。同时，Ni 元素与 Be 元素形成的金属间化合物（如 NiBe、Ni_2Be_2 等）在时效过程中大量析出实现合金强化。

国内外学者针对铍青铜合金中元素特性，以及添加元素对铍青铜合金组织与性能的影响等方面开展了研究。宋海峰等人[34]利用第一性原理研究了 Be 元素的热力学性质（常态性质、等温高压物态方程等），并阐述了氧化铍、含 Be 铜合金/复合材料的研发和应用情况。Li 等人[35]采用密度泛函理论研究了二元 Be_nCu_m 簇（$n+m=2\sim7$）的几何结构、电子特性和相对稳定性，发现当配位数小于 3 时，电荷从 Be 原子向 Cu 原子转移，随着配位数增加，转移方向发生改变。潘少彬等人[36]研究发现 Co 元素加入使得析出相发生"点状—针状—棒状"转变，尺寸增大，第二相由 δ-Ni_2Si 和 Co_2Si 构成。

2.3.1.2　Co 元素含量对铍青铜合金组织性能的影响

河南科技大学铜合金课题组在低铍 Cu-0.2Be 合金中添加 Co 元素，通过熔铸+塑性成型工艺制备了不同 Co 含量（质量分数分别为 0、0.5%、1.0%）的 Cu-0.2Be-xCo（$x=0$、0.5、1.0）合金，系统研究了 Co 元素含量对铍青铜合金铸态、挤压态和时效热处理态的性能和微观组织影响。研究发现[37,38]，Co 元素含量对合金性能具有重要影响：Co 元素的加入对铍青铜合金硬度具有提升作用，而对电导率具有弱化作用，且随着 Co 含量的增加，硬度逐渐增加，而电导率不断下降。当 Co 含量（质量分数）为 0.8% 时，合金硬度和电导率匹配值比较理想，当 Co 含量（质量分数）过高时（1.0%），硬度虽然更高，但电导率降低太多（20%~30%IACS）。同时，为保证后续时效过程中化合物析出相的形成，Be 元素与 Co 元素之间需保持 1：（3~4）比例关系。

A　Co 元素对 Cu-0.2Be-xCo 合金铸态组织性能的影响

图 2-31 所示为不同 Co 含量的 Cu-0.2Be-xCo（$x=0$、0.5、1.0，分别代表 Co 的质量分数为 0、0.5%、10%）合金铸态宏观及微观组织。从图 2-31 可以看出：添加不同含量 Co 元素的 Cu-0.2Be-xCo 合金铸锭凝固组织的组成部分相同，由表层细晶区、柱状晶生长区和中心等轴晶区组成。加入质量分数为 0.5% 和 1.0% 的 Co 元素后，Cu-0.2Be-xCo 合金铸锭凝固组织中柱状晶区减小、等轴晶区增大，且中心等轴晶晶粒数目增多，尺寸变小。如添加 Co 元素含量为 1.0% 的 Cu-0.2Be-1.0Co 合金中心等轴晶粒平均大小为 0.7~1.4mm，较 Co 含量为 0.5% 的 Cu-0.2Be-0.5Co 合金的 1.5~2.5mm 显著减小。这是因为 Co 元素熔点高达 1493℃，在浇铸过程中高温金属液在凝固结晶时会最先析出 Co 元素，进而使晶粒得到细化。

对宏观腐蚀照片选区进行微观组织分析，添加不同含量 Co 元素的 Cu-0.2Be-xCo 合金铸态显微组织以树枝晶为主。Cu-0.2Be-xCo 合金在凝固结晶时，首先于模具内壁上形成晶核，由于部分区域液体为负的温度梯度，在负温度梯度下界面处热量能从固、液两相中消散，界面的推移由固相传热速率主导，当界面伸展突出于金属液体中，因其前方为负的温度梯度，能够以较快的速度生长从而形成树枝枝干，枝干结晶时向两侧金属液体中释放出潜热，使金属液体中垂直于枝干的方向又产生负的温度梯度，然后形成二次枝干，最终形成树枝晶。

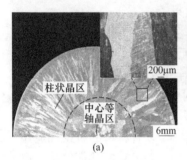 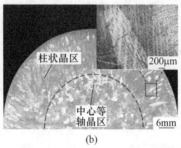 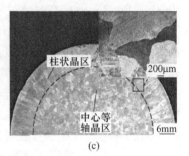

图 2-31　Co 元素对合金铸态组织的影响
(a) Cu-0.2Be；(b) Cu-0.2Be-0.5Co；(c) Cu-0.2Be-1.0Co

图 2-32 所示为 Co 含量对 Cu-0.2Be-xCo 合金铸态电导率及显微硬度的影响规律。从图中可以看出：Co 元素对合金铸态的电导率和显微硬度具有显著影响，但两者变化趋势相反。Cu-0.2Be-xCo 合金电导率随 Co 含量增加而降低，Cu-0.2Be 合金电导率为 55.6% IACS，Cu-0.2Be-0.5Co 合金电导率大幅降低为 39.6%IACS，Cu-0.2Be-1.0Co 合金电导率降至 33.4%IACS，较 Cu-0.2Be 合金电导率降低了 39.9%。因 Co 元素在金属液体凝固时最先析出成为结晶核心，细化合金组织，Cu-0.2Be-xCo 合金内部晶粒数量增多致使晶界数目随之增多，晶界数量的增多导致合金内部自由电子运动的自由程变小，从而增强对电子的散射程度，导致 Cu-0.2Be-xCo 合金电导率随 Co 元素含量的增加而降低。

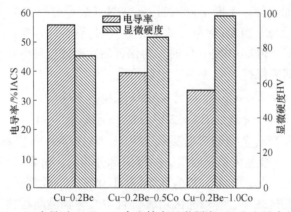

图 2-32　Co 含量对 Cu-Be-Co 合金铸态显微硬度 HV 和电导率的影响

Cu-0.2Be-xCo 合金显微硬度随 Co 元素含量的增加而升高，不含 Co 元素的 Cu-0.2Be 合金显微硬度 HV 为 75，Co 含量增加至 0.5% 的 Cu-0.2Be-0.5Co 的显微硬度 HV 为 86，当 Co 含量增加至 1.0% 时，Cu-0.2Be-1.0Co 合金显微硬度 HV 达 98，较 Cu-

0.2Be 合金硬度提高了 23.5%。这是由于添加少量的 Co 元素后，合金晶粒得到细化，晶粒细化后致使晶界数量显著增多，有效抑制了位错运动；此外，一定量的 Co 元素固溶于 Cu 基体中导致基体晶格畸变而产生应力场，使合金的显微硬度随 Co 元素含量的增加而上升。

B Co 元素对 Cu-0.2Be-xCo 合金挤压态组织性能的影响

图 2-33 所示为不同 Co 含量的 Cu-0.2Be-xCo（x = 0、0.5、1.0，分别代表 Co 的质量分数为 0、0.5%、1.0%）合金挤压态微观组织。从图中可以看出：Co 元素对挤压态合金微观组织产生显著影响。对于不含 Co 的 Cu-0.2Be 合金，显微组织中存在数量众多的退火孪晶，晶粒分布均匀，但平均晶粒尺寸较大，如图 2-33（a）所示；合金中添加 0.5%Co 元素后的 Cu-0.2Be-0.5Co 合金，尺寸较大的退火孪晶数量减少，部分孪晶组织经挤压形成典型的细小等轴晶组织。而 Co 含量为 1.0 的 Cu-0.2Be-1.0Co 合金，显微组织以大量细小等轴晶为主，退火孪晶已基本消失，合金晶粒得到明显细化。主要是由于 Co 与 Cu 元素处于同一周期，原子半径相差不大，高温时微量 Co 元素可完全固溶于铜基体中，且 Co 元素在高于 417℃ 时为面心立方结构，与铜的晶体结构相同，二者晶格常数较接近，高温时 Co 能与 Cu 形成高熔点金属间化合物，形成的高熔点金属间化合物对晶界迁移起到阻碍作用，从而实现晶粒细化。

  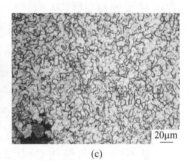

(a) (b) (c)

图 2-33 Co 元素对合金挤压态组织的影响

(a) Cu-0.2Be；(b) Cu-0.2Be-0.5Co；(c) Cu-0.2Be-1.0Co

Cu-0.2Be-xCo（x = 0、0.5、1.0，分别代表 Co 的质量分数为 0、0.5%、1.0%）合金经挤压变形后发生了动态再结晶，晶粒较铸态组织得到显著细化。热挤压可消除合金铸态组织中的缺陷（如缩松、气孔等），改善合金微观组织，提升合金综合性能。合金的热挤压变形是径向压缩、纵向延伸的塑性变形方式，热挤压过程中，合金沿着挤压方向塑性流动，变形组织在挤压热和挤压力的双重作用下起初会沿着晶界形成亚晶结构，然后通过亚晶合并方式演变为尺寸较大的大角度亚晶，随后通过晶界迁移，亚晶合并最终形成细小的大角度晶粒。

图 2-34 所示为 Co 含量对 Cu-0.2Be-xCo（x = 0、0.5、1.0，分别代表 Co 的质量分数为 0、0.5%、1.0%）合金挤压态电导率和显微硬度的影响规律。由图中看出：Co 含量对合金挤压态的电导率和显微硬度影响显著，但变化趋势相反。Cu-0.2Be-xCo 合金电导率随 Co 含量增加而降低。不含 Co 元素的 Cu-0.2Be 合金电导率为 56.5%IACS，Co 含量增至 0.5% 的 Cu-0.2Be-0.5Co，电导率大幅降低为 41.4%IACS，当 Co 含量增加至 1.0% 时，Cu-0.2Be-1.0Co 合金电导率降至 35.3%IACS，较 Cu-0.2Be 合金电导率降低了 37.5%。这

是由于铜基体中溶质元素数量的多少和晶粒尺寸的大小都会影响合金的电导率，Cu-0.2Be合金中添加 Co 元素，对基体造成晶格畸变，并且随着 Co 含量的增加，基体的晶格畸变程度随之增大，对自由电子的散射作用逐渐增强，电导率随之降低。

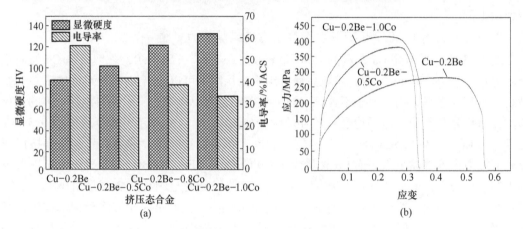

图 2-34　Co 含量对挤压态合金导电性能和力学性能的影响

Cu-0.2Be-xCo 合金显微硬度随 Co 含量增加而显著增加。不含 Co 元素的 Cu-0.2Be 合金显微硬度 HV 为 87，Co 含量增加至 0.5% 的 Cu-0.2Be-0.5Co，显微硬度 HV 为 101，当 Co 含量增加至 1.0% 时，Cu-0.2Be-1.0Co 合金显微硬度 HV 达 132，较 Cu-0.2Be 合金显微硬度 HV（87）提高了 51.7%。这是由于添加 Co 元素后，合金晶粒得到细化，晶粒细化后晶界数量增多，而晶界对位错滑移有阻滞作用。当位错运动时，由于晶界两侧晶粒的取向不一样，一侧晶粒中的滑移带不能够直接进入第二个晶粒，导致位错不易穿过晶界，从而在晶界处塞积，显著抑制位错的运动，故合金显微硬度随着 Co 元素含量增加而升高。

从不同 Co 含量的 Cu-0.2Be-xCo（x = 0、0.5、1.0）合金挤压态拉伸断裂过程的应力应变曲线可以看出：（1）整体上，不同 Co 含量的 Cu-0.2Be-xCo 合金在单向拉应力作用下的变形过程基本一致，均分为弹性变形、塑性变形和断裂三个阶段。应变初期，合金应力急剧上升，应变中期应力增加趋势变缓，达到抗拉强度后急剧下降至合金断裂。如 Cu-0.2Be-0.5Co 合金在应变量为 0~0.02 时为弹性变形阶段，强度达 197MPa，应变量为 0.02~0.54 时为塑性变形阶段，抗拉强度达 384MPa，应变量高于 0.54 时合金断裂。（2）Co 含量对合金挤压态的弹性极限和抗拉强度具有显著影响。合金弹性极限和抗拉强度随 Co 含量升高而大幅增加。不含 Co 元素的 Cu-0.2Be 合金弹性极限和抗拉强度分别为 70MPa、290MPa，而添加 1.0% 的 Cu-0.2Be-1.0Co 合金的弹性极限和抗拉强度分别达到 291MPa、417MPa，较 Cu-0.2Be 合金分别增加了 315.7% 和 43.6%。（3）Co 含量对合金伸长率造成弱化作用。不含 Co 元素的 Cu-0.2Be 合金伸长率为 48%，而添加了 0.5% 和 1.0%Co 的 Cu-0.2Be-0.5Co 和 Cu-0.2Be-1.0Co 合金的伸长率分别为 29% 和 30%，其中 Cu-0.2Be-1.0Co 合金的伸长率较 Cu-0.2Be 合金降低 37.5%。试验范围内，Cu-0.2Be-1.0Co 合金室温拉伸性能较好，弹性极限为 291MPa，抗拉强度为 417MPa，伸长率为 30%。

图 2-35 所示为 Cu-0.2Be-xCo 合金挤压态拉伸断口形貌。由图 2-35（a）知，不同 Co

含量的 Cu-0.2Be-xCo 合金在单向拉应力作用下发生了明显的塑性变形，出现颈缩，断裂方式为韧性断裂。从图 2-35（b）~（d）可以发现，整体上 Cu-0.2Be-xCo 合金断口都存在大量韧窝。Cu-0.2Be 合金断口呈现大且深的等轴韧窝，分布均匀，由于 Be 含量较低，断口具有纯金属典型的微孔聚集型韧性断裂特征；添加 0.5%Co 的 Cu-0.2Be-0.5Co 合金断口为细小较浅的剪切型韧窝，分布不均匀，同时有较大的空洞形成；而 Co 含量为 1.0% 的 Cu-0.2Be-1.0Co 合金断口存在大量细小的剪切韧窝，分布均匀，且有少数较小的空洞。Cu-0.2Be-xCo 合金在一定的外力作用下会促使位错的运动，当位错在晶界、夹杂物或第二相粒子处发生位错塞积，就会产生应力集中，进而形成显微孔洞，孔洞在剪切力的作用下长大聚集，直至孔洞间相互连接形成韧窝，最终导致材料的断裂。韧窝的大小和深度对合金的塑性具有显著的影响，Cu-0.2Be 合金断口韧窝较大且深，结合图 2-34（b）可知，该合金伸长率为 48%，说明其塑性较好，而一般认为合金塑性好则其强度就低。而 Co 含量为 1.0% 的 Cu-0.2Be-1.0Co 合金晶粒明显得到细化，晶粒细化后使得合金塑性有所改善，具有较高强度和塑性。

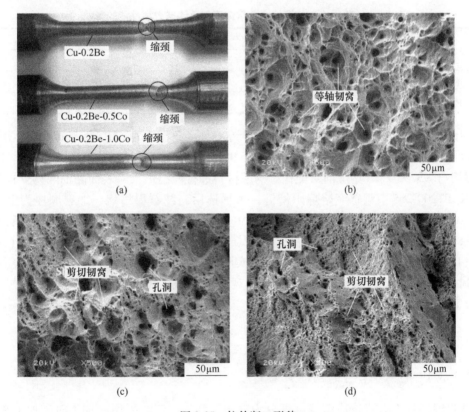

图 2-35 拉伸断口形貌

（a）宏观形貌；（b）Cu-0.2Be 微观形貌；（c）Cu-0.2Be-0.5Co 微观形貌；（d）Cu-0.2Be-1.0Co 微观形貌

2.3.2 熔铸制备工艺与组织性能

铍青铜合金的熔铸主要有真空熔铸和非真空熔铸，由于铍粉末及其氧化物有毒，Be 元素一般通过 Cu-Be 中间合金的方式进行添加，主要是控制 Be 元素的烧损，同时应避免其他合金化元素（如 Co 元素）的局部富集现象。

　　铍青铜在进行真空熔铸时，熔炼过程中高温熔体不与外界气体直接接触，能够有效防止合金液吸气及氧化，减少合金疏松、气孔和夹杂物等铸造缺陷，显著改善铸态铍青铜合金质量，并且降低熔炼过程中铍氧化物对人体的危害和对环境的污染。但真空熔炼一般规模小、成本高、不适宜大批量生产。

　　在进行非真空熔炼时由于铍青铜吸气较为严重，因此必须选用合适的覆盖剂，并加强精炼和脱氧，熔炼时若仅采用木炭覆盖的除气方法效果欠佳，因为木炭的吸附性极强，虽然在高温下进行燃烧，仍会吸附较多的气体。采用硼砂和碎玻璃覆盖剂和氧化铜脱氧效果较好，硼砂和碎玻璃在高温熔化后形成密度小、黏度大的熔体，在铜液表面形成一层黏稠的保护膜，能够有效防止吸气。

　　杨觉明等人[39]研究了除气方式对铍青铜合金液的吸气及铸态合金力学性能的影响，见表 2-7。结果表明，采用氧化铜与覆盖剂除气，有效改善了合金铸件的"鼓胀"现象，显著提高铍青铜合金铸件的力学性能。

表 2-7　除气方式对铍青铜合金熔体吸气及铸态力学性能的影响[39]

除气方式	吸气现象	抗拉强度/MPa	伸长率/%
木炭覆盖	外浇口明显鼓胀	—	—
木炭覆盖+磷铜脱氧	外浇口轻微鼓胀	335~420	<4
覆盖剂+氧化铜脱氧	外浇口凹陷	390~494	3~8

　　周延军、何霞等人[40~42]采用非真空熔铸工艺制备了 Cu-0.2Be-0.8Co 合金。熔铸过程为：原材料选用电解铜（质量分数不小于 99.99%）、Cu-3.3Be 中间合金和钴片（质量分数不小于 99.95%），熔炼前对配比好的原材料进行低温烘干、表面除油除锈等预处理。采用 KGPT200-2.5 中频感应熔炼炉熔炼，坩埚选用高纯石墨坩埚，加料顺序为电解铜、钴片、Cu-3.3Be 中间合金。熔炼温度为 1150~1250℃，采用木炭覆盖和磷铜脱氧，经脱氧、除气、除渣处理后，将熔液浇铸到金属型模具中凝固成型。合金名义成分为 Cu-0.2Be-0.8Co，采用化学分析法测得的合金实际成分为 Cu-0.23Be-0.84Co。结果表明：该工艺制备的 Cu-0.23Be-0.84Co 合金铸锭外观光洁平整，铸态密度为 8.820g/cm³，硬度 HV 为 198.1，电导率为 43.2%IACS。

2.3.3　塑性变形工艺与组织性能

2.3.3.1　铍青铜合金的制备加工工艺

　　铍青铜的加工方式按成型温度可分为冷加工和热加工。采用冷加工时，加工率应控制在 20%~60%，合金在后续热处理过程中能够完全固溶，晶粒尺寸均匀，且长大缓慢；若冷加工率小于 20%，固溶时晶粒生长太快，对后续的进一步冷加工不利；若冷加工率大于 60%，合金经热处理后冷加工组织不能完全消除，晶粒尺寸不均匀，且晶界不连续。

　　刘守田等人[43]研究了铍青铜合金在挤压、锻造、锻造+挤压等不同塑性加工状态下的组织性能，结果表明，在相同加工率下合金锻态组织较挤压态组织更均匀，但抗拉强度较挤压态低，而合金经锻造+挤压后晶粒细小且均匀，综合性能最佳。唐延川等人[44]研究了热轧工艺对时效态铍青铜合金组织性能的影响，发现终轧温度在540℃时析出相沿晶界局部脱溶较为严重，终轧温度在630℃时显微组织中β相含量减少，合金力学性能明显提升。岳丽娟等人[45]研究了加热温度、保温时间和加工率等塑性工艺参数对Cu-Be合金性能的影响，并通过连续铸造、轧制、热处理等工艺制备了含Co元素的C17200铍青铜带材，发现微量Co元素的加入对合金性能具有明显改善作用。

2.3.3.2 Cu-0.2Be-0.8Co合金的热变形行为

Cu-0.2Be-0.8Co合金的制备必须要经过高温塑性变形。在高温热变形过程中，同时进行着加工硬化和动态软化过程，流变应力是评价材料高温变形基本性能的重要参数之一，可通过流变应力研究两者的综合作用。材料的流变应力与宏观热力学参数之间的函数关系即构成本构方程，反映了热变形过程中各参数之间的动态响应关系。基于动态材料模型的热加工图是合金在不同应变量下将功率耗散图和流变失稳图组合得到，可用来描述材料热变形过程中的安全加工区和失稳区，优化材料热加工工艺参数。

河南科技大学周延军等人[40,46]通过数控动态热-力学模拟试验机对Cu-0.2Be-0.8Co合金进行高温热压缩变形试验，应变速率选为$0.1s^{-1}$、$1s^{-1}$、$5s^{-1}$、$10s^{-1}$，变形温度分别为450℃、550℃、650℃、750℃、850℃，总应变量为70%。获得了不同应变速率和变形温度条件下合金的真应力-真应变曲线，当应变速率一定时，变形温度越高，Cu-0.2Be-0.8Co合金的峰值屈服应力越低；当变形温度一定时，应变速率越大，合金流变应力越大；Cu-0.2Be-0.8Co合金热变形激活能为501.76kJ/mol。通过线性回归处理，获得结构因子、应力水平参数、应力指数、热变形激活能等关键参数，构建了合金稳态流变条件下应力-应变本构方程，并进行验证，相关系数$R^2 = 0.91$，拟合精度高；基于动态材料模型，通过不同应变量下的功率耗散图和流变失稳图，绘制了合金热加工图，获得合金热变形过程中的安全加工区和流变失稳区，当应变量0.1~0.3时，变形安全区较大，主要集中在650~750℃高应变速率区。该部分研究成果可为铍青铜合金实际热变形过程中工艺参数的制订提供理论依据。

A 真应力-真应变曲线及本构方程的构建

图2-36所示为Cu-0.2Be-0.8Co合金不同变形温度和应变速率下的真应力-真应变曲线，表2-8所列为Cu-0.2Be-0.8Co合金不同变形温度和应变速率下的峰值应力。从图2-36和表2-8可以看出：（1）在试验参数范围内，当应变速率一定时，流变应力随变形温度的升高而降低。当应变速率为$0.1s^{-1}$，在450℃、550℃和650℃时，流变应力先随应变增加迅速升高并达到峰值应力，分别为362.1MPa、322.8MPa和245.6MPa；当应变超过一定值后，流变应力随应变增加而降低，发生了加工软化现象；而750℃和850℃时，流变应力达到峰值应力（150.2MPa、67.5MPa）后，流变应力随应变增加基本保持稳定。当应变速率为$1s^{-1}$、$5s^{-1}$和$10s^{-1}$时，在各温度条件下，流变应力先随应变增加急剧升高，当达到峰值应力后，流变应力随应变增加不再发生明显变化，即呈现稳态流变特征。（2）总体上，应变速率越大，同一温度条件下合金峰值应力越高，说明Cu-0.2Be-0.8Co合金为正应变速率敏感材料。

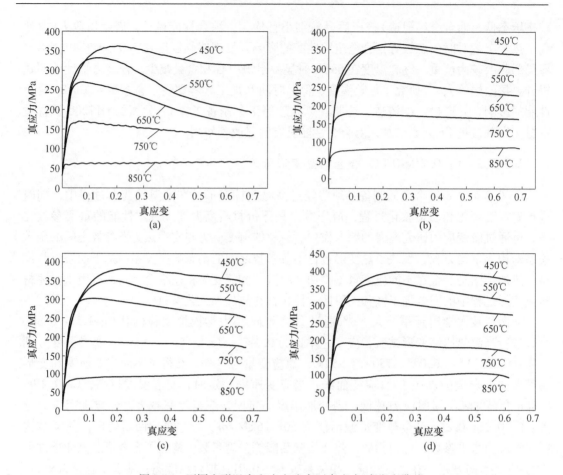

图 2-36　不同变形温度和应变速率下真应力-真应变曲线

(a) 0.1s^{-1}；(b) 1s^{-1}；(c) 5s^{-1}；(d) 10s^{-1}

表 2-8　不同变形温度和应变速率下合金峰值应力　　　　　　　　（MPa）

应变速率/s^{-1}	450℃	550℃	650℃	750℃	850℃
0.1	362.1	322.8	245.6	150.2	67.5
1	375.2	340.2	270.4	173.7	86.1
5	383.5	353.9	303.4	192.1	100.5
10	398.2	374.4	310.3	196.8	107.9

　　不同应变速率和变形温度条件下，Cu-0.2Be-0.8Co 合金流变应力随应变量的变化，主要是合金热变形过程中加工硬化与动态软化共同作用的结果。同一应变速率和变形温度条件下，在热变形初期，位错的形成需要较高能量，随着位错密度增加，金属内部畸变能增加，加工硬化起主导作用，流变应力急剧升高，当加工硬化和软化达到动态平衡时，出现峰值应力；随着应变量的进一步增加，合金开始发生加工硬化与动态回复和动态再结晶之间的相互作用，使得合金流变应力部分降低或总体稳定。当应变速率恒定时，合金峰值应力随变形温度升高而降低，其主要原因是变形温度越高，动态软化效应更容易发生，使得合金峰值应力降低。

Cu-0.2Be-0.8Co 合金在热变形过程中，流变应力 σ 的主要影响因素是应变速率和变形温度 T。当应变量达到一定值时，流变应力随变形量的增加缓慢变化，呈现稳态流变特征。根据求得的结构因子 A、应力水平参数 α、应力指数 n、热变形激活能 Q，获得了 Cu-0.2Be-0.8Co 合金稳态流变条件下的应力-应变本构方程：

$$\dot{\varepsilon} = e^{66.1}\left[\sinh(0.004\sigma)\right]^{17.37}\exp\left(-\frac{501760}{8.314T}\right) \tag{2-1}$$

该方程反映了热变形过程中材料流变应力与应变速率、变形温度等宏观热加工参数之间的动态变化关系。

为验证方程的准确性，将不同应变速率（$0.1s^{-1}$、$1s^{-1}$、$5s^{-1}$、$10s^{-1}$）和变形温度（450℃、550℃、650℃、750℃和850℃）代入式（2-1），得到 Cu-0.2Be-0.8Co 合金不同变形温度和应变速率条件下的流变应力理论计算值 $\sigma_{calc.}$，并将理论计算值 $\sigma_{calc.}$ 和试验测量值 $\sigma_{exp.}$ 进行对比，见表2-9。根据获得的流变应力试验测量值 $\sigma_{exp.}$ 与理论计算值 $\sigma_{calc.}$，计算出相关系数 $R^2 = 0.91$，接近于1，拟合精度高，说明构建的 Cu-0.2Be-0.8Co 合金稳态流变条件下应力-应变本构方程具有较高的准确性，可为实际材料热变形工艺参数优化提供理论依据。

表 2-9 不同变形温度和应变速率下合金流变应力测量值与计算值 （MPa）

应变速率 /s^{-1}	450℃		550℃		650℃		750℃		850℃	
	$\sigma_{calc.}$	$\sigma_{exp.}$	$\sigma_{calc.}$	$\sigma_{exp.}$	$\sigma_{calc.}$	$\sigma_{exp.}$	$\sigma_{calc.}$	$\sigma_{exp.}$	$\sigma_{calc.}$	$\sigma_{exp.}$
0.1	401.0	362.1	274.3	322.8	191.3	245.6	138.5	150.2	104.6	67.5
1	431.9	375.2	301.4	340.2	213.5	270.4	156.0	173.7	118.4	86.1
5	453.7	383.5	321.0	353.9	229.9	303.4	169.2	192.1	129.1	100.5
10	463.2	398.2	329.6	374.4	237.2	310.3	175.2	196.8	133.9	107.9

B 热加工图构建与分析

Cu-0.2Be-0.8Co 合金热加工过程中涉及工艺参数选择，包括变形量、变形温度、应变速率等，为避免材料成型过程中出现缺陷，传统方法是通过大量的试验进行工艺参数摸索和改进。而基于动态材料模型的热加工图是将合金不同应变量下功率耗散图和流变失稳图组合得到，可用来描述材料在热加工变形过程中的安全加工区和流变失稳区，避免材料在热加工过程中出现空洞区、晶界裂纹区、局部流变区等缺陷，优化材料热加工工艺参数。

目前，构建材料热加工图的模型主要有动力模型、原子论模型和动态材料模型三种。其中，由 Dorn 提出的动力学模型是将变形温度、流变应力和应变速率进行关联，但该模型仅适用于纯金属及部分合金的热变形行为研究，存在局限性。Ashby 和 Frost 提出的原子论模型是基于原子扩散机制以及变形时材料纯稳态剪切应变速率，在金属加工时，考虑到变形温度和应变速率是直接变量，根据 Ashby 图概念建立了一种新材料的加工图，可通过减少加工缺陷来控制微观组织和性能，但热加工图给出的安全加工范围较大。

Prasad 和 Gegel 于1983年首次提出动态材料模型（DMM），其基础是大塑性流变力学、物理系统模拟和不可逆热力学，基于该模型建立起的热加工图可用于材料热加工工艺的设计和优化，实现微观组织和性能控制，弥补了原子论模型和动力学模型的不足。

动态材料模型将材料的热压缩变形视为一个热力学的封闭系统，其内部发生着不可逆变化（组织演变和热传递），并将热加工工件视为非线性功率耗散体。依据功率耗散理论，材料热变形过程中单位时间输入系统的功率 P 由两部分消耗：耗散量 G 和耗散协量 J。其中，功率耗散量（G）是由塑性变形引起的功耗大量转化为热能，极少量以晶格畸变能储存；功率耗散协量（J）是变形过程中的显微组织演变（如动态再结晶、动态回复、内部裂纹、位错、颗粒大小等）引起的功耗。

功率耗散效率因子 η 由功率耗散协量与其最大值之比决定，用来反映材料功率耗散特征。η 为无量纲参数，由于不同变形条件而形成了不同区域的功率耗散图。功率耗散图上的等值轮廓线表示与材料微观组织变化相关的相对熵产率（微观组织轨迹线）。在功率耗散图中，η 值越大，热加工图中的功率耗散效率与失稳区域越大，但材料的热加工性能不一定不好。因此，还需获得材料热变形过程的失稳参数。

根据动态材料模型，大应变塑性流变采用不可逆动力学极大值原理，Prasad 在 Ziegler 最大熵产生率原理上导出材料塑性变形连续失稳判据，用无量纲流变失稳参数 $\xi(\dot{\varepsilon})$ 表示：

$$\xi(\dot{\varepsilon}) = \frac{\partial \ln[\, m/(m+1)\,]}{\partial \ln \dot{\varepsilon}} + m \qquad (2\text{-}2)$$

根据流变失稳参数、应变速率和变形温度之间关系可绘制出材料的流变失稳图。在失稳图上，流变失稳参数小于 0 的区域为流变失稳区，流变失稳参数大于 0 的区域为安全加工区。将流变失稳图和功率耗散图组合得到材料的热加工图。

图 2-37 所示为 Cu-0.2Be-0.8Co 合金不同应变量条件下（0.1、0.2、0.3、0.4、0.5、0.6）热加工图。图中等值轮廓线上数据为功率耗散效率因子 η，白色区域为安全加工区，阴影区为流变失稳区。从图 2-37 可以看出：（1）随着应变量增加，功率耗散效率因子逐渐增大，应变量 0.6 时达到最大值 66%。（2）应变量 0.1~0.3 时，失稳区形状差别较大，应变量对合金加工性能影响显著；应变量 0.4~0.6 时，合金失稳区形状相似，变形量对加工性能无显著影响。（3）应变量为 0.1~0.3 时，热压缩变形安全区较大，主要集中在 650~750℃高应变速率区。

2.3.4 热处理工艺与组织性能

2.3.4.1 铍青铜合金的热处理工艺特点

铍青铜合金是典型时效析出强化型铜合金，通过热处理可大幅度提高其成形性能和力学性能。经高温固溶处理后的铍青铜合金具有良好的塑性、韧性及冷加工成形性；再经时效处理后可获得高的力学性能、较好的弹性与优异的传导性能。

（1）固溶热处理。铍青铜在保护气体中加热到一定温度并保温一定时间后出炉急冷，使富 Be 相最大限度固溶于铜基体中，获得过饱和固溶体，称为固溶处理。固溶处理目的：一是在保证晶粒不发生粗化的前提下尽可能多地使溶质原子溶入铜基体中，获得过饱和 α 固溶体，进而为合金后续时效做组织准备；二是消除铸态组织枝晶偏析；三是提高合金的塑性或冷加工性。合理的固溶温度，不仅促使 Be 等溶质元素完全且均匀地固溶于铜基体中，又能得到细小的晶粒。固溶温度过低，则溶质原子不能充分固溶，后续时效过

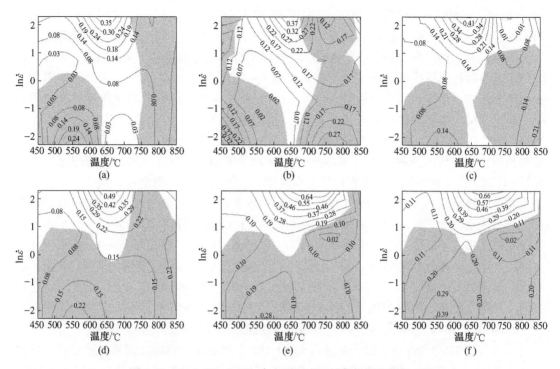

图 2-37　Cu-0.2Be-0.8Co 合金不同应变量条件下的热加工图
(a) ε=0.1；(b) ε=0.2；(c) ε=0.3；(d) ε=0.4；(e) ε=0.5；(f) ε=0.6

程中易发生脱溶反应和晶界反应；固溶温度过高，则会导致晶粒粗大甚至局部熔化。同时，除了与温度有关外，固溶处理还与保温时间、出炉转移时间、冷却介质有关。因此，铍青铜在进行固溶处理时，必须精确掌控加热温度、保温时间、冷却速度等关键工艺参数。

（2）时效热处理。固溶后的铍青铜合金需再经过时效处理才能获得优良的综合性能。时效是将固溶处理后的合金加热到一定温度，经一定时间保温后在室温下空冷的热处理工艺。在进行时效处理时，通过过饱和 α 固溶体分解，以及强化相的析出和生长，实现合金性能的显著提升，除了与过饱和固溶度有关外，主要受时效温度和时间影响，其时效强化效果取决于时效析出第二相的形貌、尺寸及分布等因素。时效温度的选择同样考虑两个方面：时效温度过低，溶质溶解速度慢，强化相从 α 固溶体中析出不充分，达不到强化效果；时效温度过高，强化相析出速度快，易导致强化相的聚集和长大，产生过时效现象，从而使合金力学性能降低。同时，时效强化不仅受时效温度和保温时间的影响，还与 α 固溶体的过饱和度有关，α 固溶体的过饱和度越大，则时效后合金硬度越大且达到时效硬化峰值的时间越短。

因此，铍青铜合金良好性能的获得需要合理的热处理工艺，通过选择合理的固溶温度、保温时间及冷却介质，获得均匀细小的 α 固溶体，进而通过后续合理的时效温度和保温时间，最终获得最佳强化效果。

2.3.4.2　低铍高导 Cu-Be-Co 合金热处理工艺及组织性能

河南科技大学周延军[40,47~50]以低铍高导 Cu-0.2Be-0.8Co 合金为研究对象，研究了时效温度（460℃、480℃、500℃）和时效时间（30min、60min、120min、180min、240min、360min）对合金性能（硬度、电导率）的影响规律，重点研究了不同时效工艺参数下析出相结构、形貌、大小、数量、分布以及析出相与基体共格关系的演变规律，为时效工艺参数优化提供理论依据。研究结果表明：时效温度和时间对 Cu-0.2Be-0.8Co 合金析出相结构、形态、大小、数量、分布、析出相/基体共格关系等特征变量具有显著影响。析出相结构类型为体心立方 Be_5Co 相；同一温度条件下，析出相与基体共格关系由半共格/共格（欠时效）→完全共格（峰时效）→非共格（过时效）；时效温度的升高加快了共格析出相的析出速率：460℃×180min →480℃×60min →500℃×30min。析出相对 Cu-0.2Be-0.8Co 合金硬度和电导率变化具有本质影响：硬度取决于析出相数量、大小、共格关系等，电导率与基体晶格完整性有关。同一温度条件下，时效初期（0~60min），硬度和电导率快速增加，析出相数量和大小占主导地位；时效中期（120~240min），析出相与基体共格关系主导性能变化，出现峰值硬度和电导率；时效后期（360min），析出相间距主导性能变化，硬度和电导率下降。合金的主导强化机制为共格应变强化机制。在试验范围内，制备的低铍高导 Cu-0.2Be-0.8Co 合金，经480℃×240min 峰时效处理后，在保持较高力学性能（硬度 HB 为 119、抗拉强度为 580.2MPa）的基础上，电导率和热导率分别达 71.6%IACS 和 283.6W/(m·K)，且耐电蚀性能好，综合性能优异。

采用 KSS-1200 气体保护管式炉进行 Cu-0.2Be-0.8Co 合金固溶处理和时效处理，试样尺寸为 $\phi16mm\times15mm$，均采用随炉升温，保护气体为高纯氮气。固溶处理温度为950℃，保温时间60min，出炉转移时间3~5s，水冷；对经950℃×60min 固溶处理后的试样进行不同时效工艺处理，时效温度分别选取460℃、480℃和500℃，保温时间分别选取30min、60min、120min、180min、240min 和360min，出炉后进行空冷处理。

A 时效工艺参数对 Cu-0.2Be-0.8Co 合金硬度和电导率的影响

不同时效温度和时效时间处理后的合金硬度和电导率变化曲线如图 2-38 所示。从硬度变化图中可以看出：（1）总体上，经460℃、480℃和500℃时效后合金硬度随时间变化趋势基本一致。时效初期（0-60min），硬度急剧升高，时效中期（60-240min），硬度增加趋势变缓或基本保持不变，时效后期（240~360min），硬度略有下降。（2）同一温度条件下，时效时间对合金硬度影响显著。未开始时效时（即固溶态），合金硬度 HB 为50.9；经 30min 和 60min 时效后，合金硬度急剧增加，其中460℃、480℃和500℃条件下时效 60min 后，硬度 HB 分别增加至 120、103.7 和 108.3，较之固溶态硬度，分别增加了135.8%、103.7%和112.8%；随着时效时间延长（60~240min），460℃和500℃条件下硬度随时间基本保持不变，最大变化幅度分别为 1.4%（120 增至 121.7）和 3.6%（108.3增至 112.3），而480℃条件下硬度随时间缓慢增加，从时效 60min 到 240min，硬度 HB 从103.7 增加至 119，增幅为 14.8%；硬度出现峰值的时效工艺参数分别为460℃×240min、480℃×240min 和500℃×180min，对应峰值硬度 HB 分别为 121.7、119 和 112.3，较之固溶态，分别增加了 139.1%、133.8%和 116.1%；随着时效时间的进一步延长（240~360min），460℃、480℃和500℃条件下硬度均略有下降，硬度分别减小至 115.7HB、116HB 和 108.7HB，较之峰值硬度，分别降低了 4.9%、2.5%和 3.2%。（3）不同温度条件下，硬度对温度的敏感性较高。时效 30min 后，硬度的增加速率顺序为500℃，480℃，460℃；时效 60min 后，硬度的增加速率发生变化，即顺序为：460℃，480℃，500℃；后续时效过程中，460℃硬度值一直处于较高水平且基本保持不变，480℃硬度值则一直保持缓慢增长并在时效 120min 后超过 500℃硬度，而 500℃在时效 60min 后一直在较低水平并基本保持不变。从总体变化趋势看，整体 460℃和 480℃较好。

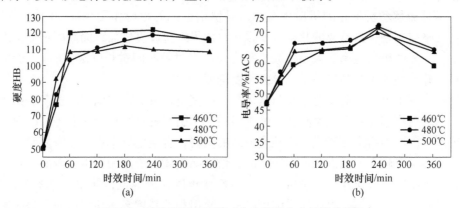

图 2-38　时效温度和时间对合金硬度和电导率的影响
(a) 硬度；(b) 电导率

从电导率变化曲线图（见图 2-38（b）中可看出：（1）总体上，经 480℃和 500℃时效后合金电导率随时间变化趋势基本一致。时效初期（0~60min），电导率快速增加，后基本保持不变（60~180min），至时效 240min 时达到峰值，随后降低（240~360min）。而 460℃时效条件下合金电导率随时间延长一直稳步增加（0~180min），并在时效 240min 时达到峰值，随后降低（240~360min）。（2）同一温度条件下，时效时间对合金电导率影响显著。未开始时效时（即固溶态），合金电导率为 47%IACS；经 30min 和 60min 时效后，电导率增速较快，其中 460℃、480℃和 500℃条件下时效 60min 后，电导率分别增加至 59.4%IACS、66.2%IACS 和 63.6%IACS，较之固溶态电导率，分别增加了 26.4%、40.9%和 35.3%；随着时效时间延长（60~180min），480℃和 500℃条件下电导率随时间基本保持不变，最大变化幅度分别为 1.4%（66.2%~67.1%IACS）和 2.5%（63.6%~65.2%IACS），而 460℃条件下电导率随时间缓慢增加，从时效 60min 到 180min，电导率增加了 8.8%；电导率均在时效 240min 后出现峰值，460℃、480℃和 500℃条件下峰值电导率分别为 71.4%IACS、71.6%IACS 和 69.8%IACS，较之固溶态，分别提高了 51.9%、52.3%和 48.5%；随着时效时间的进一步延长（240~360min），460℃、480℃和 500℃条件下电导率均略有下降，分别减小至 59.4%IACS、64.5%IACS 和 63.7%IACS，较之峰值电导率，分别降低了 16.8%、9.9%和 8.7%。（3）不同温度条件下，电导率对温度敏感度较低，尤其是 480℃和 500℃条件下时效对电导率的影响差别不大，并且随着时效时间延长（120~240min），460℃、480℃和 500℃时效条件下的电导率基本一致。从电导率总体变化趋势看，整体 480℃略好。

因此，在试验范围内，实现硬度和电导率最优组合的时效工艺参数为 480℃×240min，此时合金硬度 HB 为 119，电导率为 71.6%IACS。

固溶态合金硬度和电导率均比较低的原因主要是：合金加热到较高温度（950℃）并保温一段时间（60min），此时固溶体中合金元素平衡浓度较高，溶质原子不断溶解到铜基体中形成过饱和 α 固溶体，造成软化使合金硬度较低。同时，溶质原子的大量溶解造成铜基体晶格畸变，对自由电子的散射作用增强，从而使合金电导率较低。

在后续时效过程中，硬度的变化主要取决于时效析出相的形貌、大小、数量、分布以及析出相与基体的共格关系等因素。过饱和固溶体分解是一个热激活过程，温度越高，过饱和 α 固溶体分解和析出相的析出越充分，对位错造成的阻碍作用越强；同时，析出相与基体半共格或共格关系造成的共格应变强化，使得合金硬度增加，而硬度增加幅度与时效过程中析出相的析出速率、大小、数量等有关。当时效时间过长（360min），析出相会发生粗化，并与基体失去共格关系，导致硬度降低。

而时效过程中电导率的变化主要与基体晶格的完整性有关，受固溶度控制。由于析出相对电子的散射作用相对于固溶在铜基体中溶质原子引起的点阵畸变对电子的散射作用来说要弱得多，因而当析出相造成合金硬度提高的同时，合金电导率也得以恢复和提高。时效初期，基体具有较大的过饱和度和较高的空位缺陷密度，析出相自由能较高，热力学析出倾向大，析出相以较快速度大量析出，晶格畸变程度显著降低，导致电导率快速增加；随着时效时间延长，基体中溶质原子浓度降低，析出相不断增多，晶格扭曲和缺陷密度不断降低，晶格完整性逐渐恢复，但析出动力开始减弱，电导率的上升趋势变缓；当时效时间过长时，溶质原子部分发生重溶，同时，析出相不断长大粗化对电子将产生最大的散射作用，导致电导率略有下降。因此，合金不同温度时效后电导率随时效时间的变化表明：时效时间对电导率的影响较大，而温度对电导率影响较小。

B　时效工艺参数对 Cu-0.2Be-0.8Co 合金微观组织的影响

图 2-39 所示为 Cu-0.2Be-0.8Co 合金经 950℃×60min 固溶处理后的微观组织。从图中可以看出，经固溶处理后形成了过饱和 α 固溶体，基本观察不到析出相；通过选区电子衍射花样分析，只有一套典型的铜基体衍射斑点，晶带轴为 [011]；进一步的通过高分辨观察，面心立方结构的过饱和 α 固溶体点阵参数为 0.2202nm。同时，发现局部地区有少量位错线存在，这可能与固溶过程中大量空位簇的形成、聚集与坍塌有关。然而由于没有析出相的存在对位错造成阻碍作用，固溶态合金的性能较差。

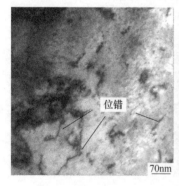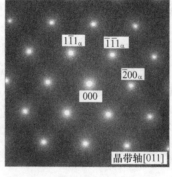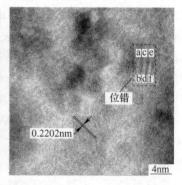

图 2-39　Cu-0.2Be-0.8Co 合金固溶态微观组织

图 2-40 所示为 Cu-0.2Be-0.8Co 合金经 460℃×30min 时效处理后的微观组织。从图中可以看出，同固溶态相比，时效 30min 后，开始析出少量细小的 γ″析出相，析出相形貌为圆球形，平均直径为 2~5nm。通过选区电子衍射花样的标定和分析，发现析出相为 Be 元素和 Co 元素形成的金属间化合物 Be_5Co 相，其结构为体心立方结构（b.c.c），析出相

与铜基体的位相关系为：$(110)_\alpha//(\bar{1}00)_{\gamma''}$和$[1\bar{1}2]_\alpha//[01\bar{1}]_{\gamma''}$；进一步的通过高分辨晶格衍射条纹图像分析，发现此时基体的点阵参数变为0.2285nm，同固溶态合金相比，析出相的形成增大了基体点阵参数。少量球形析出相的形成可有效阻碍位错运动，使合金硬度增加；同时，析出相的析出使过饱和α固溶体晶格畸变得到一定程度恢复，导致合金电导率开始增加，但由于析出相的数量较少、尺寸较小，对合金性能的大幅提升有限。

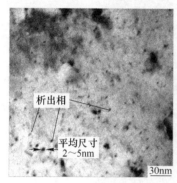

图2-40　经460℃保温30min时效后Cu-0.2Be-0.8Co合金微观组织

图2-41所示为Cu-0.2Be-0.8Co合金经460℃×60min时效处理后的微观组织。从图中可以看出，同时效30min相比，析出相的形貌没有发生改变，仍为圆球形，但平均直径从2~5nm增大到5~7nm，并且在析出相周围观察到明显的晶格畸变。析出相仍为体心立方结构（b.c.c）Be₅Co相，析出相与铜基体的位相关系为：$(110)_\alpha//(\bar{1}00)_{\gamma''}$和$[1\bar{1}2]_\alpha//$ $[01\bar{1}]_{\gamma''}$，在图2-41中观察到了大量黑白相间条纹，表明析出相周围形成了弹性应变场。同时，从图中观察到了高密度位错，以及部分平行排列位错形成的小角度晶界。高密度位错的存在可以湮灭大量的固溶态空位，促进溶质原子的扩散，进而加快析出相的形核长大。同时，根据线弹性理论，严重的原子错排仅出现于沿位错线很小的区域内，远离位错线处只存在弹性畸变。位错与溶质原子之间的交互作用主要源于弹性畸变与位错间的弹性交互作用。然而，无论位错线周围局部畸变多严重，位错线核心区以外的晶面仍保持良好匹配关系。因此，宏观上大量位错的存在以及析出相周围形成的弹性应变场，对合金性能尤其是硬度的大幅增加具有重要作用，从图2-38中发现在时效60min后，合金硬度显著增加。

图2-42所示为Cu-0.2Be-0.8Co合金经460℃×120min时效处理后的微观组织。从图中可以看出，时效时间从60min延长至120min，析出相的形貌、大小、数量均发生明显改变，析出相数量明显增多，析出相形貌由圆球形变为椭球形或板条状，长度8~9nm、宽度2~5nm。析出相为体心立方结构（b.c.c）Be₅Co相，与铜基体的位相关系为：$(110)_\alpha//(\bar{1}00)_{\gamma''}$和$[1\bar{1}2]_\alpha//[01\bar{1}]_{\gamma''}$，析出相周围存在明显的晶格畸变。同时效60min后合金性能相比，该阶段析出相形貌、大小的改变对合金硬度影响不大，且析出相周围造成的弹性应变场对位错的阻碍使合金硬度得以保持。同时，由于析出相数量的明显增加，铜基体的晶格完整性得到进一步恢复，电导率仍在增加。

图2-43所示为Cu-0.2Be-0.8Co合金经460℃×180min时效处理后的微观组织。从图中可以看出，时效时间从120min延长至180min，铜基体中出现大量中间一条白线、两侧

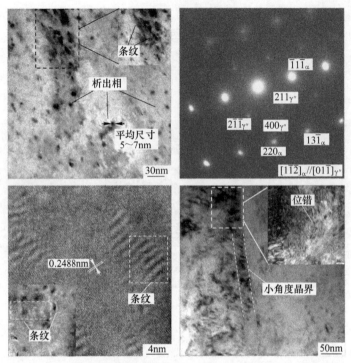

图 2-41　经 460℃保温 60min 时效后 Cu-0.2Be-0.8Co 合金微观组织

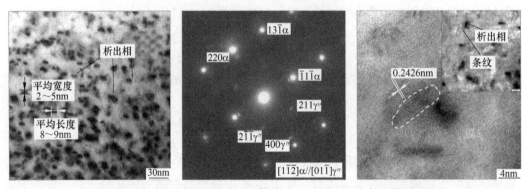

图 2-42　经 460℃保温 120min 时效后 Cu-0.2Be-0.8Co 合金微观组织

对称瓣状黑影的"豆瓣状"共格衍射衬度，亚稳 γ'' 析出相逐渐转变为共格 γ' 析出相，析出相形貌仍为椭球形或板条状，长度 8~9nm、宽度 2~5nm，但大量共格 γ' 析出相的取向基本一致、分布更加均匀弥散。共格 γ' 析出相仍为体心立方结构（b.c.c）Be_5Co 相，但与铜基体的位相关系变为：$(110)_\alpha // (3\bar{1}1)_{\gamma'}$ 和 $[\bar{1}13]_\alpha // [\bar{1}14]_{\gamma'}$。结合高分辨晶格衍射条纹图像，并根据界面错配度公式计算得出，其错配度 ξ 值为 4.7%，进一步证实析出相与铜基体之间存在完全共格关系。同时效 120min 后合金性能相比，该阶段形成大量与基体保持完全共格关系的析出相，并且析出相的取向有序一致，分布均匀，对合金性能尤其是电导率的提升贡献较大，时效 180min 后合金电导率为 64.6%IACS。

　　图 2-44 所示为 Cu-0.2Be-0.8Co 合金经 460℃×240min 时效处理后的微观组织。从图中可以看出，当时效时间延长至 240min，大部分共格 γ' 析出相仍保留在铜基体上，且取

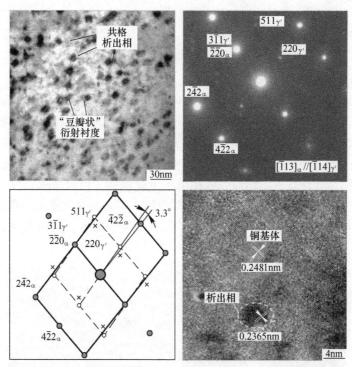

图 2-43 经 460℃ 保温 180min 时效后 Cu-0.2Be-0.8Co 合金微观组织

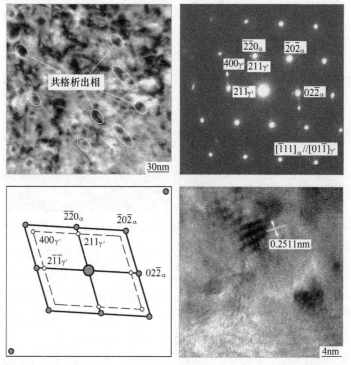

图 2-44 经 460℃ 保温 240min 时效后 Cu-0.2Be-0.8Co 合金微观组织

向基本一致，析出相的密度有所增加，使得该时效工艺条件下合金峰值硬度 HB（121.7）得到保持，电导率略有增加（71.4%IACS）。Be_5Co 相与铜基体的位相关系为：$(1\bar{1}0)_\alpha$//$(\bar{1}00)_{\gamma'}$和 $[\bar{1}11]_\alpha$//$[01\bar{1}]_{\gamma'}$，在图 2-44 中观察到由于析出相形貌、大小和数量的变化，导致铜基体点阵参数已增大至 0.2511nm。

　　图 2-45 所示为 Cu-0.2Be-0.8Co 合金经 460℃×360min 时效处理后的微观组织。从图中可以看出，随着时效时间的进一步延长（360min），大部分共格 γ' 析出相消失，析出相发生聚集和长大，出现大量粗化的球形析出相，平均直径 8~10nm，析出相与基体错配度 ξ 为 25.5%，表明析出相与基体脱离共格关系，发生了过时效，亚稳相 γ' 转变为平衡相 γ，合金则发生明显软化现象。同时，在铜基体中观察到了退火孪晶，且孪晶界相对孪晶面发生了一定角度的扭转，并发现了少量韧性位错。结合合金性能的变化曲线，发现当时效时间延长至 360min 时，合金中析出相的粗化以及与基体失去共格关系，导致合金硬度和电导率下降，该条件下合金发生了过时效。

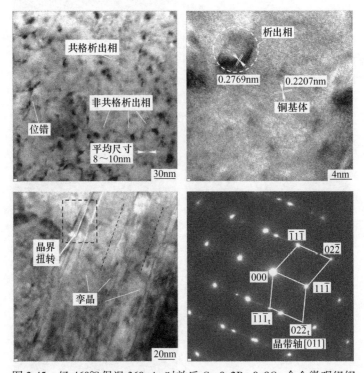

图 2-45　经 460℃保温 360min 时效后 Cu-0.2Be-0.8Co 合金微观组织

　　综上所述，Cu-0.2Be-0.8Co 合金 460℃条件下时效，析出相结构类型为体心立方结构的 Be_5Co 相，但析出相的形貌、大小、数量、共格关系等特征参量随时效时间发生了明显改变，且具有一定的规律性，经历了欠时效、峰时效和过时效三个阶段。时效初期（0~60min），析出相大量析出，析出相数量和大小对硬度的贡献占主导地位，晶格完整性快速恢复，电导率快速增加，但整体硬度和电导率仍处于欠时效阶段；时效中期（120~240min），析出相和基体之间保持半共格或共格关系，析出相周围存在较大范围应力场，与位错发生弹性交互作用，产生十分显著的强化作用，该阶段析出相与基体共格关系主导硬度变化，析出相取向的一致性有利于电导率的进一步增加，合金发生峰时效，并出现峰值硬度和峰值电导率；时效后期（360min），析出相发生粗化且与基体失去共格关系，析出相间距主导性能变化，导致硬度和电导率下降，即发生过时效。Cu-0.2Be-0.8Co 合金 460℃条件下析出惯序：过饱和 α 固溶体→亚稳 γ″析出相→共格 γ′析出相（最佳强化效果）→非共格 γ 平衡相（过时效）。

C Cu-0.2Be-0.8Co 合金时效强化机制分析

目前，时效强化机制主要用位错理论来解释，时效过程中析出相的存在使位错运动受阻，从而产生强化。主要的强化机制有：共格应变强化机制、位错切过强化机制和 Orowan 位错绕过强化机制。但针对某一种时效析出强化型合金，时效工艺参数不同，导致析出相结构、析出相与基体共格关系等特征参量不同，强化机制可能为一种或几种，并且根据时效阶段的不同，某种强化机制占主导作用。

（1）共格应变强化机制。采用 Mott. Nabatro 理论，该理论认为析出相与基体间晶格错配引起的弹性应力场是强化源之一。当析出相与基体存在共格关系，共格畸变与位错产生强烈的弹性交互作用，随共格应变和析出相体积分数增大，强化效果增加。基于该理论，共格应变强化下的屈服强度增量：

$$\Delta\sigma = \frac{3G \cdot \xi^{3/2} \cdot f_v^{2/3} \cdot r^{1/2}}{b^{1/2}} \qquad (2-3)$$

式中，G 为析出相切变模量，GPa；ξ 为错配度函数；f_v 为析出相体积分数；r 为析出相半径，nm；b 为柏氏矢量的模，nm。

（2）位错切过强化机制。采用 Kelly Nicholson 理论，该理论认为，当析出相较小且可变形时，位错线切过析出相，使析出相边缘形成宽度为 b（柏氏矢量）的台阶，增加了析出相表面积，位错切过强化下的屈服强度增量：

$$\Delta\sigma = \frac{2\sqrt{b} \cdot f_v \cdot V_s}{\pi r} \qquad (2-4)$$

式中，b 为柏氏矢量的模，nm；f_v 为析出相体积分数；V_s 为析出相与基体间界面能，N/m；r 为析出相半径，nm。

（3）Orowan 位错绕过强化机制。采用 Orowan 理论，该理论认为，当析出相较大且硬度较高时，位错线不能切过粒子，在析出相处受阻而弯曲，最后绕过析出相形成位错环产生强化。位错绕过强化下的屈服强度增量：

$$\Delta\sigma = \frac{0.13Gb}{\lambda}\ln\frac{r}{b} \qquad (2-5)$$

式中，G 为析出相切变模量，GPa；b 为柏氏矢量的模，nm；λ 为析出相间距，nm；r 为析出相半径，nm。

通过对 Cu-0.2Be-0.8Co 合金不同时效工艺参数下的性能变化以及析出相演变规律研究，发现在时效初期，随着析出相半径增大和体积分数增加，析出相周围形成大量弹性应变场，使得合金性能快速升高。当大量共格析出相形成后，共格畸变与位错产生强烈的弹性交互作用，随共格应变和析出相体积分数增大，获得峰时效强化效果。Cu-0.2Be-0.8Co 合金的主导强化机制为共格应变强化机制。

Cu-0.2Be-0.8Co 合金经 480℃保温 240min 峰时效后，形成大量共格析出相，造成显著的共格应变强化，如图 2-46 所示。根据共格应变强化机制公式（2-3）计算屈服强度增量 $\Delta\sigma$，其中，铜基体的切变应量 $G = 44.1\text{GPa}$，$b = 0.255\text{nm}$，错配度 ξ 为 4.5%，析出相半径 r 为 $12 \sim 15\text{nm}$，析出相体积分数 $f_v \approx 100\%$。将上述各参数代入式（2-3）中，计算得到 Cu-0.2Be-0.8Co 合金最大屈服强度增量 $\Delta\sigma = 273.8 \sim 306.3\text{MPa}$，而后续通过力学性能试验获得 Cu-0.2Be-0.8Co 合金时效前（固溶态）的屈服强度为 177MPa，两者之和为 $450.8 \sim 483.3\text{MPa}$，该值接近于实验测得的屈服强度值 468.2MPa，证明该合金峰时效过程符合共格应变强化机制。

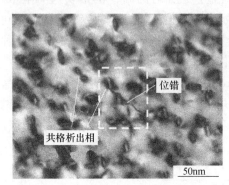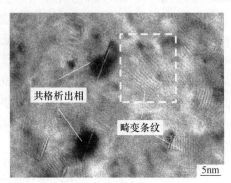

图 2-46　经 480℃×240min 时效后共格析出相造成的晶格畸变

2.4　耐磨铝青铜合金设计与制备

铝青铜是在 20 世纪初开始研究发展起来的耐磨铜合金，是主要以铜-铝系为基的一类耐磨铜合金。仅由 Cu、Al 元素构成的是二元铝青铜，含铝量（质量分数）为 5%~10% 的铝青铜应用得最广泛。为了改善某些性能，常在二元铝青铜中添加 Fe、Mn、Ni 等元素形成多元铝青铜。

本节主要介绍耐磨铝青铜合金成分优化设计、熔铸制备工艺与组织性能、塑性变形工艺与组织性能、热处理工艺与组织性能等方面研究情况，重点介绍耐磨 Cu-Ni-Al 系合金成分优化设计及强化相结构演变方面的研究成果。

2.4.1　耐磨铝青铜成分设计

2.4.1.1　耐磨铝青铜合金的相结构特点

根据 Cu-Al 二元合金平衡相图，Al 含量（质量分数）小于 7.4% 的铝青铜合金在固态下均为单相 α 固溶体组织，塑性高，易成形加工；Al 含量（质量分数）在 7.4%~9.4% 之间的合金在 1036~565℃ 为 α+β 组织，实际生产中 β→α 转变不完全，会保留一部分 β 相，随后发生 β→α+γ₂ 共析分解。γ₂ 相是一种硬脆相，可以使合金硬度、强度升高，塑性下降；Al 含量（质量分数）在 9.4%~15.6% 的合金缓慢冷却到 565℃，发生 β→α+γ₂ 共析转变，呈片状组织；Al 含量（质量分数）在 10%~11.8% 的亚共析铝青铜合金在快速冷却过程，β 相发生无扩散相变，形成针状 β′ 相和类马氏体组织；Al 含量（质量分数）在大于 11.8% 的铝青铜，最初由 β′ 固溶体过渡到有序固溶体 β₁，然后随合金中 Al 含量的增加再转变成针状 β′ 类马氏体、β′+γ′ 混合物或针状 γ′ 类马氏体，它们在淬火后都为 β 马氏体组织，其中 β′是一种亚稳定组织，在回火过程中又会发生转变[51]。

表 2-10 所列为 Cu-Al 二元合金平衡相图（铜侧）中各相的结构特征。其中，α 相是以 Cu 为基的置换固溶体，由于 Al 固溶于铜基体而产生固溶强化作用，α 固溶体的强度和塑性比纯铜要高得多，且随着 Al 含量增加而增高，其显微硬度 HV 为 200~270。β 相是以 Cu_3Al 电子化合物为基的固溶体，显微硬度 HV 为 290~407，β 相在 565℃ 左右会发生共析转变（β→α+$γ_2$），但是快速冷却能有效阻止共析转变。在整个相结构转变过程中，T_c 和 M_s 为两个重要转变的温度线，其中 T_c 为无序—有序转变点，M_s 为马氏体转变点。无序结构的高温 β 相不稳定，在快速冷却条件下会发生下述转变：一是快冷到 T_c 以下时高温无序点阵结构的 β 相转变为有序点阵结构的 $β_1$ 相；二是 $β_1$ 相冷至 M_s 以下则发生马氏体转变即 $β_1$→β′相。所以常温组织中的 β 相实际上就是 $β_1$ 相，其与 β′属于同素异构体，在高于 565℃ 时稳定，具有很高的抗拉强度和良好的塑性。β′具有斜方晶系的点阵结构，在低于 325℃ 时稳定，且强度、硬度更高，但脆性较大；$γ_2$ 相是以 Cu_9Al_4 为基的固溶体，为具有复杂立方晶格的硬脆相。

表 2-10 Cu-Al 二元合金平衡相图（铜侧）中相结构特征[51]

相	晶格类型	晶格常数/埃	化学式	电子浓度	特 征
α	面心立方	$a=3.610~3.652$	—	—	塑性、韧性好，冷热态均可压力加工
β	无序体心立方	$a=2.95$	Cu_3Al	3:2	仅在高温稳定，有热塑性， 在 565℃ 发生共析分解 β(11.8%Al)→α(9.4%Al) + $γ_2$(15.6%Al)
$γ_1$	有序体心立方	—	—	—	只在某一温度区稳定，在 964℃ 发生共析分解 $γ_1$ → β(13.6%Al) + $γ_2$(15.6%Al)
$γ_2$	复杂立方	$a=8.704$	Cu_9Al_4	21:13	硬度高、脆性大

由 Cu-Al 二元平衡相图及以上相变特点可以看出，高铝青铜在不同温度下 α 相、β 相和 $γ_2$ 相的比例不同，可以通过不同热处理工艺对铝青铜基体组织中各相的分布形式和状态进行调控，进而通过基体中软相与硬相的含量比以及各相的晶粒尺寸对合金综合性能产生影响。

2.4.1.2 合金元素对铝青铜组织性能的影响

铝青铜合金性能通常与元素的成分及含量有很大的关系。根据合金元素起的作用不同，可以分为三类。第一类，Ni、Fe、Mn 等元素，其固溶在铜基体中可以提高铜合金的耐磨性耐蚀性能；第二类：Sn、Al、Ti 等元素，其溶入基体中，易氧化成致密的氧化物薄膜，对基体起保护作用；第三类，Y、La、Ce 等稀土元素，可以脱氧除杂，明显改善合金的综合性能。同时，O、S、P、C、Zn 等微量杂质元素对合金性能也产生影响。因此，如何通过主元素成分优化设计，研究主元素对组织性能和服役效能的影响规律，同时如何精确控制杂质元素的含量，找到一个合适的上下限值，以及杂质元素含量如何影响材料性能，这是高性能铝青铜材料设计开发过程中需要重点关注的问题。

多元铝青铜除了存在二元铝青铜中的基体相（α 相、β 相、残余 β′相）外，κ 相的存在也对合金具有显著影响。κ 相为金属间化合物（Fe、Ni、Cu）Al，在合金冷却过程中，

κ 相有不同种类的析出方式。通常根据 κ 相的形态将其分为 κ_I、κ_{II}、κ_{III}、κ_{IV} 四类，各相之间以及相与基体之间存在较大的成分差异，其中各相中的元素相对含量见表 2-11[52]。α 相为铜铝固溶体，当 Al 含量（质量分数）高于 9.4% 时，会形成富铝 β 相，在缓慢冷却过程中，β 相在晶界处转变为 α 相，并伴有球状沉淀 κ_{II} 相和片状 κ_{III}；当冷却速度较快时，β 相来不及转变，形成马氏体结构的残余 β′相。通常认为 κ_I 相以颗粒或玫瑰花状存在，尺寸较大，直径为 $20\sim50\mu m$，为富铁相；κ_{II} 相形状与 κ_I 较为类似，直径为 $5\sim10\mu m$，位于共析相周围；κ_{III} 相多为层片状或条状，常分布于 α/β 相边界处，为 NiAl 相；κ_{IV} 相为沉淀在 α 相内的细小沉淀物，通常为富铁相[52,53]。通常，其他元素可以取代 κ 相中的合金元素。

铝青铜的组织和性能因添加元素成分、熔铸工艺、热处理工艺不同而出现较大的差异，但本质在于晶粒大小和分布形态不同，α 相、β 相比例不同以及析出硬质点数量差异等方面。

表 2-11　多元铝青铜合金中各相的元素相对含量[52]　　　　　　　（%）

相	各相的元素相对含量（质量分数）				
	Al	Mn	Fe	Ni	Cu
α	6.5~8.4	1.0	2.2~2.8	2.7~3.2	86.0
β	8.2~28.1	1.1~2.5	2.0~20.0	2.8~43.7	23.9~86.0
κ_I	9.0~14.0	1.3~3.0	46.9~72.0	3.5~16.2	9.0~21.6
κ_{II}	12.0~17.8	1.1~2.2	29.7~61.0	8.0~24.5	12.1~26.9
κ_{III}	9.0~26.7	1.0~2.6	3.0~13.8	28.3~41.3	17.0~38.5
κ_{IV}	10.5	2.4	73.4	7.3	6.6

各合金元素对铝青铜组织和性能的影响如下[51,54]：

（1）Al 元素的影响。Al 是铝青铜合金中最主要的强化元素，不仅提高强度、硬度、耐磨性、耐蚀性及流动性，同时提高高温塑性。由 Cu-Al 二元相图可知，当 Al>7.4%（质量分数）时合金中有硬而脆的共析体生成，使合金的耐磨性能提升；当 Al>10%（质量分数）时，抗拉强度开始下降，气体饱和度降低，吸气倾向严重。铝含量增加，合金抗拉强度和硬度明显提高，而伸长率和冲击韧性明显下降。

（2）Fe 元素的影响。Fe 在铝青铜中的溶解度很小，质量分数为 0.5%~1.0%，如果超过极限固溶度，过量的 Fe 会形成 κ 相金属间化合物（CuFeAl）。Fe 对铝青铜共析转变的影响不大，能略微降低三相共析转变（$\beta\rightarrow\alpha+\gamma_2+\kappa$）温度和扩大 α 相区，增加 β 相稳定性，从而减弱"缓冷脆性"影响。由于 κ 相质点的存在，还能使共析体由粗大网状变成分散粒状，凝固时 κ 相以细小的质点成为结晶核心，可以细化晶粒，显著提高铝青铜强度和塑性，组织中均匀分布的 κ 相硬质点，还有利于铝青铜耐磨性能的提高。同时，适量 Fe 会使合金凝固范围变窄，细化铝青铜的铸造与再结晶晶粒，提高力学性能，添加质量分数为 0.5%~1%Fe 会产生明显的细化晶粒效果。当 Fe 含量过多时（质量分数超过 5% 时），则会形成针状 $FeAl_3$，使合金的力学性能与耐蚀性能降低。因此，合金中的含 Fe 量（质量分数）一般应控制在 2%~4%。含 Mn 的铝青铜，细化晶粒所需要的 Fe 含量随 Mn 含量的增大而减少，如含 Mn 低于 1% 时细化晶粒至少需要 3.5% 的 Fe。

（3）Mn 元素的影响。Mn 在 Cu-Al 合金 α 固溶体中有较大的溶解度，却又降低 Al 在 α 中的固溶度。Mn 能缩小 α 单相区，显著降低 β 相共析转变温度，例如含质量分数 12% Al 的铝青铜加入 1.2%（质量分数）Mn 后，β 相共析转变温度降为 507℃，加入 3%（质量分数）的 Mn 后降至 450℃，这使得 β 相的数量增加、稳定性提高，当加入 6%（质量分数）以上的 Mn 时，冷却速度仅为 0.02℃/min 的情况下 β 相也不会被分解，一般在 Mn 含量大于 12%（质量分数）时便不会出现新相，有效抑制了 γ₂ 相的出现，有利于细化共析体。因此，Mn 是抑制铝青铜缓冷脆性最有效的元素。当铝青铜中 Mn 含量不超过最大溶解度极限时，对合金的力学性能与耐蚀性能是有益的，同时具有良好的加工成型性能。含 0.3%~0.5%（质量分数）Mn 的二元铝青铜热轧时的开裂倾向显著减少；随着 Mn 量的增加，铝青铜的抗拉强度几乎直线上升，屈服强度也越高，而伸长率和冲击韧性则有下降趋势；当锰含量（质量分数）达 2.5% 时，锰含量的变化对合金力学性能的影响已不明显。因此，铝青铜合金中的锰含量应控制在 1.0%~2.5%。同时，加入适量的 Mn 元素，在熔炼过程中可以降低熔体中的含氧量，提高熔体的流动性，还是铝青铜合金有效的净化剂，MnO 渣比 Al₂O₃ 渣大，可以浮起造渣，降低合金熔点，改善铸造性能。

（4）Ni 元素的影响。Ni 一方面提高铝青铜合金的共析转变温度，另一方面又使共析点成分向升温方向移动，还能改变 α 相形态。Ni 含量较低时，α 相呈针状；当加入质量分数为 3%~4% 的 Ni 时，α 相转变为片状，在铸态组织中完全避免 β 相以及由它产生的 γ₂ 相出现，有效避免"缓冷脆性"产生。当 Ni 含量超过最大固溶度时会有 κ 相 NiAl 相形成。因此，铝青铜中 Ni 元素的添加量（质量分数）一般不超过 4%。Ni 元素可以使铝青铜通过热处理得到强化，能显著提高铝青铜的强度、硬度、热稳定性与抗蚀性，含一定量 Ni 的 Cu-Al-Ni-Fe 合金在热加工后不需另行固溶处理与淬火，即可直接时效，特别是与 Fe 共存时可以显著提高合金高温强度和耐蚀性能，Ni 与 Fe 的最佳含量比为 0.9~1.1。

（5）Zn 元素的影响。Zn 在 Cu-Al 合金 α 相中有限溶解，可以扩大 α 相区。Zn 能提高铝青铜合金的硬度，但过量时会降低强度、伸长率、耐蚀性及耐磨性。另外，Zn 能降低合金的熔化温度，改善铸造性能。

（6）Co 元素的影响。Co 有效促成金属间化合物形成硬质点（κ 相）弥散分布于铜基体中，不仅增加强度和硬度，而且不会破坏合金的塑性，一般添加量（质量分数）控制在 0.4%~0.6%。

（7）Si 元素的影响。Si 是铝青铜合金中的杂质元素，其含量（质量分数）不能超过 0.2%，否则会降低合金的力学性能与工艺性能，但能改善合金的可切削性能。

2.4.1.3 元素对铝青铜影响方面的国内外研究现状

合金元素成分对铝青铜组织与性能的影响一直是国内外学者关注的热点之一。首先，各添加元素对合金的作用不能一概而论。例如，Fe 加入铝青铜可以细化晶粒，减小"自发回火脆性"，提高力学性能，但当 Fe 含量较高时，会以 Fe₃Al 金属间化合物形式析出，弱化合金性能；另外 Zn 元素的作用，部分研究认为 Zn 与基体金属固溶后，可提高金属塑性，而也有研究认为 Zn 为杂质元素。其次，对于杂质元素含量的要求现在无明确界定，例如，ASTMB148295 标准中对铝青铜合金的主要添加元素（Fe、Al、Ni、Mn）指定了限量，而对除 Si 和 Pb 以外其他杂质元素（Zn、Sn 等）的最大限量并没有界定。

国内外相关学者针对合金元素对铝青铜组织和性能的影响方面，开展了一系列研究：卢凯[55]研究了 Co 元素对高铝青铜 Cu-14Al-X 合金铸态、热处理态显微组织结构及摩擦磨损性能的影响。结果表明：（1）在铸态高铝青铜中提高 Co 元素含量，可在合金基体组织中形成类梅花形的新相。（2）Co 是有效促进 κ 相形成的元素，Co 元素的提高使得 κ 相成分发生了变化，大部分的 Co 元素可以固溶在 κ 相中。（3）高铝青铜合金试样经过 920℃ 保温 3h 油淬处理后，合金组织中的先共析相发生溶解，并逐渐减少，原来合金中的新相由梅花状向圆状转变。（4）高铝青铜合金经过 580℃ 保温 5h 回火空冷后，在回火过程中铜基体中 Al、Co、Fe、Mn 等元素重新聚集长大成梅花相，并且共析相呈弥散析出，对合金起了弥散强化的作用。（5）随着 Co 元素含量增加，在低速低载摩擦条件下，合金表现为典型的低应力擦伤式磨料磨损、氧化磨损和轻微的疲劳磨损；在中速中载摩擦条件下，合金表现为高应力磨料磨损和严重的氧化磨损、疲劳磨损。由于合金中 κ 相硬质点存在，形成了以硬相 $\beta'+(\alpha+\beta)$ 为基体、镶嵌较多弥散分布 γ_2 相和 κ 相硬质点的相结构，提高了合金硬度和耐磨性能。李元元等人[56]研究了自制的高强度耐磨铝青铜合金及其摩擦学特性，结果表明：铝青铜中加入适量的 Pb，有利于改善其摩擦磨损性能，但会降低其力学性能，须辅以变质处理；加入适量的 Ti 和 B 后，能明显细化合金组织并提高合金的综合性能。在边界润滑条件下，新型铝青铜合金表现为较轻微的疲劳磨损，这种磨损机制可以获得较佳的减摩和耐磨效果。王吉会等人[57]研究了 Cu-7.56%Al 合金和 Cu-7.56%Al-0.012%B（质量分数）铝青铜合金的微观组织、力学性能和腐蚀磨损性能。结果表明：B 元素能细化铝青铜基体组织，在不太多降低其塑性情况下使合金得到强化，强度和硬度增加，同时，B 元素能提高铝青铜的耐蚀性能。乔景振等人[58]研究了 Ti 含量对 Cu-7Ni-7Al-2Fe-2Mn-xTi 合金（$x=0$、0.5、2）组织性能的影响规律，研究发现 Ti 元素可形成 Ni_3Ti 化合物提高合金力学性能，并改善耐冲刷腐蚀性能，试验范围内，Ti 元素的合理添加量（质量分数）为 0.5%。

河南科技大学杨冉等人[59]通过添加不同质量分数（%）的 Al 元素设计开发了 Cu-7Ni-xAl-1Fe-1Mn 合金（$x=0$、1、3、5、7、9），系统研究了 Al 元素含量对合金力学性能（硬度、强度）和耐蚀性能（腐蚀速率和形貌）的影响规律，揭示了不同成分 Cu-Ni-Al 系合金强化相结构、形貌、大小、与基体位相关系等特征演变规律。研究结果还表明：Al 元素对该合金耐蚀性能具有显著影响。当不含 Al 元素时，Cu-7Ni-1Fe-1Mn 合金抗拉强度为 243MPa、伸长率为 38%，腐蚀速率为 0.0412mm/a；随着 Al 元素含量增加，Cu-7Ni-xAl-1Fe-1Mn 合金的抗拉强度显著提高，腐蚀速率先大幅降低后基本保持稳定，并在 Al 元素含量（质量分数）为 3% 时抗拉强度达到峰值 401MPa、腐蚀速率达到最低值 0.0026mm/a。在试验范围内，优化出添加质量分数为 3% Al 元素的 Cu-7Ni-3Al-1Fe-1Mn 合金具有较好的综合性能。

图 2-47 所示为添加质量分数 3% Al 元素的 Cu-7Ni-3Al-1Fe-1Mn 合金微观组织，从图中可以看出，大量第二相分布在铜基体上，析出相平均尺寸为 5~15nm。

2.4.2 熔铸制备工艺与组织性能

铝青铜合金的熔炼和铸造是保证后续产品质量的关键环节。由于铝青铜常常添加 Al、Fe、Ni、Mn 等元素，铝青铜熔炼的主要问题是容易氧化和吸气，导致铸件产生夹渣、气孔、缩孔等缺陷。因此，铝青铜合金的熔铸制备工艺研究关注的问题集中在除气、脱氧、除渣、变质处理等方面。

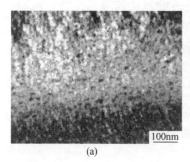 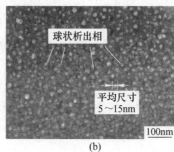 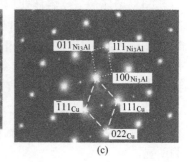

(a)　　　　　　　　　　(b)　　　　　　　　　　(c)

图 2-47　Cu-7Ni-3Al-1Fe-1Mn 合金微观组织

（a）明场像；（b）暗场像；（c）选区（a）衍射花样

2.4.2.1　铝青铜合金的熔铸特性[60]

铝青铜合金的熔铸特性包括：

（1）缩孔倾向。铝青铜的液相线与固相线间隔小，结晶温度范围窄（约 30℃），其凝固状况为逐层凝固。由于熔体的流动性好，不易产生枝晶偏析，缩松倾向小，但合金体收缩倾向大，易形成集中缩孔。

（2）氧化倾向。铝青铜的氧化倾向严重，由于合金中较高的 Al 含量，在熔炼和浇铸过程中易形成氧化铝夹杂物，一般在浇铸时采用过滤去除。

（3）吸气倾向。铝青铜中的 Al 元素具有脱氧作用，形成的 Al_2O_3 可在铜液表面形成一层保护膜，阻止铜液的氧化，脱氧较好。合金液中的气体主要是氢气，氢在高温下溶入铜液而在凝固时析出形成气孔。一般认为氢在铝青铜中的溶解度较低，但由于铝青铜的蒸气压低，比黄铜和锡青铜更容易吸气。

2.4.2.2　多元铝青铜熔铸工艺控制要点

要避免铝青铜合金铸件产生集中缩孔、氧化夹渣、分散气孔等缺陷，必须从炉料准备、加料、炉衬与气氛、覆盖剂、脱氧、精炼等熔炼操作各环节进行控制[55,60]。

（1）配料与加料顺序控制。配料要了解合金料的成分、波动范围和元素烧损量，使铸件化学成分符合要求。熔炼时炉料的加料顺序也很重要。新料熔炼时宜一次性加入 Cu、Fe、Ni 合金料，炉温上升后，Cu 先熔化，渗入 Fe、Ni 表层，使其合金化，从而降低了熔点，加速 Fe、Ni 的熔化；当炉温继续升高后，Fe 已经大部分熔化，此时加入 Al，铝热效应使炉温骤升，会加速剩余炉料的熔化。若采用二次熔炼，则应按照中间合金、电解铜、回炉料的加料次序熔化。

（2）炉衬与气氛的选择与控制。根据铝青铜的化学性质，其熔炼必须选择合适的炉型和炉衬，以尽量减少杂质和气体的来源。铝青铜的熔炼可以选择坩埚炉和中频炉，选用石墨坩埚熔炼，在高温状态下坩埚不与合金元素和溶剂发生反应，对合金成分基本不污染；采用中频电炉时其炉衬要求采用镁砂或镁砂成型炉胆以减少对合金的污染。无论是石墨坩埚炉还是中频镁砂炉，熔炼中防止合金吸气和氧化，必须对炉料和工具进行预热和烘干，坩埚在使用前必须预热至暗红色（600℃以上），以避免带入水分而造成吸气。

（3）熔体覆盖。熔体处理中仍主要采用覆盖剂来减少熔体的氧化与吸气，防止或减少元素的氧化烧损，避免铸件中产生氧化夹渣。熔炼铝青铜的覆盖剂可选用木炭、石墨粉（块）、硼砂等，精炼剂可选用冰晶石、氟化钙、氟化钠、碳酸钠等，加入量一般为熔体质量的 2.0%~2.5%。铝青铜常采用磷铜脱氧，也可采用 Mn、Li、食盐脱氧剂；除气采用吹氮气或加 $ZnCl_2$、$MnCl_2$ 或 C_2Cl_6 等除气剂。

（4）严格控制熔炼温度、熔炼时间和浇铸温度。熔炼和浇铸温度过高、熔炼时间过长，易造成合金大量吸气和氧化，使氧化夹渣增加，含 Al 量高的铝青铜（ZQAl9-4）尤为明显。

（5）设计合理的浇铸系统，严格控制浇铸条件，降低合金液在浇铸过程中的二次氧化和吸气，防止夹渣。

2.4.2.3　多元铝青铜熔铸相关研究成果

铝青铜铸件常会存在晶粒粗大的问题，为此在金属液中加入变质剂以提高形核率，达到细化晶粒的目的。关于变质处理的研究，以 Romankiewicz F[61] 的研究较为典型，采用实验方法验证了应用于铝青铜的变质剂有 Ti、B、V、Zr、Ca、Na 以及复合变质剂 V+B、Ti+B、Zr+B、Ca+B，它们对铝青铜的组织和性能改善具有积极作用；李元元等人[56] 在含铝量（质量分数）为 10% 左右的铝青铜中加入微量的 Ti 和 B 后，能明显细化合金组织并提高合金的综合性能。

河南科技大学相关人员[59,62] 采用中频感应炉进行了多元 Cu-Ni-Al-Fe-Mn 合金和 Cu-Ni-Al-Fe-Mn-Ti 合金的熔铸工艺研究。选用石墨坩埚熔炼，金属铸型浇铸。进行熔炼前，将所有的原料进行去油、除锈和干燥处理，并在电子天平上按照设计的合金成分在考虑元素烧损量的基础上进行配料；加料顺序为先放入电解铜熔化，依次加入电解镍板、Cu-10Fe、Cu-30Mn 中间合金、Ti 块，之后加入铝，并用石墨棒均匀搅拌，最后加入稀土 Y 锭，为了降低稀土 Y 锭的烧损率，采用铜箔包裹稀土 Y 锭；熔炼温度为 1200~1250℃，为防止合金熔体的氧化，选用 P-Cu 作为脱氧剂，鳞片状石墨粉和冰晶石作为覆盖剂；浇铸到金属铸型中进行自然冷却，浇铸前金属铸型进行预热，铸型内壁涂脱模剂。图 2-48 所示为 Cu-7Ni-7Al-2Fe-2Mn-2Ti 合金铸态微观组织和后续 850℃保温 5h 均匀化退火后的微观组织。图 2-49 所示为采用上述熔铸工艺制备的未添加 Al 元素的 Cu-10Ni-1Fe-1Mn 合金和添加质量分数 3% Al 元素的 Cu-7Ni-3Al-1Fe-1Mn 合金的铸态微观组织。

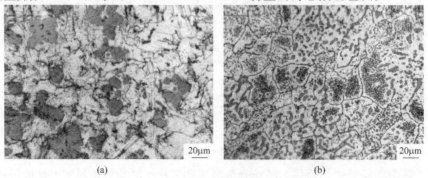

(a)　　　　　　　　　　　　　(b)

图 2-48　Cu-7Ni-7Al-2Fe-2Mn-2Ti 合金微观组织

（a）铸态；（b）退火态

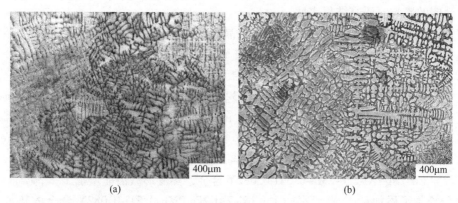

图 2-49　Cu-10Ni-1Fe-1Mn 合金（a）和 Cu-7Ni-3Al-1Fe-1Mn 合金（b）的铸态微观组织

2.4.3　塑性变形工艺与组织性能

2.4.3.1　等通道转角挤压制备铝青铜合金的组织性能

高雷雷等人[63]根据铝青铜合金的加工特性，利用等通道转角挤压（Equa-channel Angular Extrusion，ECAE）技术对两相铝青铜合金 QAl9-4 进行热挤压处理，研究了预热温度、挤压道次、摩擦和退火处理对铝青铜合金显微组织的影响，结果表明，铝青铜合金 ECAE 挤压的预热温度要高于合金的共析转变温度，此时合金中塑性较差的 γ_2 相转变为塑性较好的 β 相，可确保 ECAE 热挤压能够实现。

（1）铝青铜合金的硬度及屈服强度均随着 ECAE 挤压次数的增加而增加，晶粒尺寸随着 ECAE 挤压道次增加而逐步减小。经过 4 道次热挤压后，其组织发生显著塑性变形，合金内部具有较高畸变能；经 500℃退火处理后，其合金组织发生再结晶，形成了等轴状组织，细化了晶粒。同时，铝青铜合金经 ECAE 热挤压、退火处理后，基体组织中可以析出细小弥散分布的第二相，对基体起到弥散强化作用，显著提高合金力学性能。

（2）ECAE 工艺显著提高了铝青铜合金的摩擦学性能，无论在干摩擦还是油润滑条件下，经过 ECAE 热挤压处理的铝青铜合金的摩擦学性能均显著优于未经过 ECAE 挤压处理的铝青铜合金。在干摩擦低载荷条件下，未经 ECAE 热挤压处理与经 ECAE 热挤压处理铝青铜合金磨损形式均主要为磨粒磨损，但经过 ECAE 热挤压处理后合金表面犁沟深度与宽度随着挤压道次的增加而逐步减小；在干摩擦高载荷情况下，未经 ECAE 热挤压处理铝青铜合金磨损形式呈现严重磨粒磨损，而合金经 ECAE 热挤压处理后，减轻了磨粒磨损。油润滑时，摩擦副表面形成了油膜，将合金与对摩擦表面隔开，润滑油带走摩擦热，因而减轻了黏着磨损及表面疲劳磨损，其主要的磨损形式为轻微磨粒磨损。

2.4.3.2　Cu-7Ni-7Al-2Fe-2Mn 系铝青铜合金的热变形行为

乔景振等人[62]采用 Gleeble-1500D 热模拟试验机，分别对 Cu-7Ni-7Al-2Fe-2Mn、Cu-7Ni-7Al-2Fe-2Mn-0.5Ti 和 Cu-7Ni-7Al-2Fe-2Mn-0.5Ti-0.082Y 合金进行了单向热压缩热模拟试验，对比分析了真应力-真应变曲线的变化规律。通过变形温度与应变速率之间的关系，构建了三种合金的本构方程，并重点分析 Ti 和 Y 元素对 Cu-7Ni-7Al-2Fe-2Mn 合金热变形激活能的影响。研究结果表明：

（1）三种合金均表现出典型的动态再结晶特征，在较高温度和较低应变速率条件下，合金更容易发生动态再结晶，同时添加 Ti 和 Y 元素以后，合金的应力峰值最大。

（2）添加元素 Ti 和稀土元素 Y 提高了合金的热变形激活能，有利于合金动态再结晶的发生。三种合金的热变形激活能分别为 232083J/mol、318883J/mol 和 326215J/mol。与纯铜相比，添加 Ni、Al、Fe 和 Mn 等元素后的 Cu-7Ni-7Al-2Fe-2Mn 合金，热变形激活能增加了 10.81%；与 Cu-7Ni-7Al-2Fe-2Mn 合金相比，添加 Ti 元素后的 Cu-7Ni-7Al-2Fe-2Mn-0.5Ti 合金，热变形激活能增加了 37.4%；与合金 Cu-7Ni-7Al-2Fe-2Mn-0.5Ti 相比，添加 Y 元素后的 Cu-7Ni-7Al-2Fe-2Mn-0.5Ti-0.082Y 合金，热变形激活能增加了 2.30%。

（3）绘制了添加稀土 Y 元素的 Cu-7Ni-7Al-2Fe-2Mn-0.5Ti-0.082Y 合金的热加工图，试验范围内，该合金适宜的热加工区域为变形温度 750~900℃、应变速率 0.001~0.6s^{-1}。

2.4.4　热处理工艺与组织性能

铝青铜的热处理主要有正火、退火、固溶、时效等，其中固溶+时效是最常见的强化手段。固溶是将合金加热到能使 Al、Fe、Mn、Ni、Co 等合金元素全部或最大限度地溶入铜基体，淬火至室温得到过饱和固溶体，过饱和固溶体在后续时效过程中发生分解而析出第二相，从而使合金的强度、硬度显著增加，提高合金耐磨性能。

固溶与时效往往配合使用来改善铝青铜合金的性能。李文生等人[64]通过正交试验和对比试验优化了 Cu14Alx 铝青铜合金的硬化热处理工艺，找出了影响该合金硬化性能的 4 种因素主次顺序为：固溶温度、时效时间、时效温度和固溶时间，进一步研究证明通过 840~880℃ 油淬固溶和 570~600℃ 空冷时效处理，合金峰值硬度 HRC 达到 48.2，硬化的原因是时效过程中共析相 γ₂ 的均匀细化和 κ 相的弥散析出。同时，研究发现，高强度铝青铜合金经固溶+中温时效处理后，具有优良的综合力学性能和磨损学性能，主要磨损形式为轻度黏着磨损和磨粒磨损；经过固溶+低温时效处理后，硬度高而强度低，摩擦学性能较差，主要的磨损形式为严重的磨粒磨损和疲劳磨损。Foglesong[65]专门对铝青铜的时效行为进行了研究，提出了一套时效强化的物理模型并应用于二元铝青铜的研究，对各种时效状态下时效强化的变化趋势作了精确的模拟。与此同时，研究人员对各种铝青铜合金的固溶与时效对组织性能的影响进行了研究，各工艺参数的作用和影响趋势在不同铝青铜中的表现形式存在较大差异。

刘峰[66]研究了不同加工工艺和热处理工艺对 Cu-Al-Fe-Ni 合金组织结构及力学性能的影响规律，研究结果表明：（1）铸态高铝青铜合金主要由 α、β′、γ₂、κ 相组成，随着铝含量的增加，组织中 α 相含量减小，β′相与共析体含量增加，硬度随铝含量的增大而增加；经热加工后合金的显微组织为大量的 α 相与沿加工方向分布的共析体及 κ 相，随着铝含量的增加，α 相减小、共析体含量增加，硬度随着铝含量的增加而显著增加；经高温形变热处理后合金的显微组织为沿变形方向分布的长条状及粒状 α 相、β′相、弥散分布的少量粒状共析体及 κ 相；合金形变热处理态的硬度显著高于热轧态。（2）热变形后高铝青铜合金随着固溶温度的升高，合金的硬度呈先增大后降低的趋势，且随着铝含量的增加，固溶硬度值逐渐增大，固溶强化主要是固溶水淬的马氏体转变和固溶强化的综合作用；热轧态 QAl10.7、QAl10.9、QAl11.2、QAl12.2 铝青铜合金较佳的固溶温度分别为

925℃、925℃、950℃、950℃，固溶时间 1h。（3）高温形变热处理与热轧固溶态高铝青铜合金均具有时效强化作用，随着铝含量的增加，合金的时效硬度峰值逐渐增大；最佳的热轧固溶态 QAl10.7、QAl10.9、QAl11.2 合金时效工艺为 450℃×2h。（4）热轧态铝青铜合金在退火空冷时，组织为 α 相、共析体及少量的 κ 相；而退火炉冷时，基体组织为 α 相及大量弥散分布的 κ 相；合金退火炉冷的硬度值低于退火空冷的硬度值；热轧态 QAl10.7、QAl10.9、QAl11.2 合金最佳退火温度为 750℃×2h，QAl12.2 最佳退火温度为 600℃×2h。（5）热轧态铝青铜合金退火后进行冷塑性变形，随着铝含量的增加，合金的塑性变形能力逐渐下降，合金经退火炉冷的塑性变形能力优于退火空冷；同时对冷塑性变形后的合金进行 450℃×2h 退火，对于热变形退火空冷的合金相当于时效过程，硬度值增加，退火炉冷的合金相当于低温退火阶段，硬度值减小；QAl12.2-6-6 合金经 600℃×2h 退火空冷、12%冷变形、450℃×2h 退火后，此时合金的硬度 HB、抗拉强度、伸长率分别达 324.5、935MPa、1.5%。

严高闯[67]针对应用于模具材料中新型 Cu-12Al-X 高铝青铜合金，研究了固溶温度、固溶保温时间、时效温度、时效时间对合金组织及力学性能的影响，研究结果表明：（1）新型高铝青铜合金 Cu-12Al-X 的铸态组织相组成主要为 α、β′、γ_2 及 κ 相，与传统 ZCuAl10Fe3铝青铜合金相比，硬质相 γ_2 和 κ 相含量明显增多，硬度和抗拉强度显著提高，而与含 Al 量（质量分数）为 14%的高铝青铜合金相比，在强度、硬度相差不大的情况下，又具有良好的塑韧性，综合力学性能优良。（2）新型高铝青铜合金随着时效温度的增加及时效时间的延长，析出相逐渐增多并弥散分布，使合金得到强化，硬度及抗拉强度持续升高，最佳固溶时效工艺参数为 950℃×2h 固溶+550℃×4h 时效，该工艺条件下合金硬度 HRC42.6、冲击吸收功为 6.456J、抗拉强度为 890MPa、伸长率为 9.84%。若继续升高温度或延长保温时间，将出现过时效现象，硬度和抗拉强度下降。（3）固溶时效能显著地降低该合金的磨损量及摩擦系数，磨损机制为黏着磨损加磨粒磨损的混合机制。

河南科技大学杨冉等人[68,69]研究了固溶时效热处理对 Cu-7Ni-3Al-1Fe-1Mn 合金组织性能的影响，重点关注了不同热处理工艺条件下合金的强化相析出行为。图 2-50 所示为 Cu-7Ni-3Al-1Fe-1Mn 合金的铸态显微组织。从图 2-50（a）中可以看出，铸态合金的金相组织存在明显的晶内偏析现象，呈现出典型的树枝晶结构，这可能是由于合金在凝固过程中存在的局部较大过冷度所导致的结果；进一步从图 2-50（b）中可以看出，合金基体中分布着大小为 2~20nm 的圆球形第二相颗粒，经电子选区衍射花样标定为面心立方的 Ni_3Al 粒子，Cu-7Ni-3Al-1Fe-1Mn 合金的铸态组织主要由 α-Cu 基体和第二相 Ni_3Al 颗粒组成。

为了进一步提高合金综合性能，进行了固溶+时效处理，其中：固溶处理为 950℃条件下保温 2h 后水淬，然后 500℃、550℃和 600℃条件下保温不同时间（1h、6h、24h）进行时效，出炉空冷。固溶态合金的强度和硬度较低，但材料韧性优异；经时效热处理后合金的力学性能得到显著的提升，材料塑性虽降低明显，但仍可维持在 15%以上。

图 2-51 所示为不同热处理状态下 Cu-7Ni-3Al-1Fe-1Mn 合金的 TEM 组织照片。从图 2-51（a）中可以看出，经固溶处理后合金铸态组织中的第二相粒子固溶入铜基体，形成过饱和的 α-Cu 基体，为后续的人工时效奠定基础。图 2-51（b）~（d）所示为 550℃保温不同时间后合金的显微组织，在 550℃保温条件下，随着保温时间的延长，合金显微组织中第二相粒子的类型保持不变，均为 Ni_3Al 粒子，但其数量和尺寸变化显著。欠时效条件下

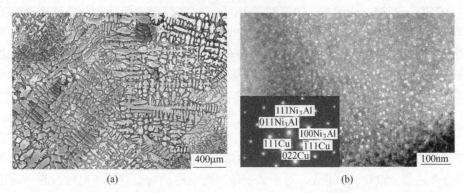

图 2-50　铸态 Cu-7Ni-3Al-1Fe-1Mn 合金的显微组织

（保温 1h），第二相粒子的数量较多，尺寸介于 1~4nm 之间；峰时效条件下（保温 6h），第二相粒子弥散分布在铜基体当中，尺寸介于 6~13nm 之间；过时效条件下（保温 24h），第二相粒子的尺寸增加较为明显，最大直径可达 28nm，明显大于铸态合金中第二相粒子的尺寸。

图 2-51　固溶处理及时效处理后 Cu-7Ni-3Al-1Fe-1Mn 合金的显微组织
（a）固溶态；（b）欠时效；（c）峰时效；（d）过时效

参 考 文 献

[1] 中国船舶重工集团公司第七二五研究所 . GB/T 1176—2013 铸造铜及铜合金 ［S］. 北京：中国标准出版社，2014.

［2］ 中铝沈阳有色金属加工有限公司，中铝洛阳铜业有限公司，浙江海亮股份有限公司，等．GB/T 5231—2012 加工铜及铜合金牌号和化学成分［S］.北京：中国标准出版社，2013.

［3］ Waheed A, Ridley N. Microstructure and wear of some high-tensile brasses［J］. Journal of Materials Science, 1994,（29）：1692~1699.

［4］ Mindivan H, Çimenoǧlu H, Kayali E S. Microstructures and wear properties of brass synchroniser rings［J］. Wear, 2003, 254：532~537.

［5］ 田荣璋，王祝堂．铜合金及其加工手册［M］.长沙：中南大学出版社，2002：259~268.

［6］ 陈一胜，傅政，朱志云，等．高强耐磨黄铜的研究现状［J］.有色金属科学与工程，2012（5）：23~29.

［7］ 范舟，陈洪，王霞，等．微量硼对特殊黄铜组织和耐磨性能的影响［J］.机械工程材料，2006, 30（6）：63~65.

［8］ 曹志强．电磁场对铅黄铜水平连铸坯组织及偏析的影响［J］.功能材料，2012, 2（43）：166~169.

［9］ 李新涛，李丘林，李廷举．电磁场对水平连铸紫铜管表面质量及组织性能的影响［J］.中国有色金属学报，2004, 14（12）：2060~2065.

［10］ 王青，梁淑华，宋克兴，等．第二相对析出强化铜合金大变形量多道次连续拉拔变形组织和性能的影响［J］.西安理工大学学报，2015, 31（3）：53~57.

［11］ 王青．不同强化类型铜及铜合金大应变多道次拉拔组织和性能［D］.西安：西安理工大学，2016：66~92.

［12］ Kim H S, Kim W Y, Song K H. Effect of post-heat-treatment in ECAP processed Cu-40% Zn brass［J］. Journal of Alloys and Compounds, 2012, 536：S200~S203.

［13］ Liu Z Y, Hu L X, Wang E D. A further study on effect of large strain on structure and properties of a Cu-Zn alloy［J］. Materials Science and Engineering：A, 1998, 255（1）：16~19.

［14］ Peng K P, Su L F, Shaw L L, et al. Grain refinement and crack prevention in constrained groove pressing of two-phase Cu-Zn alloys［J］. Scripta materialia, 2007, 56（11）：987~990.

［15］ 杜令忠，徐滨士，董世运，等．热处理工艺对轿车同步器齿环用 HMn59-2-1-0.5 合金磨损性能的影响［J］.中国有色金属学报，2004, 14（4）：633~639.

［16］ 岳立新．纯铜、黄铜多元共渗及热处理工艺研究［D］.阜新：辽宁工程技术大学，2005.

［17］ Bekir Sadık Unlu, Enver Atik, Cevdet Meric. Effect of loading capacity（pressure-velocity）to tribological properties of CuSn10 bearings［J］. Materials and Design, 2007, 28：2160~2165.

［18］ Jang Sik Park, Cheol Woo Park, Keun June Lee. Implication of Peritectic Composition in Historical High-tin Bronze Metallurgy［J］. Materials Characterization, 2009, 60：1268~1275.

［19］ Huseyin Turhan. Adhesive wear resistance of Cu-Sn-Zn-Pb bronze with additions of Fe, Mn and P［J］. Materials Letters, 2005, 59：1463~1469.

［20］ Jang Sik Park, Dmitriy Voyakin. The key role of zinc, tin and lead in copper-base objects from medieval Talgar in Kazakhstan［J］. Journal of Archaeological Science, 2009, 36：622~624.

［21］ 多国志，肖明，等.新型锡青铜的研制和应用［J］.铸造，2005,（9）：75~76.

［22］ 王强松，王自东，范明，等.新型耐高压铸造锡青铜的研制［J］.特种铸造及有色合金，2007, 29（11）：1070~1074.

［23］ 周延军．高性能耐磨锡青铜合金及其先进制备加工技术研究［D］.洛阳：河南科技大学，2012.

［24］ 宋克兴，张彦敏，魏军，等．一种铸造耐磨锡青铜合金及其制备方法：中国，ZL201110248713.6［P］. 2012-10-24.

［25］ Song Kexing, Zhou Yanjun, Wei Jun, et al. Influence of refiner on the properties and microstructures of high-tin wear-resisting Cu-10Sn-4Ni-3Pb Alloy［J］. Applied Mechanics and Materials, 2012, 117-119：

1095~1099.

[26] 宋克兴, 张彦敏, 魏军, 等. 一种锡青铜合金熔炼用精炼剂: 中国, ZL201110248717. 4 [P]. 2012-07-04.

[27] Zhou Yanjun, Song Kexing, Cai Yuanjing, et al. Research on inverse extrusion process of high-tin wear-resisting Cu-10Sn-4Ni-3Pb alloy [J]. Applied Mechanics and Materials, 2012, 117-119: 1052~1056.

[28] Zhao Peifeng, Zhou Yanjun, Song Kexing, et al. Microstructure and properties of wear-resisting Cu-Sn-Pb-Ni alloy prepared by canning extrusion process [J]. Journal of Plasticity Engineering, 2012, 19 (3): 8~12.

[29] Song Kexing, Zhou Yanjun, Zhao Peifeng, et al. Cu-10Sn-4Ni-3Pb alloy prepared by crystallization under pressure: An experimental study [J]. Acta Metallurgica Sinica, 2013, 26 (2): 199~205.

[30] 宋克兴, 魏军, 周延军, 等. 一种挤压成形高锡青铜合金及其制备方法: 中国, ZL201110248716. X [P]. 2012-10-03.

[31] Ozgowicz W. Thermal analysis of vacancy defects in quenched tin bronze-α [J]. Journal of Materials Processing Technology, 2004, 157~158: 590~595.

[32] 凡小盼, 王昌燧, 金普军. 热处理对铅锡青铜耐腐蚀性能的影响 [J]. 中国腐蚀与防护学报, 2008, 28 (2): 112~115.

[33] 林国标, 王自东, 张伟, 等. 热处理对锡青铜合金组织和性能的影响 [J]. 铸造, 2011, 60 (3): 287~289.

[34] 宋海峰, 刘海风. 金属铍热力学性质的理论研究 [J]. 物理学报, 2007, 56 (5): 2833~2837.

[35] Li S C, Li Y, Wu D, et al. Density functional study of structural and electronic properties of small binary Be_nCu_m ($n + m = 2~7$) clusters [J]. Journal of Molecular Modeling, 2013, 19 (8): 3065-3075.

[36] 潘少彬. Co 元素对 Cu-3.0(Ni、Co)-0.7Si 合金组织及其性能的影响研究 [D]. 赣州: 江西理工大学, 2018.

[37] 王迎鲜, 贾淑果, 周延军, 等. Co 元素对挤压态铍青铜合金组织性能的影响 [J]. 材料热处理学报, 2017, 38 (06): 49~53.

[38] 王迎鲜. 低铍 Cu-0.2Be-xCo 合金热处理工艺及组织性能研究 [D]. 洛阳: 河南科技大学, 2017.

[39] 杨觉明, 包小平, 李建平, 等. 高铍含量铍青铜熔模精密铸造技术的研究 [J]. 铸造, 2001, 50 (1): 47~49.

[40] 周延军. 低铍高导 Cu-0.2Be-0.8Co 合金组织性能演变规律 [D]. 西安: 西安交通大学, 2016.

[41] 何霞, 张彦敏, 宋克兴, 等. Cu-0.23Be-0.84Co 合金熔铸工艺及组织性能研究 [J]. 铸造技术, 2014, 35 (8): 1765~1768.

[42] 周延军, 宋克兴, 国秀花, 等. 一种多元高导铍青铜合金及其制备方法: 中国, ZL201711100111. X [P]. 2019-11-19.

[43] 刘守田, 朱宝辉, 姜韬, 等. 挤压和锻造工艺对铍青铜棒材组织和性能的影响 [J]. 湖南有色金属, 2009, 25 (1): 33~36.

[44] 唐延川, 康永林, 岳丽娟, 等. 热轧终轧温度对形变时效状态 QBe2 合金薄板性能的影响 [J]. 有色金属科学与工程, 2014, 5 (5): 39~44.

[45] 岳丽娟, 付栋, 李兴利, 等. C17200 含钴铍铜合金带材的研制 [J]. 宁夏工程技术, 2004, 3 (4): 355~357.

[46] 何霞. 铸轧铝板坯用 Cu-0.23Be-0.84Co 合金热变形行为及数值模拟研究 [D]. 洛阳: 河南科技大学, 2015.

[47] Zhou Y J, Song K X, Xing J D, et al. Precipitation behavior and properties of aged Cu-0.23Be-0.84Co alloy [J]. Journal of Alloys and Compounds, 2016 (658): 920~930.

[48] 朱科研, 李兆鑫, 王琳琳, 等. 时效时间对 Cu-Be-Ni 合金组织和性能的影响 [J]. 材料热处理学报, 2019, 40 (10): 80~85.

[49] Zhou Yanjun, Song Kexing, Mi Xujun, et al. Phase transformation kinetics of Cu-Co-Be-Zr alloy during aging treatment [J]. Rare Metal Materials and Engineering, 2018, 47 (4): 1096~1099.

[50] Zhou Yanjun, Song Kexing, Xing Jiandong, et al. Mechanical properties and fracture behavior of Cu-Co-Be alloy after plastic deformation and heat treatment [J]. Journal of Iron and Steel Research, International, 2016, 23 (9): 933~939.

[51] 袁泽. 多元铝青铜组织与强韧性关系的研究 [D]. 兰州: 兰州理工大学, 2006.

[52] Culpan E A, Rose G. Microstructural characterization of cast nickel aluminium bronze [J]. Journal of Materials Science, 1978, 13 (8): 1647~1657.

[53] Sun Y S, Lorimer G W, Ridley N. Microstructure and its development in Cu-Al-Ni alloys [J]. Metallurgical Transactions A, 1990, 21 (2): 575~588.

[54] 郭泽亮, 汤文新, 张化龙, 等. 合金元素对镍铝青铜性能的影响 [J]. 材料开发与应用, 2003, 18 (2): 39~42.

[55] 卢凯. Co 对高铝青铜组织及耐磨性能的影响 [D]. 兰州: 兰州理工大学, 2007.

[56] 李元元, 夏伟. 高强度耐磨铝青铜合金及其摩擦学特性 [J]. 中国有色金属学报, 1996, 6 (3): 76~80.

[57] 王吉会, 姜晓霞, 李诗卓. 加硼铝青铜的组织和性能 [J]. 金属学报, 1996, 10 (32): 1039~1043.

[58] 乔景振, 田保红, 张毅, 等. Ti 含量对耐蚀铜合金冲蚀性能的影响 [J]. 材料热处理学报, 2018, 39 (5): 71~77.

[59] Yang Ran, Wen Jiuba, Zhou Yanjun, et al. Effect of Al Element on the Microstructure and Properties of Cu-Ni-Fe-Mn Alloys [J]. Materials, 2018, 11: 1777.

[60] 徐健, 邢建东, 李镜银. 镍铝青铜的熔铸工艺特点 [J]. 材料开发与应用, 2004 (02): 36~39.

[61] Romankiewicz F. Investigation into modifying aluminum bronze BA93 [J]. Rudy Met Niezelaz, 1979, 24 (9): 414~419.

[62] 乔景振. 海洋工程用耐蚀铜合金冲蚀行为和热变形行为 [D]. 洛阳: 河南科技大学, 2018.

[63] 高雷雷. 通道转角挤压处理铝青铜合金增强力学性能及摩擦学性能研究 [D]. 上海: 上海交通大学, 2008.

[64] 李文生, 王智平, 路阳. 高强耐磨铝青铜热处理工艺的研究 [J]. 甘肃工业大学学报, 2002 (2): 26~29.

[65] Foglesong , Trac Jayne. Polycrystal modeling of precipitate effects on mechanical behavior of an aluminum2copper alloy [D]. University of Illinois at Urbana-Champaign , 2001.

[66] 刘峰. 高铝青铜合金组织及加工性能的研究 [D]. 赣州: 江西理工大学, 2014.

[67] 严高闯. 热处理工艺对新型高铝青铜合金组织和性能的影响 [D]. 镇江: 江苏科技大学, 2013.

[68] Yang Ran, Wen Jiuba, Zhou Yanjun, et al. Effect of heat treatment on microstructure and mechanical properties of Cu-6.9Ni-2.97Al-0.99Fe-1.06Mn alloy [J]. Materials Science and Technology, 2020, 36 (1): 83~91.

[69] 杨冉, 文九巴, 周延军, 等. 热处理对 Cu-6.9Ni-2.97Al-0.99Fe-1.06Mn 合金组织和腐蚀性能的影响 [J]. 材料热处理学报, 2019, 40 (12): 74~78.

3 耐磨铜基复合材料设计与制备

颗粒增强铜基复合材料具有优越的导热性和导电性，而各种增强颗粒具有铜及其合金所不具备的优良特性，如抗高温软化、抗电弧侵蚀和抗磨损能力等，因此在汽车、航天、铁路弓网和结构元器件等领域得到广泛应用[1]。颗粒增强铜基复合材料的综合性能取决于铜基体、增强颗粒的性能以及界面结合状态，因此可以根据特定的功能需求进行增强颗粒与基体的选择。根据传统导电理论，铜基体中复合强化相引起的电子散射作用远远低于固溶在铜基体中的原子引起的点阵畸变对电子的散射作用，因此复合强化技术能够在提高铜基体室温和高温性能、摩擦磨损性能以及其他性能的同时不会明显降低铜基体的导电性[2~4]，同时复合强化方式能够充分发挥铜基体和强化相的协同作用，且成分和工艺设计灵活，是目前制备具有某些特殊功能的铜基复合材料发展的主要方向。

复合强化法制备颗粒增强铜基复合材料的设计原理为：根据复合材料服役条件要求，选用适当的增强颗粒，在保证铜基体高导电性的同时，充分发挥增强颗粒的强化作用及二者的协同作用，使得复合材料的导电性及其他性能获得良好的匹配。不同的应用领域对铜基复合材料的性能要求也不同，所以在增强颗粒的选择上也有所不同，如引线框架用高强度、高导电铜基复合材料经常采用低密度、高模量、导电性能好的增强颗粒；电接触耐磨铜基复合材料采用硬度高、导电性能好，且最好具有自润滑性能的增强颗粒；封装材料用铜基复合材料要求增强颗粒具有良好的导热性能及低的热膨胀系数（CTE）等。基于以上分析，本章针对载流摩擦磨损领域和电接触领域用颗粒增强铜基复合材料的使用性能要求，采用不同方法制备了不同颗粒特征的颗粒增强铜基复合材料。在表征铜基复合材料微观组织的基础上，结合增强颗粒的特征参量，重点研究颗粒特征参量对铜基复合材料力学性能和导电性能的影响，揭示颗粒增强铜基复合材料的强化机理，研究结果对颗粒增强铜基复合材料新材料设计和应用推广具有一定的理论指导意义。

3.1 基于颗粒特征参量的铜基复合材料设计

3.1.1 增强颗粒的种类及其特征参量

颗粒增强铜基复合材料的主要特征在于铜基体中弥散分布着细小的增强颗粒，其作用是在保持铜基体高的导电导热性能的同时，利用增强颗粒的强化作用大幅度提高铜基复合材料的力学性能。基于以上两方面，要求铜基复合材料具有高温下的热力学稳定性和化学稳定性。虽然颗粒增强铜基复合材料的服役温度一般处于400~800℃之间，但在复合材料制备过程中温度有时达到900℃以上，如通过蠕变获得细小狭长的晶粒时，需在1100℃保温100h进行再结晶处理。因此选择增强颗粒的熔点必须大于1100℃。此外，增强颗粒的导电导热性能对铜基复合材料的性能也有一定的影响。表3-1所列为目前铜基复合材料经

表 3-1 增强颗粒的物理性能[5]

增强颗粒	密度/kg·m⁻³	熔点/℃	比热容/J·(g·℃)⁻¹	热导率/J·(cm·s·℃)⁻¹	线热膨胀系数/K⁻¹	弹性模量/MPa
Al_2O_3	3960~4000	1970~2030	1.27(20~1000℃)	0.024~0.087(600~1200℃)	8.0×10^{-6}(20~1580℃)	3.9×10^5(25℃)
ZrO_2	5560	2700~2850	0.42~1.25(30~2500℃)	0.018~0.02(600~1200℃)	5.5×10^{-6}(20~1200℃)	$(2.7 \sim 3.2) \times 10^5$(1000℃)
Cr_2O_3	5210	2265	0.67~1.46(20~2000℃)	—	9.6×10^{-6}(20~1400℃)	$(1.8 \sim 1.9) \times 10^5$(25℃)
TiO_2	4240	1840	0.67~1.46(20~2000℃)	0.035~0.032(600~1200℃)	$(7.0 \sim 8.1) \times 10^{-6}$(20~600℃)	2.0×10^5
MgO	3580	3073	—	0.082	12.8×10^{-6}(500℃)	2.5×10^5(100℃)
CeO_2	7130	>2600	0.21~0.67(20~2200℃)	—	8.5×10^{-6}(0~1000℃)	—
La_2O_3	6510	2305	0.2-0.67(20~2200℃)	—	—	—
CrB_2	5600	2150	0.46~0.84(25~500℃)	3.1(25℃)	11.2×10^{-6}(20~1200℃)	2.2×10^5(20℃)
TiB_2	4400~4600	2880~2990	0.63~1.5(25~2000℃)	0.22~0.50(23~2000℃)	8.64×10^{-6}(20~2480℃)	$(3.8 \sim 5.4) \times 10^5$
ZrB_2	6000~6200	2990~3000	0.5~0.88(25~2000℃)	0.23~3.1(23~2000℃)	9.05×10^{-6}(0~1000℃)	$(2.2 \sim 1.7) \times 10^5$(20~870℃)
B_4C	2520	2450	2.1~2.26(50~1000℃)	0.29~0.84(20~425℃)	4.73×10^{-6}(24~593℃)	4.6×10^5
Cr_3C_2	6700	1890	0.46~1.13(25~1000℃)	0.21(25℃)	0.86×10^{-6}(20~120℃)	2.8×10^5
TiC	4250	3140	0.46~1.13(25~1000℃)	0.17~0.4(20~1000℃)	10.64×10^{-6}(24~480℃)	$(3.2 \sim 4.2) \times 10^5$(24℃)
WC	15770	2867	0.126~0.63(25~2000℃)	0.45~0.53(1000~2000℃)	6.2×10^{-6}(25~800℃)	7.22×10^5(20℃)
SiC	3200	>2700	0.46~1.13(25~1000℃)	0.42(20~425℃)	4.9×10^{-6}(24~1360℃)	$(3.9 \sim 3.5) \times 10^5$(25~1000℃)
AlN	3050	2230	0.50~1.51(25~1500℃)	0.17	6.08×10^{-6}(24~1350℃)	$(3.4 \sim 3.2) \times 10^5$(500~1000℃)
SiO_2	2660	1713	—	0.0033	$< 1.08 \times 10^{-6}$	0.72×10^5

常选用的增强颗粒种类与性能。可以看出，铜基复合材料所采用的增强颗粒主要集中在氧化物、碳化物及硼化物等陶瓷颗粒上。

基于以往对颗粒增强铜基复合材料的研究，增强颗粒的选择应遵循以下原则[5]：

(1) 高的热力学稳定性和化学稳定性；

(2) 增强颗粒与铜基体互溶，且扩散系数较小；

(3) 增强颗粒与铜基体之间具有较高的界面能；

(4) 加入较小的增强颗粒到铜基体中；

(5) 增强颗粒在铜基体中分布均匀。

然而在实际的研究过程中，铜基复合材料增强颗粒的选择仍存在一些问题。如采用粉末冶金法制备颗粒增强铜基复合材料时，增强颗粒越小，则粉末混合过程中颗粒越容易产生团聚。为提高铜基复合材料的抗疲劳性能，必须选择与铜基体的热膨胀系数差值较小的增强颗粒。为提高铜基复合材料的抗蠕变性能，应选择与铜基体润湿性较好和扩散能力较弱的增强颗粒。因此应根据具体的服役环境，采用适合的工艺加入不同特征参量的增强颗粒以满足实际工况的要求。目前国内外相关学者开展了增强颗粒特征参量的相关研究工作，研究内容主要涉及颗粒特征参量与复合材料组织结构和自身的强度、硬度、电导率和热导率等性能的关系。Besterci 等人[6]对比研究了颗粒类型、颗粒含量和材料制备工艺对颗粒增强铜基复合材料的微观结构和相关性能的影响。Lee 等人[7]重点研究了颗粒增强铜基复合材料中颗粒含量与材料屈服强度、抗拉强度、伸长率和电导率之间的关系。Humphreys 等人[8,9]系统研究了颗粒增强铜基复合材料相关性能与颗粒大小和间距的关系，发现颗粒增强铜基复合材料性能与增强颗粒在铜基体中的大小和间距密不可分，粗大且间距大的增强颗粒的存在将加速铜基体再结晶的进行，细小且间距小的增强颗粒的存在，将延迟甚至完全抑制铜基体再结晶的进行。Arzt 等人[10]采用弥散强化材料高温蠕变模型分析，认为铜基复合材料的位错分布与增强颗粒和铜基体的界面结合性质相关。

综上所述，增强颗粒的粒径大小、体积分数、颗粒特性（热膨胀系数、导电导热性能等）和颗粒/基体界面结合状态等特征参量对铜基复合材料的综合性能均有影响。本章集中于颗粒特征参量与铜基复合材料组织结构和力学性能、传导性能等性能的关系，探究颗粒特征参量对铜基复合材料载流摩擦磨损性能和耐电弧侵蚀性能的影响规律，从而为铜基复合材料的设计和制备提供理论依据。

3.1.2　基于颗粒分布特征参量的增强颗粒选择

增强颗粒分布特征参量主要包括：增强颗粒的数量（体积分数）、增强颗粒的大小和间距。研究表明[11~15]：颗粒增强铜基复合材料的强度，尤其是高温强度，与弥散的增强颗粒间距和大小有很大关系。但颗粒并不是越小越好，由公式（3-1）可知，在给定温度下，最佳颗粒粒径与增强颗粒体积分数和应变速率存在以下关系[5]。

$$\frac{r}{b} = \left[\frac{5}{3(1-k)} \right]^{3/2} \left[\frac{\ln(\varepsilon_0/\varepsilon)K_B T}{Gb^3} \right] \tag{3-1}$$

式中，r 为增强颗粒半径；k 为体积分数；b 为柏氏矢量；G 为剪切模量；T 为服役温度；K_B 为玻耳兹曼常数；ε_0 取决于颗粒间距的参考应变速率。

在增强颗粒粒径选择方面，根据晶粒细化程度不同可分为纳米级（<100nm）细化、

亚微米级（$0.1 \sim 1\mu m$）细化与微米级（$1 \sim 10\mu m$）细化。Naser 等人[16]对比研究了纳米级和微米级的 γ-Al_2O_3 颗粒增强铜基复合材料，发现纳米级 Al_2O_3 颗粒比微米级 Al_2O_3 颗粒在铜基体中分布更均匀。宋克兴等人[17,18]研究了内氧化法生产的 Al_2O_3/Cu 复合材料中 Al_2O_3 颗粒的平均粒径为 $10 \sim 30nm$，颗粒间距 $20 \sim 80nm$。Wan 等人[19]认为 Al_2O_3 颗粒粒径对热循环过程中 Al_2O_3/Cu 复合材料的热膨胀系数变化有显著的影响。王献辉等人[20]系统研究了 Al_2O_3 颗粒粒径大小对 Al_2O_3/Cu 复合材料电击穿行为的影响，认为纳米级颗粒增强的 Al_2O_3/Cu 复合材料比微米级颗粒增强 Al_2O_3/Cu 复合材料具有更好的抗电击穿性能。

在增强颗粒含量选择方面，宋克兴等人[21]研究了 Cu-Al 合金发生内氧化的热力学和动力学，研究表明 Al 含量低的 Cu-Al 合金符合这些条件，因此采用内氧化法制备的 Al_2O_3/Cu 复合材料的 Al_2O_3 质量分数一般在 2.0% 以下。Rajkovic 等人[22]对比研究了不同球磨时间后 Cu-2%Al 和 Cu-4%Al_2O_3（质量分数）的电导率，发现 Cu-4%Al_2O_3（质量分数）复合材料的电导率均小于 50%IACS。这是由于增强颗粒含量的增加引起铜基复合材料内部的组织均匀性降低，且由于铜基体含量的降低，铜基复合材料的导电导热性能也显著降低。

基于以上研究，本章拟采用粉末冶金法制备颗粒增强铜基复合材料，Al_2O_3 颗粒粒径大小分别为 13nm、30nm、50nm、100nm、200nm、300nm 和 500nm 的 1.0% Al_2O_3/Cu（体积分数）复合材料以及 Al_2O_3、MgO、SiC 和 SiO_2 颗粒体积分数为 1%、1.5%、2%、2.5%、3%的 Al_2O_3/Cu 复合材料、MgO/Cu 复合材料、SiC/Cu 复合材料和 SiO_2/Cu 复合材料，研究颗粒分布特征参量对铜基复合材料力学性能、导电性能和载流摩擦磨损性能的影响。

3.1.3 基于颗粒物性特征参量的增强颗粒选择

根据金属基复合材料的颗粒选取原则[23]，影响金属基复合材料综合性能的颗粒特性参量主要包括弹性模量、密度、熔点、热膨胀系数、热传导率等物理性能。由于颗粒热膨胀性能与复合材料颗粒与基体间的热错配应力密切相关，因此可改变复合材料的热机械性能和加工性能。在金属基复合材料研究过程中一般将热膨胀系数作为重点分析参量，而其他参量作为参考参量。Yan 等人[15]研究了 SiC 颗粒粒径大小对 SiC/Al 热膨胀性能的影响。Hunter 等人[24]从热膨胀性能和弹性模量的角度出发研究两相合金材料的热膨胀性能变化。汪志太等人[25]研究了 SiC 颗粒体积分数和粒径大小对 SiC/Mg 复合材料的热膨胀性能变化。Shu 等人[26]研究表明 SiC/Cu 复合材料的热膨胀系数变化与复合材料的热应力变化密切相关。

在摩擦条件下，铜基复合材料要求具有高的机械性能、物理性能和物理-化学性能[27]：

（1）机械性能。耐磨性与高的压缩、拉伸、弯曲、滑移和剪切抗力有关，在要求具有一定韧性的条件下保持高硬度和塑性，以及在磨损的高温高压下能保持稳定的机械性能。

（2）物理性能。复合材料的耐磨性要求有高的导电性和导热性；各相之间具有较小的热膨胀系数，同时增强相与基体界面上应力值较小，在较宽的温度、压力范围内，各相应具有热稳定性。

（3）物理-化学性能。合金元素的溶解度要高，分布要均匀，抗腐蚀能力强，没有微观热电势。

上述性能要求可以通过韧性相与强化相的适当匹配，对于颗粒增强铜基复合材料，也就是通过铜基体与增强颗粒的适当组合获得。除了高弥散度强化相之外，还需考虑基体（固溶体）和增强颗粒之间相互位相（相互溶解和析出时）。

综上所述，本章将熔点、密度、热导率等作为参考物理参量，重点研究增强颗粒热膨胀系数对铜基复合材料载流摩擦磨损性能的影响，因此选择热膨胀系数相差较大的增强颗粒为研究对象，见表3-2，并采用粉末冶金法制备出具有不同颗粒物性特征参量的铜基复合材料。

表 3-2　基于颗粒物性的增强颗粒的选择

颗粒	密度/g·cm^{-3}	弹性模量/GPa	熔点/℃	热膨胀系数/K^{-1}	热导率/J·(cm·s·℃)$^{-1}$
Al$_2$O$_3$	3.96	390	2050	8.0×10^{-6}	0.024~0.087(600~1200℃)
SiO$_2$	2.66	72	1713	0.5×10^{-6}	0.0033
SiC	3.20	390	>2700	4.9×10^{-6}	0.42（20~425℃）
MgO	3.58	250	3073	12.8×10^{-6}	0.082

3.1.4　基于颗粒/基体界面特征的制备方法选择

3.1.4.1　颗粒/基体界面特征类型

颗粒/基体的界面结合状态是影响复合材料综合性能的重要因素。颗粒/基体界面结合状态与铜基复合材料的制备工艺和工艺参数密切相关，采用适当的制备方法获得良好的颗粒/基体界面是决定铜基体和增强颗粒性能发挥的关键因素，也是制备高性能颗粒增强铜基复合材料的重要条件。根据界面结合状态的分类，颗粒/基体界面特征可描述为：完全共格界面、完全非共格界面和部分共格界面。对于部分共格界面的特征，根据界面错配度不同又可描述为不同程度的部分共格界面特征，按结构特点可分为共格界面、半共格界面和非共格界面三种类型[28,29]。

A　共格界面

共格界面是指界面上的原子同时位于两相晶格的结点上，即两相的晶格是彼此衔接的，界面上的原子为两者共有，该界面的界面能很低。图3-1所示为无畸变的完全共格界面示意图。图3-1（a）和（b）所示分别为相同和不同两相晶体结构的界面示意图。然而理想的完全共格界面，只有在晶界为孪晶面时才可能存在。图3-2所示为具有轻微错配的共格界面示意图。这是由于界面两侧为不同的相，点阵常数不同，因此在形成共格界面时，即使两相的界面结构相同，在界面附近也会产生一定的弹性畸变，使界面间距较大者产生压缩，较小者发生伸长，以使界面上原子互相协调达到匹配。显然，这种共格界面的能量高于具有完全共格关系的界面（如孪晶界）的能量。

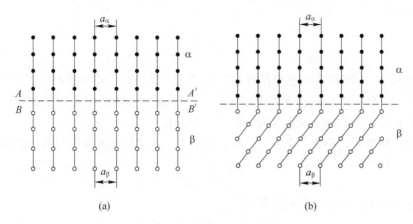

图 3-1　无应变的共格界面

（a）晶体结构相同；（b）晶体结构不同

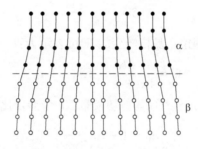

图 3-2　有轻微错配的共格界面

B　半共格界面

半共格界面也被称为部分共格界面。若界面结合处两相晶体晶面间距存在一定间距，将在晶面结合处产生一定的错位，如图 3-3 所示。从图 3-3 可以看出，α 相和 β 相存在部分位错，该界面称为部分共格界面。

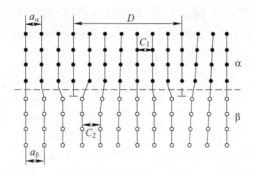

图 3-3　半共格界面示意图

部分共格相界上位错间距取决于相界处两相匹配晶面的失配度。失配度 δ 定义为：

$$\delta = \frac{a_\alpha - a_\beta}{a_\alpha} \tag{3-2}$$

式中，a_α 和 a_β 分别表示相界面两侧的 α 相和 β 相的点阵常数，且 $a_\alpha > a_\beta$。由此可求得位错间距：

$$D = \frac{a_\alpha}{\delta} \tag{3-3}$$

当 $\delta < 5\%$ 时，α 相和 β 相在相界面上完全共格，即为完全共格相界；当 $5\% \leqslant \delta \leqslant 25\%$ 时，D 很大，α 相和 β 相在相界面上趋于共格，即成为半共格相界；当 $\delta > 25\%$ 时，D 很小，α 相和 β 相在相界面上完全失配，即成为非共格相界。

对于半共格相界，如图 3-3 所示，对上部晶体，单位长度需要附加的刃位错数：

$$\rho = \frac{1}{C_1} - \frac{1}{C_2} \tag{3-4}$$

式中，C_1 为晶面间距小的，即位错间距。

$$D = \frac{1}{\rho} = \frac{C_1 C_2}{C_2 - C_1} = \frac{C_2}{\delta} \tag{3-5}$$

$$\delta = \frac{C_2 - C_1}{C_1} \tag{3-6}$$

根据布鲁克（Brooks）理论：晶格畸变能 W 可表示为：

$$W = \frac{Gb\delta}{4\pi(1 - \nu)}(A_0 - \ln r_0) \tag{3-7}$$

式中，δ 为失配度；b 为柏氏矢量；G 为剪切模量；ν 为泊松比。

$$A_0 = 1 + \ln\left(\frac{b}{2\pi r_0}\right) \tag{3-8}$$

式中，r_0 为与位错线有关的一个长度。

对于较大的 δ（$5\% \leqslant \delta \leqslant 25\%$），共格畸变的增大使系统总能量增加，以半共格代替共格能量会更低，如图 3-4 所示，图 3-4 曲线 a 为共格界面畸变能随失配度变化曲线，曲线 b 为半共格界面畸变能随失配度变化曲线。

C　非共格界面

当两相在相界面处的原子排列相差很大时（即 δ 值较大），只能形成非共格界面（见图 3-5）。该类相界与大角度晶界相似，可看成是由原子不规则排列很薄的过渡层构成的。

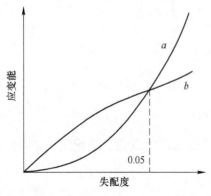

图 3-4　材料弹性应变能随失配度变化的曲线

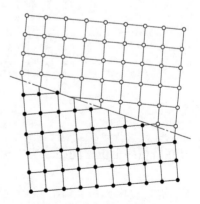

图 3-5　非共格界面示意图

从相界理论分析,相界能也可采用类似于测晶界能的方法来测量。相界能包括弹性畸变能和化学交互作用能两部分。其中影响弹性畸变能的关键因素是两相界面失配度 δ 的大小;而化学交互作用能的大小则是由界面处原子之间的化学键结合状况决定的。如果界面处两相结构不同,则两部分界面能量也不同。从界面能的角度分析,界面能随着界面关系由共格向半共格和非共格相界呈依次降低的趋势。对于完全共格界面而言,界面处原子之间存在完全匹配关系,因此界面处的原子结合键数目不变,此时的界面能以应变能为主;而对于非共格界面,界面处原子的化学键数目发生较大变化,使得界面能较高,且其界面能以化学交互作用能为主。

3.1.4.2 基于颗粒/基体界面特征的制备方法选择

在金属基复合材料中,颗粒/基体界面对材料因变形产生的微区应力、残余应力和应变分布、增强机制、载荷传递和断裂过程,以及导电、导热、热膨胀等物理和力学性能有着极其重要的影响。界面结构决定了基体和增强颗粒性能能否充分发挥,因此获得结合良好的颗粒/基体界面是制备高性能铜基复合材料的关键。

由于金属基复合材料的界面是膨胀系数、弹性模量以及组织结构明显不同的两相结合的交界,受复合材料的金属基体和增强颗粒的性质、界面形成机制以及复合材料的制备工艺等诸多因素的影响,界面结构十分复杂。随着高分辨透射电子显微技术对界面的表征和理解以及铜基复合材料制备技术的改进,可通过不同制备方法和工艺参数的调控,有望获得不同颗粒/基体界面特征的复合材料。Wang 等人[30]采用 Cu-Mg 合金内氧化原位法制备了铜基体与 MgO 颗粒良好的结合界面的 MgO/Cu 复合材料,发现了取向关系相同的两种不同界面,并运用近重位点阵模型对其界面结构进行了研究,求出了失配位错的 3 个 Burgers 矢量和次级位错的 3 个 Burgers 矢量。湛永钟等人[31]对铜基复合材料颗粒表面涂层的研究表明,颗粒表面涂层处理后,可获得干净、紧密的颗粒/基体界面结合,提高了 SiC/Cu 复合材料的屈服强度、抗拉强度和断裂伸长率。樊建中等人[32]采用高能球磨技术制备了 SiC/Al 复合材料,发现复合材料界面有轻微反应型和干净界面两种。Muller 等人[33]采用原子级电子束测量了内氧化法制备的 MgO/Cu 复合材料(222)晶面的电子能量损失。王琳等人[34]采用 SPS 法分别在 700℃、750℃和 800℃对 3μm 的铜粉进行快速烧结,发现烧结体的密度随着烧结温度的提高而升高,其中 800℃时铜烧结体的相对密度大于 99.5%。烧结温度为 700℃时,微观组织的晶粒度可以细化到 10~15μm。

综上所述,本章选择内氧化法、粉末冶金法和 SPS 法制备颗粒增强铜基复合材料,对上述制备的颗粒增强铜基复合材料中增强颗粒形态及颗粒/基体界面结合状态进行表征,探索制备方法与铜基复合材料颗粒/基体界面特征的内在关联,研究制备工艺对铜基复合材料载流摩擦磨损性能和耐电弧侵蚀性能的影响。

3.2 非原位法制备颗粒增强铜基复合材料

3.2.1 粉末冶金法制备颗粒增强铜基复合材料

本章采用粉末冶金法制备颗粒增强铜基复合材料的工艺流程为:(1)将不同粒径的

纳米颗粒粉按一定的体积分数分别与电解铜粉进行配料；（2）在 V 型混粉机中混粉 8h；（3）冷等静压 280MPa，保压 20min；（4）烧结：放入氨分解炉内进行烧结，同时通入 H_2 作为保护气氛，在 900℃烧结，保温 0.5h；（5）将热压烧结后的坯料在 850℃和 850MPa 下挤压成 $\phi16mm$ 的棒状试样。原料粉末如图 3-6 所示。

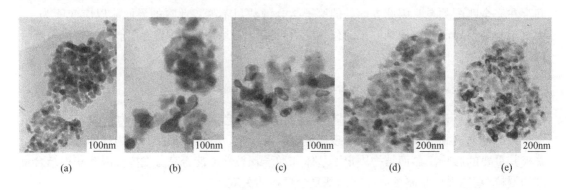

$$\text{(a)}\qquad\qquad\text{(b)}\qquad\qquad\text{(c)}\qquad\qquad\text{(d)}\qquad\qquad\text{(e)}$$

图 3-6　颗粒原料粉末

（a）Al_2O_3，30nm；（b）Al_2O_3，50nm；（c）SiO_2，50nm；（d）SiC，50nm；（e）MgO，50nm

3.2.2　放电等离子烧结法制备颗粒增强铜基复合材料

放电等离子烧结法（spark plasma sintering，SPS）具有升温速度快、烧结时间短、烧结温度较低、生产效率高等一系列优点，成为材料制备的一种新方法。本节采用 SPS-30 型烧结炉制备 MgO/Cu 复合材料和 Al_2O_3/Cu 复合材料。具体工艺过程如下：

（1）混粉。实验采用纯度 99.9%，粒径为 75μm 的电解铜粉和粒径为 50nm 的 MgO 粉混合。

（2）球磨。球磨混粉设备为南大仪器厂的变频行星式球磨机，球磨 8h，球料比为 10:1，转速为 300r/min。

（3）SPS 烧结。将球磨后的粉体填充到 $\phi25mm$ 的石墨模具中进行烧结，升温速率约为 80℃/min，升温至 800℃，然后施加 40MPa 的压力，保温 5min，然后冷却至 100℃以下，取出试样，试样尺寸为 $\phi25mm\times6mm$。

3.3　内氧化法制备颗粒增强铜基复合材料

Al_2O_3/Cu 复合材料是应用最为广泛的弥散强化铜基复合材料之一，内氧化法是目前商业化生产性能优越的 Al_2O_3/Cu 复合材料的最佳方法[35]。采用内氧化法制备 Al_2O_3/Cu 复合材料，不仅可得到细小弥散分布的 Al_2O_3 颗粒，而且生成的 Al_2O_3 颗粒熔点高，具有坚固、完整的晶格，与基体界面结合强度较高，化学性质极为稳定，使 Al_2O_3/Cu 复合材料具有很好的热力学稳定性。本节以内氧化法制备的 Al_2O_3/Cu 复合材料为例，结合国内外最新研究成果，详细介绍了 Al_2O_3/Cu 复合材料的制备工艺、内氧化原理和组织性能等。

3.3.1 内氧化法制备 Al_2O_3/Cu 实体复合材料

采用内氧化法制备 Al_2O_3/Cu 实体复合材料的典型生产工艺如下（见图 3-7）：

（1）铜铝合金粉末制备。首先熔炼铜铝固溶合金，然后采用水雾化法或氮气雾化法雾化溶体成粉末。

（2）氧导入粉末。低温氧化粉末表面或将制成的粉末与氧化剂混合，氧化剂主要由氧化亚铜组成。

（3）内氧化粉末。把混合料加热到高温，氧化亚铜分解，生成的氧扩散到铜铝固溶合金的颗粒中，由于铝比铜易生成氧化物，因此合金中的铝被优先氧化成氧化铝。

（4）氢气中还原多余氧。合金中的铝全部被氧化后，在氢或分解氨气氛中将粉末进行加热，还原粉末中的过量氧。

（5）压制。将金属粉末采用冷等静压制或热等静压制等手段压制成坯或锭。

（6）热挤压成型。根据需要加工成圆形棒料、方形料或板料等。

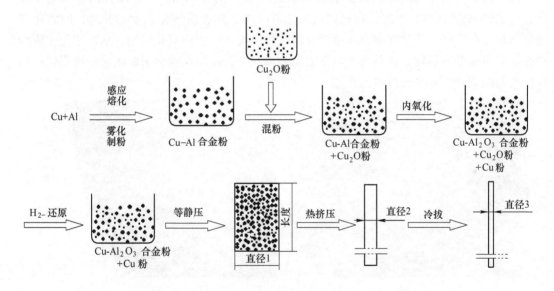

图 3-7 内氧化法生产 Al_2O_3/Cu 复合材料的工艺流程

3.3.2 内氧化法制备 MgO/Cu 表层复合材料

本节重点介绍 Cu-Mg 合金表面内氧化法制备 MgO/Cu 复合材料工艺：（1）选用纯铜（$w(Cu) \geqslant 99.95\%$）和 Cu-Mg 中间合金（$w(Mg)=20\%$）为原材料，采用真空熔炼法制备 Cu-Mg 合金。经去除两端缺陷和氧化皮后，热挤压成 $\phi30mm$ 的棒材，再经线切割切成 $\phi5mm \times 20mm$ 的线材和 $1.2mm \times 10mm \times 20mm$ 的平板试样，并对试样表面进行打磨。（2）采用包埋法进行内氧化实验。包埋试样采用的混合粉末为：体积分数分别为30%、20%和50%的 Cu_2O 粉、Cu 粉和 Al_2O_3 粉。其中加入 Cu_2O 粉和 Cu 粉是为保证氧分压，Cu-Mg 合金内氧化的最高氧分压即 Cu_2O 的分解压，而加入 Al_2O_3 粉是为防止 Cu 粉与试样的黏结。粉末与包埋后的试样一起放入自制的铜管内，并用高温黏土和水玻璃密封。（3）将铜管放入高温炉中进行加热。

3.3.2.1　MgO/Cu 复合材料微观组织

A　MgO/Cu 复合材料的金相显微组织

图 3-8 所示为不同温度下 Cu-Mg 合金表层内氧化 10h 后横截面的金相组织。可以看出，内氧化后，Cu-Mg 合金试样外层有一条明显的界线，该分界线为合金内氧化层与基体的分界线。随着内氧化温度的升高，内氧化层的厚度逐渐增大。这是由内氧化过程所决定的，由 Cu-Mg 合金内氧化在铜基体中生成 MgO 颗粒的过程主要包括：（1）Cu_2O 分解产生的氧从外部扩散进入基体内部；（2）扩散进入基体的氧与 Mg 发生反应生成 MgO。根据 Cu-Mg 合金热力学区位图，在一定温度下 Cu-Mg 合金发生内氧化的区域是很大的，其范围由上、下限氧分压确定；而温度是决定上限氧分压的关键因素，随着温度的升高，上限氧分压升高，所以可以通过适当提高温度，以减小氧分压的控制难度；因此，在一定时间范围内，内氧化温度越高，氧的扩散能力越强，Cu_2O 分解出 [O] 越快，内氧化速率越快，生成的 MgO 越多。因此，在相同内氧化时间内，随着内氧化温度的升高，内氧化厚度也增加。在实际生产过程中则尽量提高内氧化温度，缩短内氧化时间，从而原位生成细小弥散分布的增强颗粒，这是由于温度太高的情况下长时间保温会引起生成的增强颗粒粗化从而影响 MgO/Cu 复合材料的性能。

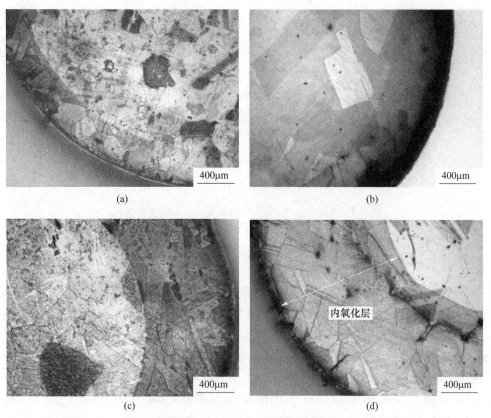

图 3-8　内氧化后 MgO/Cu 复合材料的组织形貌[36]
（a）850℃×10h；（b）900℃×10h；（c）950℃×10h；（d）1000℃×10h

图 3-9（a）所示为经 900℃×10h 内氧化后合金硬度区域分布图，由此可以看出，内氧化后内氧化层的硬度较 Cu-Mg 合金基体有较大的提高，MgO/Cu 复合材料的硬度从表层到芯部逐渐降低。这是因为内氧化后弥散分布的细小 MgO 颗粒，阻碍了晶界、亚晶界的移动和增加位错密度，从而起到了很好的强化效果，使 MgO/Cu 复合材料具有较高的硬度[36]。而在内氧化区域表层比内层硬度高的原因为：表面先形成的 MgO 颗粒阻碍了晶粒长大使表层的晶粒较细；内氧化过程中，由于 MgO 原位析出，表层氧扩散速度较快，使 MgO 颗粒来不及长大，导致 MgO 颗粒更加细小弥散分布，硬度越高。图 3-9（b）所示为内氧化后内氧化层的 TEM 及衍射花样标定照片。从图 3-9（b）中可以清楚地看到 Cu-Mg 合金基体上弥散分布的许多小颗粒，形状为椭球形或球形，其大小在 5~10nm 之间，颗粒间距为 10~50nm 之间，经衍射花样标定为 MgO。

(a) (b)

图 3-9 内氧化后 MgO/Cu 复合材料的透射组织照片[36]

（a）内氧化后试样横截面硬度分布情况；（b）MgO 相在铜基体内部的分布

B 内氧化温度与弥散强化层硬度和电导率的关系

图 3-10 所示为 MgO/Cu 复合材料电导率和硬度随内氧化温度的变化曲线。由图 3-10 可以看出，硬度随内氧化温度的提高先升高后降低，当内氧化温度为 900℃时，硬度 HV 达到最大值 123.3；而其电导率随内氧化温度的提高逐渐升高，当内氧化温度为 1000℃ 时，电导率最高达到 83.1%IACS。

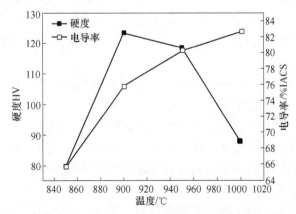

图 3-10 MgO/Cu 复合材料硬度和电导率随温度的变化曲线[36]

温度作为内氧化过程中的一个重要工艺参数，在一定时间范围内，内氧化温度越高，Cu_2O 分解的［O］越快，扩散运动越迅速，生成的 MgO 越多，固溶在铜基体中 Mg 原子以 MgO 粒子的形态析出，形成一个个钉扎点，阻碍位错的运动，增加位错密度；另一方面，MgO 粒子也能阻碍晶粒的长大，增加晶界亚晶界移动的阻力，使材料的晶体缺陷增多，尤其是增加氧化物界面，增加位错运动的阻力，从而提高内氧化后生成的 MgO/Cu 复合材料的硬度。而当内氧化温度超过 900℃时，MgO/Cu 复合材料的硬度呈现下降趋势，这主要是由于过高的内氧化温度使复合材料中的增强颗粒发生粗化和再结晶。

根据 Lifshiftz-Slyozov-Wagner（LSW）方程式[12]：

$$r^3 - r_0^3 = \frac{8\gamma Dc_0\Omega}{9RT}t \tag{3-9}$$

式中，r_0 为原始颗粒半径；r 为在温度 T 下经时间 t 后的颗粒半径；D 为扩散系数；c_0 为颗粒附近溶质原子在基体中的溶解度；Ω 为颗粒的摩尔体积；R 为气体常数；γ 为颗粒与基体之间的界面能。

又因式：

$$D = D_0\exp\left(-\frac{Q}{RT}\right) \tag{3-10}$$

式中，D_0 为原子振动频率因子；Q 为扩散激活能。

由式（3-9）和式（3-10）可知，温度 T 升高或保温时间 t 延长均使颗粒尺寸增加。因此当内氧化在较高温度下进行时，Ostwald 熟化进程较快，发生 MgO 颗粒的急剧粗化，使得 MgO/Cu 复合材料的硬度降低。

对电导率而言，内氧化后电导率得到大幅度的提高。这主要是因为 Cu-Mg 合金经内氧化后固溶态的 Mg 经择优氧化，生成尺寸稳定、坚硬的 MgO 颗粒。Cu-Mg 合金的内氧化处理对电导率具有双重作用：（1）析出的 MgO 粒子使 Cu 基体电导率降低；（2）MgO 质点的析出，消耗了基体中的 Mg，减少了晶格畸变程度，使电导率提高。但后者的作用显著大于前者，因此内氧化后复合材料的电导率显著提高[8]。

3.3.2.2　内氧化过程分析

将 Cu-Mg 合金棒材包埋于足量的氧源（Cu_2O 粉末）中，在一定温度下控制其初始氧分压，该体系将进行 Cu_2O 的分解和 Cu-Mg 合金的内氧化，且体系氧分压将保持在 Cu-Mg 合金在此温度下发生内氧化的最高氧分压（即 Cu_2O 的分解压）。在内氧化过程中 MgO 颗粒的形核和长大过程为[36]：

（1）Cu_2O 的分解。Cu_2O 分解释放 O_2，O_2 吸附到 Cu-Mg 合金棒材表面，吸附的氧分子再分解成吸附氧原子（见图 3-11（a））：

$$1/2O_2(气) \rightarrow 1/2\ O_2(吸附) \rightarrow O(吸附)$$

（2）MgO 颗粒形核，氧向内扩散，同时 Mg 向外扩散（尽管 MgO 向外扩散的速度远小于氧向内扩散的速度），并在反应前沿建立起脱溶形核的临界浓度积（$N_{(Mg)}N_{(O)}$），发生 MgO 颗粒的脱溶形核（见图 3-11（b））。

（3）MgO 颗粒长大。MgO 颗粒脱溶形核后，Mg 原子和氧原子继续在已形核的 MgO 颗粒表面聚集，导致 MgO 颗粒的长大，直到反应前沿向前移动并且 Mg 供应不足为止，此处颗粒停止长大。氧继续向内扩散，反应前沿继续推进直到 Cu-Mg 合金中所有 Mg 全部被氧化成 MgO 为止（见图 3-11（c））。

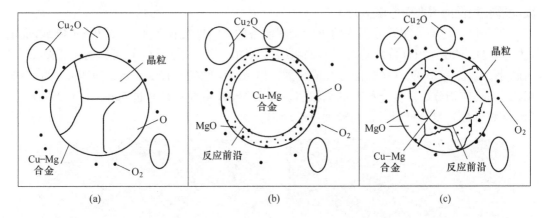

图 3-11　Cu-Mg 合金内氧化过程示意图[36]

（a）Cu$_2$O 分解和 O 吸附；（b）O 扩散和 Mg 内氧化；（c）MgO/Cu 内氧化层形成

3.4　颗粒特征参量对铜基复合材料力学性能和导电性能的影响

3.4.1　颗粒粒度对铜基复合材料硬度的影响

图 3-12 所示为 1.0%Al$_2$O$_3$/Cu（体积分数）复合材料的硬度随 Al$_2$O$_3$ 颗粒粒径大小的变化曲线。从图 3-12 可以看出，当 Al$_2$O$_3$ 颗粒粒径小于 50nm 时，Al$_2$O$_3$/Cu 复合材料的硬度随颗粒粒径的增大而急剧上升。当 Al$_2$O$_3$ 颗粒粒径在 50~200nm 时，Al$_2$O$_3$/Cu 复合材料的硬度随着颗粒粒径的增大，复合材料的硬度 HB 值稳定在 87~90 之间。而当 Al$_2$O$_3$ 颗粒粒径大于 200nm 时，Al$_2$O$_3$/Cu 复合材料的硬度随颗粒粒径的增大而呈快速下降趋势。这是由于在一定体积分数下，Al$_2$O$_3$ 颗粒粒径越小，Al$_2$O$_3$ 颗粒数量越多，Al$_2$O$_3$ 颗粒在铜基体的晶界与亚晶界中的钉扎点越多，这些钉扎点能够在铜基体发生塑性变形的过程中

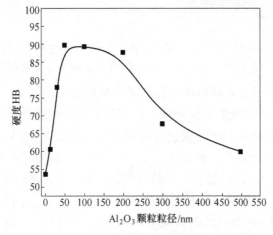

图 3-12　1.0%Al$_2$O$_3$/Cu 复合材料硬度随 Al$_2$O$_3$ 粒径的变化曲线

形成位错中心，在其周围形成高密度位错，阻碍塑性变形的进程，因此大幅提高了 Al_2O_3/Cu 复合材料的硬度，因此当 Al_2O_3 颗粒粒径小于 50nm 时，Al_2O_3/Cu 复合材料硬度随颗粒粒径的增大而急剧上升。

图 3-13（a）~（d）分别为粉末冶金法制备的 Al_2O_3 粒径为 13nm、30nm 和 50nm 的 $1.0\%Al_2O_3/Cu$（体积分数）复合材料的组织。从图 3-13（a）~（c）可以看出，Al_2O_3 颗粒越小，制备的 Al_2O_3/Cu 复合材料越致密，但 Al_2O_3 颗粒粒径为 13nm 和 30nm 的 1.0% Al_2O_3/Cu（体积分数）复合材料的晶粒明显大于 Al_2O_3 颗粒粒径超过 50nm 的 $1.0\%Al_2O_3/$ Cu（体积分数）复合材料，且晶粒大小不均匀。

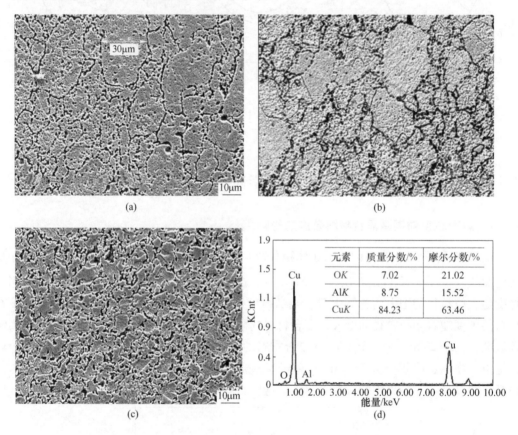

图 3-13　采用不同 Al_2O_3 粒径制备的 $1.0\%Al_2O_3/Cu$ 复合材料组织
（a）13nm；（b）30nm；（c）50nm；（d）图（b）的能谱图

在一定温度下，金属粉体材料发生再结晶与晶粒长大。当 Al_2O_3 颗粒粒径小于 50nm 时，Al_2O_3 颗粒与铜基体之间的界面较多，此时复合材料内部的界面能也较高。Al_2O_3 颗粒与铜基体在界面能的推动下产生成核与晶粒长大，导致 $1.0\%Al_2O_3/Cu$（体积分数）复合材料烧结后晶粒较大，如图 3-13（a）和（b）所示，Al_2O_3 颗粒粒径为 13nm 和 30nm 的 $1.0\%Al_2O_3/Cu$（体积分数）复合材料晶粒明显长大，最大颗粒粒径大于 30μm。尽管晶粒长大有助于气体逸出，提高复合材料的烧结密度（见表 3-1），但不利于 $1.0\%Al_2O_3/Cu$（体积分数）复合材料均匀性的改善。从图 3-13（a）和（b）可以看出，Al_2O_3 颗粒粒径分别为 13nm 和 30nm 增强的 $1.0\%Al_2O_3/Cu$（体积分数）复合材料晶粒大小并不均匀。随

着 Al_2O_3 颗粒粒径的增大，1.0% Al_2O_3/Cu（体积分数）复合材料中 Al_2O_3 颗粒与铜基体的界面较少，界面能较低，1.0% Al_2O_3/Cu（体积分数）复合材料组织也趋于均匀，如图 3-13（c）所示，当 Al_2O_3 颗粒粒径为 50nm 时，Al_2O_3/Cu 复合材料组织晶粒大小均匀，硬度达到最大，如图 3-12 所示。

随着 Al_2O_3 颗粒粒径的增大，Al_2O_3 颗粒在铜基体的数量也相应减少，阻碍铜基体塑性变形作用减弱，同时 Al_2O_3 颗粒与铜基体之间的界面结合更加不完整，导致 1.0% Al_2O_3/Cu（体积分数）复合材料硬度下降。由图 3-14 可以看出，当 Al_2O_3 颗粒粒径大于 200nm 时，与采用 Al_2O_3 颗粒粒径小于 50nm 制备的 1.0% Al_2O_3/Cu（体积分数）复合材料相比，1.0% Al_2O_3/Cu（体积分数）复合材料中 Al_2O_3 颗粒数量减少，Al_2O_3 颗粒的增强作用减弱。因此，Al_2O_3/Cu 复合材料的硬度随 Al_2O_3 颗粒粒径的增大而逐渐降低。

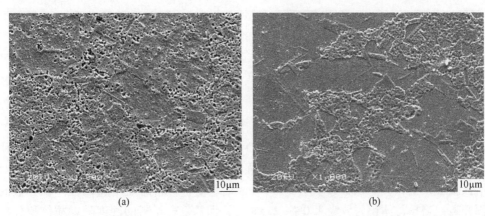

(a)　　　　　　　　　　　　　　　　　　(b)

图 3-14　1.0% Al_2O_3/Cu（体积分数）复合材料微观组织

（a）200nm；（b）500nm

图 3-15 所示为粒径 13nm 的 1.0% Al_2O_3/Cu 复合材料 60% 冷变形后的透射电镜照片。可以看出在 Al_2O_3 颗粒位错源周围存在大量的高密度位错。当 Al_2O_3 颗粒粒径大于 200nm 时，Al_2O_3 颗粒在铜基体中的数量也相应减少，Al_2O_3 颗粒阻碍铜基体塑性变形的作用减弱，同时 Al_2O_3 颗粒与铜基体之间的界面结合更加不完整，导致 1.0% Al_2O_3/Cu 复合材料硬度下降。

不同 Al_2O_3 颗粒粒径的 Al_2O_3/Cu 复合材料的密度和孔隙率见表 3-3。从表 3-3 可以看出，Al_2O_3 颗粒的添加明显降低了 Al_2O_3/Cu 复合材料的密度。在 Al_2O_3 颗粒粒径小于 50nm 时，1.0% Al_2O_3/Cu（体积分数）复合材料的密度随着 Al_2O_3 颗粒粒径的增大而降低，而当 Al_2O_3 颗粒粒径大于 50nm 时，1.0% Al_2O_3/Cu（体积分数）复合材料的密度随着 Al_2O_3 颗粒粒径的增大而升高。这是因为在粉末冶金烧结过程中，铜基体与 Al_2O_3 颗粒之间并不发生化学反应，而是在界面

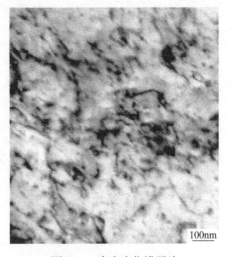

图 3-15　高密度位错照片

能的驱动下促进了致密化。但在铜基体中加入 Al_2O_3 增强颗粒后，由于铜基体与 Al_2O_3 颗粒之间较差的润湿性，两者共同作用的结果导致 $1.0\% Al_2O_3/Cu$（体积分数）复合材料致密度的下降。

表 3-3　不同 Al_2O_3 粒径的 $1.0\% Al_2O_3/Cu$ 复合材料密度

材料	Al_2O_3 颗粒粒径/nm	密度/$g \cdot cm^{-3}$	孔隙率/%
Cu	0	8.918	0.40
Al_2O_3/Cu	13	8.845	0.70
Al_2O_3/Cu	30	8.703	2.30
Al_2O_3/Cu	50	8.669	2.70
Al_2O_3/Cu	100	8.810	1.10
Al_2O_3/Cu	200	8.874	0.40
Al_2O_3/Cu	500	8.877	0.37

3.4.2　颗粒含量对铜基复合材料硬度的影响

图 3-16 所示为 Al_2O_3、MgO、SiC 和 SiO_2 四种增强颗粒体积分数对热挤压后铜基复合材料硬度的影响。从图 3-16 可以看出，Al_2O_3/Cu、MgO/Cu、SiC/Cu 和 SiO_2/Cu 四种复合材料的硬度均高于纯铜的硬度，说明了增强颗粒的加入明显提高了铜基体的硬度。对于同种增强颗粒，当颗粒体积分数小于 1.0% 时，铜基复合材料的硬度随颗粒体积分数的增加急剧升高；当颗粒体积分数为 1.0%~2.5% 时，铜基复合材料的硬度随颗粒体积分数的增加而升高缓慢；当颗粒体积分数为 2.5% 时，复合材料的硬度值达到最大值。而随着增强颗粒体积分数增加至 3.0% 时，复合材料的硬度呈不同程度的下降。此外，在相同体积分数下，不同颗粒增强铜基复合材料的硬度不同，如当颗粒体积分数为 2.5% 时，Al_2O_3/Cu 复合材料和 MgO/Cu 复合材料的硬度 HB 分别达到 94.4 和 93.9，远远大于 SiO_2/Cu 复合材料和 SiC/Cu 复合材料的硬度。

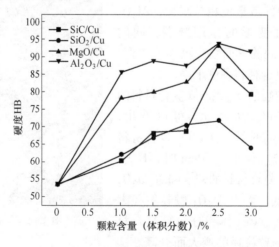

图 3-16　热挤压后增强颗粒体积分数对铜基复合材料硬度的影响

上述四种铜基复合材料硬度随颗粒体积分数变化的主要原因可分析如下：一方面，根据 Orwan 强化机理[37]，当位错线经过不可切过的第二相颗粒时，位错线发生弯曲，进而增大了位错运动的阻力，使得材料硬化；另一方面，由于添加的增强颗粒硬度高，细小的颗粒在晶粒内部及晶界弥散分布，当烧结体受压迫使铜晶粒变形，变形过程中位错不断产生并向晶界处运动，当滑移到晶界处时，受到增强颗粒的阻碍，形成了位错塞积，位错运动和位错增殖困难，从而使材料获得强化。这些微观结构的变化就表现为材料硬度的提高。

理想状态下的颗粒增强铜基复合材料，颗粒对铜基体的强化作用与增强颗粒的体积分数密切相关。当颗粒体积分数较低时，弥散于铜基体中的颗粒之间间距也较大，其对位错线的阻碍作用较弱，因此铜基体的硬度和强度提高幅度较小。随着增强颗粒体积分数的增加，增强颗粒之间的间距逐渐减小，颗粒对位错的钉扎也越来越大，此时增强颗粒对铜基体不仅起到了阻碍位错线滑移的作用，同时增强颗粒作为钉扎点还增加位错的纠缠、促进位错的增殖。因此，随着增强颗粒体积分数的增加，铜基复合材料的强度和硬度得到大幅度提高。但是，在实际情况下，增强颗粒体积分数的增大容易引起颗粒团聚和致密度的下降，因此随着增强颗粒体积分数的增加，铜基复合材料的硬度并不一定随之增加。从图 3-16 可以看出，随着增强颗粒体积分数的增加，铜基复合材料的硬度随之增大，当颗粒体积分数超过 2.5% 时，铜基复合材料的硬度则呈现急剧下降的趋势。这是由于铜基体晶界上的纳米增强颗粒体积分数超过 2.5% 时，增强颗粒影响到烧结过程中相邻颗粒间结合，使得铜基复合材料的致密度下降，如图 3-17 所示。这是由于铜基体内部基体与颗粒之间界面结合强度较低，同时粉末冶金法制备的复合材料硬度也与孔隙率有关，大的孔隙率降低了材料的硬度[38]。结合脆弱的烧结颈易在受到外力的作用下，发生严重变形以致塌陷，导致铜基复合材料的硬度下降。

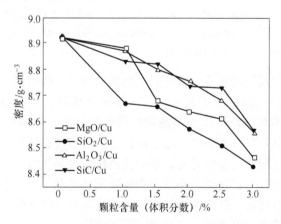

图 3-17 增强颗粒体积分数对铜基复合材料密度的影响

图 3-18 所示为增强颗粒体积分数分别为 1.0%、2.0% 和 3.0% 的 Al_2O_3/Cu、SiO_2/Cu、MgO/Cu 复合材料热挤压后的显微组织。由于复合材料坯体烧结时，增强颗粒和铜基体并不发生反应，只是在表面能的驱动下，显微组织在排列上致密化和结晶程度更加完善。从图 3-18 可以看出，尽管复合材料坯体有明显的体积收缩，但是组织并没有发生相应变化。

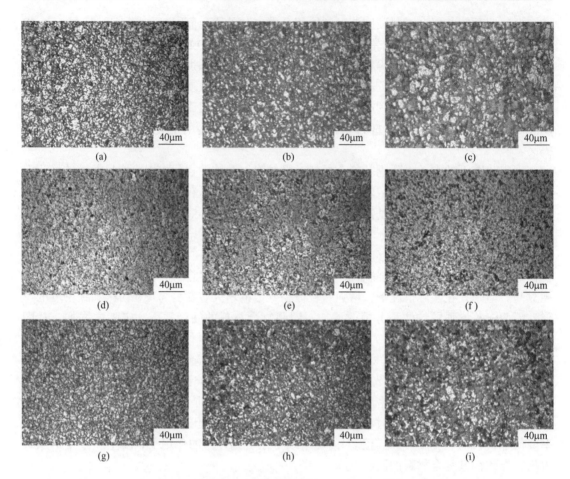

图 3-18　热挤压后不同颗粒体积分数的铜基复合材料的组织

（a）1.0%MgO/Cu；（b）2.0%MgO/Cu；（c）3.0%MgO/Cu；（d）1.0%SiO$_2$/Cu；（e）2.0%SiO$_2$/Cu；

（f）3.0%SiO$_2$/Cu；（g）1.0%Al$_2$O$_3$/Cu；（h）2.0%Al$_2$O$_3$/Cu；（i）3.0%Al$_2$O$_3$/Cu

　　为了获得组织均匀致密的粉末冶金材料，材料烧结后一般采用大变形量的挤压工艺进行致密化处理。本章采用的挤压工艺为：挤压前快速加热，挤压温度 850℃，变形量为90%。从图 3-18 可以看出，热挤压后增强颗粒能弥散分布在铜基体中，个别增强颗粒聚集在铜基体晶界处。复合材料的烧结过程是由原子扩散形成黏结面，然后黏结面扩大形成烧结颈，从而使颗粒界面形成晶粒界面，最后使晶粒长大，孔隙变小，烧结体致密化的过程。从热力学观点来看，粉末烧结是系统自由能降低的过程[38]，这就是烧结过程的驱动力，铜基复合材料热挤压后，孔洞减少，烧结体密度增加，纳米颗粒分布趋于均匀，增强颗粒与铜基体的结合状态得以改善，有效地阻碍了位错的运动，以及挤压后产生的大量的亚结构组织，弥散分布的纳米颗粒对铜基复合材料中的这些亚结构起到了稳定作用。

　　对于颗粒增强铜基复合材料，由于增强颗粒具有高的硬度，且在高温下热稳定性好及对铜基体的不溶性，甚至在接近铜熔点的温度下都能保持其原来的粒度和间距，因此，增强颗粒在高温下对位错的阻力仍很大。细小的增强颗粒在晶粒内部及晶界弥散分布，能够显著提高位错及亚晶界移动的阻力，从而提高铜基复合材料的硬度和强度。由图 3-18 可以看出，制备的铜基复合材料中未发现明显的再结晶现象，表明细小的纳米增强颗粒阻碍了复合材料挤压时的动态再结晶。从图 3-18（a）、（d）和（g）可以看出，当颗粒体积分数较小时，颗粒弥散分布在铜基体中。随着颗粒体积分数的增加，增强颗粒在铜基体中分布比较密集，当颗粒体积分数为 3.0%时，铜基复合材料局部区域出现了颗粒分布不均匀、团聚的现象，如图 3-18（c）、（f）和（i）所示。图 3-19 所示为颗粒体积分数为 3.0%的 SiO_2/Cu 和 MgO/Cu 两种复合材料经热挤压后的 SEM 照片和能谱分析结果。可以看出，两种复合材料界面处分布着大量的小黑点，但仍有一些团聚。能谱分析表明这些黑点为纳米级 SiO_2 颗粒和 MgO 颗粒。这与图 3-18 中的金相组织分析结果相一致。

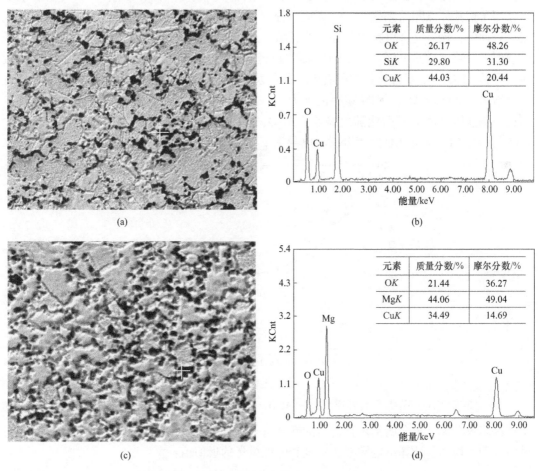

图 3-19　铜基复合材料的 SEM 照片和能谱分析
（a），（b）3.0% SiO_2/Cu 复合材料；（c），（d）3.0% MgO/Cu 复合材料

　　随着颗粒体积分数增加，增强颗粒团聚的原因是，添加的增强颗粒粒径为纳米级，颗粒的表面积越大，表面活性较高，很容易吸附在一起产生团聚。此外，由于外加的纳米级增强颗粒与铜基体之间的润湿性较差，因此通过普通的机械混合将纳米级颗粒均匀地分散到铜基体粉末中非常困难。在混合粉末烧结过程中，受到固态扩散动力学的限制，无法在理想的热力学条件下获得均匀致密化的微观组织，且增强颗粒的种类、粒度、形态、晶体缺陷和结晶取向等因素对其组织都有一定的影响[38~40]。

3.4.3　颗粒粒度对铜基复合材料电导率的影响

图 3-20 所示为 1.0%Al$_2$O$_3$/Cu(体积分数) 复合材料电导率随 Al$_2$O$_3$ 颗粒粒径大小的变化曲线。从图 3-20 可以看出，随着 Al$_2$O$_3$ 颗粒粒径的增大，1.0%Al$_2$O$_3$/Cu(体积分数)复合材料的电导率呈缓慢下降趋势。由马德森定则[37]可知，金属材料的电阻来源于金属内部微观组织的不完整性。在体积分数一定时，Al$_2$O$_3$ 颗粒粒径越小，Al$_2$O$_3$ 颗粒的数量较多，添加的增强颗粒以及颗粒与铜基体的再结晶产生较多的晶体缺陷，Al$_2$O$_3$ 颗粒的引入破坏了铜基体点阵的完整性，在烧结过程中 Al$_2$O$_3$ 颗粒阻碍了 Al$_2$O$_3$/Cu 复合材料的致密化。此外，铜基复合材料内部存在的孔隙、点阵等缺陷都阻碍了电子运动，增加对电子的散射，导致电导率下降。当 Al$_2$O$_3$ 颗粒粒径较小时，钉扎在铜基体中的 Al$_2$O$_3$ 颗粒较多，导致 Al$_2$O$_3$/Cu 复合材料中的孔隙、晶界及晶界缺陷急剧增多，对电子的散射作用也急剧增加。而随着 Al$_2$O$_3$ 颗粒粒径的增大，钉扎在铜基体中的增强颗粒数量减少，Al$_2$O$_3$ 颗粒与铜基体之间的界面能随之减小，Al$_2$O$_3$ 颗粒在一定程度上阻碍了晶粒长大，导致 1.0%Al$_2$O$_3$/Cu(体积分数) 复合材料电导率下降趋势减缓，如图 3-20 所示。

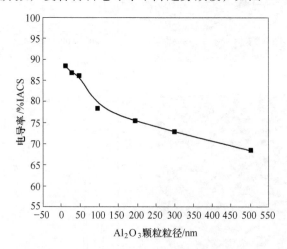

图 3-20　不同 Al$_2$O$_3$ 颗粒粒径的 1.0%Al$_2$O$_3$/Cu(体积分数) 复合材料电导率变化曲线

许多数学模型对金属基复合材料的性能进行了预测，其中最简单的是 ROM 模型。通过该模型平均加权计算出电导率、强度和弹性模量的近似值：

$$\alpha_c = \alpha_m V_m + \alpha_r V_r \tag{3-11}$$

式中，α 为复合材料的性能；V 为增强颗粒体积分数；下标 c，m 和 r 分别代表复合材料、基体和增强颗粒。

Schroeder 等人[41,42]计算了球形增强颗粒作为增强相时金属基复合材料性能的数学预测模型。

$$\sigma = \sigma_m \frac{1 + 2f\dfrac{1 - 2\sigma_m/\sigma_p}{2\sigma_m/\sigma_p + 1}}{1 - f\dfrac{1 - 2\sigma_m/\sigma_p}{2\sigma_m/\sigma_p + 1}} \tag{3-12}$$

式中，σ_m 和 σ_p 分别为基体和增强颗粒的热导率或电导率；f 为增强颗粒的体积分数。

虽然金属的导电性能取决于电子的流动和晶格的热传递，但在高温下只有电子承担热传递。因此，热传导计算用的线性 Weidemann-Franz 定律也适用于电导率的计算上。上述公式已经在 Al_2O_3 体积分数小于 5% 的 Al_2O_3/Al 基复合材料中得到验证，然而在大部分颗粒增强铜基复合材料的热导率、电导率的实验值均小于理论值，这是由于数学模型并没有考虑增强颗粒的大小，而实际上增强颗粒大小对复合材料的电导率有很大影响，这也与本文的实验结果相一致。Rajkovic 等人[43]也发现纳米级 Al_2O_3 颗粒比微米级 Al_2O_3 颗粒对铜复合材料电导率有更大的影响。

3.4.4　颗粒含量对铜基复合材料电导率的影响

图 3-21 所示为粉末冶金法制备的 Al_2O_3/Cu 复合材料的电导率和密度随 Al_2O_3 颗粒体积分数的变化曲线。从图 3-21 可以看出，随着 Al_2O_3 颗粒体积分数的增加，Al_2O_3/Cu 复合材料的电导率呈下降趋势。这主要是由于 Al_2O_3 颗粒是绝缘体，随着 Al_2O_3 体积分数的增加，具有良好导电性能的铜基体体积分数相应减少，致使铜基复合材料整体导电性能下降。此外，根据烧结理论[3,44~47]，烧结致密化主要以各种固态扩散和黏性流动机制为主，是粉末体中孔隙或空穴迁移出体外的过程。颗粒的弥散分布阻碍了 Cu 原子的扩散，增强颗粒含量越高，在相同的挤压压力下，阻碍作用就越明显，基体变形困难，孔隙也就越难填充，表现为复合材料的密度随颗粒体积分数的增加而下降。

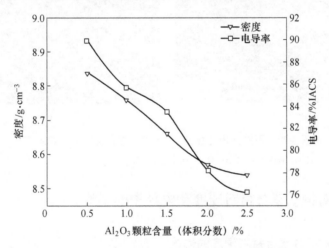

图 3-21　Al_2O_3/Cu 复合材料电导率和密度随 Al_2O_3 颗粒含量的变化曲线

图 3-22 所示为不同体积分数的 Al_2O_3/Cu 复合材料的组织照片。从图 3-22 可以看出，1.0% Al_2O_3/Cu（体积分数）复合材料中 Al_2O_3 颗粒在铜基体中分布均匀致密（见图 3-22（a））。随着 Al_2O_3 颗粒体积分数的增加，Al_2O_3/Cu 复合材料中逐渐出现 Al_2O_3 颗粒分布不均现象。在 3.0% Al_2O_3/Cu（体积分数）复合材料中出现 Al_2O_3 颗粒团聚现象，见图 3-22（d）。随着 Al_2O_3/Cu 复合材料中 Al_2O_3 颗粒体积分数的增加，Al_2O_3 颗粒在铜基体中的弥散强化作用越发明显。由于复合材料中 Al_2O_3 颗粒的数量越多，其位错密度越高，在 Al_2O_3 颗粒周围的位错缠结增多，Al_2O_3 颗粒对电子的散射作用明显增强，导致 Al_2O_3/Cu 复合材料的电导率随 Al_2O_3 颗粒体积分数的增加而迅速降低。从图 3-21 可以看出，当 Al_2O_3 颗粒体积分数超过 1.5% 时，Al_2O_3/Cu 复合材料的电导率下降明显加快，这

是因为增强颗粒在一定程度上阻碍了晶粒长大。随着颗粒体积分数的增加，颗粒增强铜基复合材料中的孔隙、晶界及晶界缺陷急剧增多，对电子的散射作用也急剧增加，导致电导率显著下降。

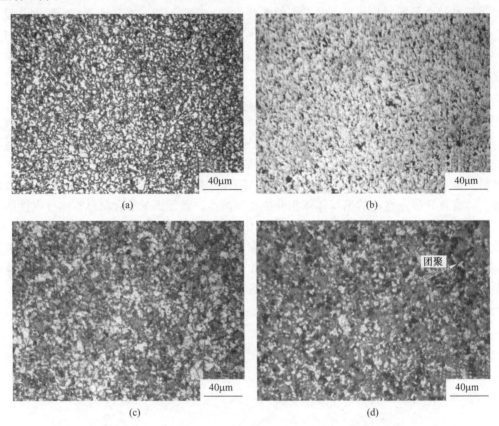

图 3-22　不同体积分数的 Al_2O_3/Cu 复合材料的微观组织
（a）$1.0\%Al_2O_3/Cu$；（b）$1.5\%Al_2O_3/Cu$；（c）$2.0\%Al_2O_3/Cu$；（d）$3.0\%Al_2O_3/Cu$

3.5　制备工艺对铜基复合材料硬度和电导率的影响

3.5.1　制备工艺对铜基复合材料硬度的影响

硬度所表现的局部变形代表了材料宏观上抵抗弹性变形、塑性变形和破坏的能力，是一个综合的性能指标。铜基复合材料的硬度和强度除了与基体和增强颗粒的性能相关外，还与热处理状态、增强颗粒的引入方式、增强颗粒的尺寸和形状有关。在相同的热处理状态和增强颗粒尺寸下，制备工艺对铜基复合材料的力学性能具有决定性作用。表 3-4 所列分别为采用内氧化法、SPS 法和粉末冶金法制备的 $1.0\%MgO/Cu$（体积分数）复合材料和 $1.0\%Al_2O_3/Cu$（体积分数）复合材料的硬度和电导率。从表 3-4 可以看出，在铜基体中加入不同的增强颗粒（MgO、Al_2O_3）可明显提高铜基体的硬度，与粉末冶金法制备的 $1.0\%Al_2O_3/Cu$（体积分数）复合材料和 $1.0\%MgO/Cu$（体积分数）复合材料相比，内氧化法制备的 $1.0\%Al_2O_3/Cu$（体积分数）复合材料和 $1.0\%MgO/Cu$（体积分数）复合材料的硬度和电导率显著提高。这是由于与粉末冶金法制备的 Al_2O_3/Cu 复合材料和 MgO/Cu 复合材料相比，内氧化法制备的 Al_2O_3/Cu 复合材料和 MgO/Cu 复合材料中颗粒/基体界面上的错配位错能够周期性地排列，结合更加紧密，界面结合强度较高，更有利于阻碍位错运动穿越两相界面，从而大幅度提高复合材料的硬度。同时，由于增强颗粒粒径为纳米级，可作为位错源在颗粒/基体界面处钉扎，提高位错密度，使得位错穿越界面切过增强颗粒时变得更加困难。增强颗粒与基体界面甚至可能成为位错缺陷。由于界面处存在错配位错和点阵畸变，铜基体的位错沿一定的滑移系统运动到界面处可被界面吸收为错配位错以调整点阵畸变降低应变能。因此，内氧化法制备的 MgO/Cu 复合材料和 Al_2O_3/Cu 复合材料的硬度大于粉末冶金制备的 MgO/Cu 复合材料和 Al_2O_3/Cu 复合材料的硬度。

表 3-4　不同工艺制备的 1.0%MgO/Cu 和 1.0%Al_2O_3/Cu 复合材料硬度和电导率

材料（体积分数）	制备方法	硬度 HV	电导率/%IACS
纯铜	粉末冶金	53.5	98.8
1.0%Al_2O_3/Cu	内氧化	152	93
	SPS	98	87
	粉末冶金	75.9	89
1.0%MgO/Cu	内氧化	123.3	88.2
	SPS	95	88
	粉末冶金	86.3	75.1

图 3-23 所示为不同工艺制备的 2.5% Al_2O_3/Cu（体积分数）复合材料组织照片。从图 3-23(a) 可以看出，内氧化法制备的 Al_2O_3/Cu 复合材料内部晶粒之间界面结合整齐致密。这是由于在内氧化法制备 Al_2O_3/Cu 复合材料过程中，将 Cu-Al 合金中的 Al 原子与氧源中的氧原子通过化学反应相结合，从而在 Cu-Al 合金内部原位合成 Al_2O_3 颗粒。图 3-23(b) 所示为粉末冶金法制备的 2.5% Al_2O_3/Cu（体积分数）复合材料试样横截面组织照片。可以看出，铜基复合材料中分布着大量的等轴晶，Al_2O_3 颗粒分布在晶界周围。在高温高压下，烧结后的铜基复合材料进行热挤压成型，铜基体内部柱状晶破碎后重新生长，烧结坯内部的孔隙被大幅度压缩，从而使铜基复合材料的致密度提高。但由于烧结时间过长，烧结温度高，复合材料晶粒在烧结驱动力下变得粗大，同时由于长时间的保温，试样发生热膨胀，孔隙多且大，即使经过热挤压工序也不能使试样完全致密化，加之外加颗粒法不可避免的工艺缺陷，因此团聚和孔隙较为明显，影响了铜基复合材料综合性能。

从图 3-23 (c) 可以看出，SPS 法制备的 2.5% Al_2O_3/Cu 复合材料试样组织均匀，晶粒细小。这是因为球磨时，复合粉末经过一定时间的球磨后破碎，粉末粒度逐渐细化。同时，由于 SPS 烧结不同于传统的烧结技术，在脉冲电流下，材料瞬间加热瞬间冷却，升温速度快，晶粒来不及长大就完成了烧结，因而 SPS 烧结的试样晶粒均匀细小。细晶强化的优势之一是在提高铜合金材料强度的同时也提高了铜合金材料的塑性。根据 Hall-Petch 关系，铜合金晶粒尺寸越小，则铜合金的强度提高幅度越大，因此 SPS 法制备的颗粒增强铜基复合材料综合性能较好。

图 3-23　不同工艺制备的 2.5%Al_2O_3/Cu 复合材料金相组织图片

(a) 内氧化法；(b) 粉末冶金法；(c) SPS 法

图 3-24（a）、（b）和（c）分别为内氧化法、粉末冶金法和 SPS 法制备的 Al_2O_3 含量（体积分数）为 1.0% 的 Al_2O_3/Cu 复合材料的组织。从图 3-24（a）可以看出，内氧化法制备的 Al_2O_3/Cu 复合材料中晶粒均匀，Al_2O_3 颗粒均匀地分布在铜基体晶粒内和晶界上，复合材料晶粒之间界面结合均匀整齐；粉末冶金法制备 Al_2O_3/Cu 复合材料晶粒明显较大，虽然复合材料组织均匀致密，但观察到少量的纳米颗粒团聚，同时晶粒之间界面结合不完整，属于弱界面结合状态，如图 3-24（b）所示。而 SPS 法制备的 Al_2O_3/Cu 复合材料晶粒细小，仅为几百纳米，但界面结合仍然没有达到内氧化法的界面结合状态。

导致 Al_2O_3/Cu 复合材料和 MgO/Cu 复合材料界面结合状态不同的原因是增强颗粒的引入方式不同。由内氧化法制备获得的 Al_2O_3/Cu 复合材料和 MgO/Cu 复合材料，利用内氧化的原位自生原理，常温下 Cu-Al 合金为单相固溶体状态，当 Cu-Al 合金在高温下进行内氧化时，氧原子在 Cu-Al 合金中遇到 Al 原子便发生反应生成 Al_2O_3，使 Al 从 Cu 的晶格中脱离出来而与氧形成了 Al_2O_3 颗粒，Al_2O_3 颗粒与基体结合程度较高，且分布较为均匀，因而具有较好的弥散强化效果。制备的 Al_2O_3/Cu 复合材料中 Al_2O_3 颗粒与铜基体界面结合较强，使 Al_2O_3/Cu 复合材料的强度较高，同时也具有较高的硬度，见表 3-4。采用外加颗粒法引入增强相制备的 Al_2O_3/Cu 复合材料和 MgO/Cu 复合材料，如粉末冶金法

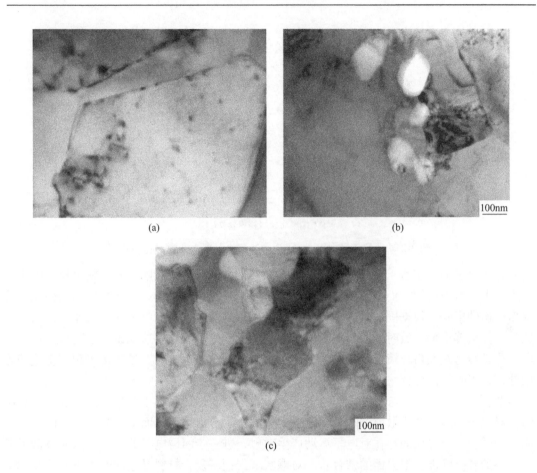

图 3-24 不同工艺制备的 1.0% Al_2O_3/Cu 复合材料组织

（a）内氧化法；（b）粉末冶金法；（c）SPS 法

和 SPS 法制备 Al_2O_3/Cu 复合材料时，由于是采用机械混合的方法，基体中的 Al_2O_3 颗粒均出现一定程度的团聚现象，并更多地出现在晶界处，与基体的结合程度较低，同时容易造成界面污染，因此界面结合属于弱界面结合，导致性能降低。

3.5.2 制备工艺对铜基复合材料电导率的影响

图 3-25 所示为不同工艺制备的 Al_2O_3/Cu 复合材料的电导率。从图 3-25 可以看出，Al_2O_3 颗粒在一定含量下，内氧化法制备的 Al_2O_3/Cu 复合材料电导率高于粉末冶金法制备的 Al_2O_3/Cu 复合材料。

颗粒增强金属基复合材料的电阻率可以由公式（3-13）计算[48]：

$$\rho = \rho_{pho} + \rho_{imp} + \rho_{dis} + \rho_{int} \tag{3-13}$$

式中，ρ_{pho}，ρ_{imp}，ρ_{dis}，ρ_{int} 分别为声子、固溶原子、位错及界面对电子散射作用引起的电阻率分量。

材料温度的变化将引起离子振动振幅的变化以及界面、位错、缺陷等，导致晶体点阵完整性遭到破坏，增加了电子的散射作用，从而导致电导率下降。对于固体金属而言，导

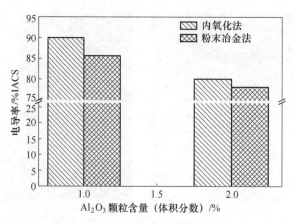

图 3-25　不同工艺制备的 Al_2O_3/Cu 复合材料电导率对比柱状图

电的金属电子局限于费米面附近，因此当温度一定的情况下，影响金属材料电导率的主要因素是电子弛豫时间。而电子弛豫时间受原子种类、晶格热振动、晶格类型和晶格缺陷等诸多因素的影响。根据固体物理金属电子理论，理想晶体点阵对电子无散射作用，当析出相与基体点阵取向一致时，界面对合金电阻率的影响微乎其微。这也说明在基体中传导的电子非常容易在晶格环境几乎相同的第二相中传导而不发生散射，虽然析出相与基体的界面处存在点阵错配位错，但是位错对电子的散射作用很小。

　　在颗粒增强铜基复合材料中，由于增强颗粒的引入，铜基体中产生了高密度层错和位错，对电子的运动产生散射，降低了电子运动的平均自由程，从而降低复合材料的导电性能。同时，大量界面的存在对电子运动产生散射，进一步阻碍电子的运动，从而降低了复合材料的导电性能。但界面的结合状态对颗粒增强铜基复合材料导电性产生不同程度的影响。影响复合材料界面电阻的主要因素有颗粒/基体界面结合状态、颗粒/基体热膨胀差值、界面处化学反应等。内氧化法制备的 Al_2O_3/Cu 复合材料的界面结合状态优于粉末冶金法制备的 Al_2O_3/Cu 复合材料，良好的颗粒/基体界面结合有利于电子在界面处的传导，界面对电传导的阻碍作用相对较小，增强颗粒几乎不产生对电子的散射作用，从而使铜基复合材料保持较高的电导率。由图 3-25 可知，内氧化法制备的 Al_2O_3/Cu 复合材料的电导率大于粉末冶金法制备的 Al_2O_3/Cu 复合材料电导率。

3.6　颗粒增强铜基复合材料热膨胀行为及其影响因素

3.6.1　颗粒增强铜基复合材料热膨胀性能分析

　　图 3-26 所示为纯铜和增强颗粒体积分数为 1.0% 的 MgO/Cu、Al_2O_3/Cu、SiC/Cu 和 SiO_2/Cu 复合材料在 50~500℃ 的热膨胀系数变化曲线。从图 3-26 可以看出，增强颗粒的引入降低了铜基体的热膨胀量，颗粒增强铜基复合材料的热膨胀系数均随着温度的升高而逐渐升高。在 50~200℃ 范围内颗粒增强铜基复合材料的热膨胀系数的增幅大于 200~500℃ 范围内热膨胀系数的增幅。同时，在 350℃ 时，1.0%Al_2O_3/Cu（体积分数）复合材料和 1.0%MgO/Cu（体积分数）复合材料的热膨胀曲线均出现了一个拐点，而对于 1.0%SiO_2/Cu（体积分数）复合材料和 1.0%SiC/Cu 复合材料的热膨胀曲线，在 200~250℃ 时也

出现了一个拐点。颗粒增强铜基复合材料的热膨胀系数均低于铜基体的热膨胀系数，同时纯铜的变化曲线上在350℃时也出现一个下降点。这与增强颗粒与铜基体的混合规律互相约束有关，热膨胀系数的变化反映了增强颗粒对铜基体的热膨胀的约束作用[19,49,50]。

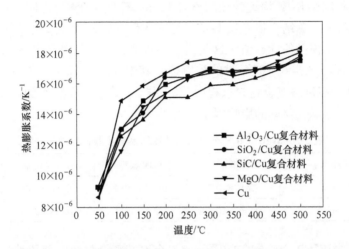

图 3-26　不同颗粒增强的铜基复合材料热膨胀系数随温度变化曲线

　　由于复合材料两相热膨胀系数的差异，在加热过程中将产生相当大的内应力，而在冷却过程中热应力得到释放。在加热过程中，热应力以拉应力的形式存在于增强颗粒上，而以压应力的形式存在于铜基体中。但在冷却过程中，热残余应力则以压应力的形式存在于增强颗粒上，而以拉应力的形式存在于铜基体中。而应力的大小则与增强颗粒和基体的性能有关。在本实验研究中，由于制备过程中冷压和热压的影响，因此在复合材料中产生相当大的残余应力。在制备过程中复合材料内部产生的残余应力大部分在复合材料加热过程中逐渐消失，这也是在颗粒增强铜基复合材料的热膨胀系数急剧升高的主要原因。

　　因为颗粒增强金属基复合材料的热膨胀行为极为复杂，很难建立一个通用精确的计算模型。但如果已知相关材料的弹性模量，通过实验或理论在一定程度上也可获知热膨胀系数。目前广泛采用的复合材料热膨胀系数计算模型主要有 ROM 模型、Turner 模型和Kerner 模型[26]，其中 ROM 模型[23]是基于基本复合理论建立的模型，其形式为：

$$\alpha_c = \alpha_m V_m + \alpha_r V_r \tag{3-14}$$

式中，α 为预测性能；V 是增强颗粒体积分数；下标 c，m 和 r 分别代表复合材料、基体和增强颗粒。

　　Turner 模型[23]基于复合材料在加热过程中每个均匀的区域中存在相互作用着的均匀应力的假设，得出复合材料的线膨胀系数为：

$$CTE_c = (CTE_m V_m K_m + CTE_r V_r K_r) / (V_m K_m + V_r K_r) \tag{3-15}$$

式中，K 为压缩模量；V 为体积分数。

　　该模型的预测值小于 ROM 模型的预测值。

　　Kerner[26]考虑到复合材料内部晶界或相界的切变效应，提出了另一个计算复合材料线膨胀系数的经验方程：

$$CTE_c = CTE_m - V_r(CTE_m - CTE_r)A/B \tag{3-16}$$

其中

$$A = K_m(3K_r + 4\mu_m)^2 + (K_r - K_m)(16\mu_m^2 + 12\mu_m K_r)$$
$$B = (3K_r + 4\mu_m)[4V_r\mu_m(K_r - K_m) + 3K_m K_r + 4\mu_m K_r]$$

式中，μ 为剪切模量。

该模型的预测值在 ROM 模型的预测值与 Turner 模型的预测值之间。

上述三个模型的计算结果以及实验结果见表 3-5。从表 3-5 可以看出，实验测量的热膨胀系数均低于三个模型的计算值。这是由于在预测模型中铜基体和 MgO 颗粒的热膨胀系数采用的都是标准试样在 100℃时的检测值，其中 $\alpha_{MgO} = 12.8 \times 10^{-6} K^{-1}$，$\alpha_{Cu} = 16.4 \times 10^{-6} K^{-1}$。但是在实际制备复合材料过程中，$K_m$ 与 μ_m 大小受孔隙率的影响。而在预测的计算模型中，并未考虑孔隙率的影响因素。

表 3-5　MgO/Cu 复合材料的热膨胀系数实验值与理论值　　　　　　　（K^{-1}）

复合材料（体积分数）	实验值	ROM 模型	Kerner 模型	Turner 模型
1.0%MgO/Cu	12.92×10^{-6}	16.316×10^{-6}	16.316×10^{-6}	16.28×10^{-6}
2.5%MgO/Cu	11.65×10^{-6}	16.19×10^{-6}	16.19×10^{-6}	16.11×10^{-6}

Sun 等人[51]报道了铸造法制备的颗粒增强金属基复合材料的热膨胀系数实验值介于 Turner 模型和 Kerner 模型的计算值之间。而表 3-5 实验结果表明 MgO/Cu 复合材料热膨胀系数的实验值均低于三个计算模型的计算值。这可能是由于粉末冶金法制备的颗粒增强铜基复合材料孔隙率高于铸造工艺制备的颗粒增强铜基复合材料。如果将孔隙率考虑在内，则热膨胀系数预测模型的计算结果值将会降低。

3.6.2　颗粒增强铜基复合材料热塑性分析模型

为了更清晰地解释铜基体中增强颗粒引起的热应力变化，假设增强颗粒为球形，且被基体所环绕。图 3-27 所示为球形增强颗粒外裹铜基体的简化物理模型。

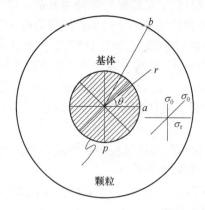

图 3-27　MgO/Cu 复合材料热应力计算模型

基体中所受的径向应力 σ_r 和环向应力 σ_θ 可以分别被表示为[52]：

$$\sigma_{rm} = P(a^3/r^3 - V_p)/(1 - V_p) \tag{3-17}$$
$$\sigma_{\theta m} = P(0.5a^3/r^3 + V_p)/(1 - V_p) \tag{3-18}$$

$$P = \frac{(\alpha_{\mathrm{m}} - \alpha_{\mathrm{p}})\Delta T}{\dfrac{0.5(1 + \nu_{\mathrm{m}}) + (1 + 2\nu_{\mathrm{m}})}{E_{\mathrm{m}}(1 - V_{\mathrm{p}})} + \dfrac{V_{\mathrm{p}}(1 - 2\nu_{\mathrm{p}})}{E_{\mathrm{p}}}} \tag{3-19}$$

式中，σ_{r} 为径向应力；σ_{θ} 为环向应力；ν 为泊松比；E 为杨氏模量；P 为界面应力；下标 p 和 m 分别为增强颗粒和铜基体。（注：界面处 $r = a$，$\sigma_{\mathrm{rm}} = P$。）

通过计算界面应力 P，将计算值代入式（3-17）和式（3-18），可得出 σ_{rm} 和 $\sigma_{\theta\mathrm{m}}$。表 3-6 所列为不同颗粒与铜基体之间的界面应力值 P 的计算值。

表 3-6　增强颗粒与铜基体之间的界面应力值 P 的计算值　（MPa）

材料（体积分数）	50℃	100℃	150℃	200℃	250℃	300℃	350℃	400℃	450℃	500℃
1.0%Al$_2$O$_3$/Cu	11.9	31.8	51.7	71.6	91.5	111.4	131.2	151.2	171.1	191
1.0%MgO/Cu	11.8	31.5	51.2	70.9	90.6	110.3	130	149.7	169.4	189.1
1.0%SiC/Cu	18.8	50.1	81.5	112.8	144.1	175.5	206.8	238.1	269.5	300.8
1.0%SiO$_2$/Cu	22.4	59.6	96.9	134.1	171.4	208.6	245.9	283.1	320.4	357.6

3.6.3　颗粒增强铜基复合材料的界面应力计算

根据 Mises 屈服准则[53]，质点的屈服条件为质点的等效应力 σ_{ε} 超过基体的屈服应力时（铜基体的屈服应力为 60MPa），在界面处将产生塑性变形。

复合材料内部界面处的 σ_{ε} 可表示为：

$$\sigma_{\varepsilon} = \frac{1}{\sqrt{2}}\sqrt{P^2\frac{0.5\dfrac{a^6}{r^6} - 3V_{\mathrm{p}}\dfrac{a^3}{r^3} + 6V_{\mathrm{p}}^2}{(1 - V_{\mathrm{p}})^2}} \tag{3-20}$$

式中，σ_{ε} 为等效应力；P 为界面应力值；下标 p 代表增强颗粒。

表 3-7 所列为增强颗粒体积分数为 1.0% 的 MgO/Cu 复合材料、Al$_2$O$_3$/Cu 复合材料、SiC/Cu 复合材料和 SiO$_2$/Cu 复合材料内部增强颗粒与铜基体之间的界面处等效应力 σ_{ε} 计算值。

表 3-7　铜基复合材料内部增强颗粒与铜基体的界面处等效应力　（MPa）

材料（体积分数）	50℃	100℃	150℃	200℃	250℃	300℃	350℃	400℃	450℃	500℃
1.0%Al$_2$O$_3$/Cu	5.85	15.60	25.35	35.10	44.85	54.60	64.36	74.10	83.86	93.61
1.0%SiO$_2$/Cu	10.95	29.20	47.46	65.71	83.96	102.21	120.50	138.72	157.00	175.22
1.0%SiC/Cu	9.21	24.57	39.92	55.27	70.63	85.98	101.30	116.69	132.00	147.40
1.0%MgO/Cu	5.79	15.45	25.10	34.75	44.40	54.06	63.71	73.36	83.02	92.67

从表 3-7 可以看出，随着温度的升高，复合材料界面处等效应力增大。相同温度下，MgO/Cu 复合材料和 Al$_2$O$_3$/Cu 复合材料的中颗粒与基体界面处的等效应力小于 SiC/Cu 复合材料和 SiO$_2$/Cu 复合材料内部增强颗粒与铜基体界面处的等效应力。为了更直观地描述界面处质点屈服应力的变化，将表 3-7 中数据绘制成颗粒与基体界面处的等效应力随温度变化曲线，如图 3-28 所示。由于当界面处等效应力超过铜基体的屈服应力 60MPa 时，铜

基复合材料将发生塑性变形[54]。由图 3-28 可以看出，1.0%SiO$_2$/Cu（体积分数）复合材料和 1.0%SiC/Cu（体积分数）复合材料在 200～250℃时超过了屈服应力值，并发生了塑性变形，而 1.0%Al$_2$O$_3$/Cu（体积分数）复合材料和 1.0%MgO/Cu（体积分数）复合材料的界面处等效应力在 350℃时超过了铜基体的屈服应力发生塑性变形。由图 3-26 可见，1.0%Al$_2$O$_3$/Cu（体积分数）复合材料和 1.0%MgO/Cu（体积分数）复合材料在 350℃时存在一个明显的拐点，而对于 1.0%SiO$_2$/Cu（体积分数）复合材料和 1.0%SiC/Cu（体积分数）复合材料而言，该拐点出现在 200～250℃附近。这与图 3-28 界面处等效应力计算结果相一致。结合图 3-28 中等效应力值超过 60MPa 时，复合材料在图 3-26 中相应温度点出现了拐点。相对于铜基复合材料而言，纯铜在热循环过程中并未发生塑性变形，这是由于纯铜内部没有增强颗粒的存在，因此没有复合材料中颗粒与基体之间的相互牵制。然而从图 3-26 中可以看出，在 350℃时纯铜的热膨胀曲线上也出现一个下降点，分析认为这是由于纯铜在制备过程中材料内部存在一些变形应力，这些应力在加热过程中得到释放引起的热膨胀系数变化，同时纯铜在超过 300℃时发生再结晶[55]。上述两方面的作用导致了在 350℃左右时纯铜的热膨胀系数呈现下降趋势。

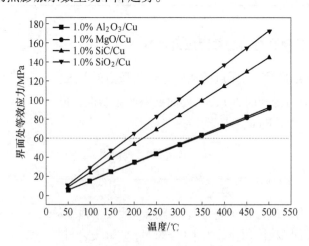

图 3-28　增强颗粒与基体界面处等效应力计算值

3.6.4　颗粒含量对铜基复合材料热膨胀行为的影响

图 3-29 所示为不同 MgO 颗粒体积分数的 MgO/Cu 复合材料热膨胀系数随加热温度的变化曲线。由图 3-29 可以看出，MgO 颗粒的引入降低了铜基复合材料的热膨胀量，随着增强颗粒体积分数的增加，MgO/Cu 复合材料的热膨胀系数降低。2.5%MgO/Cu（体积分数）复合材料的热膨胀系数小于 1.0%MgO/Cu（体积分数）复合材料。MgO/Cu 复合材料的热膨胀系数均随温度的升高而逐渐升高，且随着温度的升高，不同 MgO 颗粒体积分数的 MgO/Cu 复合材料的热膨胀系数差值变小。在 50～200℃温度范围内，MgO/Cu 复合材料的热膨胀系数的增长速率高于 200～500℃温度范围内热膨胀系数的增长速率。同时，在 350℃时 MgO/Cu 复合材料的热膨胀曲线出现了一个拐点。MgO/Cu 复合材料的热膨胀系数均低于铜基体的热膨胀系数，同时在纯铜的变化曲线上在 350℃时也存在一个下降点，这与增强颗粒和铜基体的混合规律的互相约束有关。

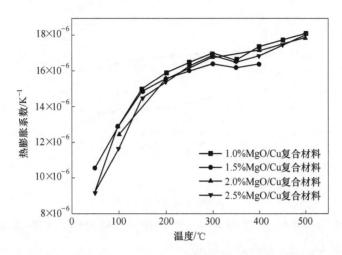

图 3-29 不同 MgO 颗粒体积分数的 MgO/Cu 铜基复合材料热膨胀系数随温度变化曲线

由公式（3-19）计算不同体积分数的 MgO/Cu 复合材料的界面应力值，见表 3-8。可以看出，随着温度的升高，MgO/Cu 复合材料的界面应力值随 MgO 颗粒体积分数的增加而降低，说明增强颗粒体积分数的增加对铜基体的约束作用增强，导致 2.5% MgO/Cu（体积分数）复合材料的热膨胀系数低于 1.0% MgO/Cu（体积分数）复合材料。

表 3-8 不同 MgO 颗粒体积分数的 MgO/Cu 复合材料的界面应力值 （MPa）

MgO 颗粒体积分数	100℃	150℃	200℃	250℃	300℃	350℃	400℃	450℃	500℃
1.0%	31.57	51.3	71.03	90.76	110.5	130.2	149.9	169.7	189.4
1.5%	31.4	51.03	70.65	90.28	109.9	129.53	149.15	168.78	188.4
2.0%	31.22	50.74	70.254	89.77	109.28	128.80	148.31	167.83	187.35
2.5%	31.06	50.48	69.89	89.31	108.72	128.14	147.55	166.97	186.38

3.6.5 颗粒增强铜基复合材料的孔隙率

采用阿基米德法测量的 MgO/Cu 复合材料烧结后和热挤压后的密度及复合材料的理论密度如图 3-30 所示。可以看出，MgO/Cu 复合材料的密度随着 MgO 颗粒体积分数的增加而降低。这是由于 MgO 颗粒为硬质点、压缩性差，混入铜粉后会阻碍铜粉的压缩变形，复合材料的压制相对密度随 MgO 颗粒体积分数的增加而降低；在随后的烧结过程中，由于 MgO 颗粒阻碍铜粉颗粒之间形成烧结颈，因此增强颗粒体积分数的增加使 MgO/Cu 复合材料的烧结性能变差。上述两方面的原因导致 MgO/Cu 复合材料的烧结后和热挤压后的密度均随着 MgO 颗粒体积分数的增加而降低。

由于金属基复合材料内陶瓷相颗粒与铜基体之间的界面结合性差，因此需要较大的界面能量以提高金属基体与增强颗粒之间的结合强度[23]。在较低 MgO 颗粒体积分数的 MgO/Cu 复合材料中，由于复合材料内部的界面较少，烧结过程中铜基体粉末之间较容易扩散并结合，经过热挤压工艺铜基体内部的孔隙很容易得到填充，因此较低 MgO 颗粒体积分数的 MgO/Cu 复合材料的密度较高。由图 3-30 可以看出，热挤压后 MgO/Cu 复合材

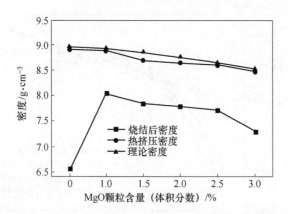

图 3-30　不同体积分数的 MgO/Cu 复合材料烧结后和热挤压后密度与理论密度

料密度大于烧结后 MgO/Cu 复合材料密度。

为了进一步证明密度对热膨胀性能的影响，纯铜粉也采用同样的粉末冶金法制备，并测量其实际密度，其实际密度是理论密度的 98%。铜基复合材料内部的孔隙率按公式 (3-21) 计算得出[26]。

$$P_f = 1 - \frac{\rho}{\rho_0} \tag{3-21}$$

式中，P_f 为孔隙率；ρ 为测量的实际密度；ρ_0 为理论密度。

图 3-31 是热挤压后 MgO/Cu 复合材料内部孔隙率随 MgO 颗粒体积分数的变化曲线。可以看出，MgO/Cu 复合材料的孔隙率在 0.3%~1% 范围内变化。由于 MgO 颗粒体积分数较低，因此可以认为在加热过程中由孔隙引起的塑性变形对热膨胀系数的影响甚微。文献 [24]、[26]、[29] 报道了烧结合金材料内部孔隙率与热膨胀性能的关系，一般认为，当增强颗粒在基体中的体积分数超过 30% 时，复合材料的热膨胀性能随孔隙率的增加而降低，而当增强颗粒体积分数较低时，复合材料的热膨胀性能几乎与复合材料的孔隙率无关。Shu 等人[26]研究了 30%~80%SiC/Cu 复合材料的热膨胀性能，结果表明 SiC/Cu 复合材料的热膨胀系数随复合材料内部孔隙率的增加而降低。然而，Adachi 等人[49]研究了 SPS 法制备的多晶体 ZrN 材料孔隙率对热膨胀性能和电学性能的影响，其中 ZrN 的纯度为

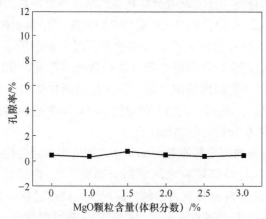

图 3-31　不同 MgO 颗粒体积分数的 MgO/Cu 复合材料的孔隙率

99.9%。结果表明，多晶体 ZrN 材料的热膨胀性能主要取决于材料内部的原子结合程度，几乎与材料内部的孔隙率无关。

3.6.6 颗粒与基体热膨胀系数差值对铜基复合材料导电性能的影响

表 3-9 所列为铜基复合材料的电导率和颗粒/基体热膨胀系数差值。从表 3-9 可以看出，铜基复合材料的电导率与颗粒-基体的热膨胀系数差值呈现一致的变化趋势。其中 MgO/Cu 复合材料中 MgO 颗粒与铜基体的热膨胀系数的差值最小为 3.6，其电导率大于 Al_2O_3/Cu 复合材料、SiC/Cu 复合材料和 SiO_2/Cu 复合材料的电导率。

表 3-9 铜基复合材料的电导率和颗粒/基体热膨胀系数差值

复合材料（体积分数）	密度/g·cm^{-3}	颗粒热膨胀系数/K^{-1}	ΔCTE/K^{-1}	电导率/%IACS
2.0%MgO/Cu	8.66	12.8×10^{-6}	3.6×10^{-6}	83.3
2.0%Al_2O_3/Cu	8.57	8.0×10^{-6}	8.4×10^{-6}	78.2
2.0%SiC/Cu	8.57	4.9×10^{-6}	11.5×10^{-6}	76.9
2.0%SiO_2/Cu	8.63	0.5×10^{-6}	15.9×10^{-6}	76.3

注：ΔCTE 表示铜基体与增强颗粒热膨胀系数的差值。

从热膨胀性的角度看，增强颗粒与基体相热膨胀系数的差值越大，造成的内应力越大，对电子运动的阻碍也就越大，则电导率降幅越大[15,56,57]。由式（3-19）计算的不同颗粒增强铜基复合材料的界面应力值见表 3-10。可以看出，MgO/Cu 复合材料的界面应力值最小，SiO_2/Cu 复合材料的界面应力最大，因此，由内应力对 MgO/Cu 复合材料内部颗粒与基体界面电子运动阻碍最小，其次是 Al_2O_3/Cu 复合材料、SiC/Cu 复合材料和 SiO_2/Cu 复合材料，这与其电导率测定值呈现一致的变化规律。

表 3-10 铜基复合材料的界面应力值　　　　　　　　　　（MPa）

材料（体积分数）	100℃	150℃	200℃	250℃	300℃	350℃	400℃	450℃	500℃
2.0%MgO/Cu	13.38	21.74	30.11	38.47	46.84	55.20	63.57	71.93	80.30
2.0%Al_2O_3/Cu	31.53	51.24	70.95	90.66	110.37	130.08	149.79	169.5	189.21
2.0%SiC/Cu	49.06	79.72	110.39	141.05	171.72	202.38	233.05	263.71	294.38
2.0%SiO_2/Cu	58.28	94.71	131.14	167.57	204	240.43	276.86	313.29	348.72

电导率是材料组织结构敏感的物理量，材料微观结构的细微变化都对材料的电导率产生很大的影响。颗粒增强铜基复合材料除了增强颗粒的热膨胀系数、含量、烧结体密度和增强颗粒的大小和分布等因素，复合材料的晶粒大小、空穴、位错、晶格畸变以及制备工艺等也对材料的电导率有较大的影响。但迄今为止以上因素对复合材料导电性的综合影响效果仍未见成熟的理论报道。

参 考 文 献

[1] 韩昌松, 郭铁明, 南雪丽, 等. 铜基复合材料的研究新进展 [J]. 材料导报, 2012, 26 (10): 90~94.

[2] Tian Y Z, Zhang Z F. Stability of interfaces in a multilayered Ag-Cu composite during cold rolling [J]. Scripta Materialia, 2013, 68 (7): 542~545.

[3] 沈月, 付作鑫, 张国全, 等. 高强高导铜银合金的研究现状及发展趋势 [J]. 材料导报, 2012, 26 (13): 109~113.

[4] Çelikyürek İ, Körpe N Ö, Ölçer T, et al. Microstructure, properties and wear behaviors of (Ni₃Al)ₚ reinforced Cu matrix composites [J]. Journal of Materials Science & Technology, 2011, 27 (10): 937~943.

[5] Groza J R, Gibeling J C. Principles of particle selection for dispersion-strengthened copper [J]. Materials Science and Engineering: A, 1993, 171 (1~2): 115~125.

[6] Besterci Michal, Kohútek Ivan, Velgosová Oksana. Microstructural parameters of dispersion strengthened Cu-Al₂O₃ materials [J]. Journal of Materials Science, 2008, 43 (3): 900~905.

[7] Lee Jongsang, Yong Chan Kim, Lee Sunghak, et al. Correlation of the microstructure and mechanical properties of oxide-dispersion-strengthened coppers fabricated by internal oxidation [J]. Metallurgical and Materials Transactions A, 2004, 35 (2): 493~502.

[8] Humphreys F J, Ardakani M G. Grain boundary migration and Zener pinning in particle-containing copper crystals [J]. Acta Materialia, 1996, 7 (44): 2717~2727.

[9] Corti C W, Cotterill P. A re-examination of the data for the recystallisation of copper crystals dispersed with silica [J]. Scripta Metallurgica, 1972, 6 (11): 1047~1049.

[10] Rösler J, Arzt E. A new model-based creep equation for dispersion strengthened materials [J]. Acta Metallurgica Et Materialia, 1990, 38 (4): 671~683.

[11] 田保红, 宋克兴, 刘平, 等. 高性能弥散强化铜基复合材料及其制备技术 [M]. 北京: 科学出版社, 2011.

[12] Groza Joanna. Heat-resistant dispersion-strengthened copper alloys [J]. Journal of Materials Engineering and Performance, 1992, 1 (1): 113~121.

[13] 吴斌, 俞菲, 杜春雷. 铜锡合金接触线冷拉工艺配模道数研究 [J]. 科技资讯, 2014, 12 (8): 69, 71.

[14] Fu Shaoyun, Feng Xiqiao, Lauke Bernd, et al. Effects of particle size, particle/matrix interface adhesion and particle loading on mechanical properties of particulate-polymer composites [J]. Composites Part B Engineering, 2008, 39b (6): 933~961.

[15] Geng Lin, Yan Yiwu. Effects of particle size on the thermal physical properties of SiCₚ/Al composites [J]. Journal of Materials Science, 2007, 42 (15): 6433~6438.

[16] Naser J, Ferkel H, Riehemann W. Grain stabilisation of copper with nanoscaled Al₂O₃-powder [J]. Materials Science and Engineering A, 1997, 234~236: 470~473.

[17] Song Kexing, Liu Ping, Tian Baohong, et al. Stabilization of Nano-Al₂O₃ₚ/Cu composite after high temperature annealing treatment [J]. Materials Science Forum, 2005, 475~479: 993~996.

[18] Song Kexing, Xing Jiandong, Dong Qiming, et al. Optimization of the processing parameters during internal oxidation of Cu-Al alloy powders using an artificial neural network [J]. Materials & Design, 2005,

26 (4): 337~341.

[19] Wan Y Z, Wang Y L, Luo H L, et al. Effect of particle size on thermal expansion behavior of Al_2O_3-copper alloy composites [J]. Journal of Materials Science Letters,1999, 18 (13): 1059~1061.

[20] Wang Xianhui, Liang Shuhua, Yang Ping, et al. Effect of Al_2O_3 particle size on vacuum breakdown behavior of Al_2O_3/Cu composite [J]. Vacuum,2009, 83 (12): 1475~1480.

[21] Song Kexing, Xing Jiandong, Dong Qiming, et al. Internal oxidation of dilute Cu-Al alloy powers with oxidant of Cu_2O [J]. Materials Science and Engineering A,2004, 380 (1~2): 117~122.

[22] Rajkovic Viseslava, Bozic Dusan, Jovanovic Milan T, et al. Effects of copper and Al_2O_3 particles on characteristics of Cu-Al_2O_3 composites [J]. Materials,2010, 31 (4): 1962~1970.

[23] Ibrahim I A, Mohamed F A, Lavernia E J. Particulate reinforced metal matrix composites a review [J]. Journal of Materials Science,1991, 26 (5): 1137~1156.

[24] Hunter O, Brownell W E. Thermal expansion and elastic properties of two-phase ceramic bodies [J]. Journal of the American Ceramic Society,1967, 50 (1): 19~22.

[25] 汪志太. SiC_p/Mg 复合材料的制备工艺及热膨胀性能研究 [D]. 南昌:南昌航空大学, 2007.

[26] Kerner E H. The elastic and thermo-elastic properties of composite media [J]. Proc. Phys. Soc. Sec B, 1956, 69 (8): 808~813.

[27] 柳巴尔斯基, 巴拉特尼克. 摩擦的金属物理[M]. 北京:机械工业出版社, 1984.

[28] 胡赓祥, 蔡珣, 戎咏华. 材料科学基础[M]. 上海:上海交通大学出版社, 2000.

[29] 雍岐龙. 钢铁材料中的第二相[M]. 北京:冶金工业出版社, 2006.

[30] Wang Y G, Hosson J T M D. Secondary interface dislocations in internally oxidized MgO/Cu composite [J]. Journal of Materials Science Letters,2001, 20 (5): 389~392.

[31] 湛永钟, 张国定, 蔡宏伟. 界面改性对 SiC_p/Cu 复合材料力学性能的影响 [J]. 稀有金属,2004, 28 (2): 318~321.

[32] 樊建中, 左涛, 徐骏, 等. 高能球磨粉末冶金 SiC_p/Al 复合材料的界面结构 [J]. 稀有金属,2004, 28 (4): 648~651.

[33] Muller D A, Silcox J, Shashkov D A, et al. Atomic scale observations of metal-induced gap states at MgO/Cu interfaces [J]. Physical Review Letters,1998, 80 (21): 4741~4744.

[34] 王琳, 王富耻, 张朝晖, 等. 烧结压力对铜粉放电等离子烧结的影响规律 [J]. 北京理工大学学报,2006, 26 (10): 921~924.

[35] 刘平, 田保红, 赵冬梅, 等. 铜合金功能材料[M]. 北京:科学出版社, 2004.

[36] Guo Xiuhua, Zhou Yanjun, Song Kexing, et al. Microstructure and properties of Cu-Mg alloy treated by internal oxidation [J]. Materials Science and Technology,2018, 34 (6): 648~653.

[37] Ardell A J. The effect of volume fraction on particle coarsening: theoretical considerations [J]. Acta Metallurgica,1972, 20 (1): 61~71.

[38] 黄培云. 粉末冶金原理[M]. 北京:冶金工业出版社, 2008.

[39] Ibrahim Sağlam, Dursun Özyürek, Kerim Çetinkaya. Effect of ageing treatment on wear properties and electrical conductivity of Cu-Cr-Zr alloy [J]. Bulletin of Materials Science,2011, 34 (7): 1465~1470.

[40] Abbaszadeh H, Masoudi A, Safabinesh H, et al. Investigation on the characteristics of micro- and nanostructured W-15% Cu composites prepared by powder metallurgy route [J]. International Journal of Refractory Metals and Hard Materials,2012, 30 (1): 145~151.

[41] Schroder K. High conductivity copper and aluminum alloys [C]//Ling E, Taubenblat P W. The Metallurgical Society of AIME, New York, 1984: 4.

[42] Feng Y, Zheng H, Zhu Z, et al. The microstructure and electrical conductivity of aluminum alloy foams

[J]. Materials Chemistry and Physics,2003, 78 (1): 196~201.

[43] Rajkovic D B V, Popovic M, Jovanovic M T. The influence of powder particle size on properties of Cu-Al$_2$O$_3$ composites [J]. Science of Sintering,2009, 41: 185~192.

[44] Argibay Nicolas, Bares Jason A, Keith James H, et al. Copper-beryllium metal fiber brushes in high current density sliding electrical contacts [J]. Wear,2010, 268 (11~12): 1230~1236.

[45] 康建立. 铜基体上原位合成碳纳米管（纤维）及其复合材料的性能 [D]. 天津:天津大学, 2009.

[46] Yin Jian, Zhang Hongbo, Tan Cui, et al. Effect of heat treatment temperature on sliding wear behaviour of C/C-Cu composites under electric current [J]. Wear,2014, 312 (1~2): 91~95.

[47] 张永振, 杨正海, 上官宝, 等. 典型材料载流摩擦行为 [J]. 河南科技大学学报(自然科学版), 2012, 33 (05): 9~14, 16, 27.

[48] Pal R. On the electrical conductivity of particulate composites [J]. Journal of Composite Materials,2007, 41 (20): 2499~2511.

[49] Adachi Jun, Kurosaki Ken, Uno Masayoshi, et al. Effect of porosity on thermal and electrical properties of polycrystalline bulk ZrN prepared by spark plasma sintering [J]. Journal of Alloys and Compounds,2007, 432 (1~2): 1~10.

[50] Vaidya Rajendra U, Chawla K K. Thermal expansion of metal-matrix composites [J]. Composites Science and Technology,1994, 50 (1): 13~22.

[51] Sun Q, Inal O T. Fabrication and characterization of diamond/copper composites for thermal management substrate applications [J]. Materials Science and Engineering B,1996, 41 (2): 261~266.

[52] Brooksbank D, Andrews K W. Stresses associated with duplex oxide-sulphide inclusions in steel [J]. J Iron Steel Inst,1970, 280 (6): 582~586.

[53] Arsenault R J, Taya M. Thermal residual stress in metal matrix composite [J]. Acta Metallurgica,1987, 35 (3): 651~659.

[54] Ren X P, Wang X J, Li H J. The relationship of thermal expansion and yield stress of materials [J]. Chinese Science Bulletin,1991, (10): 788~790.

[55] 王军. 纯铜连续挤压过程微观组织的研究 [D]. 大连:大连交通大学, 2009.

[56] 宁爱林, 申奇志, 彭北山, 等. 不同增强相弥散强化铜的导电性 [J]. 湖南有色金属,2002, 18 (6): 34~36.

[57] Elomari S, Boukhili R, Lloyd D J. Thermal expansion studies of prestrained Al$_2$O$_3$/Al metal matrix composite [J]. Acta Materialia,1996, 44 (5): 1873~1882.

4 耐磨铜基粉末冶金材料设计与制备

4.1 铜基粉末压制成型技术

成型是将松散的粉末加工成具有一定形状、尺寸以及具有一定密度和强度的坯块。虽然在通常情况下，粉末成型的坯块并不是粉末冶金的最终产品，但是粉末冶金制品所具有的形状、大小以及制品性能却与粉末冶金成型有着极大关系，所以粉末冶金成型是粉末冶金中的一个重要问题[1~3]。

随着粉末冶金成型技术的发展，用粉末冶金方法能够生产重达几吨的大型坯锭；厚度不到1mm，宽达1m，长几十米的薄板、带材；复杂的钻头、奇形怪状的零件；几乎达到百分之百理论密度的生坯。这些新产品的问世也有力地推动了粉末冶金事业的发展，为粉末冶金的应用展示了广阔的前景[4~6]。但是粉末冶金成型理论方面的研究尚不完善，至今成型中的很多基本问题仍然不能给予较理想的解释，需要进一步加强研究。

4.1.1 成型前的粉末预处理

基于产品最终性能的需要，或者成型工艺对粉末的性能要求，成型前需要对粉末预处理。就是通过配料、混合等过程使原料粉末达到最终材料的成分以及后续工艺过程所需要的粉末工艺性能，其中包括粉末退火、混合、制粒及加润滑剂等。

4.1.1.1 退火

粉末的预先退火可使氧化物还原，降低碳和其他杂质的含量，提高粉末的纯度。同时，还能消除粉末的加工硬化，稳定粉末的晶体结构。用还原法、机械研磨法、电解法、雾化法以及羰基离解法所制得的粉末都要经退火处理。此外，为防止某些超细金属粉末的自燃，需要将其表面钝化，也要作退火处理。经过退火后的粉末压制性得到改善，压坯的弹性后效相应减少。

退火温度根据金属粉末的种类而不同，一般退火温度为粉末熔点的0.5~0.6。有时，为了进一步提高粉末的化学纯度，退火温度也可超过此值。随着退火温度提高，粉末压制性能变好。

退火一般用还原性气氛，有时也可用惰性气氛或者真空。当要求清除杂质和氧化物，即进一步提高粉末化学纯度时，要采用还原性气氛（氢、分解氨、转化天然气或煤气）或者真空退火。当为了消除粉末的加工硬化或者使细粉末粗化防止自燃时，可采用惰性气体作为退火气氛。

4.1.1.2 混合

混合是指将两种或两种以上不同成分的粉末混合均匀的过程。有时，需要将成分相同而粒度不同的粉末进行混合，这称为合批。混合质量的优劣，不仅影响成型过程和压坯质量，而且会严重影响烧结过程的进行和最终制品的质量。

混合基本上有两种方法：机械法和化学法，其中广泛应用的是机械法。常用的混料机有球磨机、V 型混合器、锥形混合器、酒桶式混合器、螺旋混合器等。机械法混料又可分为干混和湿混。铁基等制品生产中广泛采用干混；制备硬质合金混合料则经常使用湿混。湿混时常用的液体介质为酒精、汽油、丙酮等。为了保证湿混过程能顺利进行，对湿磨介质的要求是：不与物料发生化学反应；沸点低易挥发；无毒性；来源广泛，成本低等。湿磨介质的加入量必须适当，过多过少都不利于研磨和混合的效率。化学法混料是将金属或化合物粉末与添加金属的盐溶液均匀混合；或者是各组元全部以某种盐的溶液形式混合，然后经沉淀、干燥和还原等处理而得到均匀分布的混合物。

物料的混合结果可以根据混合料的性能来评定。如检验其粒度组成、松装密度、流动性、压制性、烧结性以及测定其化学成分等。但通常只是检验混合料的部分性能，并作化学成分及其偏差分析。生产过滤材料时，在提高制品强度的同时，为了保证制品有连通的孔隙，可加入充填剂。能起充填剂作用的物质有碳酸钠等，它们既可防止形成闭孔隙，还会加剧扩散过程从而提高制品的强度。充填剂常常以盐的水溶液方式加入。

4.1.1.3　制粒

制粒是将小颗粒的粉末制成大颗粒或团粒的工序，常用来改善粉末的流动性。在硬质合金生产中，为了便于自动成型，使粉末能顺利充填模腔，就必须先进行制粒。能承担制粒任务的设备有滚筒制粒机、圆盘制粒机和擦筛机等。有时也用振动筛来制粒。

4.1.1.4　加润滑剂

粉末在刚性模中压制成零件时，必须进行润滑以减小压坯与模具之间的摩擦力。没有润滑时，将压坯从模具中脱出所需的脱模压力将急剧增大。在压制完几个压坯后，压坯将卡在模具中。具有低剪切强度的润滑剂起到隔离金属表面的作用，但即使润滑非常好的表面也不可能实现完全的分离，因为粗糙金属表面接触产生的摩擦力将刺穿润滑膜。

金属基粉末最常用的润滑剂是硬脂酸、硬脂酸盐（如硬脂酸锌和硬脂酸锂）以及合成蜡。自动压制过程中润滑的实现是通过将粉末状的润滑剂与金属粉末混合在一起，或者用润滑剂在溶剂中形成的溶液或悬浮液润滑模壁。自动压制中的模壁润滑在技术上是可行的。但是，基于以下两个问题，模壁润滑在生产实践中是不常见的：（1）以溶液或悬浮液的形式精确使用恰当数量的润滑剂；（2）在使用润滑剂与用粉末填充模具两者之间快速并完全地去除溶剂。因此，更传统的将润滑剂与粉末混合的方法几乎全世界都仍在使用。尽管如此，将金属粉末与润滑剂粉末混合进行润滑的方法存在严重的不足之处，例如降低强度以及影响尺寸控制。加入的润滑剂必须在烧结之前或在烧结过程中分解，并且分解产物必须全部从烧结炉的预热区排出。

4.1.2　压制成型原理

粉末冶金的基本成型方法是压制，钢压模压制成型是传统的成型方法[7~9]。压制成型原理是以钢压模压制方法为基础发展而来的，也可应用于其他成型方法作为借鉴。

4.1.2.1 压制过程中所受的力

当对压模中的粉末施加压力后，粉末颗粒间将发生相对移动，粉末颗粒将填充孔隙，使粉末体的体积减小，粉末颗粒迅速达到最紧密的堆积，直到达到所要求的密度。随着压制压力的继续增大，当压力达到和超过粉末颗粒的强度极限时，粉末颗粒发生塑性变形（对于脆性粉末来说，不发生塑性变形，而出现脆性断裂），直到达到具有一定密度的坯块。

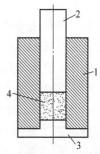

粉末体在钢压模（见图 4-1）内的受力过程，在某种程度上表现出与液体相似的性质，力图向各个方向流动，这就引起对压模模壁的压力，称之为侧压力（$P_{侧} = P_{压}$，ξ 为侧压系数，$\xi = \nu/(1-\nu)$，ν 为泊松比）。由于侧压力的作用，压模内靠近模壁的外层粉末与模壁之间产生摩擦力（$f_{摩} = \mu P_{侧} s$，μ 为粉末与模壁的摩擦系数，s 为粉末与模壁的接触面积），这种摩擦力的出现会使压坯在高度方向上存在明显的压力下降（导致压坯各部分粉末致密化不均匀）。

图 4-1　压制模具

1—凹模；2—上冲模；

3—下冲模；4—粉末

在压制过程中，粉末颗粒要经受着各个不同程度的弹性变形和塑性变形，在压坯内聚集了很大的内应力（见图 4-2）。压坯在压模中，当去除压力后，压坯仍会紧紧地固定在压模内。为了从压模中取出压坯，还需要施加一定的压力，这个压力称为脱模压力（一般为压制压力的 10%~30%）。金属粉末压制过程的实质就是粉末颗粒体由于被压缩而发生变形。

4.1.2.2 粉末体的特性

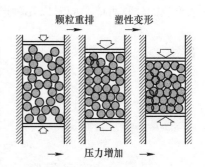

在生产实践中看到，粉末体类似于一般的气体和液体，它们都具有一定的流动性，而且还与气体一样可以压缩。气体虽可压缩，但在卸压后不能成型。而液体一般不能压缩，也不能成型。这说明粉末体不同于一般的气体和液体，而由它本身的特性所决定。

一是多孔性。粉末体是固体和气体微细颗粒的混合体。这些气体存在于粉末颗粒之间的孔隙之中，也就是说这些气体在粉末体中形成了孔洞。一般情况下，

图 4-2　金属粉末压制示意图

在未压制的金属粉末中，孔隙占整个体积的 50% 以上，通常为 70%~85%。由于粉末体有大量的孔隙存在，粉末松装时粉末颗粒间的接触只产生一些点、线或较小的面，因此这种颗粒间的连接是十分不牢固的，粉末体本身就处于一种非常不稳定的平衡状态，一旦受到外力的作用，这种不稳定的平衡状态便被破坏，而产生粉末颗粒的一系列相对位移，从粉末冶金的概念来看，这称为粉末体的不稳定性和易流动性。

二是发达的比表面积。例如边长为 1mm 的小正方体，它的表面积为 $6mm^2$，如果将其边长破碎为 0.1mm 的小立方体，其表面积为 $60mm^2$，即增加 9 倍。在实践中，粉末体的颗粒往往比 0.1mm 小得多，因此粉末体的比表面积是非常发达的。

另外，由于粉末颗粒形状十分复杂，即粉末颗粒表面十分粗糙、多棱和凹凸不平，因

此当粉末体被压缩时，粉末颗粒间可以产生十分复杂的机械啮合，而使压坯当压力卸除后，仍然维持其形状不变。再者，粉末体被压缩时，由简单的点、线和小块的面接触变为大量的面接触，这时颗粒间的接触面积增加的数量级比压坯密度提高的数量级要大几千倍，甚至若干万倍。这时粉末颗粒之间便可产生一种原子间的引力。结果，使粉末体经压制成型后，不仅能维持其一定的形状，而且使压坯具有一定的强度，即粉末具有良好的成型性。

4.1.2.3 粉末颗粒的变形与位移

粉末体的变形不仅依靠粉末颗粒本身形状的变化，而更重要的是依赖于粉末颗粒的位移和孔隙体积的变化。

图4-3所示为归纳出的粉末颗粒位移的几种形式：

（1）粉末颗粒的移近，在移近的第一阶段，两颗粉末颗粒可能尚未接触，在外力作用下，两颗粉末颗粒分别受到一个方向相反力的作用，两颗粉末颗粒相互移近，从而使接触部分增加（见图4-3（a））。

（2）粉末颗粒的分离，两颗粉末颗粒受到一个方向相反力的作用，促使粉末颗粒彼此分离，这使接触部分减少，甚至使粉末颗粒完全分离（见图4-3（b））。

（3）位移时在接触部分发生粉末颗粒的滑动（见图4-3（c））。

（4）粉末颗粒的转动，即上面的粉末颗粒受到一个力的作用，使其相对于下面那颗粉末产生转动（见图4-3（d））。

（5）由于粉末颗粒的脆性破坏或磨削作用造成的粉碎而发生的移动。在生产实践中，粉末颗粒的位移可能是同时以几种形式存在（见图4-3（e））。

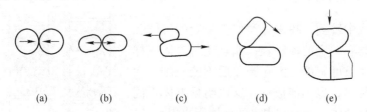

（a）   （b）   （c）   （d）   （e）

图4-3 粉末位移的形式

（a）粉末颗粒的接近；（b）粉末颗粒的分离；（c）粉末颗粒的滑动；

（d）粉末颗粒的转动；（e）粉末颗粒因粉碎而产生的移动

粉末的位移常常伴随着粉末的变形。粉末体的变形与致密金属的变形有所不同，致密金属变形时，一般认为无体积变化。粉末体的变形，不仅粉末体的形状改变（弹性变形、塑性变形和脆性断裂——与致密材料一样），而且体积也发生变化。压制时，由于粉末体孔隙减少，粉末体体积收缩，孔隙的减少正是粉末颗粒发生位移的结果。

4.1.3 压制过程中压坯的受力分析

压制是一个十分复杂的过程。粉末体在压制中能够成型，其关键在于粉末体本身的特征。而影响压制过程的各种因素中，压制压力又起着决定性的作用[10~13]。上述压制压力都是指平均压力。实际上作用在压坯断面上的力不都是相等的，同一断面内中间部位和靠近模壁的部位，压坯的上、中、下部位所受的力都不是一样的。除了正压力之外，还有侧压力、摩擦力、弹性内应力、脱模压力等，这些力对压坯都将起到不同的作用（见图4-4）。

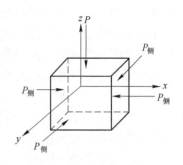

图4-4 压坯受力分析示意图

压制压力作用在粉末体上之后分为两部分。一部分是用来使粉末产生位移、变形和克服粉末间的内摩擦，这部分力称为净压力，通常以 P_1 表示；另一部分是用来克服粉末颗粒与模壁之间外摩擦的力，这部分力称为压力损失，通常以 P_2 表示。因此，压制时所用的总压力为净压力与压力损失之和，即 $P=P_1+P_2$。

侧压力，粉末体在钢压模内经受垂直压制压力时，压坯就力图向水平方向膨胀，给模壁一个作用力。而压模模壁也必然给压坯一个大小相等、方向相反的反作用力，这个力就是侧压力，如图4-4中的 $P_{侧}$，侧压力的大小同压制压力、粉末材料的塑性以及其他因素有关。压制压力大，粉末传递模壁的压力自然也大，侧压力就大。粉末材料塑性好，容易变形产生侧向膨胀，对模壁的压力就大，材料硬，不易变形，侧压力就小。

假设压坯的横向膨胀在弹性范围内，则侧压力与压制压力的关系可表示为：

$$P_{侧} = \xi P_{总} \tag{4-1}$$
$$\xi = \nu/(1-\nu) \tag{4-2}$$

式中，$P_{侧}$ 为侧压力；$P_{总}$ 为压制压力；ξ 为侧压系数；ν 为泊松比，即单位横向变形和纵向变形之比。

需要注意的是，侧压力在不同高度上是不一样的，侧压力随高度的降低而逐渐减少，造成这种现象的主要原因是外摩擦力。

当粉末在压模中受压向下运动时，由于侧压力的存在，粉末与模壁之间产生摩擦力。根据摩擦定律可知，其大小等于摩擦系数与总压力的乘积。

$$P_{摩} = \mu \xi P_{总} \tag{4-3}$$

式中，μ 为粉末与模壁的摩擦系数。

由于摩擦力的方向与压制压力的方向相反，因此它的存在，实际上是无益的，损耗了一部分压力，为了达到一定的压坯密度，便相应地必须增加一定的压制压力。再者，由于摩擦力的存在，将引起压制压力的不均匀分布，特别是当高径比 H/D 值较大，阴模模壁表面质量不高（硬度不够、粗糙度高）及不采用一定的润滑时，沿压坯高度的压力下降将会十分显著。而且摩擦力的存在，将阻碍粉末体在压制过程中的运动，特别是对于复杂形状制品的生产，摩擦力的存在将严重影响粉末体顺利填充那些棱角部位，而使压制过程无法顺利进行。

为了减少因摩擦出现的压力损失，可以采取如下措施：第一，添加润滑剂；第二，降低模具表面粗糙度并提高硬度；第三，改进成型方式，如双向压制。

为了把压坯从阴模中压出，所需要的压力称为脱模压力。它与压制压力、粉末性能、压坯密度和尺寸、压模以及润滑剂等因素有关。卸压后，如果压坯不发生任何变化，则脱模压力应等于粉末与模壁间的摩擦力。但实际中，卸压后，压坯沿高度伸长，侧压力减小，因而粉末与模壁间的摩擦力减小，脱模压力也小。一般认为，铁粉压坯脱模压力近似为压制压力的 13%。而硬质合金，脱模压力则为压制压力的 30%。

在压制过程中，当卸掉压制压力和把粉末压坯压出压模以后，由于弹性内应力的松弛作用，粉末压坯将发生弹性膨胀，这种现象称为弹性后效。

弹性后效通常以压坯胀大的百分数表示：

$$\delta = (\Delta L/L_0) \times 100\% = [(L - L_0)/L_0] \times 100\% \tag{4-4}$$

式中，δ 为沿压坯高度或直径的弹性后效；L_0 为压坯卸压前的高度或直径；L 为压坯从压模中取出后的高度和直径。

产生弹性膨胀的原因是，粉末体在压制过程中受到压力作用后，粉末颗粒发生弹性变形，从而在压坯内部聚集很大的内应力——弹性内应力，其方向与颗粒所受的外力方向相反，力图阻止颗粒变形。当压制压力消除后，弹性内应力便要松弛，改变颗粒的外形和颗粒间的接触状态，这就使粉末压坯发生了膨胀。一般压坯在压制方向的尺寸变化可达 5%~6%，而在垂直压制方向上的变化为 1%~3%。

4.1.4　压坯密度及其分布

压制过程的主要目的之一是要求得到一定的压坯密度，并力求密度均匀分布（见图 4-5）。但是实践表明，压坯密度分布不均匀是压制过程的主要特征之一。因此改进压制过程，使压坯密度均匀分布是很重要的。

单向压制时，压坯沿高度方向上密度是不均匀分布的（见图 4-6）。即在任何垂直面上，每一上层密度都比下一层密度要大些，在水平面上，接近上模冲的断面的密度分布是两边大中间小，而远离上模冲截面的密度分布是中间大两边小。但是，在靠近模壁的层中，由于外摩擦的作用，轴向压力的降低比压坯中心大得多，以致在压坯底部的边缘密度比中心的密度低。因此，压坯下层的密度和硬度的分布状况和上层相反。

提高密度的措施有以下 3 种：（1）压制前对粉末进行还原退火预处理，消除粉末加工硬化，减少杂质；（2）加入适量的润滑剂或成型剂；（3）改进加压方式。

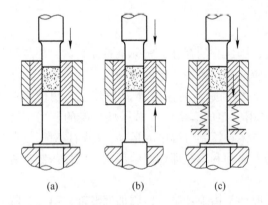

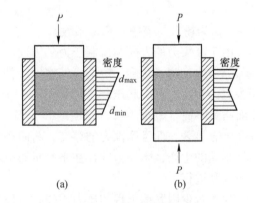

图 4-5　压制过程示意图　　　　　　　图 4-6　压制时压坯密度沿高度的分布
（a）单向压制；（b）双向压制；（c）浮动压制　　　　　（a）单向压制；（b）双向压制

改进模具的结构或适当变更压坯形状，使不同横截面的连接部位不出现急剧转折，模具硬度 HRC 一般要 50 以上，模壁光洁度要达到 1.6 以上。

压制时所用的总压力为净压力与压力损失之和。压力损失是模压中造成压坯密度分布不均匀的主要原因。增加压坯的高度会使压坯各部分的密度差增大；而加大直径则会使密度的分布更加均匀。压坯的高径比 H/D 越大，压坯密度差就越大。为了减少密度差别，应降低压坯的高径比 H/D，采用模壁表面粗糙度低的压模，并在模壁上涂润滑油，以降低摩擦系数，改善压坯的密度分布。另外，压坯中密度分布的不均匀性，在很大程度上可以用双向压制来改善。在双向压制时，与上、下模冲接触的两端密度较高，而中间部分的密度较低。

实践中，为了使压坯密度分布得更加均匀，还可采取利用摩擦力的压制方法。虽然外摩擦是密度分布不均匀的主要原因，但在许多情况下却可以利用粉末与压模零件之间的摩擦来减小密度分布的不均匀性。例如，套筒类零件（如汽车钢板销衬套、含油轴套、气门导管等）就应在带有浮动阴模或摩擦芯杆的压模中进行压制。因为阴模或芯杆与压坯表面的相对位移可以引起模壁或芯杆相接触的粉末层的移动，从而使得压坯密度沿高度分布得均匀一些。

4.1.5 影响压制过程的因素

影响压制过程的因素主要有粉体的性质、添加剂特性及使用效果和压制过程中压力、加压方式和加压速度等。其中粉体的性质主要包括粉体的粒度、粒度的分布、颗粒的形状与粉体的含水率等[14]。

4.1.5.1 粉末性能的影响

粉末性能的影响主要包括以下几个方面：

（1）金属粉末本身的硬度和可塑性的影响。金属粉末的硬度和可塑性对压制过程的影响很大，软金属粉末比硬金属粉末易于压制，也就是说，为了得到某一密度的压坯，软金属粉末比硬金属粉末所需的压制压力要小得多。软金属粉末在压缩时变形大，粉末之间的接触面积增加，压坯密度易于提高。塑性差的硬金属粉末在压制时则必须使用成型剂，否则很容易产生裂纹等压制缺陷。

（2）金属粉末摩擦性能的影响。金属粉末对压模的磨损影响很大，压制硬金属粉末时压模的寿命短。

（3）粉末纯度的影响。粉末纯度（化学成分）对压制过程有一定的影响，粉末纯度越高越容易压制。制造高密度零件时，粉末的化学成分对其成型性能影响非常大，因为杂质多以氧化物的形态存在，而金属氧化物粉末多是硬而脆的，且存在于金属粉末的表面，压制时使得粉末的压制阻力增加，压制性能变坏，使压坯的弹性后效增加。如果不使用润滑剂或成型剂来改善其压制性能，结果必然降低压坯的密度和强度。

金属粉末中的氧含量是以化合状态或表面吸附状态存在的，有时也以不能还原的杂质形态存在。当粉末还原不完全或还原后放置时间太长时，氧含量都会增加，粉末压制性能变坏。

（4）粉末粒度及粒度组成的影响。粉末的粒度及粒度组成不同时，在压制过程中的行为是不一致的。一般来说，粉末越细，流动性越差，在充填狭窄而深长的模腔时越困难，越容易形成搭桥。由于粉末细，其松装密度就低，在压模中充填容积大，此时必须有较大的模腔尺寸。这样在压制过程中模冲的运动距离和粉末之间的内摩擦力都会增加，压力损失随之加大，影响压坯密度的均匀分布。与形状相同的粗粉末相比较，细粉末的压缩性较差，而成型性较好，这是由于细粉末颗粒间的接触点较多，接触面积增加。对于球形粉末，在中等或大的压力范围内，粉末颗粒大小对密度几乎没有影响。

（5）粉末形状的影响。粉末形状对装填模腔影响最大，表面平滑规则的接近球形的粉末流动性好，易于充填模腔，使压坯的密度分布均匀；而形状复杂的粉末充填困难，容易产生搭桥现象，使得压坯由于装粉不均匀而出现密度不均匀。这对于自动压制尤其重要。生产中所使用的粉末多是不规则形状的，为了改善混合料的流动性，往往需要进行制粒处理。

（6）粉末松装密度的影响。松装密度小时，模具的高度及模冲的长度必须大，在压制高密度压坯时，如果压坯尺寸长，密度分布容易不均匀。但是，当松装密度小时，压制过程中粉末接触面积增大，压坯的强度高却是其优点。

4.1.5.2　成型剂的影响

成型剂能够改善金属粉末的压制性，但成型剂的种类、加入量与粉末种类、粒度及粒度分布、压制压力等因素有关。压坯的形状越复杂，压制的摩擦面积越大，成型剂加入量增大。

4.1.5.3　压制方式的影响

压制方式的影响包括以下几个方面：
（1）加压方式的影响。在压制过程中由于有压力损失，压坯密度出现不均匀现象，为了减少这种现象，可以采用双向压制及多向压制或改变压模结构等方法。对于形状比较复杂的零件，成型时可采用组合模冲。
（2）加压保持时间的影响。粉末在压制过程中，如果在某一特定的压力下保持一定时间，往往可以得到非常好的效果。

4.2　铜基粉末材料烧结技术

烧结是使压坯或松装粉末体进一步结合起来，以提高强度及其他性能的一种高温处理工艺。它是粉末冶金的重要工序之一。在烧结过程中粉末颗粒要发生相互流动、扩散、熔解、再结晶等物理化学过程，使粉末体进一步致密，消除其中的部分或全部孔隙。

4.2.1　烧结过程的基本规律

烧结的理论研究总是围绕着两个基本的问题：一是烧结为什么会发生，也就是所谓的烧结的驱动力或热力学问题；二是烧结是怎样进行的，即烧结的机构和动力学问题[15]。

4.2.1.1　烧结驱动力

A　烧结的基本过程

粉末烧结后，烧结体的强度增加，首先是颗粒间的联结强度增大，即连接面上原子间的引力增大。在粉末或粉末压坯内，颗粒间接触面上能达到原子引力作用范围内的原子数目有限。烧结时，高温作用下原子振动的振幅加大，发生扩散，接触面上有更多的原子进入原子作用力的范围，形成黏结面，并且随着黏结面的扩大，烧结体的强度也增加。黏结面扩大进而形成烧结颈，使原来的颗粒晶面形成晶粒晶面，而随着烧结的继续进行，晶界可以向颗粒内部移动，导致晶粒长大。

烧结体的强度增大还反映在孔隙体积和孔隙总数的减少以及孔隙形状变化方面。图4-7用球形颗粒的模型表示孔隙形状的变化，由于烧结颈的长大，颗粒间原来相互连通的孔隙逐渐收缩成闭孔，然后逐渐变圆。在孔隙形状和孔隙性质发生变化的同时，孔隙的大小和数量也在改变，即孔隙个数减少，而平均孔隙尺寸增大，此时小孔隙比大孔隙更容易缩小和消失[16]。

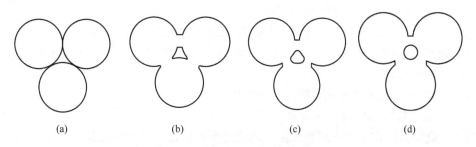

(a)　　　　　　　(b)　　　　　　　(c)　　　　　　　(d)

图 4-7　球形颗粒的烧结模型

（a）烧结前颗粒的黏结阶段；（b）烧结早期的烧结颈长大阶段；（c），（d）烧结后期的孔隙球化和缩小阶段

颗粒黏结面的形成，通常不会导致烧结体的收缩，因而致密化并不标志着烧结过程的开始，而只有烧结体的强度增大才是烧结发生的明显标志。随着烧结颈的长大，总孔隙体积的减小，颗粒间距离的缩短，烧结体的致密化过程才真正开始。如上所述，除了烧结颈在烧结过程中长大之外，压坯可以致密化、收缩，表面积会减小，强度增高，以及导电性增加，烧结体变硬。这些参数的变化提供了叙述烧结过程的可能性。

因此，粉末的等温烧结过程，按时间大致可以分为三个界限不十分明显的阶段（见图4-7）：

（1）烧结前颗粒的黏结阶段。烧结初期，颗粒间的原始接触点或面转化为晶体结合，即通过成核、结晶长大等原子过程形成烧结颈。在这一阶段中，颗粒内的晶粒不发生变化，颗粒外形也基本不变，整个烧结体不发生收缩，密度增加也极其微小，但是烧结体的强度和导电性由于颗粒黏合面的增大而明显增加。

（2）烧结早期的烧结颈长大阶段。原子向颗粒结合面的大量迁移使烧结颈扩大，颗粒间距缩小，形成连续的孔隙网络；同时由于晶粒长大，晶界越过孔隙移动，而被晶界扫过的地方，孔隙大量消失。烧结体收缩、密度和强度增加是这个阶段的主要特征。

（3）烧结后期的孔隙球化和缩小阶段。当烧结体密度达到90%以后，多数孔隙被完全分隔，封闭孔隙数量大为增加，孔隙形状趋近球形并不断缩小。在这个阶段，整个烧结体仍可缓慢收缩，但是主要靠小孔隙的消失和孔隙数量的减少来实现。这一阶段可以延续很长时间，但是仍残留少量的隔离小孔不能消除。

等温烧结过程三个阶段的相对时间长短主要由烧结温度决定：温度低，可能仅出现第一阶段；在生产条件下，至少应保证第二阶段接近完成；温度越高，出现第二甚至第三阶段就越早。在连续烧结时，第一阶段可能在升温过程中就完成了。

将烧结过程分为上述三个阶段，并未包括烧结中所有可能出现的现象，例如粉末表面气体或水分的挥发、氧化物的还原和离解、颗粒内应力的消除、金属的回复和再结晶以及聚晶长大等[17]。

B　烧结的热力学问题

烧结是粉末特有的现象，特别是微细的粉末。从热力学的观点看，粉末烧结是系统自由能减小的过程，即烧结体相对于粉末体在一定条件下处于能量较低的状态。

无论单元系或多元系烧结，无论固相或液相烧结，同凝聚相发生所有化学反应样，都遵循普遍的热力学定律。单元系烧结可看作是固态下的简单反应，物质也不会发生改变，仅由烧结前后体系的能量状态所决定；而多元系烧结过程还取决于合金化的热力学。但是，两种烧结过程总伴随有系统自由能的降低。

烧结系统自由能的降低，是烧结过程的驱动力，包括以下几个方面：

（1）由于颗粒黏结面（烧结颈）的增大和颗粒表面的平直化，粉末体的总比表面积和总表面自由能的减少；

（2）烧结体内孔隙体积和总表面积的减少；

（3）粉末颗粒内晶格畸变的消除。

总之，烧结前存在于粉末或粉末压坯内的过剩自由能包括表面能和晶格畸变能，前者指同气氛接触的颗粒和孔隙的表面自由能，后者指颗粒内由于存在过剩空位、位错以及内应力所造成的能量升高。表面能比晶格畸变能小，如极细粉末的表面能为几百焦每摩尔（J/mol），而晶格畸变能高达几千焦每摩尔，但是，对烧结过程，特别是早期阶段，作用较大的是表面能。因为从理论上讲，烧结后的低能位状态至多是对应单晶体的平均缺陷浓度，而实际上烧结体总是具有更多热平衡缺陷的多晶体，因此，烧结过程中晶格畸变能减少的绝对值相对于表面能的降低仍是次要的，烧结体内总保留一定数量的热平衡空位、空位团和位错网[18]。

在烧结温度 T 时，烧结体的自由能、焓和熵的变化如分别用 ΔG、ΔH 和 ΔS 表示，那么根据热力学公式有：

$$\Delta G = \Delta H - T\Delta S \tag{4-5}$$

如果烧结反应前后物质不发生相变，比热容变化忽略不计（单元系烧结时不发生物质变化），ΔS 就趋于零，因此 $\Delta G \approx \Delta H$（$\approx \Delta U$），$\Delta U$ 为系统内能的变化。因此，根据烧结前后焓或内能的变化可以估计烧结的驱动力。用电化学方法测定电动势或测比表面均可计算自由能的变化。

烧结后颗粒的界面转化为晶界面，由于晶界能的降低，总的能量仍是降低的。随着烧结的进行，烧结颈处的晶界可以向两边的颗粒内移动，而且颗粒内原来晶界也可能通过再结晶或聚晶长大发生移动并减少。因此晶界能进一步降低就成为烧结颈形成与长大后烧结继续进行的主要动力，这时烧结颗粒的联结强度进一步增加，烧结体密度等性能进一步提高。

烧结过程不管是否使总孔隙率降低，孔隙的总比表面积总是减小的。隔离孔隙形成后，在孔隙体积不变的情况下，表面积减少主要依靠孔隙的球化，而球形孔隙继续收缩和消失也能使总表面积进一步减少。因此，不论在烧结的第二或第三阶段，孔隙表面自由能的降低，始终是烧结过程的驱动力。

由于烧结过程的复杂性，欲从热力学的角度计算原动力的具体数值几乎是不可能的，只能定性地说明这种原动力的存在。烧结体系内，各处的蒸气压力差就成为烧结通过物质蒸发迁移的驱动力。

4.2.1.2 物质迁移机理

烧结过程中，颗粒黏结面上发生量与质的变化以及烧结体内孔隙的球化与缩小等过程都是以物质的迁移为前提的（见表4-1）。烧结机构就是研究烧结过程中各种可能的物质迁移方式及速率。

表 4-1 物质迁移的过程

I	不发生物质迁移	黏　结
II	发生物质迁移，并且原子移动较长的距离	表面扩散 晶格扩散（空位机制） 晶界扩散（间隙机制） } 组成晶体的空位或原子的移动 晶界扩散 蒸发与凝聚 塑性流动 晶界滑移 } 小块晶体的移动
III	发生物质迁移，但原子移动较短的距离	回复或再结晶

烧结初期颗粒间的黏结具有范德华力的性质。不需要原子作明显的位移，只涉及颗粒接触面上部分原子排列的改变或位置的调整，过程所需的激活能是很低的。因此，即使在温度较低、时间较短的条件下，也能发生黏结，这是烧结初期的主要特征，此时烧结体的收缩不明显。

其他的物质迁移方式，如扩散、蒸发与凝聚、流动等，因原子移动的距离较长，过程的激活能较大，只有在足够高的温度或外力的作用下才能发生。它们将引起烧结体的收缩，使性能发生明显的变化，这是烧结主要过程的基本特征。

值得指出的是，烧结体内虽然可能存在回复和再结晶，但只有在晶格畸变严重的粉末烧结时才容易发生。这时，随着致密化出现晶粒长大。回复和再结晶首先使压坯中颗粒接触面上的应力得以消除，因而促进烧结颈的形成。由于粉末中的杂质和孔隙阻止再结晶过程，因此粉末烧结时的再结晶晶粒长大现象不像致密金属那样明显[19]。

4.2.1.3 综合作用烧结理论

烧结机构的探讨丰富了对烧结物理本质的认识，利用模型方法研究烧结这一复杂的微观过程，具有科学的抽象化和典型化的特点。但是实际的烧结过程，比模型研究的条件复杂得多，上述各种机构可能同时或交替地出现在某一烧结过程中。如果在特定的条件下一种机构占优势，限制着整个烧结过程的速度，那么它的动力学方程就可以作为实际烧结过程的近似描述。

A 烧结理论的发展过程

烧结理论的发展过程如下：

（1）1929 年，德国绍瓦尔德进行了金属粉末的压制和烧结试验，认为晶粒开始长大的温度大约在 3/4 绝对熔点，与压制压力根本无关。认为物质的附着力使粉末体发生烧结，增加压制压力只是改善粉末体的附着情况。

（2）巴尔申和特吉毕亚托斯基认为，压制时发生的加工硬化所引起的再结晶可以促进烧结。粉末颗粒接触面所发生的局部加工硬化区可以成为再结晶的核心。但是我们知道，压制并不是粉末烧结的必需条件，松装粉末也可以发生烧结。

（3）1937 年，琼斯认为，物质本身的凝聚力是粉末烧结的动力，压制只是增加了颗粒间的接触面积，具有使烧结容易进行的效果。

（4）达维尔认为，由于粉末颗粒表面存在无序或不规则运动状态而引起原子的迁移。

（5）1942 年，许提格利用物理化学的研究手段测定了烧结温度对电动势、溶解度、吸附能力、密度、显微组织、力学性能等的影响，发现烧结过程十分复杂。

（6）1945 年，费兰克尔提出，烧结的物质迁移是由表面张力所引起的黏性流动所造成的。

（7）1949 年，库钦基用实验证实，烧结时物质迁移机构主要是以空位为媒介的体积扩散。

（8）20 世纪 60 年代，才开始大量地研究复杂的烧结过程和机构。如关于粉末压坯烧结的收缩动力学，对烧结过程中晶界的行为，压力下的固相烧结与液相烧结，热压、热等静压烧结，活化烧结，电火花烧结等。

（9）1971 年，萨姆利诺夫开始以电子理论为基础来研究烧结的物理本质。

但是，目前烧结理论的发展同粉末冶金技术本身的进步相比，仍然是不成熟的[20]。

B　关于烧结机构理论的应用

烧结理论目前只指出了烧结过程中各种可能出现的物质迁移机构及其相应的动力学规律，而后者只有某一种机构占优势时，才能够应用。不同的粉末、不同的粒度、不同的烧结温度或等温烧结的不同阶段以及不同的烧结气氛、方式（如外应力）等都可能改变烧结的实际机构和动力学规律。

4.2.2　液相烧结

液相烧结可能得到具有多相组织的合金或复合材料，即由烧结过程中一直保持固相的难熔组分的颗粒和提供液相（一般体积占 13%～35%）的黏结相所构成。通常情况下粉末压坯仅通过固相烧结难以获得很高的密度，如果在烧结温度下，低熔组元熔化或形成低熔共晶物，那么由液相引起的物质迁移比固相扩散快，而且最终液相将填满烧结体内的孔隙，因此可获得密度高性能好的烧结产品。液相烧结的应用极为广泛，如制造各种烧结合金零件、电触头材料、硬质合金及金属陶瓷材料等。

4.2.2.1　液相烧结条件

液相烧结能否顺利完成（致密化进行到底），取决于同液相性质有关的三个基本条件：润湿性、溶解度和液相数量。

A　润湿性

液相对固相颗粒的表面润湿性好是液相烧结的重要条件之一，对致密化、合金组织与性能的影响极大。润湿性由固相、液相的表面张力（比表面能）γ_S、γ_L以及两相的界面张力（界面能）γ_{SL}所决定。如图4-8所示，当液相润湿固相时，在接触点A用杨氏方程表示平衡的热力学条件为：

$$\gamma_S = \gamma_{SL} + \gamma_L \cos\theta \tag{4-6}$$

式中，θ为润湿角或接触角。

完全润湿时，$\theta=0°$，式（4-6）变为$\gamma_S = \gamma_{SL} + \gamma_L$；完全不润湿时，$\theta>90°$，则$\gamma_S \geq \gamma_{SL} + \gamma_L$。图4-8表示介于前两者之间的部分润湿的状态，即$0°<\theta<90°$。

液相烧结需满足的润湿条件是润湿角$\theta<90°$；如果$\theta>90°$，烧结开始时液相即使生成，也会很快地跑出烧结体外，称为渗出。这样，烧结合金中的低熔组分将大部分损失掉，使烧结致密化过程不能顺利完成。液相只有具备完全或部分润湿的条件，才能渗入颗粒的微孔和裂隙甚至晶粒间界，形成如图4-9所示的状态。此时，固相界面张力$\gamma_{SS} \geq 2\gamma_{SL}\cos(\Psi/2)$，$\Psi$称为二面角。可见，二面角越小时，液相渗进固相界面越深。当$\Psi=0°$时，$2\gamma_{SL}=\gamma_{SS}$，表示液相将固相界面完全隔离，液相完全包裹固相。如果$\gamma_{SL}>1/2\gamma_{SS}$，则$\Psi>0°$；如果$\gamma_{SL}=\gamma_{SS}$，则$\Psi=120°$，这时液相不能浸入固相界面，只产生固相颗粒间的烧结。实际上，只有液相与固相的界面张力γ_{SL}越小，也就是液相润湿固相越好，二面角越小，才越容易烧结。

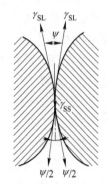

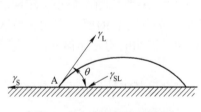

图4-8　液相润湿固相平衡图　　　　图4-9　与液相接触的二面角

B　溶解度

固相在液相中有一定的溶解度是液相烧结的又一条件，因为：（1）固相有限溶解于液相可改善润湿性；（2）固相溶于液相后，液相数量相对增加；（3）固相溶于液相，可借助液相进行物质转移；（4）溶在液相中的组分，冷却时如能再析出，可填补固相颗粒表面的缺陷和颗粒间隙，从而增大固相颗粒分布的均匀性。但是，溶解度过大会使液相数量太多，也对烧结过程不利。例如形成无限互溶固溶体的合金，液相烧结因烧结体解体而根本无法进行。另外，如果固相溶解度对液相冷却后的性能有不好影响（如变脆）时，也不宜采用液相烧结。

C　液相数量

液相烧结应以液相填满固相颗粒的间隙为限度。烧结开始，颗粒间孔隙较多，经过一段液相烧结后，颗粒重新排列并且有一部分小颗粒溶解，使孔隙被增加的液相所填充，孔隙相对减小。一般认为，液相量以不超过烧结体体积的35%为宜。超过时不能保证产品的形状和尺寸；过少时烧结体内将残留一部分不被液相填充的小孔，而且固相颗粒也将因直接接触而过分烧结长大。

液相烧结时的液相数量可以由于多种原因而发生变化。如果液体能够进入固体中去，而其量又小于在该温度下最大的溶解度，那么液相可能完全消失，以致丧失液相烧结作用。如铁-铜合金，铜含量较低时就可能出现这种情况。虽然铜能很好地润湿铁，但它也能很快地溶解到铁中，在 1100~1200℃ 时可溶解 8% 左右的铜。固相和液相的相互溶解，可使固体或液体的熔点发生变化，因而增加或减少了液相数量。

4.2.2.2　液相烧结过程

液相烧结是一种不施加外压仍能使粉末压坯达到完全致密的烧结，是最具吸引力的强化烧结。液相烧结的动力是液相表面张力和固-液界面张力。为了更好地认识众多材料液相烧结过程的基本特点和规律，人们往往把液相烧结划分成三个界线不十分明显的阶段，如图 4-10 所示，基体粉末和熔点较低的添加剂（或称第二相粉末）组成了液相烧结的元素粉末混合系统。

（1）液相流动与颗粒重排阶段。固相烧结时，不能发生颗粒的相对移动，但在有液相存在时，颗粒在液相内近似悬浮状态，受液相表面张力的推动发生相对位移，因而液相对固相颗粒润湿和有足够的液相存在是颗粒移动的重要前提。颗粒间孔隙中形成的毛细管力以及液相本身的黏性流动，使颗粒调整位置、重新分布，以达到最紧密的排布。在这个阶段中烧结体密度迅速增大。

（2）固相溶解和析出阶段。固相颗粒表面的原子逐渐溶解于液相，溶解度随温度和颗粒的形状、大小改变。液相对于小颗粒有较大的饱和溶解度，小颗粒先溶解，颗粒表面的棱角和凸起部位（具有较大曲率）也优先溶解，因此，小颗粒趋向减小，颗粒表面平整光滑。相反，大颗粒的饱和溶解度降低，使液相中一部分饱和的原子在大颗粒表面析出，使大颗粒趋于长大。这就是固相溶解和析出，即通过液相的物质迁移过程，与第一阶段相比，致密化速度减慢。

在这一阶段，致密化过程已明显减慢，因为这时气孔已基本消失，而颗粒间距离进一步缩小，使液相流进孔隙变得更加困难。

（3）固相烧结阶段。经过前面两个阶段，颗粒之间靠拢，在颗粒接触表面同时产生固相烧结，使颗粒彼此黏合，形成坚固的固相骨架。这时，剩余液相填充于骨架的间隙。这阶段以固相烧结为主，致密化已显著减慢。当液相不完全润湿固或液相数量相对较少时，这阶段表现得非常明显，结果是大量颗粒直接接触，不被液相所包裹。这阶段满足 $\gamma_{SS}/2<\gamma_{SL}$ 或二面角 $\Psi>0°$ 的条件。固相骨架形成后的烧结过程与固相烧结相似。

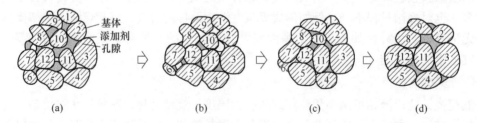

图 4-10　多相粉末液相烧结典型三阶段示意图

（a）混合粉末；（b）颗粒重排；（c）溶解—析出；（d）固相烧结

4.2.2.3 熔浸

将粉末压坯与液体金属接触或浸在液体金属内，让压坯内的孔隙为金属液体所填充，冷却下来就得到致密材料或零件，这种工艺称为熔浸。在粉末冶金零件生产中，熔浸可看成是一种烧结后处理，而当熔浸与烧结合为一道工序完成时，又称为熔浸烧结。

熔浸主要应用于生产电接触材料、机械零件以及金属陶瓷材料和复合材料。在能够进行熔浸的二元系统中，高熔点相的骨架可以被低熔点金属熔浸。在工业上已经使用的熔浸系统是十分有限的，特别的例子有 W 和 Mo 被 Cu 和 Ag 熔浸，以及 Fe 被 Cu 熔浸。但是在这些有限的系统中熔浸制品的产量还是很大的，所以熔浸是粉末冶金中一项很重要的工艺技术。

熔浸过程依靠外部金属液浸湿粉末多孔体，在毛细管力作用下，液体金属沿着颗粒间孔隙或颗粒内孔隙流动，直到完全填充孔隙为止。因此，从本质上来说，熔浸是液相烧结的一种特殊情况。所不同的只是致密化主要靠易熔成分从外面去填满孔隙，而不是靠压坯本身的收缩，因此熔浸的零件基本上不产生收缩，烧结所需时间也短。

熔浸所必须具备的基本条件是：（1）骨架材料与熔浸金属的熔点相差较大，不致造成零件变形；（2）熔浸金属应能很好地润湿骨架材料，同液相烧结一样，应满足 $\gamma_S - \gamma_L > 0$ 或 $\gamma_L \cos\theta > 0$ 的条件，由于 $\gamma_L > 0$，因此 $\cos\theta > 0$，即 $\theta < 90°$；（3）骨架与熔浸金属之间不互溶或溶解度不大，因为如果反应生成熔点高的化合物或固溶体，液相将消失；（4）熔浸金属的量应以填满孔隙为限度，过少或过多均不利。

4.2.3 活化烧结

采用化学和物理的措施，使烧结温度降低，烧结过程加快，或使烧结体的密度和其他性能得到提高的方法称为活化烧结。活化烧结从方法上可分为两种基本类型：一是靠外界因素活化烧结过程，包括在气氛中添加活化剂、向烧结填料添加强还原剂（如氢化物）、周期性地改变烧结温度、施加外应力等。二是提高粉末的活性，使烧结过程活化。具体的操作方法有：（1）将坯体适当的预氧化；（2）在坯体中添加适量的合金元素；（3）在烧结气氛或填料中添加适量的水分或少量的氯、溴、碘等气体（通常用其化合物蒸气）；（4）附加适当的压力、机械或电磁振动、超声辐射等。活化烧结所使用的附加方法一般成本不高，但效果显著。活化烧结因烧结对象不同而异，多靠数据积累，实践经验总结，尚无系统理论，继续探索和利用活化烧结技术，对粉末冶金烧结具有十分重要的意义。

4.2.3.1 预氧化烧结

预氧化烧结是活化烧结中最简单的方法，应用的是氧化-还原反应对烧结的促进作用。烧结中，还原一定量的氧化物对金属的烧结具有良好的作用。少量氧化物能产生活化作用的原因在于烧结过程中表面氧化物薄膜被还原，因而在颗粒表面层内会出现大量的活化因子，从而可以明显地降低烧结时原子迁移的活化能，促进烧结。

为了进行氧化还原反应，必须创造一定的烧结条件，以使平衡反应交替地向氧化方向和还原方向进行。具体可以通过人为改变烧结气氛，使烧结气氛交替地具有氧化和还原的特点来实现。在烧结气氛中存在水气，可以使孔隙收缩过程加快。这是由于在温度不变的情况下，过饱和水蒸气所引起的反复多次的氧化-还原反应的结果。

很多情况下湿氢对孔隙收缩有一些强化作用。若粉末中有烧结时很难还原的氧化物，则在烧结过程中只有当氧化物薄膜溶于金属中或升华、聚结，破坏了使颗粒间彼此隔离的氧化物薄膜后，烧结才有可能进行。

4.2.3.2　添加少量合金元素

对于某些金属，加入少量的合金元素（掺杂）可以促进烧结体的致密化，最高可使致密化的速率比未进行掺杂的压坯快 100 多倍，这是活化烧结现象之一。

对于添加合金元素的活化机理，存在不同的看法，但大都认为体积扩散是主要的。当颗粒表面覆盖一层扩散系数较大的其他金属薄膜时，由于金属原子主要是由薄膜扩散到颗粒内部，因而在颗粒表面形成了大量的空位和微孔，其结果有助于扩散、黏性流动等物质迁移过程的进行，从而加快了烧结过程。

掺杂元素产生的效果会因烧结对象的不同而异，具体掺杂元素的选择以及加入量的确定需要经过多次实验摸索与数据积累。

4.2.3.3　在气氛或填料中添加活化剂

在活化烧结中最有效的方法是在烧结气氛中通入卤化物蒸气（大多为氯化物，其次为氟化物），可以很明显地促进烧结过程。特别是当制品成分中具有难还原的氧化物时，卤化物的加入具有特别良好的作用。烧结气氛中加入氯化氢的方法有 2 种：（1）在烧结炉中直接通入氯化氢；（2）在烧结填料中加入氯化铵，当氯化铵分解时便生成氯化氢。

研究合金粉末，特别是不锈钢粉末和耐热钢粉末的活化烧结规程是最有实际意义的。这些粉末的表面通常都存在有妨碍烧结的氧化铬薄膜。通常，不锈钢粉末是在经过严格干燥的氢气中进行烧结的，烧结温度为 1200~1300℃。有研究指出，在填料中加入能促进氧化物还原的卤化物，对烧结有良好的影响。但同时又指出，并不是所有牌号的不锈钢粉末都能进行这种活化烧结。这可能是因为各种粉末颗粒表面化学成分不同的缘故。

实验结果表明，气氛中通入氯化氢进行烧结时，氯化氢最佳含量是 5%~10%（体积分数）。在填料中加入氯化铵等进行烧结时，氯化铵的含量应为 0.1%~0.5%。这种活化方法也有很大的缺点，就是卤化物具有强腐蚀性。当氯化氢的含量过高时，不但烧结体表面会被腐蚀，而且烧结炉炉体也会遭到腐蚀。为了尽可能地把烧结体孔隙中的氯化物清洗掉，在烧结终了时，还必须通入强烈的氢气流[21]。

4.2.4　热压

热压（HP）又称加压烧结，是把粉末装在压模内，在加压的同时使粉末加热到正常烧结温度或更低一些，使之在较短时间内烧结成均匀致密的制品。热压的过程是压制和烧结一并完成的过程，可以在较低压力下迅速获得较高密度的制品，因此，热压属于一种强化烧结。热压适应于多种粉末冶金零件的制造。

热压是粉末冶金中发展和应用较早的一种成形技术。热压的工艺和设备已经比较完善，通常使用的是电阻加热和感应加热技术，目前又发展了真空热压、振动热压、均衡热压以及等静热压等新技术。

实践证明，热压技术具有以下优点：

（1）热压时，由于粉料处于热塑性状态，形变阻力小，易于塑性流动和致密化。因此，所需的成型压力仅为冷压法的 1/10，可以制备大尺寸的 Al_2O_3、BeO、BN 等产品。

（2）由于同时加温、加压，有助于粉末颗粒的接触和扩散、流动等传质过程，降低烧结温度和缩短烧结时间，因而抑制了晶粒的长大。

（3）热压法容易获得接近理论密度、气孔率接近于零的烧结体，容易得到细晶粒的组织，容易实现晶体的取向效应和控制含有高蒸气压成分的系统的组成变化，因而容易得到具有良好力学性能、电学性能的产品。

（4）能生产形状较复杂、尺寸较精确的产品。

热压工艺的具体应用范围如下：

（1）可以生产大型粉末冶金制品。

（2）可以生产各种硬质合金异形产品。

（3）可以生产多层制品。

（4）可以生产各种金属化合物及其合金制品。

（5）各种超合金以及超合金与其他金属粉末的混合物也可以进行热压。

在热压工艺中，热压温度、热压压力以及保温时间是影响热压效果的关键因素，需要针对不同粉末特点分别制定出最佳的烧结工艺，国内的许多材料工作者都在进行这方面的研究。

从实验结果以及工业应用的经验来看，热压工艺除了拥有上述优异特征外，也不可避免地存在不少明显的缺点：

（1）对压制模具要求很高，并且模具耗费很大，寿命短。

（2）只能单件生产，效率比较低，成本高。

（3）制品的表面比较粗糙，需要后期清理和加工。

这些缺点也在一定程度上制约了热压工艺的广泛应用，因此，对热压工艺的研究仍需继续深入[22]。

热压其实是一个很复杂的过程，一个公式或某一单独的理论不足以表示热压的全部过程，如热压温度较高、时间较长时，塑性流动方程对硬质材料存在较大误差，而这时扩散蠕变理论则有较好的适用，对于塑性好的材料，塑性流动仍是致密化的主要机构。

在分析了多数氧化物和碳化物等硬质粉末的热压实验曲线后，可以看到热压的致密化过程大致分为三个连续的阶段：

（1）快速致密化阶段，又称微流动阶段。该阶段是热压初期，发生相对滑动、破碎和塑性变形，类似于冷压成型时的颗粒位移重排，致密化速度大，而且主要受粉末粒度、形状及材料断裂强度和屈服强度的影响。

（2）致密化减速阶段。该阶段以塑性流动为主，类似于烧结后期的闭孔收缩阶段，孔隙度的对数与时间呈线性关系。

（3）趋近于终极密度阶段。该阶段以受扩散控制的蠕变为主，此时晶粒长大使致密化速度大大降低，达到终极密度后，致密化过程完全停止[23]。

4.3 铜基粉末冶金摩擦材料成分设计

用粉末冶金的制备技术制成的拥有良好的摩擦磨损性能的非金属与金属复合而成的材

料，被称为粉末冶金摩擦材料，它是制动器和离合器中主要组件所用的主要原料。其组织特点是：在连续的金属基体中平均地分散着拥有特殊性能的质点。这些质点在基体中起着良好的导热性并承受着外部的应力，并且为材料所需的摩擦性能提供有力的保证。

4.3.1 材料中组元的分类

粉末冶金摩擦材料是一种含有金属和非金属多组元的假合金。在一定程度上可将这些组元分成3类：

（1）形成金属基体并促进形成一定的物理-力学性能的组元。这类组元具有金属属性，一般为金属（铜、铁、镍、钨）的合金。

（2）调节黏结程度的组元，又称固体润滑剂。虽然它们使摩擦力减弱，但可降低摩擦表面的摩擦热，以避免产生高温，降低磨损。另外，润滑剂使黏-滑现象降至最低。所谓黏-滑现象是：黏——两摩擦面间的相对速度为零，即黏停的意思；滑——两摩擦面间的相对速度急剧上升。若两摩擦面产生黏-滑现象，转动或制动就不平稳，产生抖振。润滑剂能减小或完全消除摩擦副的黏结和卡滞，故通常称它们为抗卡剂或摩擦稳定剂。属于这类组元的有：石墨和钼、铜、锌、钡、铁等的硫化物，氮化硼及低熔点纯金属铅、锡、铋锑等，一些金属氧化物如氧化铅、氧化镍、氧化钴等的添加也可造成摩擦表面的润滑。

（3）调节相互力学作用大小的组元，通常称它们为摩擦剂。摩擦组元能切削转移到对偶面上的堆积物和氧化物，保持对偶表面的清洁，稳定摩擦系数。切削对偶时，增加了摩擦滑动的阻力。基体中适当分布一定的摩擦硬介质组元，尤其是在高温时，可防止基体流动，起到基石的作用，增强耐磨损性。它们的作用是补偿固体润滑剂的影响及在不损害摩擦表面的前提下增加滑动的阻力。此外，这类组元能促进形成多相组织，减少表面黏结和卡滞。属于这类组元的有：硅、铝、铬的氧化物，碳化硅和碳化硼，矿物性的复杂化合物（石棉、莫来石、蓝晶石、硅灰石）及硬质金属钼、钨和铬等。

粉末冶金摩擦材料除基体组元（基本的和辅助的）、摩擦剂和固体润滑剂（金属的和非金属的）以外，还有孔隙。孔隙的大小、形状及分布对材料的性能有着重要的影响，特别是对在油中工作的材料。基体的基本组元是铜或铁，辅助组元是那些加入后能保证在烧结时出现液相以及与钢背能牢固结合，并能提高基体硬度的金属组元。

在评定组元的作用时，应考虑组元之间烧结时可能的相互作用。例如，锡在烧结过程中全部溶于铜，它在铜基材料中起合金元素作用。石墨不与铜组成合金，在铜基材料中只作润滑剂，但在铁基材料中，石墨在烧结过程中可能完全溶于铁而形成铁碳合金的珠光体组织，加入锡能促进珠光体生成。铁基材料中石墨含量超过 2% ~ 3% 时，部分石墨将留在烧结产品中，成为润滑剂。

摩擦剂的行为也取决于工作条件：当温度不太高时，摩擦剂颗粒粗糙且刚硬，在与对偶表面进行滑动摩擦时，嵌入对偶表面深，产生的剪切力大，起到增加摩擦系数的作用。当工作温度较高（高于 1000℃）时，摩擦剂就参与摩擦表面薄膜生成时的复杂物理-化学过程。这些表面膜的厚度、力学和物理-化学性能在很大程度上决定了摩擦材料的摩擦行为。

在干摩擦及高温工作条件下，实际上所有表层组元都参与工作表面层的形成和磨损，因此要明确区分其中每一组元在复杂的摩擦过程中的作用是不可能的，更何况这一过程是在两个偶件表面相互作用下发生的。

以上分类是相对的,基本上反映了加入摩擦材料中各组元的作用。下面分述这 3 类组元。

4.3.2 形成金属基体的组元

粉末冶金摩擦材料的强度、耐磨性在很大程度上取决于基体的组织结构、物理和化学性质。金属基体应能固定摩擦组元和润滑组元的颗粒,防止摩擦滑动中纵向压弯或凹陷,保持形状,参与摩擦,具有适度的磨损,并把摩擦热传导出去。

密度提高,基体强度也随之提高,但从摩擦磨损观点来看,并不一定强度越高越好。强度低,实际接触面积大,摩擦系数大,磨损小。只有在一定的密度条件下才能得到适合的强度。

在摩擦过程中,摩擦热引起金属基体材料物理力学性能的变化,表面氧化,摩擦性能变化很大,甚至会发生与对偶黏结胶合的现象。为了强化和提高基体的耐磨性、耐热强度,改善摩擦表面的导热性,稳定摩擦性能,防止与对偶发生黏结,必须应用合金化基体,添加摩擦组元和润滑组元改善性能。

根据基体金属的热传导性好,不易生锈,热稳定性适中,制造上操作简单,对铁质对偶匹配性等多方面综合判断,铜基粉末冶金摩擦材料具有相当广泛的使用范围。

最初只采用锡青铜作为摩擦材料的基体。从 20 世纪 50 年代起,苏联和美国、英国开始研制铁基及铁合金基摩擦材料。采用黑色金属为基体的材料,可使摩擦材料工作温度范围从 $500 \sim 650$ ℃提高到 $1000 \sim 1200$ ℃。在工作负荷更高的现代制动器中趋向于采用更加耐热的金属,例如钨、钼、铌等来代替铁基材料。

为开展寻求新的金属和合金作为摩擦材料金属基体的工作,必须着重解决下列问题:强化和提高基体耐磨性能,提高耐热强度,改善摩擦表面的导热性,采用价廉易得的金属代替贵重稀缺的金属。在铜基合金中用锌代替价昂稀缺的锡,以铝青铜代替锡青铜,使材料价格便宜许多。美国用钛、钒、硅或砷来代替锡。不用锡的原因之一是在高温工作,锡会向黏结摩擦层的钢背扩散,导致钢背因晶间腐蚀而破裂。

4.3.2.1 铜

它广泛用作摩擦材料的基体。在铜基材料中,铜含量的范围为 $50\% \sim 90\%$。铜具有高的热导率,保证摩擦过程散热良好;具有良好的塑性,铜粉易于压制;铜与氧的亲和力小,在空气中氧化速度缓慢,烧结时对保护气氛无特殊要求,容易烧结,但很少采用纯铜作为摩擦材料的基体。

4.3.2.2 锡

为了强化铜,使其具有良好的耐热性和摩擦性能,通常往铜粉中加入其他金属粉末,以便烧结过程中的合金化。用得最广泛的合金元素是锡。加入量为 $4\% \sim 12\%$。铜-锡合金属于在摩擦条件下工作最有效的合金之一,加之生产铜-锡合金零件在工艺上没有困难。铜粉中加入锡粉后提高了压坯强度,也提高了烧结制品的强度和硬度。铜-锡二元合金的磨损量随锡含量增加有些降低,摩擦系数相当高 $(0.4 \sim 0.6)$,但不稳定。

粉末冶金锡青铜摩擦材料的组织和性能首先取决于锡的含量。大多数材料中铜锡比为9：1。根据铜-锡相图，在烧结温度为720~760℃下进入 α 固溶体的锡可达15%，在室温下也留在固溶体中。含锡6%及14%的合金基体的显微组织相同。

经试验，湿式铜基材料，含锡6%~10%的合金平均摩擦系数几乎一样。含锡10%~14%的平均摩擦系数随锡含量增加稍有增加。对于最大摩擦系数也存在类似关系。含6%~8%锡的材料具有最好的磨合性。

4.3.2.3　锌

有时用锌部分或全部地代替昂贵的锡。锌含量达12%~15%。此外，铜-锡系粉末中，加锌能够显著强化烧结时的扩散过程。

4.3.2.4　铝

从物理-力学和某些特殊性能综合来看，铜-铝合金在多数情况下超过锡青铜。例如，在提高铜的强度上铝比锡有效，特别是在铝的含量为7%~10%的范围内。铝是有效提高铜与钢黏结力的合金元素（由于急剧地提高了铜的显微硬度）。这是摩擦合金的主要性能之一。铝青铜的耐热强度比锡青铜高。例如，某些铝青铜500℃时的力学强度高于锡青铜的室温强度。铝青铜室温和高温的耐蚀能力大大超过其他的铜合金（青铜、黄铜），与不锈钢相竞争。

除锡、锌和铝外，还采用镍、铁、钛、钼和钨作合金元素。材料中加入钼和钨除强化铜外，还有以下目的：这些金属热容量高，易于氧化可降低工作表面温度和稳定摩擦过程。锡、锌、钼这类添加剂最大数量可达40%。

在选择何种金属或合金作为摩擦材料基体时，应当考虑技术上的必要性（能赋予材料足够的强度、硬度和必要的塑性、耐热强度），同时，要考虑材料制造工艺的可能性及经济上的合理性。

尽管铝青铜基材料性能优越，但市场上少见，广泛应用的仍是锡青铜、锌黄铜和青铜-黄铜基体的材料。锌黄铜和青铜-黄铜基体材料在油润滑装置中具有摩擦系数高和较大的吸收能量的能力。

4.3.3　起固体润滑剂作用的组元

为改进粉末冶金摩擦材料的抗胶合性能和耐磨性能，材料中加入一定量的固体润滑剂。固体润滑剂中有的是金属，有的是非金属。金属有铅、铋、锑等低熔点金属。非金属有石墨、二硫化钼、二硫化钨、硫化亚铜、一些金属的磷化物（铜、镍、铁、钴）、氮化硼、滑石、某些氧化物。铁基材料中还有硫酸钡、硫酸亚铁等。

上述润滑剂中得到广泛应用的是层状结晶构造的润滑剂，首先是石墨、二硫化钼，其次是氮化硼。这些润滑剂的作用机理是不同的。

铅与其他低熔点金属的特点是熔点低，容易在摩擦表面形成薄膜，硬度很低，剪切强度低，因此使材料具有低摩擦系数和低磨损的特征。

4.3.3.1 铅

铅为塑性金属，加入混合料中能够改善压制性能，经常用在铜基材料中。铅不溶于金属基体，以单独夹杂物（偏球体）的形式存在，当铅含量在10%以下时，对材料的物理-力学性能和显微组织影响不大。铜基材料的铅含量从2%增加到12%时，最大摩擦系数稍许减小，而平均摩擦系数减小较多（见图4-11）。

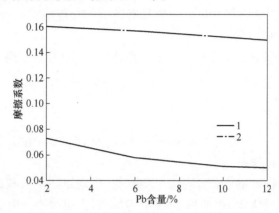

图4-11　MK-5材料的摩擦系数与含铅量的关系

1—未热处理；2—热处理

4.3.3.2 石墨

石墨的化学成分为碳，系碳的同素异形体。色泽为铁黑或钢灰，有金属光泽，条痕呈光亮黑色，有滑腻感。石墨质软，莫氏硬度为1，密度为 $2.1 \sim 2.3 g/cm^3$，具有良好的导电、导热和耐高温性能。其导电性能比一般非金属矿物高100多倍，导热性能超过钢、铁、铅等金属材料。石墨熔点达3850℃，其耐高温性能极为优良。

4.3.3.3 铋

铋可以取代铅。铋也不溶于铜，具有良好的润滑性能和较低熔点，密度比铅低（铋为 $9.78 g/cm^3$，铅为 $11.38 g/cm^3$），无毒。除铋外，摩擦材料中使用了锑、砷和镉。

铜基干式和湿式粉末冶金摩擦材料中有不少材料没有低熔点金属，有了低熔点金属的材料明显降低了磨损和摩擦系数。

4.3.4 摩擦剂

固体润滑剂减小材料的磨损，促进摩擦副工作稳定，但降低摩擦系数。为了提高摩擦系数达到要求的水平，材料中需加入摩擦剂。加入摩擦剂除了提高摩擦系数以外，还消除对偶表面上从摩擦片转移过来的金属，并使对偶表面的擦伤和磨损很小。因此，摩擦剂的基本任务是对对偶件无磨料磨损，使对偶表面保持良好性能，保证摩擦表面最佳啮合。所以在选择摩擦组元时，必须首先注意它与基体相比较的硬度及颗粒形状和大小。

对摩擦组元的要求如下：

（1）熔点和离解热高；

（2）从室温到烧结温度或使用温度的范围内无多晶转变；

（3）与其他组分或烧结气氛不发生化学反应；

（4）具有足够高的强度和硬度，保证在摩擦过程中破坏它需耗费大量能量，但是强度和硬度又不能太高，否则会使对偶过度磨损；

（5）基体合金对摩擦组元润湿性能要好。

金属氧化物，一些碳化物、硅化物、硼化物及难熔金属能够满足上述要求。对金属氧化物的补充要求是，与基体金属相比，它应具有较负的标准电势。否则，在烧结过程中，氧化物将被基体金属还原。

铜基摩擦材料的摩擦剂主要有铁、石棉和莫来石、二氧化硅、刚玉、金红石与钛红矿等几种。

4.3.4.1　铁

铁的莫氏硬度为 4.0，密度为 $7.87g/cm^3$，熔点为 1535℃。在铜基粉末冶金摩擦材料中的品种有还原铁粉和铸铁粉。

铝青铜摩擦材料的铁含量从 2% 增加到 20% 时，平均摩擦系数和最高摩擦系数都单调地减小。但是，当含铁量从 2% 增加到 7%~8% 时，磨损也减小，但变化缓慢。当含铁量为 12%~20% 时，摩擦材料的耐磨性变化不大。湿式摩擦时，铝青铜含 2% 铁最耐磨。

其他青铜基材料也选择铁为摩擦剂，它在铜中溶解度很小。金属摩擦剂很牢固地保持在金属基体中，因此它除可以增加摩擦系数外，还可以少量地提高耐磨性，还有磨削作用，防止摩擦表面与对偶的黏结。

采用难熔金属添加剂与非金属组分相比，在提高摩擦系数和抗黏结方面，特别是在高温下，显得能力有限，尤其是铁。铜基材料中添加铁能降低成本，在轻负荷工作条件下能胜任工作。但在中等和重负荷工作条件下，由于纯铁粉硬度比其他摩擦剂低，抗氧化能力差，对提高摩擦系数和耐磨性的贡献没有其他摩擦剂大，抗黏结能力更差，因此很多材料（包括干式和湿式摩擦材料）不添加铁作摩擦剂。

用细磨的白口铁粉替代铁粉效果比较好，并且在铁基材料中加 10% 的白口铁粉也是可行的。

难熔金属铬、钨、钼也可作为铜基材料的摩擦剂。有时钨和钼也称作抗氧化剂，因为在摩擦过程中，当表面温度升高时，它们首先氧化，从而减少金属基体的氧化。钨和钼在材料中的合适含量为 5%，最高可达 12.5%。

4.3.4.2　石棉和莫来石

石棉有两类，一类是温石棉，它是纤维化的蛇纹石矿物；另一类称闪石棉，它包括 5 种类型的石棉。通常所说的石棉，均指温石棉。

石棉是含水的镁硅酸盐。温石棉的理论化学式是 $Mg(Si_2O_5)(OH)_4$，其结构式通常用 $3MgO \cdot 2SiO_2 \cdot 2H_2O$ 来表示。

石棉的化学成分理论值为：SiO_2 43.35%，MgO 43.65%，H_2O 13%。实际上，$SiO_2 \cdot MgO$ 通常部分地为 $FeO \cdot Fe_2O_3$ 与 Al_2O_3 等所代替。

温石棉的外观为灰白色或淡绿色，莫氏硬度为 2.5，密度为 2.4~2.6g/cm^3，熔点为

1520℃，导热系数为 0.544kJ/（m·h·℃）[0.13kcal/（m·h·℃）]。抗拉强度高、弹性模量为 0.159MPa，纤维成极细管状结构，质柔软，导电性很弱，为很好的热和电的绝缘体，耐碱性强，耐酸性弱。

粉末冶金摩擦材料所应用的石棉是经过高温（≥700℃）熔烧过的石棉粉或纤维。

莫来石是将一种天然矿物，例如硅线石、红柱石、蓝晶石或者烧结粉状铝和硅的氧化物进行焙烧而获得的。它们都是铜基材料的摩擦剂。加入 4% 石棉，材料的摩擦系数和耐磨性增加，但综合力学性能有一定降低。添加莫来石时，摩擦系数明显提高，材料的强度性能也有一定提高。

4.3.4.3　二氧化硅

二氧化硅由石英岩粉碎获得。石英岩简称沙岩，是自然界常见的、最普遍的硅质矿物原料之一，主要成分是石英，化学式为 SiO_2，呈白色，莫氏硬度为 7，密度为 2.65g/cm^3 属六方晶系。

石英岩是高硬度摩擦剂，普通的砂子即为石英岩成分，摩擦材料行业的石英粉要求粒度很细，它虽然具有很好的增摩作用，但也容易造成明显的制动噪声和划伤对偶，所以粒度和用量受到限制。

干摩擦时，二氧化硅促使锡青铜基材料的摩擦系数稳定和提高，特别是当摩擦温度较高时。二氧化硅含量一般不应大于 6%。以避免钢对偶的过度磨损。含二氧化硅合金的摩擦系数可迅速达到高值，同时随温度而变化。含 3%SiO_2 时在 125℃、含 6%SiO_2 时在 55℃、含 9%SiO_2 时在 23~50℃，摩擦系数达到最大值。

4.3.4.4　刚玉

刚玉化学式为 Al_2O_3，莫氏硬度为 8~9，密度为 3.9~4.1g/cm^3，三方晶系。刚玉色泽白或棕色，称为白刚玉或棕刚玉，刚玉属特硬质矿物，其增摩作用超过氧化铝，极少用量比例可产生良好的增摩效果。

4.3.4.5　金红石与钛铁矿

金红石与钛铁矿是最有工业价值的含钛矿物。金红石化学式为 TiO_2，褐红色或黑褐色，金刚光泽，莫氏硬度为 6，密度为 4.1~4.2g/cm^3，属正方晶系；钛铁矿化学成分为 $FeTiO_2$，铁黑色，金属光泽，莫氏硬度为 5~6，密度为 4.72g/cm^3，属三方晶系。

金红石钛铁矿粉属较好摩擦剂。

4.3.5　几种组分的配合

同时改变材料的某些组元含量或它们的相互比例，也会引起摩擦材料性能的改变。曾研究含铜 76%、锡 6%、铅 10%、铁 5%、二氧化硅 5%、石墨 8% 的材料。该材料具有满意的摩擦系数、高的耐磨性及工作时无噪声。将该材料的石墨含量从 8% 增加到 9%，则在磨损不变的情况下，摩擦系数从 0.5 降低到 0.45。当石墨含量增加到 10% 时，摩擦系数成比例地降低到 0.39，同时磨损显著增大。若在石墨增加到 10% 的同时，二氧化硅从 5% 增加到 6%，则摩擦系数比原来的还要高（达到 0.54），具有满意的耐磨性。改变材料其他组分的比例，可以得到类似的结果。材料成分的确定是根据其用途的不同，基本是改变二氧化硅和石墨的含量，但对于同一组材料二者含量的比例保持不变。按照二氧化硅和石墨比例的大小，将材料分成 3 类，每类材料推荐应用于不同的场合（见表 4-2）。

表 4-2　材料分类及推荐的应用场合

类别	材料成分	推荐应用场合
SiO₂/石墨>1	锡青铜 60%～80%，二氧化硅 5%～8%	要求摩擦系数比耐磨性更重要的场合
SiO₂/石墨 = 1	石墨 5%～15%，铅 5%～8%	用于制动器材料
SiO₂/石墨<1	某些材料含有铁 4%～8%	用于制动器材料和要求耐磨性是主要的，可增大摩擦面积的场合

4.3.6　材料的组织结构

材料的组织结构对摩擦系数有很大影响。

锡青铜材料锡含量增加到 15% 仍为单相组织。含锡 16% 时呈现出少量共析体，随着锡含量的增加，共析体数量增多，含锡 20% 时，共析体占 30%。

摩擦系数随基体共析体含量增加而增加，而磨损性能在干摩擦和润滑摩擦条件下表现为相反的结果。在干摩擦时，平均磨损量随第二相出现而变小；润滑摩擦时，单相组织具有很高的耐磨性，在过渡到两相区时，磨损显著增加。

摩擦材料在不同摩擦条件下的行为，可以从主导的磨损机理来进行解释。在润滑摩擦条件下，材料的破坏主要是疲劳造成，具有塑性的单相青铜工作性能要好一些；在干式摩擦条件下，材料的磨损主要是由于表面层的塑性变形和剥落造成，硬的多相青铜更耐磨。由上分析可以得出结论，铜基摩擦材料主要合金元素的影响，要根据使用条件相应地加以修正。

孔隙度增加导致材料硬度和力学强度的降低。过高的孔隙度和大量添加剂的存在，会大大削弱材料颗粒的联结，使磨损加大。尤其是铁基摩擦材料和铜基干式摩擦材料，孔隙增加也降低了热稳定性，孔隙度越大，热疲劳裂纹萌生越早，裂纹扩展越强烈。对于铜基湿式摩擦材料，孔隙的存在有助于提高摩擦系数，孔隙中的油具有很好的冷却作用，可以提高热负荷许用值，使摩擦系数更平稳。

4.3.7　改善材料性能途径

在摩擦制动和传动装置的结构不变和规定的使用条件下，要提高机器或机构工作的可靠性和使用的经济性就需要提高所应用的摩擦材料的摩擦磨损性能，也就是说需要摩擦材料具有一定数值稳定的摩擦系数和高的耐磨性能，并且对对偶材料的磨损要小。下面讨论改善材料性能的途径。

4.3.7.1　改善干式摩擦材料性能的途径

在干式摩擦条件下工作的材料，其特点一般是摩擦表面温度很高。在高温下，具有足够高的耐热强度和抗氧化性的材料，扩散的活性较小，材料的黏结能力小，力学性能稳定，在压力作用下的晶格缺陷聚集速率较慢。

在高温下，材料受到强烈氧化时，由于氧化膜通常的力学强度比金属基体低，容易碎裂和剥落，从而引起材料很快磨损。为了克服上述缺点，逐渐采用耐热强度较高的合金作为基体材料，因为耐热强度较高的合金具有较高的抗氧化能力。

当摩擦材料的摩擦表面相互滑动时，表面凸出部分的接触部位受到压应力，随后受到拉应力，这样受到多次交变应力的作用，促使材料疲劳过程的发展，造成晶体缺陷和聚集，并汇合成很多微裂纹。为了提高材料的耐磨性，必须提高材料的疲劳强度。

摩擦表面的受热程度，在很大程度上取决于摩擦过程中产生的热量的排出速度。除了从设计结构方面采取措施尽快排出热量外，为了提高材料的耐磨性，还必须努力提高摩擦材料的导热性能。

选用在摩擦受热条件下不发生相变的金属和合金作为摩擦材料的基体也很重要。如果材料基体和添加组元在摩擦过程中受热发生相变，从而产生内应力引起材料翘曲变形，并出现热裂纹就会加剧磨损。

摩擦材料中使用的添加剂（包括固体润滑剂和摩擦剂）的各种性能，如硬度、粒度、密度、比表面积、化学组成、热性能、导热系数、热物理和热化学效应等与摩擦材料的性能具有密切关系，在诸多性能中，其硬度与粒度对材料的摩擦磨损性能影响最大，关系最为密切。

摩擦剂的颗粒大小、形状能够影响摩擦材料摩擦表面的特征，即影响摩擦与磨损性能。

一般情况，摩擦剂颗粒大、粗糙且刚硬，在与对偶表面滑动摩擦时，嵌入对偶表面深，产生的剪切力大，起到增加摩擦系数的作用大。也就是说，当摩擦剂颗粒大、不规律、硬度大，则有利于提高摩擦材料的摩擦系数。另一方面，在摩擦过程中，嵌入对偶表面的摩擦剂受剪切过大，颗粒会剥落，尤其是颗粒较大的摩擦剂。由以上分析可以知道，在摩擦材料中使用的摩擦剂颗粒越大，材料的磨损也越大。

添加何种摩擦剂要根据基体和使用工况来决定，一般来说基体硬度高，使用工况恶劣的材料应用高硬度的摩擦剂（莫氏硬度为8~10），铜基摩擦材料一般添加莫氏硬度为5~7的摩擦剂。摩擦剂的用量过大和颗粒太大，会造成过高的摩擦系数，刮伤金属对偶，并造成制动噪声。金属陶瓷摩擦材料使用工况多变，陶瓷含量大，特别需要选择硬度适合的摩擦剂，有时应用多种摩擦剂，使材料具有较高而稳定的摩擦系数，材料自身耐磨性高，又不会把对偶磨损过大和损伤。

石墨、二硫化钼和其他低硬度的固体润滑剂（包括铅、铋等低熔点金属）和金属对偶摩擦时，由于剪切强度低，因而表现出低的摩擦系数，并且磨损很小。

摩擦材料中使用的添加剂种类繁多，作用各异，各种影响因素错综复杂，很难精确定量估算出添加剂在摩擦材料中的作用效果，因此应该熟知各种添加剂的基本性能，通过大量基础试验，了解其对摩擦材料各项性能的影响，再针对某种摩擦材料的性能要求进行系列配方试验，确定该材料配方中各种添加剂的规格和合理用量。

材料的孔隙度对材料耐磨性和承压能力有很大影响。孔隙降低了材质的力学强度和疲劳强度，因此，降低材料的孔隙度是提高摩擦材料耐磨性的有效途径之一。摩擦材料的密度也不是越高越好，密度适用，材料有适度的磨损性能并保持稳定的摩擦系数；密度适中，强度降低，摩擦副实际接触面积大，摩擦系数大，磨损小。孔隙度的适合数值决定于材料具体的工作条件，轻负荷工作条件下允许较大的孔隙度，重负荷工作条件下允许低的孔隙度。

摩擦对偶也影响摩擦副的摩擦磨损性能，特别是金属/陶瓷摩擦材料的摩擦对偶需要费心选择。

4.3.7.2　改善湿式摩擦材料性能的途径

湿式摩擦材料，有油冷却，工作温度低，对材料的耐热强度不像干式摩擦材料那样重要，只要求材料具有相当的强度水平，防止材料擦伤和黏结就能满足使用要求。实际生产中，用镍和锌强化的铜基体，特别适合于湿式工况。

试验证明，湿式摩擦材料性能改进途径与干式摩擦材料有相当大的差别。湿式摩擦材料要求材料具有较高的孔隙度或者含有较多的石墨，材料具有良好的摩擦磨损性能。材料中的孔隙含有冷却油，能把摩擦热很快带走。同理，石墨具有良好的导热和耐高温性能以及稳定的摩擦系数，它的导热性能超过钢、铁、铅等金属，能把摩擦热很快传导出去。孔隙和石墨的共同作用均能提高材料的摩擦磨损性能和比吸收功率。材料的孔隙度和石墨含量的增加均会降低材料的强度，实际生产中需根据使用工况确定适合的石墨含量和孔隙度。

参 考 文 献

[1] 庄司启一郎. 粉本冶金概论[M]. 东京:共立出版株式会社, 1984.

[2] 刘军, 佘正国, 粉末冶金与陶瓷成型技术[M]. 北京:化学工业出版社, 2005.

[3] 周作平, 申小平. 粉末冶金机械零件实用技术[M]. 北京:化学工业出版社, 2006.

[4] 廖寄乔, 粉末冶金实验技术[M]. 长沙:中南大学出版社, 2003.

[5] 曲在纲, 黄月初. 粉末冶金摩擦材料[M]. 北京:冶金工业出版社, 2005.

[6] 印红羽, 张华诚. 粉末冶金模具设计手册[M]. 北京:机械工业出版社, 2002.

[7] 王盘鑫. 粉末冶金学[M]. 北京:冶金工业出版社, 1997.

[8] 姚德超. 粉末冶金模具设计[M]. 北京:冶金工业出版社, 1982.

[9] 廖为鑫. 粉末冶金过程热力学分析[M]. 北京:冶金工业出版社, 1982.

[10] 韩凤麟. 粉末冶金模具模架实用手册[M]. 北京:冶金工业出版社, 1998.

[11] 韩凤麟. 粉末冶金设备实用手册[M]. 北京:冶金工业出版社, 1997.

[12] 韩凤麟. 粉末冶金机械零件[M]. 北京:机械工业出版社, 1987.

[13] 高一平. 粉末冶金新技术[M]. 北京:冶金工业出版社, 1992.

[14] 任学平, 康永平. 粉末塑性加工原理及其应用[M]. 北京:冶金工业出版社, 1998.

[15] 黄培云. 粉末冶金原理[M]. 北京:冶金工业出版社, 1997.

[16] 费多尔钦科. 粉末冶金原理[M]. 北京钢院粉末冶金教研组, 译. 北京: 冶金工业出版社, 1974.

[17] 松山芳治. 粉末冶金学[M]. 周安生, 译. 北京: 科学出版社, 1978.

[18] 莱内尔. 粉末冶金原理和应用[M]. 殷声, 赖和怡, 译. 北京: 冶金工业出版社, 1989.

[19] 韩凤麟. 粉末冶金手册[M]. 北京:冶金工业出版社, 2012.

[20] 陈文革，王发展．粉末冶金工艺及材料[M].北京:冶金工业出版社，2011.

[21] 曲选辉．粉末冶金原理与工艺[M].北京:冶金工业出版社，2013.

[22] 马福康．等静压技术[M].北京:冶金工业出版社，1992.

[23] 贾建，陶宇，张义文，等．热等静压温度对新型粉末冶金高温合金显微组织的影响 [J].航空材料学报,2008，28（3）：20~23.

5 耐磨铜基复合材料载流摩擦学特性

纯铜具有高的导电性、导热性及优良的加工工艺性能，但是纯铜的室温强度和高温强度均较低，难以满足载流摩擦副实际应用的需要。铜基复合材料不但具有优良的导电导热性能，同时具有较高的强度和硬度，并具有良好的电接触性能，是优良的载流摩擦材料之一。因此人们通过合金化和复合强化等方式，以纯铜为基体加入一种或几种其他元素形成铜基复合材料，从而在尽量保持纯铜本身导电、导热性能的同时，再赋予其优良的耐磨性及减摩性，以期满足高新技术发展对高导电（热）、耐热、耐磨铜合金材料的载流摩擦学性能要求。

5.1 颗粒粒径大小对铜基材料载流摩擦磨损性能的影响

5.1.1 颗粒粒度对铜基复合材料摩擦系数的影响

图 5-1 所示为电流密度 $0.785A/mm^2$、载荷 $0.314MPa$ 和速度 $10m/s$ 条件下，Al_2O_3 颗粒体积分数为 1.0%，粒径分别为 $13nm$、$30nm$、$50nm$、$100nm$、$200nm$ 和 $500nm$ 的 Al_2O_3/Cu 复合材料的摩擦系数变化曲线。从图 5-1 可以看出，当 Al_2O_3 颗粒粒径小于 $50nm$ 时，Al_2O_3/Cu 复合材料的摩擦系数在 $1.70 \sim 2.10$ 之间。当 Al_2O_3 颗粒粒径大于 $50nm$ 时，Al_2O_3/Cu 复合材料的摩擦系数逐渐下降并渐渐趋于稳定，Al_2O_3 颗粒粒径为 $100nm$ 的 Al_2O_3/Cu 复合材料的摩擦系数平均值为 1.54，与采用 Al_2O_3 颗粒粒径小于 $50nm$ 制备的 Al_2O_3/Cu 复合材料摩擦系数相比下降了 30%。这是因为在 Al_2O_3 颗粒粒径小于 $50nm$ 时，细小的 Al_2O_3 颗粒均匀地分布在铜基体中，Al_2O_3 颗粒与铜基体之间的界面较多，此时复合材料内部的界面能也较高。Al_2O_3 颗粒与铜基体在界面能的推动下发生再结

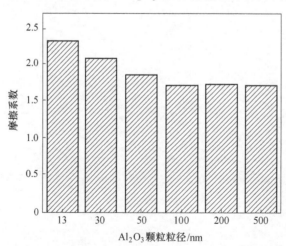

图 5-1 不同 Al_2O_3 粒径大小的 Al_2O_3/Cu 复合材料的摩擦系数变化

晶与晶粒长大，使得烧结后的复合材料内部晶粒较大，硬度较低。因此，在摩擦过程中由于温度升高而使 Al_2O_3/Cu 复合材料抗塑性变形能力降低，摩擦副表面磨损严重，摩擦系数较高。当 Al_2O_3 颗粒粒径达到 $50\sim200nm$ 时，Al_2O_3/Cu 复合材料组织均匀，硬度大幅提高，此时 Al_2O_3/Cu 复合材料抗塑性变形能力和抗黏着磨损的能力较强，摩擦盘对销试样的切削和挤压更加困难，因而摩擦系数低。

5.1.2　颗粒粒度对铜基复合材料磨损率的影响

图 5-2 所示为电流密度 $0.785A/mm^2$、载荷 $0.314MPa$ 和速度 $10m/s$ 条件下，Al_2O_3 颗粒体积分数为 1.0%，粒径分别为 $13nm$、$30nm$、$50nm$、$100nm$、$200nm$ 和 $500nm$ 的 Al_2O_3/Cu 复合材料的磨损率。从图 5-2 可以看出，当 Al_2O_3 颗粒粒径小于 $50nm$ 时，Al_2O_3/Cu 复合材料的磨损率随着 Al_2O_3 颗粒粒径的增大而降低。当 Al_2O_3 颗粒粒径为 $50nm$ 时，Al_2O_3/Cu 复合材料的磨损率为 $0.033mg/m$，比 Al_2O_3 颗粒粒径为 $13nm$ 的 Al_2O_3/Cu 复合材料的磨损率下降了 79%。当 Al_2O_3 颗粒粒径大于 $50nm$ 时，Al_2O_3/Cu 复合材料的磨损率随 Al_2O_3 颗粒粒径的增大而升高，Al_2O_3 颗粒粒径为 $500nm$ 的 Al_2O_3/Cu 复合材料的磨损率为 $0.12mg/m$，比 Al_2O_3 颗粒粒径为 $50nm$ 的 Al_2O_3/Cu 复合材料的磨损率增加了 3 倍。

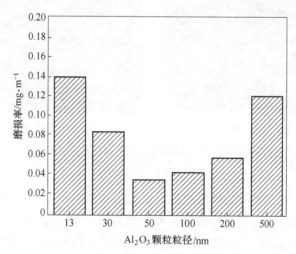

图 5-2　不同 Al_2O_3 粒径大小的 Al_2O_3/Cu 复合材料的磨损率

5.1.3　载流摩擦磨损机理分析

图 5-3 所示为电流密度 $0.785A/mm^2$、载荷 $0.314MPa$ 和速度 $10m/s$ 下 Al_2O_3 颗粒粒径分别为 $50nm$ 和 $500nm$ 制备的 $1.0\%Al_2O_3/Cu$（体积分数）复合材料摩擦表面和纵向微观形貌。从图 5-3（a）可以看出，摩擦表面均存在黏着块与片状凸起，说明磨损过程中存在着黏着、塑性变形、转移膜断裂脱落以及显微切削等现象，其磨损形式主要为黏着磨损。由图 5-3（b）可以看出，摩擦表面均存在不同层次的撕裂，说明载流摩擦磨损过程中发生了严重的塑性变形。从图 5-3（c）和图 5-3（d）纵剖面形貌可以看出，Al_2O_3 颗粒粒径 $500nm$ 的 Al_2O_3/Cu 复合材料的塑性变形层厚度明显大于 Al_2O_3 颗粒粒径为 $50nm$ 的 Al_2O_3/Cu 复合材料的塑性变形层。

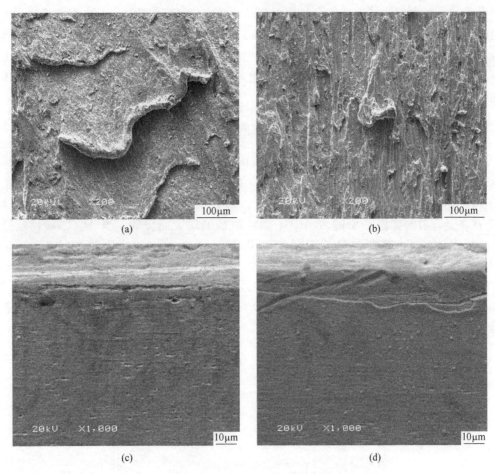

图 5-3　Al_2O_3/Cu 复合材料磨损表面和纵剖面形貌

(a), (c) 粒径 50nm; (b), (d) 粒径 500nm

大量研究表明[1~4]，干滑动磨损过程主要包括 3 个阶段：（1）摩擦副材料表层塑性变形和变形积累阶段；（2）表层裂纹萌生和形核阶段；（3）裂纹扩展阶段。这 3 个阶段贯穿于整个摩擦磨损过程，因此摩擦磨损过程中任何一个阶段的变化都将影响摩擦副材料的滑动磨损特性，该过程阶段分类也适用于载流摩擦磨损过程。载流条件下，磨损表面因吸收大量的热而使表面温度升高，导致摩擦副表面软化，硬度下降，从而使摩擦副材料表层发生塑性变形，这也对随后的裂纹在塑性变形层中的萌生和扩展产生一定的促进作用。从图 5-3（c）可以看出，Al_2O_3/Cu 复合材料摩擦断面的纵剖面塑性变形区的深度较浅，塑性变形程度较小，裂纹在塑性变形层中产生。当 Al_2O_3 颗粒粒径为 500nm 时，$Al_2O_3/$Cu 复合材料的硬度和电导率较低，摩擦过程中 Al_2O_3/Cu 复合材料表层更易发生软化，导致复合材料塑性变形层厚度增加、变形量较大，如图 5-3（d）摩擦表层变形层比图 5-3（c）中所示的变形层厚，且表层存在剥落坑。同时可以看出，这是由于摩擦副材料机械性能的降低使得其在往复的挤压和切削力的作用下产生了更为严重的磨损，从而使 Al_2O_3/Cu 复合材料裂纹扩展更加严重，导致磨损率的进一步增加。同时，在部分 $Al_2O_3/$Cu 复合材料磨损表面发现熔融液滴凝固痕迹和蚀坑，如图 5-4 所示。

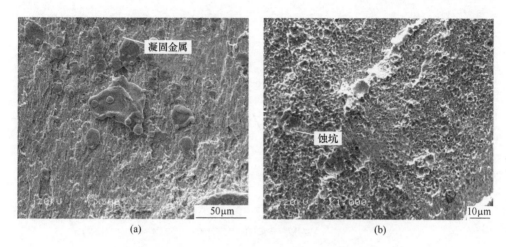

图 5-4 Al$_2$O$_3$/Cu 复合材料摩擦表面出现的喷溅铜与蚀坑

（a）Al$_2$O$_3$ 颗粒粒径为 200nm；（b）Al$_2$O$_3$ 颗粒粒径为 500nm

这是由于摩擦磨损过程中电流的存在，由振动或摩擦表面接触不良等原因导致接触断开引起电弧放电。电弧起弧的瞬间，磨损表面温度急剧上升，接触峰处温度超过 3000℃[5~7]，造成接触峰软化甚至熔化。当温度升高至复合材料熔点后，摩擦副表面产生局部熔化或气化，这些熔融状态下的金属液喷溅或气化后在冷却过程中发生凝固，在摩擦副表面形成蚀坑或喷溅凝固成大块的铜。在随后的摩擦过程中，磨损表面的熔融颗粒在挤压力和剪切力的作用下脱落，硬质颗粒夹在摩擦副之间，其往复运动则形成磨粒加剧了摩擦副材料的磨损，从而增加了摩擦副材料的磨损率。

5.2 颗粒含量对铜基复合材料载流摩擦磨损性能的影响

5.2.1 颗粒含量对铜基复合材料摩擦系数的影响

图 5-5 所示为电流密度 0.785A/mm^2、载荷 0.314MPa 和速度 10m/s 条件下不同 MgO 颗粒体积分数的 MgO/Cu 复合材料的摩擦系数。从图 5-5 可以看出，MgO 颗粒明显提高了 MgO/Cu 复合材料的摩擦系数，且随着 MgO 颗粒体积分数的增加，MgO/Cu 复合材料的摩擦系数逐渐升高，但当 MgO 颗粒体积分数达到 3.0%时，MgO/Cu 复合材料的摩擦系数呈下降趋势。

通常情况下，摩擦副材料的摩擦系数取决于摩擦副材料的性能（硬度、韧性、强度等）、服役条件（速度、载荷、介质）和表面接触状态（表面粗糙度、润滑）。在相同的服役条件下，对初始粗糙度相同的摩擦副材料进行载流摩擦磨损实验研究，此时摩擦副的摩擦系数与摩擦材料的性能密切相关。在摩擦磨损过程中，摩擦副表面温度急剧升高，对于纯铜和较低 MgO 颗粒体积分数的 MgO/Cu 复合材料而言，抗塑性变形能力较低，微凸峰之间的相互阻碍作用较小，再加上载流摩擦磨损过程中电流的存在引起升温以及物理吸附、化学吸附，容易在金属表面形成一层氧化膜，起润滑作用，使销盘之间的接触转变成金属与氧化膜的接触，剪切强度显著降低，从而摩擦系数较小。随着 MgO 颗粒体积分数的增加，MgO/Cu 复合材料的硬度和强度大幅度提高，导致复合材料挤压和切削困难，

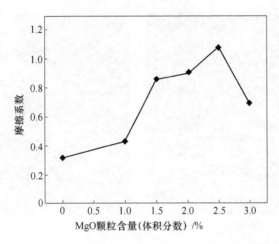

图 5-5　不同 MgO 颗粒体积分数的 MgO/Cu 复合材料摩擦系数

MgO/Cu 复合材料的抗黏着性能和抗塑性变形能力增加，微凸峰之间的相互阻碍作用增大，因此 MgO/Cu 复合材料的摩擦系数随着 MgO 颗粒体积分数的增加而增大。当 MgO 颗粒体积分数为 3.0% 时，由于 MgO 颗粒体积分数的增大和组织内部缺陷等因素导致 MgO/Cu 复合材料的硬度下降（见图 3-16），抗塑性变形能力较低，微凸峰之间的相互阻碍作用较小，摩擦系数降低，因此 3.0%MgO/Cu(体积分数) 复合材料的摩擦系数呈下降趋势。

5.2.2　颗粒含量对铜基复合材料磨损率的影响

图 5-6 所示为电流密度 0.785A/mm² 、载荷 0.314MPa 和速度 10m/s 条件下不同 MgO 颗粒体积分数的 MgO/Cu 复合材料的磨损率。从图 5-6 可以看出，MgO 颗粒的加入明显降低了 Cu 基复合材料的磨损率，而随着 MgO 颗粒体积分数的增加，MgO/Cu 复合材料的磨损率呈现先降低后增大的变化趋势，这与图 5-5 中所示的摩擦系数的变化趋势相反。

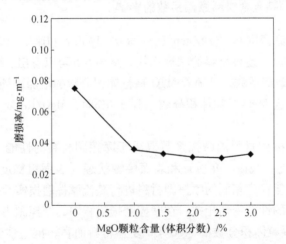

图 5-6　不同 MgO 颗粒体积分数的 MgO/Cu 复合材料磨损率

影响材料的耐磨性的因素主要包括材料的机械性能、物理性能、物理-化学性能和环境因素等几个方面[2,8]。（1）机械性能：耐磨性与高的压缩、拉伸、弯曲、滑移和剪切抗力有关，要求在一定韧性的条件下具有高硬度和良好塑性，以及在磨损高温高压下仍能保持机械性能的稳定。（2）物理性能：在电摩擦条件下，复合材料的耐磨性要求具有高的导电性和导热性；各相的热膨胀系数差别小以及合金和界面上的应力差别要小，在较宽的温度、压力范围内，各组织成分应具有良好的热稳定性。（3）物理-化学性能：合金元素的溶解度要高，分布要均匀，抗腐蚀能力高，没有微观热电势。（4）环境：包括真空、气氛、温度和磁场等。在真空条件下大多数金属的磨损极其严重，而在大气条件下许多金属在经过切削或磨损后，洁净的表面在几分钟内就会产生一层 5~50 分子层的氧化膜，氧化膜在防止黏着方面有较大的作用。本章颗粒增强铜基复合材料的载流摩擦磨损实验在大气条件下进行，因此，铜基复合材料的载流摩擦磨损性能与其机械性能和物理性能密切相关。由于纯铜本身硬度低，随着摩擦过程中温度的升高，塑性变形较为严重，材料表面发生破坏，产生严重的黏着磨损和塑性变形。在相同条件下，纯铜的磨损率比 MgO/Cu 复合材料的磨损率高。这是由于 MgO/Cu 复合材料在铜基体中引入了 MgO 颗粒，不仅具有高的室温强度和硬度而且拥有纯铜无法比拟的高温强度和硬度，同时抵抗塑性变形和抗黏结能力提高，MgO/Cu 复合材料的抗软化温度达到 900℃ 以上[9]，因此比纯铜具有更加优越的载流摩擦磨损性能。随着 MgO 颗粒体积分数的增加，MgO/Cu 复合材料的硬度增大，MgO/Cu 复合材料的抗塑性变形能力增强，磨损率降低。而当 MgO 颗粒体积分数超过 3.0% 时，由于成分不均和内部缺陷等因素导致 MgO/Cu 复合材料的硬度下降（见图 3-16），MgO/Cu 复合材料的载流摩擦磨损性能下降，磨损率升高。

5.2.3　载流摩擦磨损机理分析

图 5-7 所示为电流密度 $0.785A/mm^2$、载荷 0.314MPa 和速度 10m/s 时纯铜和不同 MgO 体积分数的 MgO/Cu 复合材料销试样磨损表面形貌。

由图 5-7（a）可以看出，纯铜销试样表面具有较明显的犁沟和电弧烧蚀，同时磨损表面具有大的凹坑。图 5-7（b）、（c）和（d）分别为 MgO 颗粒体积分数为 1.0%、2.5% 和 3.0% 的 MgO/Cu 复合材料销试样的摩擦磨损表面形貌。可以看出，MgO/Cu 复合材料销试样表面均比纯铜销试样表面平整，且随着 MgO 颗粒体积分数的增加，2.5%MgO/Cu 复合材料销试样表面比 1.0%Mg/Cu 复合材料销试样表面具有较少的表面凹坑和撕裂痕迹，而当 MgO 颗粒体积分数为 3.0% 时，由于 MgO/Cu 复合材料的硬度下降（见图 3-16），MgO/Cu 复合材料在摩擦过程中抗剪切力与抗塑性变形能力降低，塑性变形较大，耐磨性下降。从图 5-7（c）和（d）可以看出，3.0%MgO/Cu 复合材料销试样表面的撕裂凸起较 2.5%MgO/Cu 复合材料增多。铜基复合材料的微观组织结构决定了其热物理性能和机械性能，也决定了其载流摩擦磨损性能。图 5-8 所示为 1.0%MgO/Cu 复合材料 TEM 照片。从图 5-8 可以看出，大量的 MgO 颗粒均匀地分布在铜基体晶界和晶内上，这些 MgO 颗粒在复合材料塑性变形过程中起到了钉扎点的作用。文献研究表明[10~12]，纳米级的增强颗粒在冷变形过程中作为位错源可以提高铜基体的位错密度，阻碍晶界运动和位错运动，从而大幅度改善铜基复合材料的强度和硬度，同时，由于增强颗粒优越的热力学稳定性和化学稳定性，从而使铜基复合材料在高温下也具有较高的强度和硬度，软化温度不小于 900℃。因此，颗粒增强铜基复合材料在保持了铜基体良好传导性能的同时，兼具有优越的室温强度和硬度以及良好的高温性能。这些具有高热力学稳定性的 MgO 颗粒，在摩擦磨损过程中可作为钉扎点增加铜基复合材料的位错，起到了"钉扎中心"的作用。

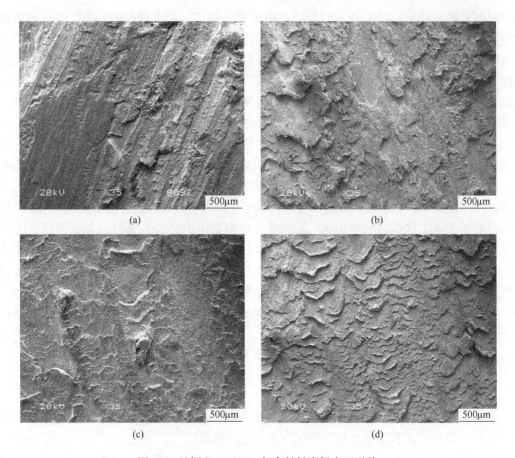

图 5-7　纯铜和 MgO/Cu 复合材料磨损表面形貌

（a）纯铜；（b）1.0%MgO/Cu；（c）2.5%MgO/Cu；（d）3.0%MgO/Cu

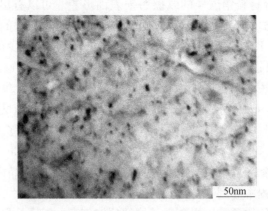

图 5-8　1.0%MgO/Cu 复合材料中弥散分布的 MgO 颗粒形貌

随着摩擦过程中摩擦副表面温度的升高，增强颗粒周围的铜基体软化发生塑性变形，而此时 MgO 增强颗粒便起到了"钉扎"的作用，使 MgO/Cu 复合材料具有良好的抗塑性变形能力，摩擦盘对销试样的挤压和切削越来越困难，耐磨性能提高。随着 MgO 颗粒体积分数的增加，单位体积内 MgO 颗粒"钉扎中心"的数目越多，支撑点增多，局部高应力点增多,减弱了磨损表面处应力集中的敏感性,从而提高了复合材料的磨损抗力。由图5-7所示,2.5%MgO/Cu复合材料的磨损表面较纯铜和1.0%MgO/Cu复合材料平整,具有较少的黏着块和撕裂凸起。当MgO颗粒体积分数为3.0%时,MgO/Cu复合材料的硬度下降,抗塑性变形能力降低,磨损表面出现了比2.5%MgO/Cu复合材料较多的黏着块和撕裂凸起。

5.3 颗粒热物性参量对铜基复合材料载流摩擦磨损性能的影响

5.3.1 颗粒热物性对铜基复合材料磨损率和摩擦系数的影响

图5-9所示为电流密度0.785A/mm^2、载荷0.314MPa和速度10m/s载流摩擦磨损条件下增强颗粒体积分数均为3.0%的MgO/Cu、Al$_2$O$_3$/Cu、SiC/Cu和SiO$_2$/Cu四种铜基复合材料的磨损率与摩擦系数。从图5-9可以看出,在相同载流摩擦磨损条件下,MgO/Cu复合材料的磨损率和摩擦系数最低,其次是Al$_2$O$_3$/Cu、SiC/Cu和SiO$_2$/Cu三种复合材料。表5-1所列为四种铜基复合材料的磨损率与增强颗粒热物性参数。可以看出,铜基复合材料的磨损率与颗粒/基体膨胀系数的差值呈现一致的变化趋势,增强颗粒与铜基体热膨胀系数相差越小,复合材料的磨损率和摩擦系数越低,其中MgO/Cu复合材料中MgO颗粒与铜基体的热膨胀系数的差值最小为3.6,其磨损率和摩擦系数最低。

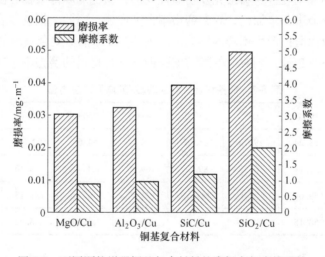

图5-9 不同颗粒增强铜基复合材料的磨损率与摩擦系数

表5-1 颗粒增强铜基复合材料的磨损率与增强颗粒热物性参数

材料(体积分数)	磨损率/mg·m^{-1}	电导率/%IACS	ΔCTE/K	$\overline{CTE}$/K	热导率/W·(cm·K)$^{-1}$
3.0%MgO/Cu	0.0329	93.3	3.60×10^{-6}	15.76×10^{-6}	3.918
3.0%Al$_2$O$_3$/Cu	0.0336	94.6	8.48×10^{-6}	15.79×10^{-6}	3.914
3.0%SiC/Cu	0.0394	90.9	13.34×10^{-6}	16.06×10^{-6}	3.914
3.0%SiO$_2$/Cu	0.0496	93.3	15.90×10^{-6}	16.08×10^{-6}	3.911

摩擦过程中,大的电流密度导致材料产生热膨胀,从而引起弹/塑性的变化,材料表面的热塑点吸收了摩擦热量和电流热量直到其被磨平或去除为止。由于某一热塑点被磨掉

后，加在该点的载荷转移到附近区域形成新的热塑区域。因此具有较高热物理性能的摩擦副材料，耐磨性能也相应较高。对于铜基复合材料而言，其热物性取决于增强颗粒的本身性能及颗粒与基体的结合状态，在相同的制备工艺下，复合材料的热物性取决于增强颗粒本身的性能[13~15]。

在载流摩擦磨损过程中，由于电流的存在，摩擦过程中产生大量的电弧热、摩擦热和电阻热，摩擦副表面的温度急剧升高，复合材料内部铜基体和增强颗粒的界面应力也发生了相应的变化[16,17]。在铜基复合材料加热初期，由于弱界面结合特征，复合材料的热膨胀主要由基体控制，四种颗粒增强铜基复合材料的热膨胀系数差值相差不大。当达到一定温度后，增强颗粒逐渐约束复合材料热膨胀的行为。由于铜基体的热膨胀系数大于增强颗粒，铜基体在升温过程中不能自由膨胀，导致铜基复合材料中的颗粒附近的铜基体受到压应力的作用，而在增强颗粒上产生拉应力。当温度超过某一温度时，基体与增强颗粒热膨胀系数的差异引起的热应力将超过基体的屈服强度而引起基体的塑性变形，造成复合材料的膨胀[18]。

表 5-2 所列为铜基复合材料的颗粒/基体界面应力值。从表 5-2 可以看出，铜基体与增强颗粒界面的热应力值随着温度的升高而增大，其中 MgO/Cu 复合材料的界面应力值最小，SiO_2/Cu 复合材料的界面应力最大。在摩擦磨损过程中，随着摩擦副表面温度的升高，界面应力大的铜基复合材料最先发生塑性变形，粗糙的摩擦表面在随后的摩擦过程中使摩擦副表面的磨损进一步加剧，导致磨损率大大增加。因此，铜基复合材料高的热膨胀性能对摩擦副的摩擦磨损产生不利的影响。从表 5-1 可知铜基复合材料的热膨胀系数差值越低，其热膨胀系数越低，则对应的颗粒增强铜基复合材料的磨损率也越低。

表 5-2　铜基复合材料的颗粒/基体界面应力值　　　　　　　　（MPa）

材料（体积分数）	100℃	200℃	250℃	300℃	350℃	400℃	450℃	500℃
3.0%MgO/Cu	13.24	29.79	38.07	46.34	54.62	62.89	71.17	79.44
3.0%Al_2O_3/Cu	31.19	70.18	89.68	109.17	128.68	148.16	167.66	187.15
3.0%SiC/Cu	49.08	110.43	141.10	171.78	202.46	233.13	263.81	294.48
3.0%SiO_2/Cu	58.15	130.84	167.19	203.53	239.88	276.22	312.57	348.91

5.3.2　摩擦磨损机理分析

图 5-10 所示为颗粒体积分数 3.0% 的 Al_2O_3/Cu、MgO/Cu、SiC/Cu 和 SiO_2/Cu 复合材料的摩擦磨损表面形貌。从图 5-10(a) 和 (b) 可以看出，Al_2O_3/Cu 复合材料磨损表面主要以塑性变形为主，沿摩擦方向销试样表层存在大量的撕裂凸起，产生的塑性应变不断地在亚表层积累，磨损一定程度后，在亚表层形成一定的应变流线分布。从图 5-10(c) 和 (d) 可以看出，MgO/Cu 复合材料销试样磨损表面主要以塑性变形和黏着磨损为主，其纵向微观照片显示销试样表层和次表层的塑性变形较严重，且黏着块有脱落的趋势。从图 5-10(e) 和 (f) 可以看出，SiC/Cu 复合材料销试样表面有大量的撕裂凸起，说明发生了严重的塑性变形和黏着。从图 5-10(g) 和 (h) 可知 SiO_2/Cu 复合材料销试样表面存在电

弧侵蚀，这是由于在 SiO_2/Cu 复合材料销试样磨损表面电弧烧蚀导致熔融金属喷溅的结果。

　　以上结果表明，载流条件下铜基复合材料的摩擦磨损性能与材料的热物性能密切相关。这是因为在电流作用下，磨损表面吸收了大量的焦耳热、摩擦热和电弧热，致使磨损表面温度急剧上升，导致摩擦副材料的强度和硬度降低，抵抗塑性变形的能力下降，从而加剧了摩擦副材料的磨损直至失效。在摩擦磨损过程中，随着摩擦表面温度的升高，铜基体与增强颗粒界面的热应力随之增加，铜基体与增强颗粒的热膨胀系数差值越大，铜基复

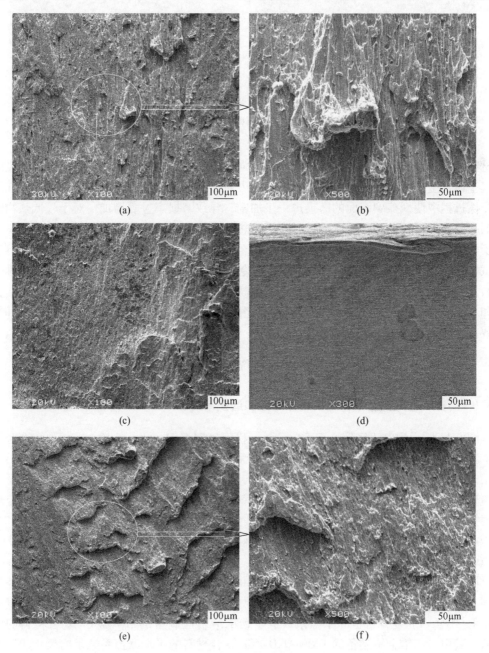

(a)　　　　　　　　　　　　　　(b)

(c)　　　　　　　　　　　　　　(d)

(e)　　　　　　　　　　　　　　(f)

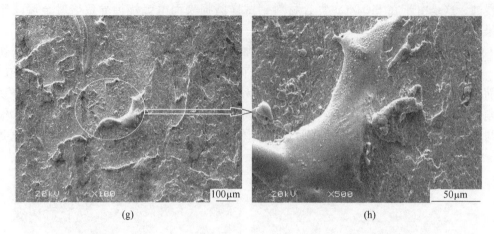

(g)   (h)

图 5-10 Al_2O_3/Cu、MgO/Cu、SiC/Cu、SiO_2/Cu 复合材料的磨损表面形貌

（a），（b）Al_2O_3/Cu 复合材料；（c），（d）MgO/Cu 复合材料磨损表面和纵切面；

（e），（f）SiC/Cu 复合材料；（g），（h）SiO_2/Cu 复合材料

合材料内部的界面应力越大。当铜基体与增强颗粒的界面应力超过铜基体的屈服强度时则引起基体发生塑性变形。塑性变形的摩擦副表面加大了摩擦过程中的摩擦系数，并在随后的摩擦过程中使摩擦副表面的磨损进一步加剧，导致磨损率显著增加。对于较低热物性能的铜基复合材料，由于积累在销试样表层的热量未能及时被传输到销试样的其他部位，以致于摩擦表层的温度急剧升高，当温度升高至铜基复合材料软化温度甚至超过其熔点后，销试样表层发生局部熔化或气化，在随后冷却过程中凝固成熔融态块状物，如图 5-10（g）和（h）所示，SiO_2/Cu 复合材料的摩擦表面熔化。从图 5-9 可知，MgO/Cu 复合材料和 Al_2O_3/Cu 复合材料比 SiC/Cu 复合材料和 SiO_2/Cu 复合材料具有较低的磨损率和摩擦系数。

5.4   制备工艺对铜基复合材料载流摩擦磨损性能的影响

5.4.1   制备工艺对铜基复合材料摩擦系数和磨损率的影响

图 5-11 所示为电流密度 $0.785A/mm^2$、载荷 $0.314MPa$ 和速度 $10m/s$ 载流摩擦磨损条件下不同工艺制备的 Al_2O_3/Cu（体积分数）复合材料的磨损率。从图 5-11 可以看出，两种工艺制备的 Al_2O_3/Cu 复合材料的磨损率均随着 Al_2O_3 颗粒体积分数的增加而降低，而内氧化法制备的 Al_2O_3/Cu 复合材料的磨损率低于粉末冶金法制备的 Al_2O_3/Cu 复合材料的磨损率，其中内氧化法制备的 $1.0\%Al_2O_3/Cu$ 复合材料的磨损率为 $0.0506mg/m$，与粉末冶金法制备的 $1.0\%Al_2O_3/Cu$ 复合材料的磨损率 $0.0709mg/m$ 相比，磨损率降低了 30%。

图 5-12 所示为电流 $0.785A/mm^2$、载荷 $0.314MPa$ 和速度 $10m/s$ 载流摩擦磨损条件下不同工艺制备的 Al_2O_3/Cu 复合材料摩擦系数的变化曲线。从图 5-12 可以看出，内氧化法制备的 Al_2O_3/Cu 复合材料的摩擦系数低于粉末冶金法制备的 Al_2O_3/Cu 复合材料的摩擦系数，其中粉末冶金法制备的 $1.0\%Al_2O_3/Cu$ 复合材料的平均摩擦系数是内氧化法制备的 $1.0\%Al_2O_3/Cu$ 复合材料的平均摩擦系数的 4 倍，且波动幅度较大。而内氧化法制备的

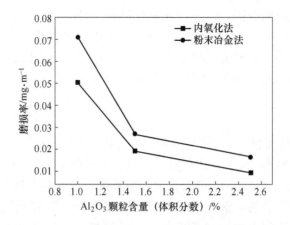

图 5-11 不同工艺制备的 Al_2O_3/Cu 复合材料的磨损率

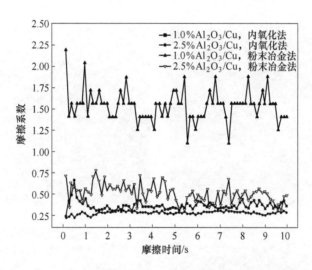

图 5-12 不同工艺制备的 Al_2O_3/Cu 复合材料的摩擦系数

Al_2O_3/Cu 复合材料的摩擦系数波动幅度较小，具有较高的摩擦稳定性。

在载流摩擦磨损过程中，由于电流的存在，载流摩擦副的接触界面不但承受摩擦与磨损，同时也承担摩擦过程中的能量传输，而且两者之间存在着强烈的耦合作用。摩擦过程中产生大量的电弧热、摩擦热和电阻热，摩擦副表面温度的升高导致摩擦副材料的强度和硬度降低，抵抗塑性变形的能力降低，最终使摩擦副材料磨损加剧甚至失效[3,5,19,20]。内氧化法制备的 Al_2O_3/Cu 复合材料颗粒/基体界面上的错配位错能够周期性地排列，其结合更加紧密，界面结合强度较高，使 Al_2O_3/Cu 复合材料的强度和硬度较高。在摩擦过程中，随着摩擦副表面温度急剧升高，摩擦副表层发生塑性变形，由于内氧化法制备的 Al_2O_3/Cu 复合材料具有较高的室温性能及抗软化温度，因此摩擦盘对销试样的挤压和切削困难，磨损率和摩擦系数较低，且摩擦系数波动幅度小，摩擦过程稳定，如图 5-12 所示。内氧化法制备的 Al_2O_3/Cu 复合材料的硬度和电导率均高于粉末冶金法制备的 Al_2O_3/Cu 复合材料，内氧化法制备的 Al_2O_3/Cu 复合材料的载流摩擦磨损性能也较强，摩擦过程中摩擦副表面由于升温而引起的塑性变形和黏着也较少，因此，内氧化法制备的 Al_2O_3/Cu 复合材料的磨损率和摩擦系数比粉末冶金法制备的 Al_2O_3/Cu 复合材料的低，且摩擦系数稳定。采用粉末冶金法制备的 Al_2O_3/Cu 复合材料，Al_2O_3 与铜基体之间界面结合强度较弱，硬度低，空位较多，对电子的散射作用较强，电导率较低，因此摩擦过程中较内氧化法制备的 Al_2O_3/Cu 复合材料先发生塑性变形，销试样表层发生较严重的塑性变形和黏着磨损，复合材料表面遭到严重的破坏，摩擦系数波动幅度较大。

5.4.2　摩擦磨损机理分析

图 5-13 所示为在电流密度 $0.785A/mm^2$、载荷 $0.314MPa$ 和速度 $10m/s$ 载流摩擦条件下不同工艺制备的 $1.0\%Al_2O_3/Cu$（体积分数）复合材料和 $2.5\%Al_2O_3/Cu$（体积分数）复合材料的磨损表面形貌。由图 5-13 可以看出，在两种工艺制备的 Al_2O_3/Cu 复合材料的表面均出现了不同程度的撕裂和黏着，在 Al_2O_3 颗粒体积分数较低时，两种工艺制备的 Al_2O_3/Cu 复合材料的摩擦表面磨损程度相当，沿摩擦方向销试样表层存在大量的撕裂凸起。

图 5-13　不同工艺制备的 Al_2O_3/Cu 复合材料磨损表面形貌

（a）内氧化法制备 $1.0\%Al_2O_3/Cu$ 复合材料；（b）内氧化法制备 $2.5\%Al_2O_3/Cu$ 复合材料；

（c）粉末冶金法制备 $1.0\%Al_2O_3/Cu$ 复合材料；（d）粉末冶金法制备 $2.5\%Al_2O_3/Cu$ 复合材料

由图 5-13（a）和（c）可以看出，$1.0\%Al_2O_3/Cu$（体积分数）复合材料销试样磨损表面主要以黏着磨损为主，且黏着块有脱落的趋势。随着 Al_2O_3 颗粒体积分数的增加，内氧化法制备的 2.5%Al₂O₃/Cu 复合材料（见图 5-13（b））具有比粉末冶金法制备的 2.5%Al₂O₃/Cu 复合材料（见图 5-13（d））更加平整的磨损表面，而粉末冶金法制备的 2.5%Al₂O₃/Cu 复合材料（见图 5-13（d））销试样磨损表面层仍有部分黏着撕裂和凸起。内氧化法制备 Al₂O₃/Cu 复合材料具有更好的强度和硬度。

载流条件下，摩擦磨损性能与铜基复合材料的强度和硬度密切相关，而内氧化法制备的 Al₂O₃/Cu 复合材料具有更好的强度和硬度。在电流作用下，磨损表面吸收了大量的焦耳热、摩擦热和电弧热，使磨损表面温度急剧上升，导致摩擦副材料的强度和硬度降低，抵抗塑性变形的能力降低。用 Marshall 提出的热塑理论解释载流摩擦磨损过程，该理论认为高电流密度导致的热膨胀是引起摩擦副材料热弹/塑性变化的主要因素[21~24]。在摩擦过程中，摩擦副表面的热塑点吸收了大量的摩擦热和电阻热。当这些热塑点因摩擦发生黏着或塑性变形时，热量通过载荷转移到新的区域并形成新的热塑区。这些热量引起摩擦副表面温度的变化，并最终导致了摩擦副材料性能的变化和材料的磨损。因此，温度升高加剧了摩擦副材料的磨损。在载流摩擦过程中，内氧化法制备的 Al₂O₃/Cu 复合材料中 Al₂O₃ 颗粒与铜基体的界面结合强度较高，钉扎作用也更加显著，使得内氧化法制备的 Al₂O₃/Cu 复合材料在摩擦升温过程中也具有比粉末冶金法制备的 Al₂O₃/Cu 复合材料具有更加稳定的高温机械性能，从而使得内氧化法制备的 Al₂O₃/Cu 复合材料具有更加优越的载流摩擦磨损性能（见图 5-11）。粉末冶金法制备的 Al₂O₃/Cu 复合材料 Al₂O₃ 颗粒与铜基体的界面结合较弱，因此硬度和电导率较低，摩擦过程中摩擦表面破坏较严重，使得摩擦过程中的摩擦系数变化幅度较大（见图 5-12）。

5.5 服役参量对颗粒增强铜基复合材料载流摩擦磨损性能的影响

5.5.1 电流密度对铜基复合材料载流摩擦磨损性能的影响

图 5-14 和图 5-15 所示分别为载荷 0.314MPa、滑动速度 10m/s 时，不同电流密度下 0.5%Al₂O₃/Cu（体积分数）复合材料摩擦系数和磨损率的变化曲线。可以看出，电流的

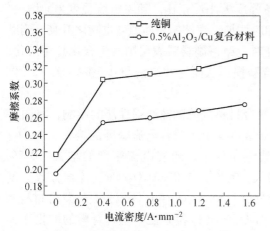

图 5-14 不同电流密度下纯铜和 0.5%
Al₂O₂/Cu 复合材料摩擦系数变化曲线

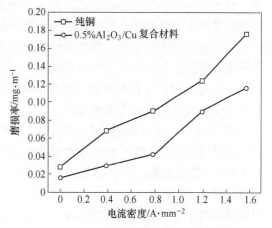

图 5-15 不同电流密度下纯铜和 0.5%
Al₂O₃/Cu 复合材料磨损率变化曲线

引入明显加大了摩擦副间的摩擦系数和销试样的磨损率，且载流条件下 0.5% Al$_2$O$_3$/Cu（体积分数）复合材料的摩擦系数和磨损率均低于纯铜的摩擦系数和磨损率。随着加载电流密度的增大，纯铜和 0.5% Al$_2$O$_3$/Cu（体积分数）复合材料摩擦系数和磨损率呈近似线性增加。在实验范围内，0.5% Al$_2$O$_3$/Cu（体积分数）复合材料的磨损率远远低于纯铜的磨损率。

　　干摩擦条件下，摩擦盘与销试样之间主要为机械摩擦，摩擦副间的阻力主要来源于销试样与摩擦盘之间的切削力与挤压力。而载流摩擦磨损条件下，摩擦副间既存在导电接触又存在机械摩擦接触，两者之间又相互耦合，导致摩擦表面温度急剧升高，磨损加剧，摩擦系数和磨损率均高于干摩擦条件下复合材料的摩擦系数和磨损率。由于纯铜材质较软，抗塑性变形能力较低，纯铜优先发生塑性变形，因此纯铜摩擦系数和磨损率均高于 0.5% Al$_2$O$_3$/Cu（体积分数）复合材料。载流条件下，高温加剧了摩擦磨损，电流密度的增大除了导致产生更多的热量外，还导致电位差上升，这也可导致更多热量的产生，从而进一步加剧了磨损[21~24]。载流条件下摩擦副在摩擦过程中的热量主要来自 3 个方面：电弧热 q_a、摩擦热 q_f 和电流在摩擦表面上产生的电阻热 q_r[25~27]。

$$q = q_f + q_r + q_a \tag{5-1}$$

$$q_f = \frac{\mu \cdot F \cdot v}{v} = \mu F \ (\text{J/m}) \tag{5-2}$$

$$q_r = \frac{(1 - \varepsilon) \cdot R \cdot I^2}{v} \ (\text{J/m}) \tag{5-3}$$

$$q_a = \frac{\varepsilon \cdot V_a \cdot I}{v} \ (\text{J/m}) \tag{5-4}$$

式中，μ 为摩擦系数；F 为接触载荷，N；v 为滑动速度，m/s；V_a 为电弧电势，V；R 为接触电阻，Ω；I 为电流强度，A；ε 为接触通断率。

　　由式（5-1）~式（5-4）可以看出，在一定的滑动速度 v 下，摩擦热 q_f 与接触压力 F 成正比。因此，相同滑动速度 v 和接触压力 F 下，摩擦热与电流强度无关，产生的摩擦热相等。对于焦耳热和电弧热而言，其大小与电流强度大小成正比。随着电流强度 I 的增大，摩擦副表面由电阻热产生的焦耳热和电弧热相应增加，摩擦副表面温度也随之升高。当摩擦副表面温度高于复合材料的抗塑性变形温度时，摩擦副材料表层则发生软化甚至熔化，摩擦副表面的破坏则加剧了摩擦副表面的黏着磨损，从而导致纯铜和 0.5% Al$_2$O$_3$/Cu（体积分数）复合材料摩擦系数和磨损率升高。

　　为了更直观的对比电流强度对 Al$_2$O$_3$/Cu 复合材料载流摩擦磨损性能的影响，将图 5-14 中的实验结果进行数值拟合分析，结果列于表 5-3 中。随着电流密度的增大，Al$_2$O$_3$/Cu 复合材料的磨损率逐渐呈线性增加。在载流条件下，随着电流密度的增大，0.5% Al$_2$O$_3$/Cu（体积分数）复合材料磨损率增幅最大，其次是 1.0% Al$_2$O$_3$/Cu（体积分数）复合材料和 1.5% Al$_2$O$_3$/Cu（体积分数）复合材料，1.5% Al$_2$O$_3$/Cu（体积分数）复合材料磨损率增幅最小。且在相同参数条件下，0.5% Al$_2$O$_3$/Cu（体积分数）复合材料的磨损率大于 1.0% Al$_2$O$_3$/Cu（体积分数）复合材料和 1.5% Al$_2$O$_3$/Cu（体积分数）复合材料的磨损率，即在载荷与滑动速度一定条件下，随着滑动时间的延长，Al$_2$O$_3$/Cu 复合材料的耐磨性随着 Al$_2$O$_3$ 颗粒体积分数的增加而提高。

表 5-3　不同 Al$_2$O$_3$ 颗粒体积分数增强铜基复合材料的磨损率与
电流强度之间的线性关系拟合对比

复合材料（体积分数）	线性拟合公式 $V=a+b \cdot I$	相关系数 R	标准方差 SD
0.5%Al$_2$O$_3$/Cu	$V=1.97837+0.01510 \cdot I$	0.97764	0.02838
1.0%Al$_2$O$_3$/Cu	$V=0.81047+0.01437 \cdot I$	0.97529	0.12321
1.5%Al$_2$O$_3$/Cu	$V=0.43653+0.00946 \cdot I$	0.97165	0.03843

5.5.2　电流密度对铜基复合材料摩擦磨损影响机理分析

图 5-16 所示为在载荷 0.314MPa、速度 10m/s、无载流摩擦条件下，电流密度分别为 0.392A/mm^2、0.785A/mm^2 和 1.572A/mm^2 时 1.5%Al$_2$O$_3$/Cu（体积分数）复合材料销试样磨损表面的形貌。无载流摩擦条件下，摩擦副之间的摩擦主要为机械摩擦，摩擦副之间的阻力主要来源于销试样与摩擦盘之间的切削力与挤压力，摩擦副表面温度的升高幅度较小，1.5%Al$_2$O$_3$/Cu（体积分数）复合材料抵抗塑性变形能力较强。因此，销试样摩擦表面较平整，从纵剖面磨损形貌可以观察到表层和次表层几乎没有发生塑性变形，如图 5-16（a）和（b）所示。

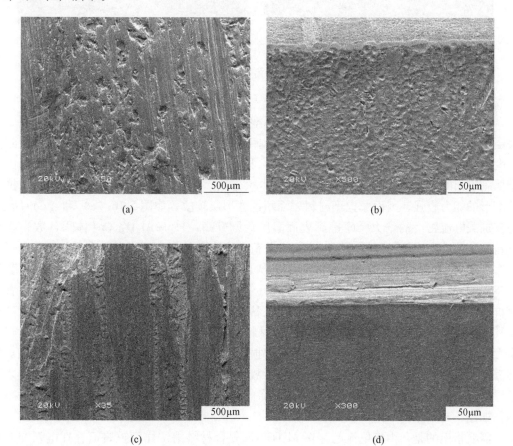

(a)

(b)

(c)

(d)

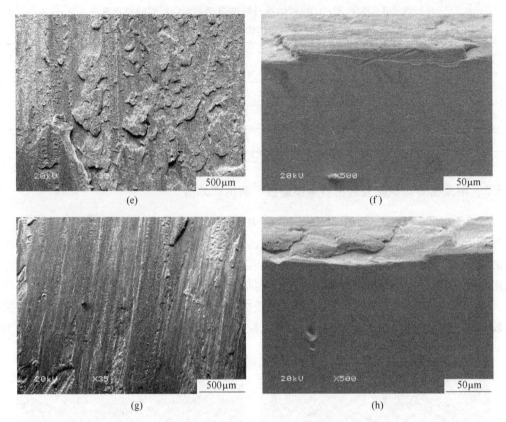

图 5-16　1.5%Al$_2$O$_3$/Cu 复合材料在不同电流密度条件下磨损表面和纵剖面磨损形貌

(a)，(b) 0A/mm^2；(c)，(d) 0.392A/mm^2；(e)，(f) 0.785A/mm^2；(g)，(h) 1.572A/mm^2

　　随着加载电流的引入，在摩擦过程中摩擦副表面产生大量的摩擦热，销试样表层、次表层的材料受到高温的作用，造成销试样摩擦表层材料软化，材质较软的一方表层受到高硬度方突出峰的拉-压作用而产生塑性变形，形成塑性变形层。当电流密度较小时，由于摩擦副表面的温度较低，1.5%Al$_2$O$_3$/Cu（体积分数）复合材料强度和硬度较高，抵抗塑性变形的能力较强，因而摩擦副材料表面塑性变形层较浅，如图 5-16（c）和（d）所示。随着加载电流密度的增大，摩擦副表面温度急剧升高，1.5%Al$_2$O$_3$/Cu（体积分数）复合材料的抗塑性变形能力降低，因此在同样载荷和速度条件下摩擦副材料表面的塑性变形层变厚，磨损加剧，如图 5-16（f）所示。从图 5-16（e）可以看出，加载电流密度为0.785A/mm^2 时，1.5%Al$_2$O$_3$/Cu（体积分数）复合材料销试样摩擦表面出现大量的黏着剥落坑和黏着块，撕裂痕迹较多，磨损形貌以黏着磨损为主。当加载电流密度达到 1.572A/mm^2 时，1.5%Al$_2$O$_3$/Cu（体积分数）复合材料销试样表面温度进一步升高，由电流密度增大而产生的电弧热和电阻热随之增加，磨损表面黏着磨损越严重，此时，摩擦副相对滑动需要撕裂的黏着点增多导致摩擦副摩擦系数增大。由于摩擦表面黏着严重，摩擦副表面粗糙度增大导致接触表面的受流质量大大降低，使销试样表面产生电弧烧蚀和熔融态划痕，如图 5-16（g）所示。

　　需要指出的是，由于电流的存在 Al$_2$O$_3$/Cu 复合材料销试样摩擦表面存在电弧和磨粒磨损的共同作用，在磨损表面上出现电蚀和喷溅凝固痕迹，如图 5-17（a）～（c）所示。

这是由于当摩擦副表面存在界面膜时，载流摩擦过程中电流的通断导致电弧的产生，同时，摩擦热和电弧热的增加引起销试样表层局部温度急剧升高，销试样磨损表面发生氧化。电弧的产生使摩擦表面熔化并凝固成的固态金属黏附在摩擦副表面形成磨粒，因此磨损表面呈现出犁沟面貌，如图 5-17（d）所示。

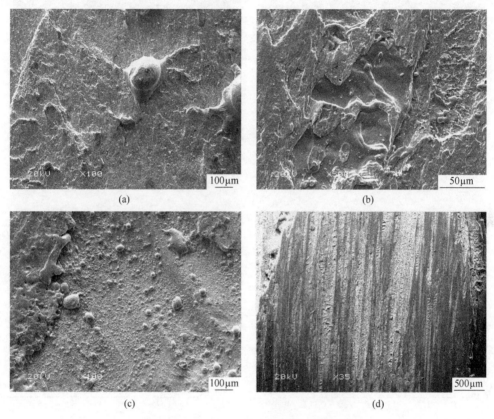

图 5-17 Al$_2$O$_3$/Cu 复合材料表面磨损形貌

（a）硬质相；（b），（c）磨粒；（d）犁沟

对于纯铜销试样，载流条件下，纯铜销试样表面由于摩擦热和电阻热的作用温度升高，使得纯铜良好的室温机械性能迅速降低，抗塑性变形能力也急剧下降。与无载流摩擦磨损条件相比，载流条件下纯铜销试样的摩擦系数和磨损率大幅度增加，如图 5-14 和图 5-15 所示。摩擦表面的破坏导致摩擦过程摩擦表面形成凸起，这些凸起的黏着点在摩擦磨损过程中逐渐变大，发生焊合，并随试样的运动发生剥落，磨损加剧。图 5-18 所示为纯铜销试样在不同电流密度条件下的磨损表面形貌。从图 5-18 可以看出，在低电流密度条件下，磨损表面主要是黏着与塑性变形痕迹，并有少量的熔融物质。在大电流密度下，磨损表面出现大块的黏着痕迹，并且有较多的飞溅熔融物质，说明发生了严重的电磨损。

5.5.3 速度和载荷对铜基复合材料摩擦系数和磨损率的影响

图 5-19 和图 5-20 所示分别为电流密度为 0.785A/mm^2 时速度和载荷对 0.5%Al$_2$O$_3$/Cu/铬青铜和纯铜/铬青铜摩擦副的磨损率和摩擦系数的影响曲线。可以看出，磨损率均随着速度或载荷的增大而增加，而摩擦系数均随着速度或载荷的增大而减小。

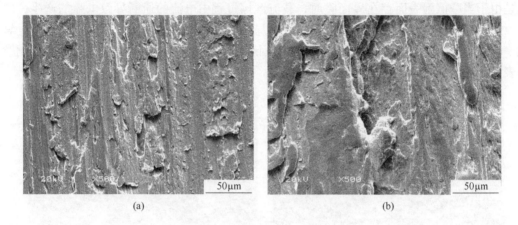

图 5-18　纯铜销试样磨损表面形貌

（a）0.392A/mm², 0.314MPa, 10m/s；（b）1.572A/mm², 0.314MPa, 10m/s

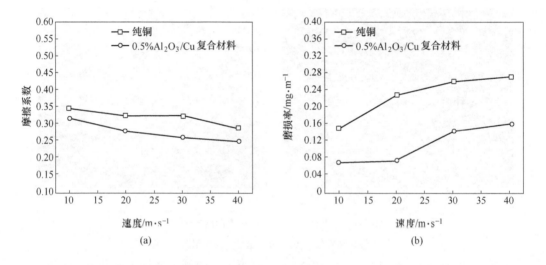

图 5-19　磨损率和摩擦系数随速度的变化规律（0.785A/mm², 0.314MPa）

（a）摩擦系数；（b）磨损率

滑动速度和载荷是影响摩擦副摩擦磨损性能的重要因素[28,29]。当滑动速度和加载载荷较小时，摩擦过程中摩擦副表面温升幅度较小，由于 0.5%Al₂O₃/Cu（体积分数）复合材料的力学性能较高，0.5%Al₂O₃/Cu（体积分数）复合材料的抗塑性变形能力较强，摩擦副表面的磨损主要来源于摩擦表面不平整引起的微凸峰，此时摩擦阻力较大，摩擦系数较高，如图 5-19（a）和图 5-20（a）所示。由于 0.5%Al₂O₃/Cu（体积分数）复合材料的抗塑性变形能力较高，销试样对铬青铜摩擦盘的切削和挤压较小，磨损率较低，如图 5-19（b）和图 5-20（b）所示。随着速度、载荷的增大，摩擦副表面温度升高幅度较大，导致Al₂O₃/Cu 复合材料抗塑性变形能力降低，摩擦表面微凸峰阻力逐渐降低，使摩擦系数降低，磨损率增大。

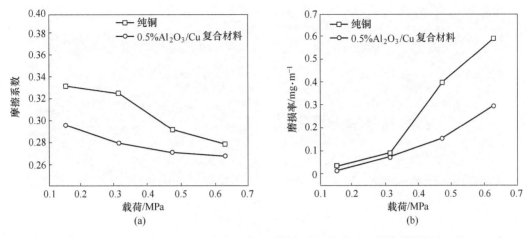

图 5-20   磨损率和摩擦系数随载荷的变化规律（0.785A/mm²，10m/s）

(a) 摩擦系数；(b) 磨损率

图 5-21 所示为电流 0.785A/mm²，速度 20m/s 和载荷 0.157MPa 时 0.5%Al₂O₃/Cu（体积分数）复合材料销试样纵切面和摩擦表面的形貌。从图 5-21 可以看出，销试样表面存在一些较浅的黏着磨损痕迹，而销试样纵切面显示塑性变形不明显。这是由于在低速和低载荷摩擦条件下，摩擦副表面温度较低，摩擦阻力主要来源于摩擦副表面微凸峰之间的相互阻碍，0.5%Al₂O₃/Cu（体积分数）复合材料的抗塑性变形能力较高，销试样对摩擦盘的切削和挤压困难，磨损率较低，摩擦系数较高，如图 5-19 和图 5-20 所示。

图 5-21   0.50%Al₂O₃/Cu 复合材料磨损表面和纵切面形貌

(a) 摩擦表面；(b) 纵向剖面

图 5-22 所示为电流密度 0.785A/mm²，速度和载荷分别为 40m/s、0.314MPa 和 20m/s、0.629MPa 时 0.50%Al₂O₃/Cu（体积分数）复合材料销试样摩擦表面和纵切面的形貌。可以看出，当速度和载荷较大时，0.50%Al₂O₃/Cu（体积分数）复合材料销试样摩擦表面呈现出比图 5-21 中更加严重的黏着坑和撕裂块。由图 5-22（b）和（d）纵切面可以看出，销试样表层具有塑性变形层。这是由于随着加载载荷和速度增大，0.50%Al₂O₃/Cu 复合材料销试样摩擦表面的温升幅度较大，摩擦副的抗塑性变形能力降低，使摩擦副表层发生塑性变形。

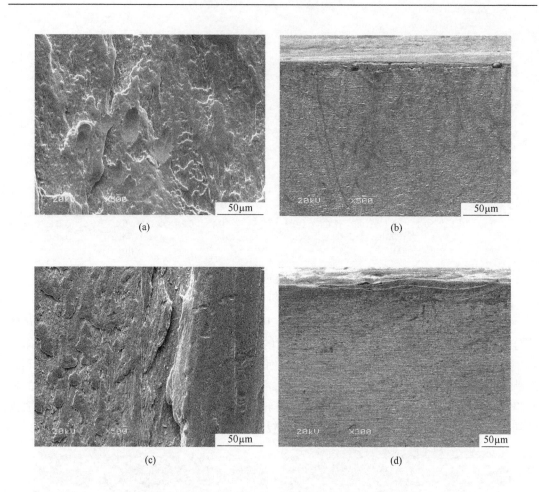

图 5-22　0.5%Al$_2$O$_3$/Cu 复合材料磨损表面和纵切面形貌

(a)，(b) 0.785A/mm^2，0.314MPa，40m/s；(c)，(d) 0.785A/mm^2，0.629MPa，20m/s

5.6　其他类型铜基复合材料摩擦磨损特性

5.6.1　碳纤维增强铜基复合材料

碳纤维增强铜基复合材料由于兼有碳纤维的高比强度和比模量、润滑减摩性及铜的良好导电导热性，因此具有良好的力学性能、减摩耐磨性、减振特性及热电传导特性等特点。

图 5-23 所示为不同短碳纤维含量的铜基复合材料的微观组织，纤维在基体中的分布比较均匀，基体中没有明显的缺陷。研究表明[30,31]：随着碳纤维含量增加，碳纤维增强铜基复合材料硬度提高，而电导率随着碳纤维含量增加而下降，如图 5-24 所示。

由表 5-4 可以看出，碳纤维增强铜基复合材料的耐磨性能明显优于基体材料；随着碳纤维含量的增加复合材料的耐磨性能进一步提高，磨损率和摩擦系数随着碳纤维含量的增加而逐渐降低。

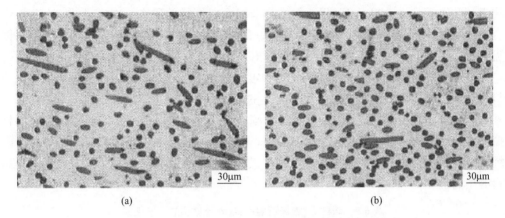

(a)   (b)

图 5-23　不同短碳纤维含量的铜基复合材料微观形貌[31]
(a) 13.8%的碳纤维；(b) 23.2%的碳纤维

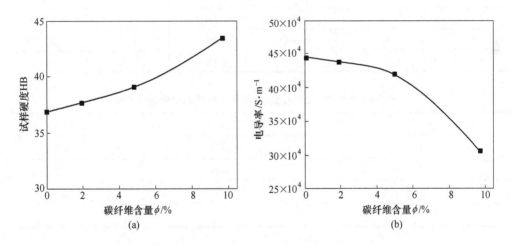

(a)   (b)

图 5-24　碳纤维对铜基复合材料硬度和电导率的影响曲线[30]
(a) 硬度变化规律；(b) 电导率变化规律

表 5-4　不同短碳纤维含量的复合材料的摩擦系数、磨损率及显微硬度[31]

纤维含量（体积分数）/%	摩擦系数	磨损率/mg·m^{-1}	硬度 HV
0	0.38	$1.63×10^{-2}$	78.0
9.3	0.27	$1.54×10^{-3}$	82.6
13.8	0.20	$7.38×10^{-3}$	83.9
17.9	0.17	$2.91×10^{-4}$	96.5
23.2	0.12	$6.47×10^{-4}$	103.0

　　对于铜基复合材料而言，界面强度对其性能有直接的影响，合适的界面强度不仅有助于提高材料的整体性能，还便于将基体所承受的载荷通过界面传递给纤维，充分发挥其增强作用[32~37]。由于碳纤维与铜基体的润湿性不好，若直接复合，C/Cu 界面只能通过机械互锁联在一起，致使界面结合强度低，在承受载荷时，易发生碳纤维增强体的拔出、剥离或者脱落，严重限制了复合材料的发展与应用[32,38,39]。为了解决这一问题，目前多采

用化学镀和电镀法等改善 C/Cu 界面的结合情况。根据相关研究，碳纤维/镀铜石墨-铜基复合材料比镀铜石墨-铜基复合材料具有更好的综合性能，其具体力学性能及摩擦磨损性能见表 5-5 和表 5-6[40]。从表 5-5 中可以看出，随着碳纤维含量的增加，复合材料的密度和电阻率均无较大变化，但其硬度和抗弯强度有较明显的提高，这说明碳纤维的加入使复合材料在保持其原有性能基础上还具有较高的强度，主要是由于碳纤维在基体中起到了阻碍基体软化和塑性变形的增强作用。表 5-6 则表明了碳纤维的加入可能会提高原有的材料摩擦系数，但大大降低了其磨损量，从而进一步提高了复合材料的耐磨性，这可能是因为碳纤维钉扎在基体中，限制了摩擦表层材料的塑性变形和脱落，减小了黏着磨损，提高了材料的耐磨性。

表 5-5　碳纤维/镀铜石墨-铜基复合材料的力学性能

碳纤维含量（体积分数）/%	密度/g·cm^{-3}	电阻率/Ω·m^{-1}	硬度 HV	抗弯强度/MPa
0.0	5.3945	0.0841	15.5	48.780
0.3	5.4328	0.0808	19.1	55.747
0.6	5.3745	0.0855	19.3	55.310
0.9	5.3830	0.0849	20.4	56.292

表 5-6　碳纤维/镀铜石墨-铜基复合材料的摩擦磨损性能

碳纤维含量（体积分数）/%	摩擦系数	磨损量/g
0.0	0.2392	0.4020
0.3	0.1529	0.1216
0.6	0.2956	0.1175
0.9	0.2854	0.1121

5.6.2　稀土添加铜基复合材料

铜表面的易氧化问题是铜基电接触复合材料不能够得到实际应用的最大难题。相关研究发现[41]，稀土元素 La 含量（质量分数）范围在 0.0746% ~ 0.0875%，Ce 含量（质量分数）范围在 0.0287% ~ 0.0321% 之间时，微量的稀土弥散分布在纯铜的晶粒、晶界上，能够起到细化纯铜晶粒的作用。以适当方式加入质量分数为 0.02% 的 Ce 可以降低纯铜的电阻率，提高导电性，同时提高纯铜的抗氧化性。

通过在铜合金表面添加适量的稀土-铜中间合金和 La_2O_3 时，添加相能够通过弥散强化作用有效提高材料的力学性能，如图 5-25 所示，而添加 La_2O_3 的试样随着加入量的增加，试样硬度不断提高，其主要原因是经高能球磨混粉后，原始粉料粒度减小，La_2O_3 弥散分布铜颗粒表面，如图 5-26 所示。La_2O_3 在铜基的弥散分布可以起到细化晶粒、净化晶界的作用，并通过弥散强化提高了材料的基体硬度。

La_2O_3/Cu 复合材料通过提高材料熔池的黏度和电接触过程中氧化物分解吸收大量热量来提高材料的抗电弧侵蚀性能。如图 5-27 所示，未加入稀土添加相的铜基电接触复合材料，表面烧蚀严重，材料损失较多。而加入不同稀土添加相（以质量分数计）的试样，

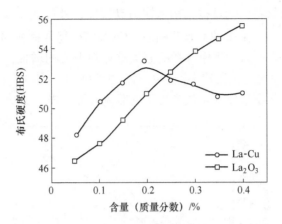

图 5-25 试样硬度与不同添加相加入量的关系

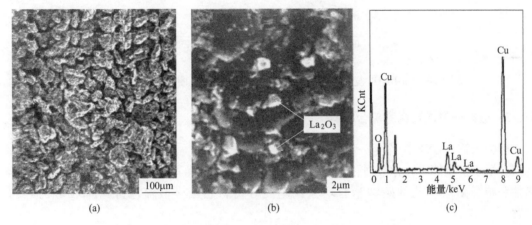

(a)   (b)   (c)

图 5-26 粉体形貌及 EDS 分析（添加 $0.2\%La_2O_3$，球磨 8h）

(a) 200 倍；(b) 300 倍；(c) EDS

其表面熔焊状况均优于未加入稀土元素的试样，且熔焊表面均呈现出多种特征共存的形貌，侵蚀形貌特征主要包括：富铜区（A 区）、La_2O_3 聚集区（B 区）、气孔（C 区）和裂纹（D 区）。出现这种复杂熔焊形貌的主要原因是 La_2O_3 在基体中的弥散分布。

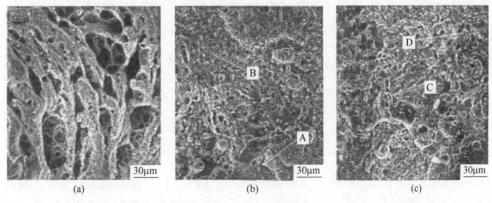

(a)   (b)   (c)

图 5-27 试样熔焊形貌

(a) Cu；(b) 0.2%La-Cu；(c) $0.2\%La_2O_3$-Cu

以 Cu-La$_2$O$_3$ 复合材料为销试样，轴承钢为盘试样，进行载流条件下的高速摩擦磨损实验，研究表明[42,43]，在整个的实验范围内，Cu-La$_2$O$_3$ 复合材料的磨损率均小于纯铜材料的磨损率。如图 5-28 可见，两种材料的磨损率均随电流的增加而增大，并且当电流小于 50A 时，材料的磨损率变化比较小，当电流超过 50A 时，两种材料的磨损率急剧增加，说明 Cu-La$_2$O$_3$ 复合材料不适宜大电流条件下的载流摩擦磨损。

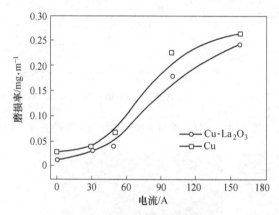

图 5-28　Cu-La$_2$O$_3$ 复合材料和纯铜磨损率随电流变化曲线（20m/s，20N）

5.6.3　碳纳米管增强铜基复合材料

碳纳米管（CNTs）作为一种新型的自组装单分子材料，具有优异的力学和导电性能，将其分散于铜基体中，弥散强化铜基体，从而制备出具有优异高温强度，较好导电性、导热性和减摩耐磨功能的碳纳米管增强铜基复合材料是当今载流摩擦磨损领域的热门课题[44~46]。

表 5-7 所列为粉末冶金法制备的不同 CNTs 含量的 CNTs/Cu 复合材料的致密度、硬度和电导率。可以看出，热压烧结的 CNTs/Cu 复合材料有较高的致密度，基本上在 97% 以上。CNTs 为纳米材料，铜粉粒径为 75μm 左右，在烧结过程中，CNTs 可以填充在铜粉的间隙中，有利于复合材料的致密化。随着 CNTs 含量的增加，复合材料的硬度逐渐升高，电导率逐渐降低。当 CNTs 含量较低时，随着 CNTs 含量的增加，复合材料的硬度增加幅度较大，电导率下降明显；CNTs 含量较高时，CNTs 的强化效果有所减弱。

表 5-7　不同 CNTs 含量 CNTs/Cu 复合材料的综合性能[47]

CNTs 含量（体积分数）/%	相对密度/%	硬度 HBW	电导率/%IACS
1.4	96.9	33.5	83.8
2.8	99.7	37.7	72.8
4.2	99.5	37.1	62.6
5.8	99.3	39.9	66.8

图 5-29 所示为不同 CNTs 含量（体积分数）CNTs/Cu 复合材料的显微组织。可以看出，CNTs/Cu 复合材料中有许多孪晶组织，CNTs 基本分布在铜颗粒的晶界处。在该试验条件下，CNTs 为纳米级，铜粉粒径为微米级，两者尺寸相差较大，因此在混粉烧结后

CNTs 分布在铜粉表面，对基体无明显的强化效果，相对于颗粒而言，CNTs 对硬度的贡献程度较低。虽然 CNTs 有相对较好的导电性，但 CNTs 的导电性要弱于 Cu 基体，同时 CNTs 在铜基体中杂乱分布，也无法发挥其优良导电性的优势，另外晶界处的 CNTs 会产生一定的缺陷，影响电子传输，从而降低复合材料的电导率。

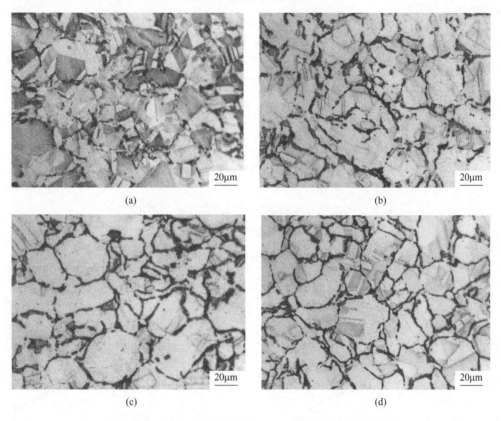

(a)   (b)

(c)   (d)

图 5-29 不同 CNTs 含量 CNTs/Cu 复合材料的显微组织

（a）1.4%CNTs/Cu；（b）2.8%CNTs/Cu；（c）4.2%CNTs/Cu；（d）5.8%CNTs/Cu

载流摩擦磨损性能相关研究表明[35]：由于碳纳米管具有高强度和高模量，当碳纳米管含量少时，其分布均匀，骨架作用发挥明显，增加了材料的抵抗塑性变形能力。但当含量超过一定范围时，碳纳米管分布均匀性受到影响，局部出现团聚，使材料致密度下降，气孔率上升。同时过多的碳纳米管阻碍了铜锡合金晶粒间的结合，弱化界面强度，也导致硬度下降。由图 5-30 可以看出铜基复合材料的硬度随碳纳米管含量的增加呈现先升高后降低的趋势。

对制备的碳纳米管增强铜基复合材料（CNTs/Cu）载流摩擦磨损实验表明，电流为40A 时，随碳纳米管体积分数的增加，复合材料的摩擦系数和磨损率均降低，主导磨损形式由电气磨损逐渐过渡到黏着磨损。碳纳米管在复合材料中起到增强、减摩的作用，如图5-31 所示[35]。

目前，对于碳纳米管增强铜基复合材料的研究主要集中于碳纳米管制备工艺、界面结合和载流摩擦磨损性能研究等领域[48]，主要包括粉末冶金法、内氧化法、放电等离子烧结法和微波烧结法等。其中放电等离子烧结法得到的碳纳米管增强材料的摩擦性能比未增强的铜材高 3 倍。这种强化效果归结于碳纳米管在铜基体中的均匀分布、与铜基体良好的界面结合以及铜基体相对较高的密度。由于放电等离子烧结法成本较高，而微波烧结法成本相对较低，因此微波烧结法使用比较广泛[49]。碳纳米管在金属基体中的均匀分散问题以及碳纳米管和基体的界面结合问题是目前所有碳纳米管增强金属基复合材料中存在的主要问题。

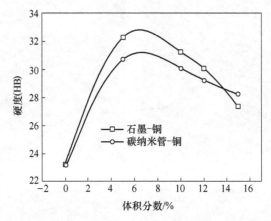

图 5-30 铜基复合材料硬度随碳纳米管含量的变化规律[35]

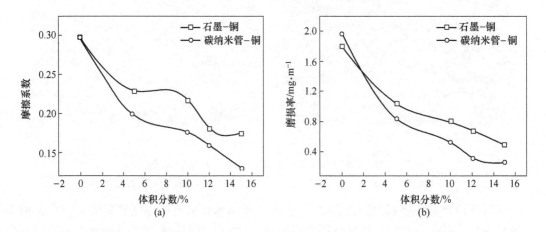

图 5-31 碳纳米管增强铜基复合材料摩擦系数和磨损率随碳纳米管含量的变化规律[35]
(a) 摩擦系数；(b) 磨损率

参 考 文 献

[1] Liu Ruihua, Song Kexing, Jia Shuguo, et al. Morphology and Frictional Characteristics Under Electrical Currents of Al₂O₃/Cu Composites Prepared by Internal Oxidation [J]. Chinese Journal of Aeronautics, 2008, 21 (3): 281~288.

[2] 柳巴尔斯基, 巴拉特尼克. 摩擦的金属物理[M]. 北京:机械工业出版社, 1984.

［3］ Ding T, Chen G X, Bu J, et al. Effect of temperature and arc discharge on friction and wear behaviours of carbon strip/copper contact wire in pantograph-catenary systems ［J］. Wear, 2011, 271 （9～10）: 1629～1636.

［4］ Tjong S C, Lau K C. Tribological behaviour of SiC particle-reinforced copper matrix composites ［J］. Materials Letters, 2000, 43 （5/6）: 274～280.

［5］ 徐晓峰, 宋克兴, 刘瑞华, 等. 内氧化法制备 Al_2O_3/Cu 复合材料电滑动磨损性能的研究 ［J］. 摩擦学学报, 2008, （1）: 83～87.

［6］ Kubo S, Kato K. Effect of arc discharge on wear rate of Cu-impregnated carbon strip in unlubricated sliding against Cu trolley under electric current ［J］. Wear, 1998, 216 （2）: 172～178.

［7］ Saka N, Liou M J, Suh N P. The role of tribology in electrical contact phenomena ［J］. Wear, 1984, 100 （1～3）: 77～105.

［8］ 高彩桥. 摩擦金属学［M］. 哈尔滨: 哈尔滨工业大学出版社, 1988.

［9］ 王庆福, 张彦敏, 国秀花, 等. 在铜镁合金表面制备 MgO/Cu 复合材料内氧化层的组织和性能 ［J］. 机械工程材料, 2015, 39 （1）: 58～62.

［10］ Song Kexing, Liu Ping, Tian Baohong, et al. Stabilization of nano-Al_2O_{3p}/Cu Composite after High Temperature Annealing Treatment ［J］. Materials Science Forum, 2005, 475～479: 993～996.

［11］ 国秀花, 宋克兴, 郜建新, 等. 冷变形对表面弥散强化铜合金组织与性能的影响 ［J］. 铸造技术, 2007, 28 （1）: 53～56.

［12］ Song Kexing, Xing Jiandong, Dong Qiming, et al. Internal oxidation of dilute Cu-Al alloy powers with oxidant of Cu_2O ［J］. Materials Science and Engineering: A, 2004, 380 （1～2）: 117～122.

［13］ Yan Y, Geng L. Effects of particle size on the thermal expansion behavior of SiC_p/Al composites ［J］. Journal of Materials Science, 2007, 42 （15）: 6433～6438.

［14］ Yoshida Katsuhito, Morigami Hideaki. Thermal properties of diamond/copper composite material ［J］. Microelectronics Reliability, 2004, 44 （2）: 303～308.

［15］ Wan Y Z, Wang Y L, Luo H L, et al. Effect of particle size on thermal expansion behavior of Al_2O_3-copper alloy composites ［J］. Journal of Materials Science Letters, 1999, 18 （13）: 1059～1061.

［16］ Arsenault R J, Taya M. Thermal residual stress in metal matrix composite ［J］. Acta Metallurgica, 1987, 35 （3）: 651～659.

［17］ 刘德宝, 崔春翔. AlN_p/Cu 复合材料的热学性能 ［J］. 机械工程材料, 2006, 30 （6）: 58～62.

［18］ 刘德宝. 添加铝对 AlN_p/Cu 复合材料组织与热性能的影响 ［J］. 材料热处理学报, 2007, 28 （2）: 7～11.

［19］ Guo Xiuhua, Song Kexing, Liang Shuhua, et al. Effect of Electrical Current on Wear Rate of Nano-Al_2O_{3p}/Cu Composite ［J］. Advanced Materials Research, 2010, 97～101: 717～723.

［20］ Yasar I, Canakci A, Arslan F. The effect of brush spring pressure on the wear behavior of copper-graphite brushes with electrical current ［J］. Tribology International, 2007, 40 （9）: 1381～1386.

［21］ Huang Shiyin, Yi Feng, Liu Hongjuan, et al. Electrical sliding friction and wear properties of $Cu-MoS_2$-graphite-WS_2 nanotubes composites in air and vacuum conditions ［J］. Materials Science and Engineering: A, 2013, 560: 685～692.

［22］ Selvakumar N, Vettivel S C. Thermal, electrical and wear behavior of sintered Cu-W nanocomposite ［J］. Materials & Design, 2013, 46: 16～25.

［23］ Akhtar F, Askari S J, Shah K A, et al. Microstructure, mechanical properties, electrical conductivity and wear behavior of high volume TiC reinforced Cu-matrix composites ［J］. Materials Characterization, 2009, 60 （4）: 327～336.

[24] 李鹏. 载流摩擦磨损试验机的研制及滑板材料摩擦磨损和载流性能研究 [D]. 武汉:机械科学研究总院武汉材料保护研究所, 2007.

[25] Nagasawa Hiroki, Kato Koji. Wear mechanism of copper alloy wire sliding against iron-base strip under electric current [J]. Wear, 1998, 216 (2): 179~183.

[26] 胡道春. 滑板材料载流摩擦磨损中电弧侵蚀特性研究 [D]. 洛阳:河南科技大学, 2008.

[27] 上官宝, 张永振, 邢建东, 等. 铜-二硫化钼粉末冶金材料的载流摩擦磨损性能研究 [J]. 润滑与密封, 2007, 32 (11): 21~23.

[28] 张会杰, 孙乐民. 电流、速度对 C/C 复合材料载流摩擦磨损性能的影响 [C]//第十一届全国摩擦学大会, 中国甘肃兰州, 中国科学院兰州化学物理研究所固体润滑国家重点实验室、中国机械工程学会摩擦学分会, 2013.

[29] 翟洪祥, 杨勇, 黄振莺. 颗粒增强铝基复合材料滑动摩擦行为的载荷依赖性 [J]. 机械工程学报, 2003, 29 (4): 30~34.

[30] 龙卧云, 丁晓坤, 杨晓华, 等. 碳纤维增强铜基复合材料的性能研究 [J]. 理化检验(物理分册), 2006, (8): 379~381.

[31] 唐谊平, 刘磊, 赵海军, 等. 短碳纤维增强铜基复合材料的摩擦磨损性能研究 [J]. 材料工程, 2007, (4): 53~56, 60.

[32] Yin Jian, Zhang Hongbo, Tan Cui, et al. Effect of heat treatment temperature on sliding wear behaviour of C/C-Cu composites under electric current [J]. Wear, 2014, 312 (1~2): 91~95.

[33] Chen Guoqin, Yang Wenshu, Dong Ronghua, et al. Interfacial microstructure and its effect on thermal conductivity of SiC_p/Cu composites [J]. Materials & Design, 2014, 63: 109~114.

[34] Kubota Yoshitaka, Nagasaka Sei, Miyauchi Toru, et al. Sliding wear behavior of copper alloy impregnated C/C composites under an electrical current [J]. Wear, 2013, 302 (1~2): 1492~1498.

[35] Xu Wei, Hu Rui, Li Jinshan, et al. Tribological behavior of CNTs-Cu and graphite-Cu composites with electric current [J]. Transactions of Nonferrous Metals Society of China, 2012, 22 (11): 78~84.

[36] Liang Shuhua, Wang Xianhui, Wang Lingling, et al. Fabrication of CuW pseudo alloy by W-CuO nanopowders [J]. Journal of Alloys and Compounds, 2012, 516: 0~166.

[37] Ibrahim I A, Mohamed F A, Lavernia E J. Particulate reinforced metal matrix composites—a review [J]. Journal of Materials Science, 1991, 26 (5): 1137~1156.

[38] Guo Xiuhua, Song Kexing, Liang Shuhua, et al. Effect of the thermal expansion characteristics of reinforcements on the electrical wear performance of copper matrix composite [J]. Tribology Transactions, 2014, 57 (2): 283~291.

[39] 马行驰, 何国求, 何大海, 等. 铜石墨合金材料在载流条件下的摩擦磨损行为研究 [J]. 摩擦学学报, 2008, (2): 167~172.

[40] 许少凡, 李政, 何远程, 等. 碳纤维对镀铜石墨-铜基复合材料组织与性能的影响 [J]. 矿冶工程, 2005, (1): 62~64.

[41] 郭忠全. 高性能铜基电接触复合材料的研制及强化机理研究 [D]. 济南:山东大学, 2011.

[42] Zheng Runguo, Zhan Zaiji, Wang Wenkui. Tribological properties of $Cu-La_2O_3$ composite under different electrical currents [J]. Journal of Rare Earths, 2011, 29 (3): 247~252.

[43] Zheng R G, Zhan Z J, Wang W K. Wear behavior of $Cu-La_2O_3$ composite with or without electrical current [J]. Wear, 2010, 268 (1): 72~76.

[44] Wong K K H, Zinke-Allmang M, Hutter J L, et al. The effect of carbon nanotube aspect ratio and loading on the elastic modulus of electrospun poly (vinyl alcohol) -carbon nanotube hybrid fibers [J]. Carbon, 2009, 47 (11): 2571~2578.

[45] Paton Keith R，Windle Alan H. Efficient microwave energy absorption by carbon nanotubes ［J］. Carbon，2008，46（14）：1935～1941.

[46] 康建立. 铜基体上原位合成碳纳米管（纤维）及其复合材料的性能 ［D］. 天津:天津大学，2009.

[47] 李国辉. TiB$_2$颗粒和CNTs混杂增强铜基复合材料制备及其电接触行为研究 ［D］. 洛阳:河南科技大学，2018.

[48] 王森. 碳纳米管增强铜基复合材料的制备与研究 ［D］. 兰州:兰州大学，2009.

[49] 蒋娅琳，朱和国. 铜基复合材料的摩擦磨损性能研究现状 ［J］. 材料导报，2014，28（3）：33～36，65.

6 铜基粉末冶金材料摩擦学特性

摩擦是阻止两个物体接触表面发生切向滑动或相互滚动的现象，常伴随有磨损现象。摩擦包含普通摩擦和功能摩擦，广泛存在于我们的身边，小到日常生活，大到工业生产都大量存在着与摩擦相关的问题。据统计，全球在一次性能源消耗中摩擦消耗占到 1/3 以上，机械材料消耗中磨损消耗占到 60% 以上，减少摩擦磨损成为节能降耗的一种方式。随着科技的发展，特殊工况的摩擦问题越来越突出，迫切需要针对摩擦问题展开研究。

6.1 化学成分对铜基粉末冶金材料摩擦磨损性能的影响

铜基粉末冶金材料是一种重要的摩擦材料，由于其高强度、高导热性、较高且稳定的摩擦系数和良好的耐磨性能而被用于制造高速列车制动元件[1,2]。材料中的组分根据其在材料中的作用，可分为基体组元、摩擦组元和润滑组元。基体组元大都为金属材料，其作用是形成金属基体，使材料具有一定的物理力学性能，并很大程度上决定了材料的摩擦磨损性能、热稳定性和导热性。摩擦组元和润滑组元往往是非金属材料，摩擦组元和润滑组元被基体组元以机械结合方式包覆镶嵌其中，形成均匀连续而牢固的整体，主要作用在于调节材料的摩擦磨损性能。

6.1.1 基体组元对铜基粉末冶金材料摩擦磨损性能的影响

铜基粉末冶金摩擦材料基体具有良好的金属特性，摩擦材料的热稳定性、导热性和摩擦磨损性能等很大程度上取次于铜基粉末冶金材料基体组元的组织结构、物理和化学性能[3]。因此，提高摩擦材料的综合性能除考虑材料中的非金属组元外，金属基体的成分和组织对材料摩擦磨损性能的作用也是人们关注的问题。铜基粉末冶金摩擦材料基体材料的主要功能和作用是依靠机械结合的方式将润滑组元和摩擦组元良好的镶嵌在上面使其融合成为性能优良的整体。基体材料不仅发挥着把润滑组元和摩擦组元固定的载体作用，同时决定铜基粉末冶金的热传导性能和抗压强度等综合性能，因此材料基体性能的好坏直接影响铜基粉末冶金摩擦材料的总体性能。铜基粉末冶金摩擦材料的基体一般不是一种，而是由多种金属材料组成，基体的主要元素有 Cu、Mn、Ti、Ni、Sn、Fe、Al 和 Cr 等及其合金。

6.1.1.1 Sn、Zn、Ni

因为合金材料的成分和元素半径不尽相同，所以虽然 Sn、Zn、Ni 与铜基结合能够起到固溶强化的作用，但是它们的强化效果不同[4]。Sn 在纯铜中具有良好的融合效果，例如纯铜和 Sn 的混合材料在 750℃ 下烧结，这个溶解的过程在 15min 左右就会有良好的效果；如果加热温度到达 800℃，在保温较短的时间内就能够得到均匀的合金固溶体，因此

Sn 表现出了更好的融合效果。但这个溶解过程的烧结温度不能过高，保温时间也要保持一个适当的水平，否则就会发生大量的熔化现象。铜基粉末冶金刹车材料中加入少量的Zn 能提高材料的摩擦系数，降低铜基粉末冶金摩擦材料的磨损量，但 Zn 含量并不是越高越好，过多的含量反而会降低铜基粉末冶金摩擦材料的摩擦磨损性能。另有研究发现，加Ni 比加 Zn 更有利于提高材料的综合性能。

6.1.1.2 稀土元素

随着稀土的加入，铜基粉末冶金摩擦材料的基体晶粒得到了细化，铜基摩擦材料的硬度、抗氧化性和抗腐蚀性等都得到了一定程度的提高，并且试样的显微组织也得到细化。这是因为随着稀土的加入，铜基摩擦材料烧结液体的表面张力大大降低，润滑组元和摩擦组元不会发生严重的聚集，能够均匀地分布在基体材料上面，从而使摩擦材料更加耐磨；另一方面稀土与氧发生作用，在摩擦材料结晶时能够起到形核和细化晶粒的作用，细化晶粒的摩擦材料具有更好的强度和耐磨性能。

6.1.1.3 Al 元素

Al 是有效提高铜黏结力的元素，这也是铜基粉末冶金基体材料的主要性能之一。Al 元素加入基体材料中能够起到固溶强化的作用，因此铜基摩擦材料的硬度得到提高。随着Al 含量的增加，Al 在铜基摩擦材料中不仅起到固溶强化的作用，同时摩擦材料多了氧化元素，因此摩擦材料的耐磨性能得到提高。同时研究发现铝青铜具有比锡青铜更好的耐热性能，在高温条件下，铝青铜的强度远远高于锡青铜；同时铝青铜的抗腐蚀性能非常好，这是其他基体材料不能代替的。

高飞等人[5]研究发现，磨损率除与润滑粒子的性能有关外，基体材料的强度、硬度以及硬质粒子均对材料的耐磨性有影响。随着铝含量的增加，铜基粉末冶金材料的磨损率总体呈现降低的趋势。当铝质量分数低于 9% 时，基体金属强度较低，当摩擦速度增高时，微凸体变形程度增加，同时，与摩擦对偶材料间的硬度偏差量增加，这有利于增加对偶材料表面微凸体的压入深度，加剧了犁削现象的发生，磨损量随着摩擦速度的提高而明显增加。当铝质量分数高于 9% 时，铝在铜中的溶解度达到饱和，硬度达到最高值，继续增加铝含量对铜铝合金基体的硬度影响不大，但由于氧化铝的贡献，材料硬度增加，这对于提高材料的承载能力是有利的，因此在这种情况下，随摩擦速度的增加，磨损率并没有明显增加。这说明铝通过固溶强化和增加氧化铝含量的方式提高了材料的耐磨性能（见图 6-1）。

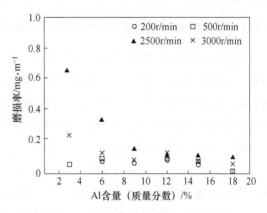

图 6-1 铝含量对磨损率的影响[5]

6.1.1.4 W 元素

W 具有很高的熔点，在铜基摩擦材料中加入 W 元素，能够使基体材料吸收更多的摩擦热，从而提高摩擦材料的比热容；同时 W 能够和材料中的润滑组元碳元素发生反应形成 WC，WC 在摩擦材料中能够起到弥散强化的作用，提高摩擦材料的强度和耐磨性能。陈百明等人[6]发现由于 W 的硬度较高，W 含量（质量分数）在 3%以下时，W 的颗粒均匀分布在铜基体中起弥散强化作用使材料的硬度得到小幅提高，但当 W 含量（质量分数）大于 3%后，随着 W 含量增加，一部分 W 与 SiC 起反应生成了 WSi$_2$ 和石墨，由于 WSi$_2$ 的硬度低于 SiC，且石墨的硬度较低，因此材料的硬度反而降低。随着钨含量的增加，在不同的速度下，材料的磨损率几乎一直在增加，在 1.56m/s 的速度下，所有材料的磨损率相对较高；而在 2.60m/s 的最高速度下，所有材料的磨损率相对较低；在不同的速度下，W 添加量（质量分数）为 6%和 9%时材料的磨损率比较接近。这说明钨含量（质量分数）在 0~6%的范围内，速度对材料的磨损率有显著的影响，当钨含量高于 6%后，速度对材料的磨损率影响较小（见图 6-2）。

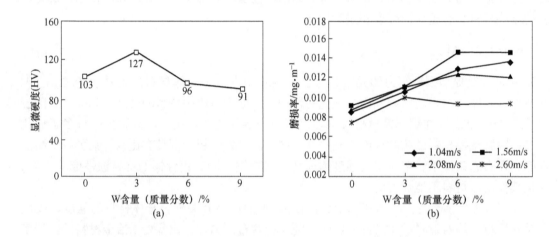

图 6-2　不同钨含量的铜基材料的硬度（a）和材料在不同速度下的磨损率（b）[6]

6.1.2　摩擦组元对铜基粉末冶金材料摩擦磨损性能的影响

摩擦组元又叫做增摩组元，摩擦组元一般选取非金属材料或者熔点高、硬度大的金属材料，它们在高温的条件下依然能够保持自身的特性[7~10]。摩擦组元的添加一方面提高了材料的摩擦系数，另一方面减少材料中低熔点金属、氧化物等与对偶材料之间的黏着和转移，降低对偶表面的损耗，保证摩擦表面平稳啮合。摩擦组元的含量和颗粒大小对材料的摩擦磨损性能起着重要的作用，因此在选择摩擦组元时，含量过多或者颗粒过大都会使基体夹持能力变小、连续性降低，对摩时造成材料表面硬质颗粒脱落，对偶材料擦伤严重，磨粒磨损加剧，因此摩擦组元并不是越多越好。

在实际的生产制备中常用到的增摩组元主要有：稳定性较好的金属氧化物（Al$_2$O$_3$，Cr$_2$O$_3$ 等）、熔点较高的金属（Fe、Cr 等）粉末、氮化物（TiN 等）、碳化物（TiC 等）、硼化物（FeB 等）以及 SiO$_2$ 和 SiC 等。有研究表明，适量的 Fe 能够降低铜基粉末冶金材料的磨损量，尤其是降低在高速摩擦条件下的磨损量；SiO$_2$ 能够提高铜基粉末冶金材料在高速摩擦条件下的耐磨性，但同时也会降低其在低速摩擦条件下的耐磨性；铜基粉末冶金材料中添加 Cr 有利于提高材料的硬度，同时降低材料的孔隙率，随 Cr 含量的增加，材料的摩擦系数有所降低，同时耐磨性增加；Al_2O_3 熔点高，硬度高，化学稳定性良好，烧结时无晶型转变，能提高材料的热稳定性能，同时可稳定铜基粉末冶金材料的摩擦系数。

6.1.2.1　Fe、SiO_2

在铜基摩擦材料中，Fe、SiO_2 一般作为摩擦组元加入材料中用以调整摩擦系数，起着摩擦、抗磨和抗黏结的作用。Fe、SiO_2 都可作为摩擦组元，但两者增摩效果不同，这与它们自身的属性、与基体的结合能力、表面工作膜的形成以及在摩擦过程中二者的作用机理不同有关。姚萍屏等人[11]认为 Fe 的加入能减少铜基摩擦材料的磨损量，而添加 SiO_2 明显增加了材料的摩擦系数（见表 6-1 和图 6-3）。

SiO_2 作为一种非金属摩擦添加剂与基体不发生相互作用，SiO_2 的润湿性较小，与基体的结合力相对较弱，露出表层的 SiO_2 颗粒因硬度较高，摩擦时易切入对偶表面，使摩擦阻力增加，提高摩擦系数。其在法向压力及摩擦力的作用下，由于结合强度较低，易在金属基体结合界面处与基体分离而脱落成为磨粒，加剧材料的磨粒磨损，同时 SiO_2 颗粒较脆，在表面微凸体的冲击和摩擦压力作用下容易破碎成小颗粒而失去磨粒的支撑作用，这导致基体表面直接参与摩擦，因而磨损也要增大，而位于表层较深处的 SiO_2 颗粒则在摩擦力作用下出现微裂纹而与基体金属分开，从而削弱了材料的强度，使磨损性能发生变化。这可以很好地解释在较低转速下 SiO_2 提高了材料的摩擦系数，但也增加了材料的磨损这一现象。而在高转速条件下，材料的摩擦系数在 5000r/min 时显著降低，随后转速增加时，摩擦系数变化较小，此时材料的磨损也较小。这是因为此条件下材料摩擦表面形成了一种工作膜层，该膜层主要由表层金属的氧化物及材料各组分的机械混合物组成，这种膜层填补了表面摩擦颗粒之间的凹坑，前述的作用机理因工作膜的存在而发生改变，从而 SiO_2 颗粒提高摩擦系数的作用被弱化，摩擦系数较低。只要这种膜不脱落，新的摩擦表面不露出，SiO_2 就不能发挥其良好的增摩作用。因此材料中加入 SiO_2 并非都能够提高材料的摩擦系数，其增摩效果必须依工作条件的不同加以综合考虑。

材料中加入 Fe，由于 Fe 与基体之间良好的润湿性，且 Fe 在基体铜中存在较弱的固溶度，因此 Fe 与基体的结合能力较 SiO_2 强。硬度高的游离态 Fe 颗粒在基体中均匀分布，起到了增强相的作用，减小了材料的磨损，然而对摩擦系数提高不大。当 Fe 含量增加时，摩擦系数提高，但 Fe 对材料摩擦系数的提高是有限的。从图 6-3 可以看到，加 Fe 后在不同的条件下材料的摩擦系数和磨损率的变化都较 SiO_2 小。这说明 Fe 不能较大地提高材料的摩擦系数但能在不同的条件下有效地稳定材料的摩擦系数，同时增加材料的耐磨性。另外，在高转速条件下，Fe 能参与摩擦表面膜的形成，这一作用机理不同于 SiO_2，因为 SiO_2 能阻碍表面工作膜的形成。表面上的 Fe 因摩擦热的作用被氧化，此时材料的磨损以氧化和脱落为主，实际工作面就是这种表面膜，材料无论是摩擦系数还是耐磨性能都取决于这种膜的力学性能和物理化学性能。

表 6-1　材料组成（质量分数）　　　　　　　　　　（%）

编号	Cu-Su 合金	石墨	Fe	SiO$_2$
B1	95	5	—	—
B2	91	5	4	—
B3	91	5	—	4

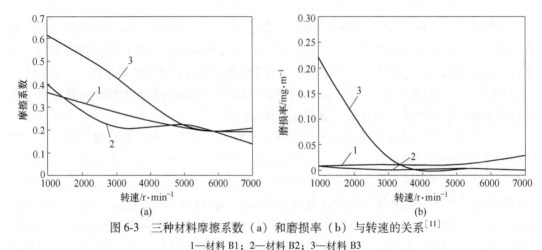

图 6-3　三种材料摩擦系数（a）和磨损率（b）与转速的关系[11]
1—材料 B1；2—材料 B2；3—材料 B3

6.1.2.2　Al$_2$O$_3$

Al$_2$O$_3$具有密度低、强度高、弹性模量高、耐磨及耐腐蚀等优点，因此常被用作摩擦组元加入粉末冶金摩擦材料中。但 Al$_2$O$_3$弹性模量高、强度高、与基体金属的润湿性很差，所以不可避免地造成陶瓷颗粒与基体间存在空隙或结合不紧密，从而导致界面结合强度不够、陶瓷颗粒容易脱落。脱落的陶瓷颗粒不仅在摩擦过程中起不到增摩作用，还会使摩擦系数降低。此外，在陶瓷颗粒脱落后，摩擦材料基体会与对偶件直接接触摩擦，因而磨损率大大增加。因此赵翔等人[12]通过对 Al$_2$O$_3$颗粒表面进行改性处理（化学镀铜）改善 Al$_2$O$_3$与基体间的结合效果。结果表明：Al$_2$O$_3$颗粒镀铜使铜基粉末冶金摩擦材料 Al$_2$O$_3$-Fe-Sn-C/Cu 的摩擦磨损性能提高，摩擦系数提高了 5%~10%，摩擦系数稳定性提高了 13%~23%，磨损率降低了 43%左右（见图 6-4）。

6.1.2.3　SiC

图 6-5 所示为摩擦速度 20m/s，电流密度 1.1292A/mm^{2}条件下，复合材料的摩擦系数和磨损率随 SiC 含量（SiC 质量分数分别为 0%、1%、2%、3%与 4%）的变化曲线。可以看出，随 SiC 含量的增大，材料的摩擦系数不断增大，磨损率随 SiC 含量增加出现先减小后增大的趋势，2%SiC/C/Cu 复合材料磨损率最小。添加 SiC 颗粒的 SiC/C/Cu 复合材料中露出表层的 SiC 硬质颗粒，摩擦时易切入对偶表面，增加了摩擦阻力。随 SiC 含量增加，复合材料中 SiC 颗粒偏向于石墨/铜的界面处分布，被铜基体半包覆，在摩擦过程中更容易从基体拔出，且 SiC 含量越高，表层颗粒数目越多，产生的摩擦阻力越大，材料的摩擦系数也就越大[13]。

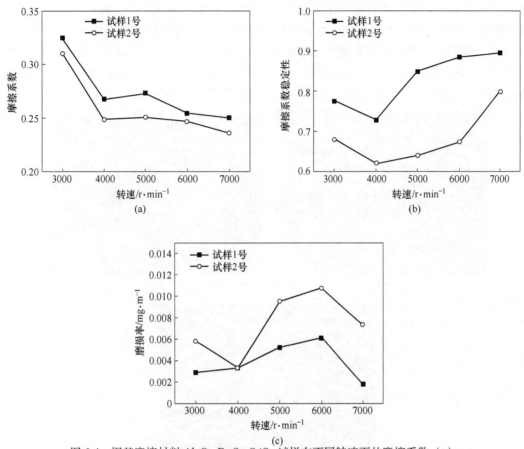

图 6-4　铜基摩擦材料 Al$_2$O$_3$-Fe-Sn-C/Cu 试样在不同转速下的摩擦系数（a）、

摩擦系数稳定性（b）和磨损率（c）[12]

（试样 1 号为镀铜试样，试样 2 号为未镀铜试样）

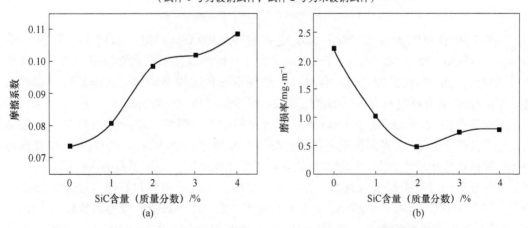

图 6-5　SiC 含量对摩擦系数（a）和磨损率（b）的影响[13]

图 6-6 所示为摩擦速度 20m/s、电流密度 1.1292A/mm^2 条件下，不同 SiC 含量复合材料的磨损表面形貌。可以看出，C/Cu 复合材料磨损表面出现了明显的电弧烧蚀带，未被甩出的铜液滴重凝在材料磨损表面，材料的磨损以磨粒磨损和电弧熔融烧蚀为主；2%

SiC/C/Cu 复合材料磨损表面出现了少量 SiC 脱落对表面造成的犁沟，由于 SiC 颗粒对基体的增强，磨损表面整体较平整，材料的磨损主要以黏着磨损和磨粒磨损为主；4%SiC/C/Cu 复合材料由于 SiC 脱落量增加，表面粗糙度增大，电弧发生率增加，使其磨损表面出现了较多的电弧烧蚀坑，而电弧对铜基体的烧蚀，又使大量的碳化硅脱离，并作为大的磨粒存在于配副间，材料的磨损以电弧烧蚀磨损和磨粒磨损为主。

图 6-6　不同 SiC 含量复合材料的磨损表面 SEM 形貌[13]

(a) C/Cu；(b) 2%SiC/C/Cu；(c) 4%SiC/C/Cu

图 6-7 所示为摩擦速度 20m/s、电流密度 0.8469A/mm² 时，不同 SiC 颗粒大小（7.5μm、15μm、25μm 和 40μm）SiC/C/Cu 复合材料的摩擦系数和磨损率对照图。从图中可以看出，随 SiC 粒径增大，复合材料的摩擦系数和磨损率均出现先降低后升高的趋势，25μm SiC 复合材料具有最低的摩擦系数和最低的磨损率。7.5μm SiC 复合材料中 SiC 颗粒偏向于石墨/铜界面聚集，15μm SiC 复合材料中 SiC 颗粒一部分弥散分布在铜基体内，一部分处于石墨/铜界面被铜基体半包覆，在摩擦过程中 7.5μm 和 15μm SiC 复合材料 SiC 颗粒容易从基体脱落，以磨粒形式存在于摩擦配副间，破坏了石墨润滑层；同时一部分磨粒在摩擦过程中被嵌入材料，再脱落出基体，如此的重复过程将直接增加摩擦阻力，增加摩擦系数，SiC 粒径越小，颗粒数目越多，所以 7.5μm SiC 摩擦系数最大，15μm SiC 复合材料的摩擦系数次之。而 25μm 和 40μm SiC 复合材料中 SiC 大部分被卡嵌在铜基体中，摩擦表面整体较平整，摩擦系数低；但是由于摩擦热和电阻热对铜基体的软化，仍有少量 SiC 的脱落，而 40μm SiC 复合材料中大粒径 SiC 颗粒的脱落过程会对基体产生特别深的犁沟，将直接增加摩擦阻力，增大摩擦系数。所以 40μm SiC 复合材料的摩擦系数出现了一定的升高，25μm SiC 复合材料具有最低的摩擦系数。

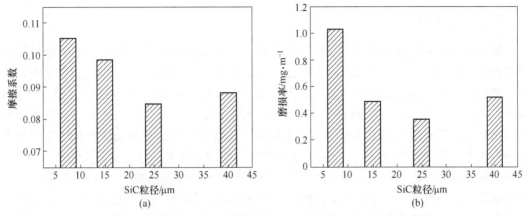

图 6-7 SiC 颗粒大小对摩擦系数 (a) 和磨损率 (b) 的影响[13]

图 6-8 所示为摩擦速度 20m/s、电流密度 0.8469A/mm² 条件下，不同 SiC 颗粒大小（15μm、25μm 和 40μm）SiC/C/Cu 复合材料的磨损表面形貌。从图中可以看出，15μm SiC 复合材料磨损表面有很多磨粒磨损造成的犁沟，也有少量的黏着磨损；25μm SiC 复合材料由于 SiC 颗粒对基体的强化，整个磨损面较平整，只有少量的 SiC 脱落产生的犁沟，材料的磨损以磨粒磨损为主，电弧烧蚀较弱。40μm SiC 复合材料由于热量积累，表层升温对基体软化，摩擦过程中 SiC 颗粒沿着摩擦方向移动脱落过程中，对材料表面造成了很深的犁沟，并且犁沟边缘处和犁沟深处又为电弧的发生创造了条件，有一定的电弧烧蚀现象[13]。

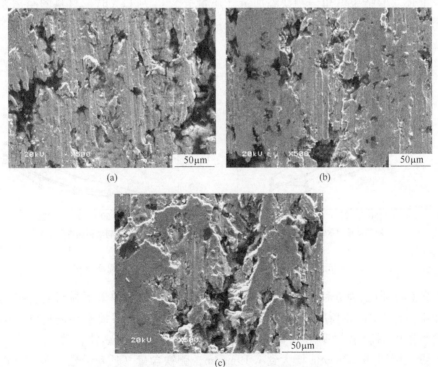

图 6-8 不同 SiC 颗粒大小复合材料的磨损表面 SEM 形貌[13]

(a) 15μm SiC/C/Cu；(b) 25μm SiC/C/Cu；(c) 40μm SiC/C/Cu

6.1.2.4　FeB

图 6-9（a）所示为五种不同制动初速度时，不同硼铁添加量的铜基粉末冶金材料摩擦系数的变化曲线。可以看出，随着制动初速度的增大，五组试样的摩擦系数都表现整体减小的趋向。不含硼铁的材料的摩擦系数由 0.414 降低到 0.265，硼铁含量（质量分数）为 6% 的材料摩擦系数由 0.355 降低到 0.239，硼铁含量（质量分数）为 12% 的材料摩擦系数由 0.313 降低到 0.25。这是由于随着制动初速度的增加，在制动压力和转动惯量不变的前提下，制动时间增多，制动过程中产生的热能逐渐增多，导致组织软化，材料表面形成一层氧化膜，它可以起到润滑的作用，降低了材料的摩擦系数。在 100~200km/h 制动初速度下，随着硼铁含量的升高，材料的摩擦系数明显降低。主要原因是加入的硼铁与铁反应形成 FeB 相，可以起到弥散强化作用，使基体与颗粒之间结合状况良好，不易脱落，减少了摩擦过程中试样摩擦表面的 SiO_2 和 Fe 等硬质颗粒量，导致试样摩擦表面凹坑减少，整体粗糙度降低。在 250~300km/h 制动初速度下，硼铁含量低（质量分数为 0~6%）时，随着硼铁含量增加，材料的摩擦系数明显降低；硼铁含量高（质量分数为 9%~12%）时，随着硼铁含量的增加，材料的摩擦系数缓慢降低，波动不大，且较硼铁含量质量分数为 6% 时有少许增大。主要原因是硼铁含量较低（质量分数为 0~6%）时，在高速制动初速度下，材料的散热能力下降，使得表面温度升高，致使基体软化和氧化。硼铁含量（质量分数）为 9% 和 12% 的材料中生成的 FeB 相含量较其他几组试样增多，而 FeB 属于脆性相，高速制动下摩擦热迅速上升，易发生黏着磨损现象，使得材料表面摩擦系数升高。综合上述实验结果可知，硼铁添加量（质量分数）为 12% 时，材料的摩擦系数在低速制动下，下降幅度小；高速制动下，趋于平稳，较稳定[14]。

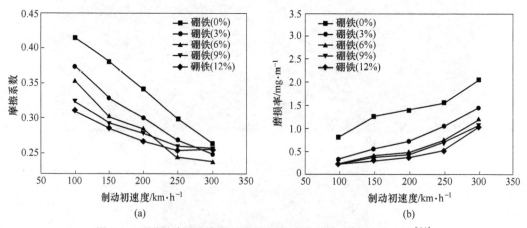

图 6-9　不同制动初速度下的材料摩擦系数（a）与磨损率（b）[14]

图 6-9（b）所示为五种不同制动初速度时，不同硼铁添加量下材料磨损率的变化曲线。从图中可以看出，随着制动初速度的增大，五组试样的磨损率都表现整体增大的趋向。不含硼铁的材料磨损率由 0.81mg/m 增大到 2.05mg/m，硼铁含量（质量分数）为 6% 的材料磨损率由 0.23mg/m 增大到 1.19mg/m，硼铁含量（质量分数）为 12% 的材料磨损率由 0.22mg/m 增加到 1.02mg/m。这是由于随着制动初速度的增大，高速制动下产生的热能不能顺利消散出去，导致基体软化，磨损率增加。另外在同一制动初速度下，随着

硼铁含量的增大，材料的磨损率一直降低。主要原因是基体中加入硼铁后，在显微组织中有 FeB 生成，使基体组织得到弥散强化，同时 FeB 本身也有较好的耐磨性，因而材料的耐磨性能提高。图6-9 中不难看出硼铁含量（质量分数）为 12%时，在低速和高速制动初速度下，磨损率在五组材料中是最低的，因此硼铁添加量（质量分数）为 12%时，材料的耐磨性能最好。

表6-2 所列为添加不同硼铁含量的闸片材料在不同制动初速度条件下摩擦系数的稳定系数。试验材料在五种制动初速度下的摩擦系数稳定系数均在 75%以上，这主要是因为闸片材料具有良好的力学性能和自润滑作用。在较低制动初速度（≤150km/h）下，未添加硼铁的材料比添加硼铁的材料的摩擦系数稳定系数表现较好，在较高制动初速度下，添加硼铁的材料摩擦系数稳定系数总体优于未添加硼铁的材料。这是由于添加硼铁的闸片材料强度和硬度较大，在低速制动下，材料表面脱落的少量硬质颗粒自身硬度也相对较大，造成材料表面状态变化，摩擦系数稳定系数略差；在高速制动下，由于制动功率、制动时间、制动距离增加，材料基体发生软化并与空气中的水分、氧气等发生化学反应，材料表面形成一层氧化膜，起到润滑的作用，与未添加硼铁闸片材料相比，添加硼铁的闸片材料形成的氧化膜致密且连续性较好，因此其高速制动下摩擦系数稳定系数较好。

表6-2 五组闸片材料在不同制动初速度下的摩擦系数稳定系数 （%）

硼铁含量（质量分数）	100km/h	150km/h	200km/h	250km/h	300km/h
0%	85.75	84.24	80.48	78.2	75.14
3%	76.63	77.4	74.98	78.02	75.54
6%	76.14	73.31	80.5	80.72	82.44
9%	76.36	75.32	82.15	85.56	83.22
12%	75.31	79.64	83.7	82.24	82.6

图6-10 所示为制动初速度较低（100km/h）时，不同硼铁添加量材料的磨损表面形貌。在较低制动初速度下，磨粒磨损起主要作用。可以看出，不添加硼铁的试样（见图6-10（a））表面磨粒磨损严重，摩擦表面粗糙，存在着大量的犁沟和剥落坑。加入硼铁的摩擦材料，其颗粒与基体结合状况良好，不易脱落，硬质点微凸体数量减少，犁沟数量减小，摩擦系数降低，磨损率减小。由图6-10（b）和（c）可以看出，随着硼铁加入量的增多，材料磨损表面质量得到很大改善，只有少量划痕，剥落坑基本消失，减轻了因脱落引起的磨粒磨损程度。

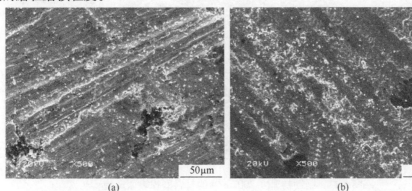

(a)　　　　　　　　　　　　　　　(b)

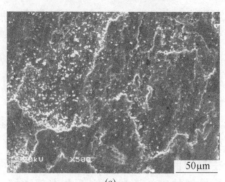

(c)

图 6-10　制动初速度为 100km/h 时的材料磨损表面形貌[14]

(a) 0%；(b) 6%；(c) 12%

　　图 6-11 所示为制动初速度为 200km/h 时，不同硼铁添加量材料的磨损表面形貌。在该制动初速度下，氧化磨损占主导作用，并由于低熔点金属的存在夹杂着少量的黏着磨损。随着制动速度的增加，摩擦热增加，材料表面形成氧化膜，此时的摩擦过程为氧化膜的生成和剥落的过程。另外随着摩擦表面温度的增加，材料基体发生软化，在摩擦过程中受到剪切力和压力作用，发生塑性变形，与对偶材料摩擦过程中形成黏着磨损。从图中可以看出，与 100km/h 制动初速度下的试样磨损形貌相比，200km/h 制动初速度下的试样表面犁沟和剥落坑数量减少。同时摩擦表面形成了颜色较暗的氧化膜，主要包含一些金属氧化物，同时还夹杂有 FeB。这层氧化膜降低了微凸体的接触面积，致使高温下润滑作用增强，从而降低了材料表面摩擦系数和磨损率。此外，硼铁含量也影响材料的摩擦磨损性能。

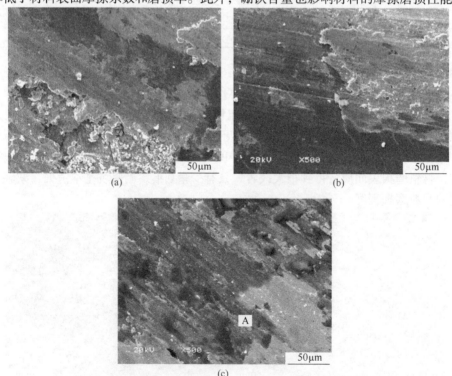

图 6-11　制动初速度 200km/h 的材料磨损表面形貌[14]

(a) 0%；(b) 6%；(c) 12%

从图 6-11（a）中可以看出，试样磨损表面存在较多的黏着凹坑，同时还可观察到部分呈断续条状的暗黑色氧化膜，说明不含硼铁的材料黏着磨损和氧化磨损较为严重。随着硼铁添加量的增加，如图 6-11（b）和（c）所示，试样磨损表面黏着凹坑数量减少，同时氧化膜致密化和连续化增加，试样的氧化磨损和黏着磨损程度减弱。这主要是因为随着硼铁的加入，试样硬度得到提高，塑性变形较弱，减少了与对偶材料的黏着；另外硬质颗粒受摩擦热及摩擦力的作用而磨损，磨损后的磨屑被氧化，尤其是氧化膜的组成物夹杂有 FeB，提高了氧化膜的强度，并且未脱落的 FeB 颗粒对氧化膜也起到了钉扎作用，使得氧化膜致密化和连续化良好，形成了一个良好的表面覆盖。因此，随着硼铁含量增加，试样的摩擦系数降低，磨损率减少。

图 6-12 所示为硼铁含量（质量分数）为 12% 试样磨损表面 A 处的 EDS 图谱，从图中可以明显发现材料摩擦表面氧元素的含量极高，氧化反应现象严重，图中也可以看出氧化膜中包含有较高含量的 B、Fe 等元素。

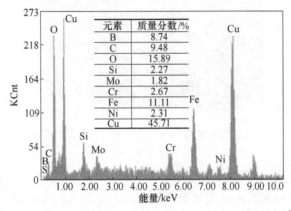

元素	质量分数/%
B	8.74
C	9.48
O	15.89
Si	2.27
Mo	1.82
Cr	2.67
Fe	11.11
Ni	2.31
Cu	45.71

图 6-12　硼铁含量 12% 材料试样磨损表面 A 处的 EDS 图谱[14]

图 6-13 所示为制动初速度为 300km/h 时，不同硼铁添加量材料的磨损表面形貌。在该制动初速度下，材料的磨损主要是氧化磨损和黏着磨损共同作用的结果。在制动高温下，材料基体软化程度增加，塑性变形加剧，在与对偶材料摩擦过程中，摩擦表面形成犁沟，导致微凸体易于从摩擦表面撕脱，形成严重的黏着磨损。另外由于摩擦热的存在，摩擦表面处于不稳定状态，易与大气中的氧发生反应而形成一层氧化膜。随着硼铁含量的增加，试样的硬度增大，塑性变形减弱，硼铁颗粒与基体结合较好，摩擦表面未见较大的剥落坑，黏着磨损程度降低。同时在试样表面形成一层连续致密的氧化膜，该氧化膜中金属氧化物含量高且夹杂有 FeB，使得高速制动下材料的摩擦系数缓慢降低，且磨损率低于未添加硼铁的试样。而当硼铁含量（质量分数）进一步增加至 9%、12% 时，高速制动下材料的摩擦系数较硼铁含量 6% 时有少许升高，且波动较小（见图 6-9（a））。这主要是由于当硼铁含量高时，FeB 在较高的剪切力和压力作用下易发生碎裂，其在金属黏着物和氧化膜中的含量增大，使金属黏着物和氧化膜的硬度提高，且不易从摩擦表面脱落，因而在与对偶材料摩擦过程中使得材料的摩擦系数有所提高，磨损率减小。

6.1.3　润滑组元对铜基粉末冶金材料摩擦磨损性能的影响

润滑组元又被叫做减摩组元，主要作用是用来减小摩擦材料的磨损量、稳定材料的摩

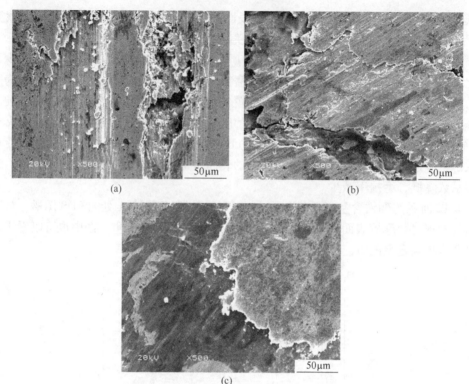

(a)
(b)
(c)

图 6-13　制动初速度为 300km/h 时的材料磨损表面形貌[14]
(a) 0%；(b) 6%；(c) 12%

擦系数、增加摩擦材料的耐磨性能和使用寿命等，其中在减少摩擦副的磨损方面有着至关重要的作用[15]。铜基粉末冶金摩擦材料中加入的润滑组元的多少对材料本身摩擦性能和机械强度都有重要影响，如果润滑组元过少会造成摩擦副的磨损严重，使用寿命大大降低；但是润滑组元过高会造成摩擦材料的机械强度不足，难以满足摩擦材料的机械性能要求[16]。

　　铜基粉末冶金闸片材料中利用率较高的润滑组元有固体润滑剂（如石墨、SbS、MoS_2、WS_2、云母和 CuS）、低熔点金属（Sn、Pb、Bi 等）以及金属（Co、Ni 及 Fe 等）的磷化物、某些氧化物和氮化硼。

6.1.3.1　石墨

　　在石墨材料的晶体中，层与层之间的距离大，层内相邻碳原子依靠较强的共价键结合，但是层与层之间有碳原子，依靠较弱的范德华力连接，因此当受到与层平行方向的剪切力时，层与层间较容易滑动，其摩擦系数也低，是工业上得到广泛应用的减摩材料。鳞片状的石墨在摩擦材料中使用最为广泛，铜基粉末冶金材料中加入石墨，有利于稳定摩擦系数，提高耐磨性能。

　　丁华东等人[17]发现石墨能够使铜基粉末冶金材料具有良好的润滑性能，在电接触过程中石墨还能够提高材料的抗熔焊和耐电弧烧蚀性能。陈军等人[18]研究发现天然石墨具有较好的压制性能，在铜基粉末冶金摩擦材料中，发现采用 50 号天然鳞片状石墨的试样与其他使用不同状态石墨的试样对比发现，前者具有更为良好的综合摩擦磨损性能。李世鹏等人[19]在添加石墨及添加石墨与SiO₂后的两种铜基摩擦材料中，发现前者的磨损率总体上随转速的提高而增大，而后者的则相反。基体中加入石墨，低转速下主要发生黏着和犁削现象，当转速增加后材料的磨损以犁削和剥层脱落为主，高转速条件下则出现氧化磨损，石墨在摩擦表面被碾成一薄层，与表面塑性变形金属和磨屑形成多层叠加结构，削弱了表层与基底的结合强度，易发生层状剥落。基体中加入石墨与SiO₂后，在较低转速下材料以磨粒磨损为主，高转速时则伴有少量氧化磨损，表面膜上裂纹是导致其脱落的主因（见表6-3和图6-14）。

表 6-3　材料组成（质量分数）　　　　　　　　　　　　（%）

试样编号	铜粉	锡粉	石墨粉	二氧化硅
A	91	4	5	—
B	87	4	5	4

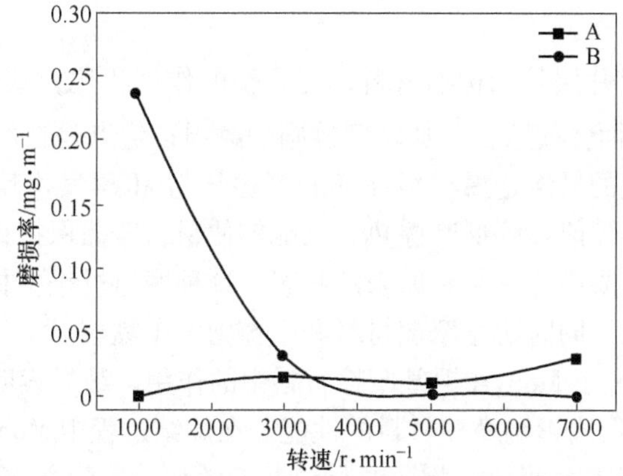

图 6-14　表 6-3 中 A、B 两试样的磨损率与转速的关系[19]

6.1.3.2　碳纤维

图6-15所示为载流摩擦磨损试验中材料碳纤维含量与材料摩擦系数间的关系。可以看出，随碳纤维含量的升高，复合材料的摩擦系数和磨损率逐渐降低。

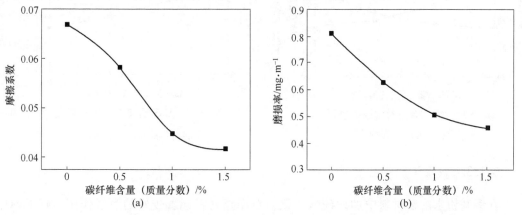

图 6-15　碳纤维含量对复合材料的摩擦系数（a）和磨损率（b）的影响[20]

（V=10m/s，T=10s，σ=0.3MPa，I=50A）

碳纤维含量（质量分数）从 0 升至 0.5%时，碳纤维能够均匀分布于复合材料中，在摩擦过程中起到了润滑作用；随碳纤维含量从 0.5%继续增加，复合材料的摩擦系数明显降低，之后随碳纤维含量进一步提高，摩擦系数持续降低。材料的摩擦系数与材料表面的光滑程度有关，在接触初始阶段，碳纤维能够填补微观表面的微凸峰之间的空隙，使材料表面在摩擦过程中平整光滑，减少了凹坑造成的起弧率增加、电弧能量的增大和接触表面的恶化，材料的摩擦系数因此降低。

材料的磨损率与材料表面光滑程度及材料摩擦表面的组织结构关系密切。随着材料碳纤维质量分数的提高，材料的摩擦系数明显下降，在整个电接触过程中起到的润滑作用也越来越显著。材料在对磨过程中出现振动和冲击所产生的电弧减少，电弧会造成材料表面温度急剧升高，磨损和剥落现象也会成倍增加。而加入的碳纤维能够使摩擦表面持续保持光滑，有效提高材料的润滑质量，材料的磨损率因此降低[20]。

6.1.3.3　MoS_2

MoS_2也是一种具有片层状结构的材料，与石墨的作用相比，缺点是 MoS_2 在高温条件下容易被还原成 Mo 粉而变成磨粒，加剧摩擦副的磨损；优点是在摩擦系数低时吸附膜对其的影响较小，低熔点的易熔金属材料在随着摩擦热与 MoS_2 发生反应，在摩擦面上形成一层润滑膜，润滑膜不仅能够降低摩擦热，又能够使材料摩擦保持稳定性，当摩擦温度降低以后，润滑膜又发生凝固会恢复到原来的状态。这种摩擦过程中材料熔化与凝固的交替保证了材料的稳定性能，同时防止摩擦材料和摩擦副发生黏着。

白同庆等人[21]研究了 MoS_2 在铜基摩擦材料中的作用。结果表明，作为润滑组元加入的 MoS_2 并非以 MoS_2 的形式影响摩擦材料的性能。在烧结过程中 MoS_2 发生了分解反应，分解后的 S 大部分生成了 FeS 等硫化物，对材料起润滑作用。随着 MoS_2 含量的增加，材料的耐磨性、稳定系数逐渐提高，而摩擦系数逐渐降低（见图 6-16 和图 6-17）。

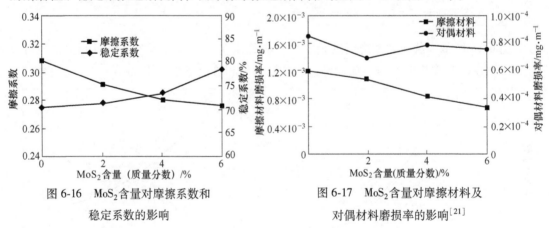

图 6-16　MoS_2 含量对摩擦系数和　　　　　图 6-17　MoS_2 含量对摩擦材料及
　　　　稳定系数的影响　　　　　　　　　　　　　对偶材料磨损率的影响[21]

6.1.3.4　$FeSO_4$

在铜基粉末冶金材料中加入硫酸亚铁，对摩擦材料起着较好的润滑作用，随 $FeSO_4$ 含量的增加材料的密度和硬度逐渐降低，$FeSO_4$ 减摩作用并不是自身材料性能的摩擦润滑，而是在摩擦达到高温时 $FeSO_4$ 被分解为 SO_2 和 Fe_2O_3 两种成分，SO_2 与基体组元中的铜和铁元素形成致密的硫化物,从而达到减摩的效果。龙波等人[22]研究发现,通过对 $FeSO_4$ 含量不同的试样做摩擦磨损实验得到,添加质量分数为4%的 $FeSO_4$ 的铜基粉末冶金摩擦材料对摩的摩擦副具有最好的摩擦表面和较低的磨损率。

元素成分含量对铜基粉末冶金材料性能影响较大。材料成分含量的选定对闸片材料性能的影响至关重要,基体组元、润滑组元和摩擦组元的成分配比是首要的。

6.2 压制工艺对铜基粉末冶金材料摩擦磨损性能的影响

压制是粉末冶金摩擦材料成型工艺中重要的工序之一,影响着最终的粉末冶金摩擦材料成品的质量。在压制过程中,有两个参数需要选择:一是压制压力,二是压制时间。

6.2.1 压制压力对铜基粉末冶金材料摩擦磨损性能的影响

图 6-18 所示为不同压制压力下烧结体的磨损曲线。由图 6-18 可以看出,各组铜基粉末冶金材料的摩擦系数在 0.31~0.34 之间变化,出现了先上升后下降而后再上升的趋势,当压制压力为 600MPa 时材料的摩擦系数达到最大值,同时磨损也很严重。铜基粉末冶金材料的磨损率呈现先降再升的趋势,700MPa 时的磨损率和摩擦系数都达到最小值。由于各摩擦磨损调节组元的组成和组织变化不大[23]。

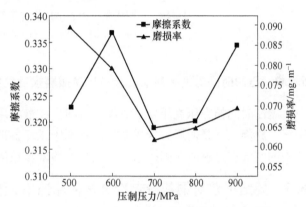

图 6-18　不同压制压力下烧结体的磨损曲线[23]

图 6-19 所示为不同压制压力的试样在 37.5m/s 速度下的摩擦表面 SEM 照片。从图 6-19可以看出,压制压力为 500MPa 的试样在高速摩擦时,出现了较多的剥落坑和裂纹,这是由于铜基粉末冶金材料孔隙较多,参与摩擦的增磨颗粒与基体的结合不够强,摩擦时增磨颗粒发生大量脱落,磨损严重。随着压制压力提高到 600MPa,铜基粉末冶金材料的孔隙率大幅度减小,摩擦颗粒与基体结合加强,脱落较少,摩擦表面光滑,因此摩擦系数增大,磨损率变小。继续增大压制压力,达到 900MPa 时,试样的孔隙率变小,硬度得到进一步提高,同时试样的摩擦磨损性能得到了改善[23]。

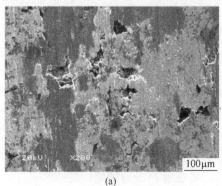

(a)　　　　　　　　　　　　　　　　(b)

(c)　　　　　　　　　　　　　　　　(d)

图 6-19　不同压制压力的试样高速下磨损表面 SEM 照片[23]

(a) 500MPa；(b) 600MPa；(c) 700MPa；(d) 900MPa

6.2.2　压制时间对铜基粉末冶金材料摩擦磨损性能的影响

压制时间指在压制压力下的停留时间。在最大压力下保压适当时间，可明显提高压坯密度。原因之一是使压力传递充分，有利于压坯各部分的密度均匀化；其二是使粉末间空隙中的空气有足够的时间排除；其三是给粉末颗粒的相互啮合与变形以充分的时间。

6.3　烧结工艺对铜基粉末冶金材料摩擦磨损性能的影响

烧结工艺是影响最终产品质量的重要工艺之一，同时也是生产粉末冶金摩擦材料工艺中很重要的一步。烧结工艺的主要参数包括：烧结压力、烧结温度和保温时间。如果烧结温度过低，粉末冶金的材料不能达到熔化状态，各种粉末就不能很好地结合，得到烧结体的强度和密度很低，甚至不能用于实际生产中。烧结压力对试样的成型也是不可缺少的。增加烧结压力的目的是把压坯中粉末之间靠颗粒与颗粒之间吸引力结合的聚集体，升华为靠晶体之间范德华力结合的金属基体包裹着金属、非金属和金属间夹杂物组成的组合体。因此，合适的烧结压力和烧结温度是粉末冶金材料性能的重要保障。

6.3.1　烧结温度对铜基粉末冶金材料摩擦磨损性能的影响

粉末冶金摩擦材料的组织结构、几何尺寸及性能，在很大程度上取决于烧结温度[24,25]。而烧结温度的高低又取决于材料的化学成分、材料的用途、组织结构和使用条件。铜基材料的烧结温度范围为 650~950℃，烧结温度低于 650℃时形成合金组织缓慢，且组织不均匀，应该发生的化学反应不能进行，金属基体与非金属之间缺乏牢固黏结，非金属相颗粒在摩擦过程中很容易剥落，从而加速材料的磨损。在临界烧结温度以上，假如烧结温度偏低，材料的密度和力学性能可以通过加大烧结压力来达到；当烧结压力能力有限时，可以通过提高烧结温度来达到。实际生产中，烧结温度和烧结压力的调整要达到摩擦层与支承钢板之间有良好的黏结，而且允许工件四周有少量低熔点金属小露珠的析出，但也不要求一定要有低熔点金属小露珠的析出，要视材料成分确定。

葛月鑫[25] 对石墨含量（质量分数）为 7.5%，烧结温度分别在 660℃、700℃、740℃、780℃、820℃、860℃条件下烧结的销试样进行摩擦磨损试验，研究不同烧结温度对材料载流摩擦磨损性能的影响。图 6-20 所示为铜-石墨复合材料进行高速载流摩擦磨损试验中，摩擦磨损性能随烧结温度的变化曲线。由图 6-20 可知，烧结温度从660℃升高至 860℃的过程中，摩擦系数先减小后增大，磨损率先减小后增大，在烧结温度为 780℃左右时，两者

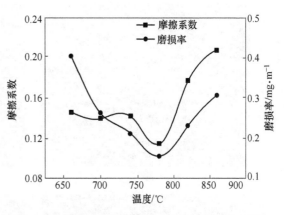

图 6-20 摩擦系数和磨损率与烧结温度的关系[25]

均达到最小值。表明在设定试验工况下，铜-石墨复合材料的摩擦磨损性能与烧结温度有关，烧结温度为 780℃时，材料的摩擦磨损性能最好。烧结温度明显影响复合材料的摩擦磨损性能，因为烧结时，颗粒界面的状态、铜晶体大小和孪晶都与烧结温度有关。当烧结温度较低时，晶粒内部的能量较低，促使其长大的能量也较少，同时铜与铜的界面、铜与石墨的界面接触不紧密，存在一定的缝隙，当接通脉冲直流电时，在界面之间形成拉弧，可能产生焊合，但程度低，摩擦磨损时，摩擦表面容易脱落，表现出摩擦磨损性能较差。

图 6-21 所示为不同烧结温度时制备铜-碳复合材料的载流摩擦磨损 SEM 形貌图。由图6-21（a）、（b）和（c）可知，在载流摩擦面上存在大量的犁沟，且随烧结温度的升高，犁沟变小，数量变少，但烧结温度超过 780℃时，出现明显的烧蚀现象。图 6-21（d）中铜-碳复合材料摩擦表面较为平整，犁沟最少且无明显烧蚀现象。表明在相同的载流摩擦条件下，不同烧结温度制备的铜-碳复合材料的摩擦损伤程度不同。在载流摩擦磨损过程中犁沟的形成通常与摩擦副的材料有关，同时销试样和对磨盘接触和分离时，容易产生离线电弧，发生熔融喷溅，一部分喷溅物以磨粒形式存在，在摩擦过程中也会形成犁沟。烧结温度的高低影响材料的组织结构。当烧结温度过低时，颗粒的运动距离有限，空隙较多，出现"欠烧"现象，导致材料的静态性能较差；导致石墨容易脱落，影响摩擦磨损性能。由于盘试样和销试样的强度和硬度不同，同时接触表面存在微凸峰，在运动过程中，硬度较高的材料会在硬度较低的材料表面划出一道道明显的犁沟。随着烧结温度的升高，材料的硬度逐渐提高，摩擦磨损性能改善，因此犁沟数量减少。当烧结温度超过780℃以后，由于烧结温度过高，出现"过烧"现象。尽管在高温下材料界面结合更加紧密，静态性能改善，但是"过烧"导致材料显微组织变化，影响材料的摩擦磨损性能，导致摩擦表面烧蚀严重，产生喷溅物，黏结在摩擦表面，使摩擦副更易产生离线电弧，形成更多电弧烧蚀。

6.3.2 烧结压力对铜基粉末冶金材料摩擦磨损性能的影响

粉末冶金摩擦材料的摩擦磨损很大程度上取决于材料的孔隙度或密度。可将摩擦材料的多孔性表面看作粗糙表面，当孔隙与对偶件表面的凸峰相互作用时，对摩擦副的摩擦系数和耐磨性有相当大的影响。但是，如果孔隙度过高，使材料的强度降低，颗粒间的结合

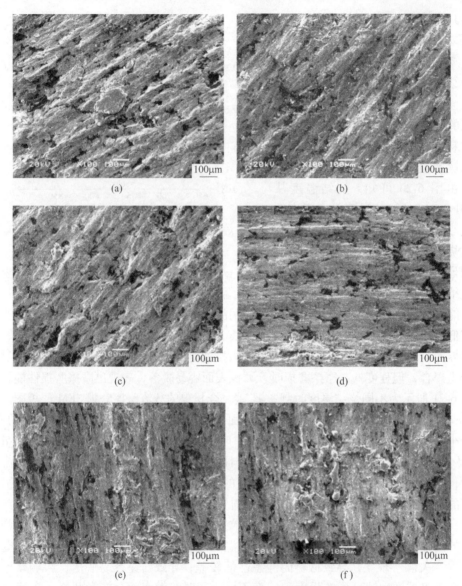

图 6-21　不同烧结温度下的复合材料的载流摩擦磨损形貌[25]
(a) 660℃；(b) 700℃；(c) 740℃；(d) 780℃；(e) 820℃；(f) 860℃

变弱，则摩擦时材料不耐磨。试验证明，每种材料都有其最佳的孔隙度，在这种孔隙度下可获得所需要的综合力学性能和摩擦磨损性能。烧结压力与粉末冶金摩擦材料孔隙度密切相关[26,27]。在选择烧结压力时，必须考虑到对孔隙度的要求。

　　铜基摩擦材料的最佳烧结压力一般为 0.49~1.96MPa。准确的烧结压力选取要根据材料成分，使用条件和烧结温度来确定。材料成分中低熔点组元含量高的材料，烧结压力要低一些；高熔点非金属组分含量高的材料，烧结压力要高一些。对于同一种材料而言，当采用较低的烧结温度时，烧结压力可以高一些；当采用较高的烧结温度时，烧结压力应小一些。一般情况下，干式摩擦材料烧结压力比湿式摩擦材料应该高一些。

　　实际生产中，烧结压力的选取是凭经验决定的，通常配方材料烧结压力为 0.588~

1.176MPa，当石墨含量达20%以上时，烧结压力应取1.96MPa左右。资料中谈到铝青铜的最佳烧结压力相当高。这种材料在950℃下保温1h，认为最佳烧结压力为2.45~2.94MP。在低于2.45MPa压力下，强度低，磨损大。例如当烧结压力为1.96MPa时，试件的孔隙度为10%，其强度只为无孔隙试件的1/2，当烧结压力大于3.43MPa时，过大的烧结压力使试件出现宏观和微观裂纹降低了基体强度，试件磨损增大。同时对于烧结压力对铜基粉末冶金材料性能的影响，有文献分析研究发现，对于同一种材料，烧结压力在达到某一特定值（例如2.5MPa、40MPa）时，继续增加烧结压力，材料的各项性能趋于稳定。

王培[26]选择熔点相对较低的材料，来分析不同烧结压力对铜基粉末冶金材料的密度、孔隙度和显微组织的影响，并利用摩擦试验机研究分析材料的摩擦磨损特性。结果如图6-22所示，各组铜基粉末冶金材料的摩擦系数在0.5~0.31之间变化，出现了先迅速下降而后平稳的趋势；当烧结压力为0MPa时材料的摩擦系数达到最大值，同时磨损也最严重。随着烧结压力的增大，材料的摩擦系数和磨损率都快速下降；继续增加烧结压力

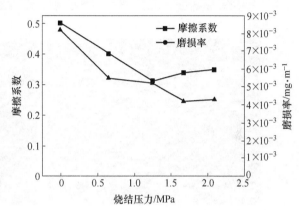

图6-22　不同烧结压力下烧结体的磨损曲线[26]

到1.25MPa以后，摩擦系数和磨损率趋于稳定。

图6-23所示为不同烧结压力的试样在30m/s下的摩擦磨损照片。对比图6-23（a）、（b）与图6-23（c）、（d）可以看出，烧结压力为0MPa的试样在高速摩擦时，出现了较大的剥落坑和裂纹；这是由于铜基粉末冶金材料孔隙较多，参与摩擦的增磨颗粒与基体的结合不够强；对比图6-23（b）、（e）发现，摩擦时有较多的剥落是沿石墨层开始的，增磨颗粒发生大量脱落，磨损严重。随着烧结压力提高到1.25MPa，铜基粉末冶金材料的孔隙率大幅度减小，摩擦颗粒与基体结合加强，脱落较少，摩擦表面光滑，因此摩擦系数减小，磨损率降低；对比图6-23（d）和（f）发现，靠近摩擦面的摩擦相SiO_2在载荷和磨损下发生断裂并脱落，因此形成的剥落坑较小，摩擦表面的磨损率较低[26]。

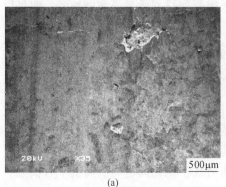

(a)

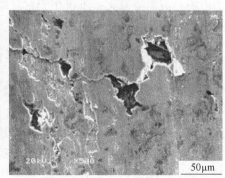

(b)

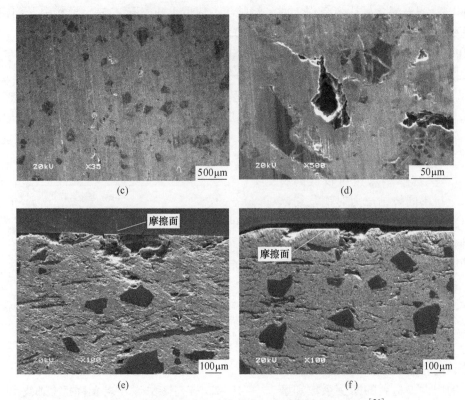

图 6-23　不同烧结压力的试样高速下摩擦磨损 SEM 照片[26]

(a)，(b) 摩擦面，0MPa；(c)，(d) 摩擦面，1.25MPa；(e) 纵剖面，0MPa；(f) 纵剖面，1.25MPa

6.4　摩擦条件对铜基粉末冶金材料摩擦磨损性能的影响

特殊工况下的摩擦学问题是摩擦学研究与应用的重要方面。随着科学技术的发展和工业的进步，特殊工况条件下的摩擦磨损问题越来越突出，如高温、高速摩擦磨损、气氛条件下的摩擦磨损以及受电摩擦磨损等。由于工作环境恶劣、影响因素复杂，正日益受到科研人员的广泛重视。接触压力、滑动速度、电流和温度是影响材料载流摩擦磨损性能最主要的外在因素[28~40]。试验研究表明，材料的摩擦磨损性能与接触压力、滑动速度、电流和温度之间通常表现为复杂的变化关系。研究接触压力、滑动速度、电流和温度对摩擦磨损性能的影响具有重要意义，不仅在于它对摩擦磨损行为具有重要的影响，而且可以为工程实际提供一定的理论指导。

6.4.1　载荷对铜基粉末冶金材料摩擦磨损性能的影响

张晓娟[41]通过改变载荷研究了不同电流、不同速度条件下载荷对摩擦副摩擦磨损性能的影响。图 6-24 所示为载流条件下载荷对销试样摩擦系数的影响。在一定条件下，随着载荷的增大，摩擦系数呈总体下降趋势。载荷对摩擦系数的影响，一方面通过对真实接触面积的大小和变形程度来实现的，增加载荷使两接触面的真实接触面积增加，但是，在一般接触条件下，实际接触面积并不与法向压力成正比，而是与载荷的平方根或者立方根成正比，它要增加得慢些，因此载荷的增加会使摩擦系数降低。另一方面，载荷的增加使摩擦生热显著增加，摩擦表面温度升高，摩擦副的塑变抗力降低，微凸峰之间的相互阻碍作用减小，因而摩擦系数降低。

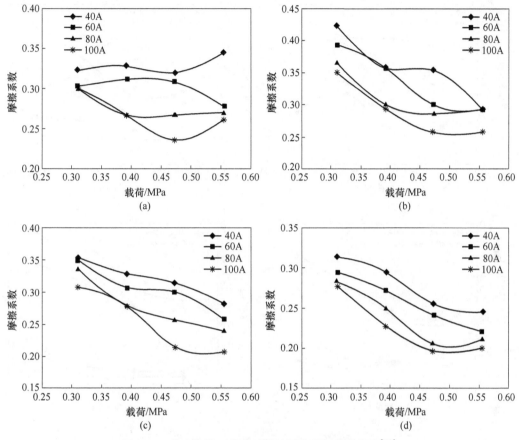

图 6-24 载流条件下载荷对销试样摩擦系数的影响[41]

(a) 30m/s；(b) 40m/s；(c) 50m/s；(d) 60m/s

图 6-25 所示为载流条件下载荷对销试样磨损率的影响。由图可以看出，磨损率随载荷的增大而增大；同时，当电流为较小（40~60A）时，磨损率随载荷的增加变化不大，即磨损率对载荷不敏感；当电流大于 60A 时，载荷对磨损率的影响显著。说明电力机车受电弓滑板对导线的压力，会影响弓网的耐磨性能。大的压力增加了滑板的磨损，但是压力过小滑板与导线之间没有足够的接触，使机车离线率增大，反而不利于提高受流质量。因此，如何选择合适的压力尤为重要。

6.4.2 速度对铜基粉末冶金材料摩擦磨损性能的影响

张晓娟[41]通过改变速度研究了不同电流、不同载荷条件下速度对铜基粉末冶金材料摩擦磨损性能的影响。图 6-26 所示为载流条件下速度对销试样摩擦系数的影响。由图可知，摩擦系数与速度基本上呈"单峰"的曲线特征，并且随着速度的增大，摩擦系数呈现先上升后下降的趋势。这表明，速度的改变对摩擦系数有较大的影响。

随着速度增大，摩擦副受流情况变差，摩擦表面比较粗糙，微凸峰之间的相互阻碍作用大，因而摩擦系数呈上升趋势；另一方面，随着摩擦副间的相对滑动速度增大，产生的

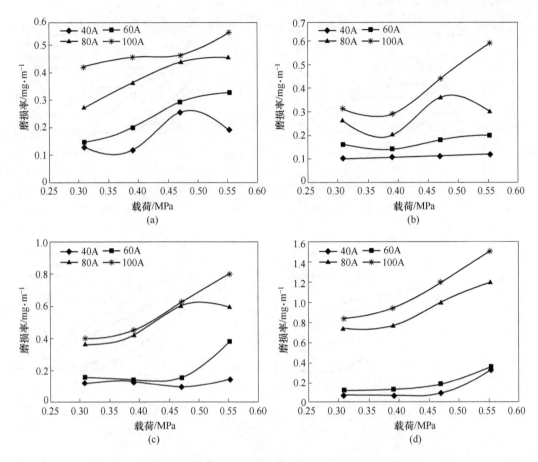

图 6-25　载流条件下载荷对销试样磨损率的影响[41]

(a) 30m/s；(b) 40m/s；(c) 50m/s；(d) 60m/s

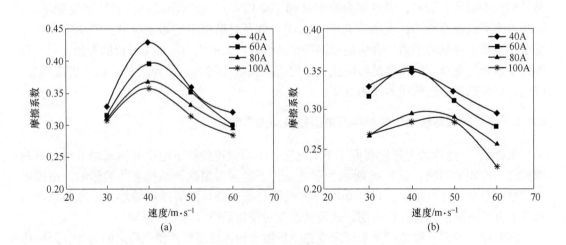

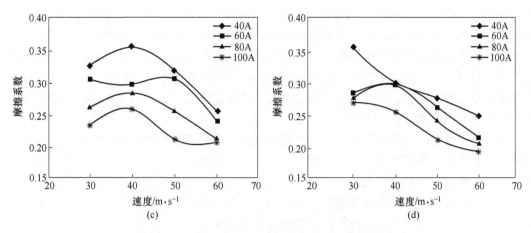

图 6-26　载流条件下速度对销试样摩擦系数的影响[41]

（a）0.31MPa；（b）0.39MPa；（c）0.47MPa；（d）0.55MPa

热量增加，使表面温度升高，摩擦副间的作用减弱，微凸峰之间的相互阻碍作用减小，接触点剪切抗力降低，接触点更容易被剪断，摩擦系数降低。两方面的共同作用，使摩擦系数随速度的增大呈现先上升后下降的趋势。

图 6-27 所示为载流条件下速度对销试样磨损率的影响。从图中可以看出，当电流为

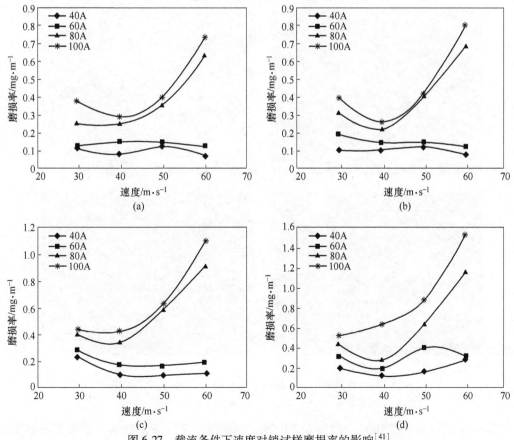

图 6-27　载流条件下速度对销试样磨损率的影响[41]

（a）0.31MPa；（b）0.39MPa；（c）0.47MPa；（d）0.55MPa

40~60A 时，随着速度的增大，磨损率略有减小；电流为 60~100A 时，随着速度的增大，磨损率先减小后急剧增大，磨损率对速度的变化相当敏感。说明在一定条件下，速度超过一定值后，摩擦副的磨损机制可能会发生变化。同时由图可以看出，速度越高，不同电流条件下的磨损率之间的差别越大。说明速度越高，电流对磨损率的影响越大。因此与低速电气化铁路接触网系统相比，电流对高速电气化铁路接触网受电摩擦磨损件的影响更加显著，即高速电气化铁路磨损更加严重。

　　出现这种现象的原因比较复杂，一方面，随着摩擦副间相对滑动速度的增大，摩擦副间的作用会减弱，摩擦副受流情况变差，使电流产生的热量减少；另一方面，随着速度的增大，由于摩擦产生的热增加，摩擦表面升温，使摩擦磨损变得严重。两方面的综合作用，使载流条件下销试样磨损率随着速度的增大出现先降低后增加的趋势。电力机车在高速运行时，弓网磨损加重，因此对滑板的耐磨性要求提高。

　　图 6-28 所示为电流 60A、载荷 0.39MPa、不同速度条件下，销试样摩擦表面形貌的 SEM 照片。从图中可以看到，30m/s 条件下，摩擦表面几乎没有光亮的氧化层生成；40m/s 时，表面形成少量的氧化层，随着速度增加，表面形成氧化层的范围明显增多。分布在材料摩擦表面的氧化层，在两对摩面之间形成一个障碍带，减少了周围氧与下面金属的接触机会，对材料起到保护作用。氧化层的形成使磨损降低，所以在试验较低电流条件下，随着速度的增大，销试样的磨损率略有减小。

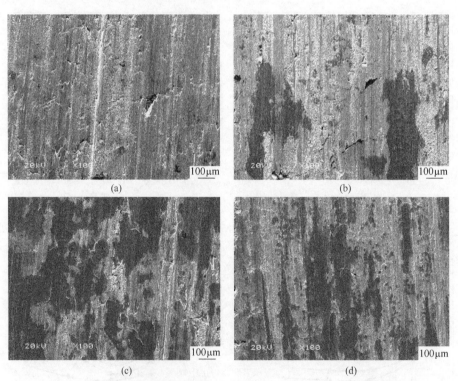

(a)　　　　　　　　　　　　　　　　　　(b)

(c)　　　　　　　　　　　　　　　　　　(d)

图 6-28　销试样摩擦表面形貌的 SEM 照片[41]（60A，0.39MPa）

(a) 30m/s；(b) 40m/s；(c) 50m/s；(d) 60m/s

　　图 6-29 所示为电流 100A、载荷 0.39MPa、不同速度条件下，销试样摩擦表面形貌的 SEM 照片。从图中可以看到，40m/s 时，摩擦表面主要有塑性变形和大量熔融的形貌，熔

融物呈大片连续范围分布，还有由于黏着撕裂的痕迹，表面比较光滑；其他速度条件下，表面除有熔融形貌外，还有许多凹坑，且 50m/s 条件下凹坑的数量增多，主要是由电弧烧损产生的，电弧烧损使销试样的磨损增大；60m/s 条件下，表面还有大块的熔融物生成，主要是由于速度的增加，表面温度升高，表面达到一定温度后，低熔点的金属析出，产生大量的熔融物，如图 6-30 所示。从图 6-31 的 EDX 分析结果可以看出，大块熔融物的主要成分为 Fe、Pb 和 O。O 元素含量很高，说明摩擦表面被氧化；Pb 的熔点较低，在试验过程中，电流达到 100A 时，很容易析出，生成球状的熔融物，最后从试样表面掉落，使磨损加剧。在较高试验电流条件下，随着速度增大，摩擦表面由于电弧产生的烧损坑增多，60m/s 条件下，表面还有大块的熔融物析出。上述几个原因共同作用导致随着速度增大，磨损率先减小后急剧增大。

(a)   (b)

(c)   (d)

图 6-29　销试样摩擦表面形貌的 SEM 照片[41]（100A，0.39MPa）

（a）30m/s；（b）40m/s；（c）50m/s；（d）60m/s

速度主要通过影响摩擦表面温度，进而影响到摩擦副的摩擦磨损性能。速度较小时，摩擦表面的温度较低，摩擦副的塑变抗力较大，这时摩擦阻力主要来源于摩擦副双方接触表面微凸体之间的相互阻碍，因而摩擦力大，摩擦系数高；销试样对盘的切削和挤压困难，因而磨损率较低。当速度增大时，摩擦面的温度升高，摩擦副的塑变抗力降低，微凸峰之间的相互作用减小，因而摩擦系数降低；同时在试验较高电流条件下，随着速度的增大，摩擦副受流情况变差，导致摩擦表面温度升高，使摩擦磨损变得严重。

李克敏[13]采用粉末冶金法制备了不同碳化硅颗粒增强铜基自润滑材料，研究了摩擦速度对材料摩擦磨损性能的影响。图 6-32 所示为 0.8469A/mm² 时，C/Cu 复合材料和 3%

SiC/C/Cu 复合材料（质量分数）的摩擦系数和磨损率随速度的变化曲线。从图中可以看出，复合材料摩擦系数和磨损率均随摩擦速度的增大而增加。

图 6-30　销试样摩擦表面形貌的 SEM 照片[41]

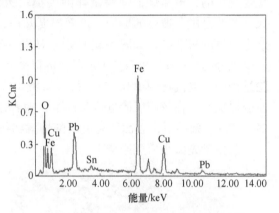

图 6-31　摩擦表面化学成分的能谱分析[41]

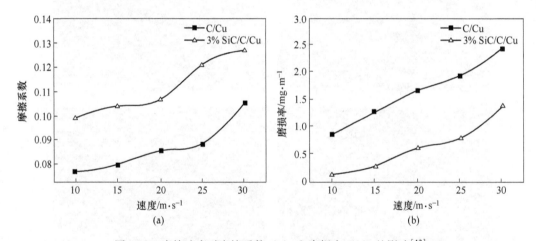

图 6-32　摩擦速度对摩擦系数（a）和磨损率（b）的影响[13]

　　复合材料中，石墨在摩擦磨损过程中充当固体润滑剂的作用，随着速度的增加，单位时间内摩擦产生的热量增加，摩擦表面温度升高。电流产生的电阻热和摩擦热的积累将引起石墨的氧化，破坏摩擦接触面间的石墨润滑层，同时磨损引起的表面恶化，使材料表面粗糙度增大，摩擦系数增加。速度增大引起摩擦面温度的升高，导致基体材料软化、机械强度降低；并且摩擦速度越大，摩擦面切向冲击力越大。随着速度的增加，在大的切向力作用下，软化的材料磨损率增加。特别在速度增大到 25m/s 之后，磨损造成摩擦接触表面严重恶化，载流滑动过程中产生了连续激发电弧，此时电流产生的电阻热、高速度引起的摩擦热和电弧激发放电产生的电弧热共同软化熔融铜基体，导致材料的磨损率出现急剧增加。

　　图 6-33 所示为 0.8469A/mm² 电流密度下，3%SiC/C/Cu 复合材料（质量分数）在速度为 15m/s 和 30m/s 时磨损表面形貌。由图 6-33（a）可见，在 15m/s 速度条件下，复合材料磨损表面出现了一定的塑性变形，但整体较平整，并有少量 SiC 颗粒脱落所产生的犁

沟，材料的磨损以磨粒磨损为主。由图6-33（b）可知，在速度为30m/s时，由于连续激发电弧的产生，电弧瞬间高温使摩擦表层铜基体熔融，然后冷却成球形颗粒依附在表面，磨损表面出现沿滑动方向的一定宽度电弧烧蚀条带。此时铜基体熔融量较大，表层石墨烧蚀氧化严重，碳化硅颗粒失去了铜基体的支撑，作为磨粒存在于摩擦配副间，材料的磨损以电弧烧蚀和磨粒磨损为主。

(a)　　　　　　　　　　　(b)

图 6-33　不同速度下 3%SiC/C/Cu 复合材料磨损表面 SEM 形貌[13]

(a) 15 m/s；(b) 30 m/s

吕乐华[31]通过粉末冶金制备了石墨/铜复合材料，研究了速度对复合材料摩擦磨损性能的影响。图 6-34 所示为在电流 60A、载荷 0.39MPa 的条件下，不同锡含量的复合材料的摩擦系数和磨损率随速度的变化曲线。

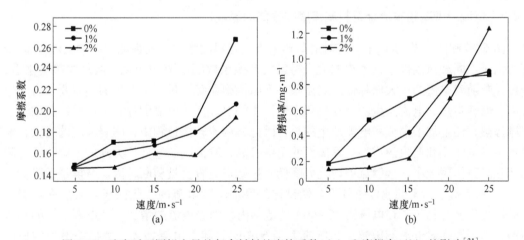

(a)　　　　　　　　　　　(b)

图 6-34　速度对不同锡含量的复合材料的摩擦系数（a）和磨损率（b）的影响[31]

由图 6-34 可知，复合材料的摩擦系数和磨损率均随着速度的增大而增大。载荷一定时，速度较小，试样和摩擦盘的接触状态良好。随着速度的增大，试样和摩擦盘在摩擦过程中会发生振动和冲击的现象，会引起电弧的发生，电弧烧蚀使得试样的表面粗糙，摩擦系数增大。在试验过程中，随着速度的增大，试样与摩擦盘之间的振动加剧，容易发生"离线"现象。而且速度越大，试样表面往复摩擦容易使试样和摩擦盘接触表面发生黏着或划痕，试样表面的不平整进一步促进了电弧的产生，增大了材料的磨损率。速度较小时，锡含量越高磨损率越小；速度超过 20m/s 时，磨损率则随着锡含量的增加而增加。

速度较小时，摩擦热和电阻热容易在摩擦表面形成氧化膜，因此硬度比较大的复合材料的耐磨性能就比较好；随着速度的提高，摩擦过程中容易发生电弧烧蚀，而熔点较低的复合材料发生黏着，黏着就更容易引起电弧的烧蚀，所以磨损率比较大。

图 6-35 所示为试样在电流 60A、载荷 0.39MPa 的条件下，试样在不同速度摩擦下的 SEM 形貌图。随着速度的增大，摩擦过程中的电弧烧蚀严重。这主要是因为当速度较小时，试样表面产生的热量较小，同时试样和摩擦盘接触良好，因此，磨损机制主要为塑性变形磨损和磨粒磨损，如图 6-35（a）所示；当速度较大时，试样和摩擦盘的接触不稳定，容易产生电弧现象，引起电弧烧蚀，如图 6-35（b）所示。

（a）　　　　　　　　　　　（b）

图 6-35　不同速度条件下复合材料摩擦表面 SEM 形貌[31]

（a）10m/s；（b）25m/s

6.4.3　电流对铜基粉末冶金材料摩擦磨损性能的影响

图 6-36 和图 6-37 研究了电流对铜基粉末冶金材料的摩擦磨损性能的影响。图 6-36 分别给出了不同载荷条件下铜基粉末冶金材料的摩擦系数随电流的变化。从总体趋势来看，摩擦系数随着电流的增大而降低。载流条件下摩擦副在摩擦过程中产生的热主要来自 3 个方面：摩擦生热、电流产生的焦耳热和电弧产生的热。由于电流的存在，试验过程中不仅有摩擦热，还增加了电流和电弧产生的热。因此，载流摩擦过程中，随着电流的增大，电流产生的电弧热和电阻热增加，摩擦面的温度升高，摩擦副的塑变抗力降低，微凸峰之间的相互阻碍作用减小，接触点剪切抗力降低，接触点更容易被剪断，因而摩擦系数降低。

图 6-37 所示为不同速度条件下，销试样的磨损率随电流的变化曲线。磨损率随着电流的增加呈上升趋势。在电流为 40~60A 的范围内，随着电流的增加，磨损率增加的趋势缓慢，即磨损率对电流不敏感；当电流大于 60A 时，随着电流增大，磨损率增加的速度加快，磨损率对于电流的变化相当敏感。这种宏观性能的变化与销试样摩擦表面微观形貌有一定的对应关系，电流超过一定值后摩擦副的摩擦磨损机制可能发生改变。

随着电流的增大，销试样的磨损率也逐渐增大（见图 6-37），这说明电流对销试样的摩擦磨损性能有较大的影响，电流加剧了销试样的磨损，使得销试样的耐磨性减小。由于电流的存在，试验过程中不仅有摩擦热，还有接触电阻热，销试样与盘接触不良或者销高速通过盘表面低凹部分形成离线时而产生的电弧热。接触电阻热和电弧热与电流成正比，因此随着电流的提高，产生的热量增加，使得摩擦表面的温度要更高，且电弧烧损掉摩擦副材料，增加了金属间的接触，也增大了磨损。对于重载列车，一般采用大功率电力机

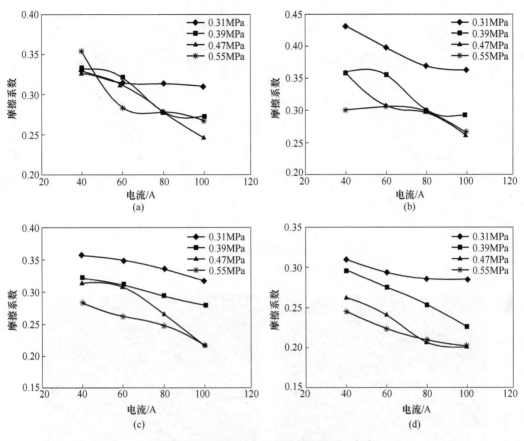

图 6-36 电流对销试样摩擦系数的影响[41]
(a) 30m/s；(b) 40m/s；(c) 50m/s；(d) 60m/s

车，运行时电流大，因此滑板磨损严重，使用寿命降低。

图 6-38 所示为铜基粉末冶金销试样在电流 60A、速度 50m/s、载荷 0.39MPa 条件下的摩擦表面的磨损形貌，图 6-38 (b) 和 (c) 为图 6-38 (a) 所示部分的局部放大图。从图中可以看出，摩擦表面有一层光亮的致密的覆盖层，覆盖层上有裂纹出现，还有少量的电弧烧损坑 (见图 6-38 (b)) 和局部小范围的熔融痕迹 (见图 6-38 (c))。

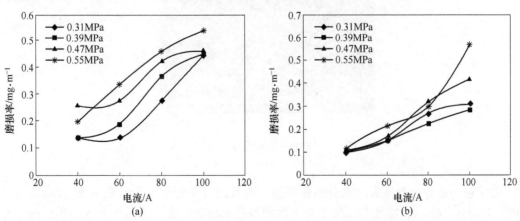

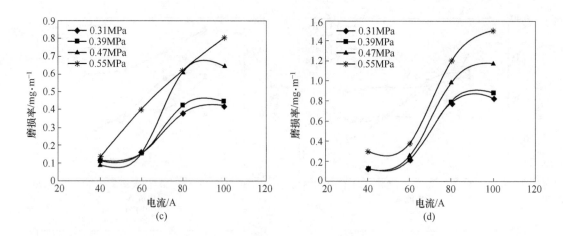

(c)　　　　　　　　　　　　　　　　　(d)

图 6-37　电流对销试样磨损率的影响[41]

(a) 30m/s；(b) 40m/s；(c) 50m/s；(d) 60m/s

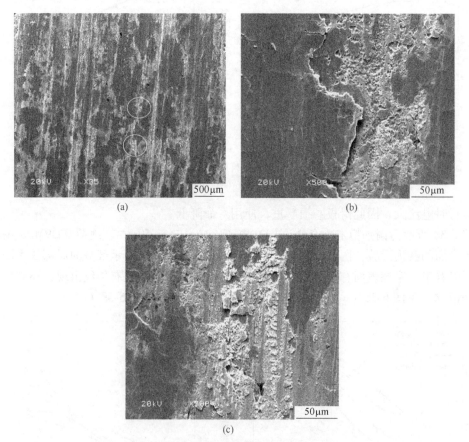

图 6-38　销试样摩擦表面形貌的 SEM 照片[41]

(60A, 0.39MPa, 50m/s)

　　为了进一步分析摩擦表面光亮的覆盖层，对其进行了能谱分析。图 6-39 所示为电流 60A、载荷 0.39MPa、速度 50m/s 条件下的铜基粉末冶金销试样的高倍磨损形貌，图中摩擦表面区域1、2的化学成分的能谱分析如图6-40所示。从能谱分析结果可以看出，摩擦表面上区域1、2都出现了O元素的成分，且区域1的氧含量比区域2高很多，区域1的主要成分为Fe，区域2主要为Cu和Fe，是基体的主要成分。氧元素的出现说明载流条件下，摩擦表面被氧化，光亮的区域1主要为铁的氧化物。

图6-39 销试样摩擦表面形貌的SEM照片[41]

(60A, 0.39MPa, 50m/s)

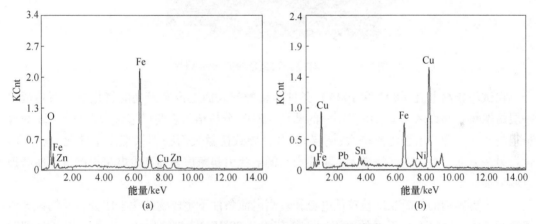

图6-40 摩擦表面化学成分的能谱分析[41]

(a) 图6-39中区域1; (b) 图6-39中区域2

在试验较低电流（40A和60A）条件下，销试样摩擦表面被一光亮的致密的氧化层所覆盖。EDX分析表明该覆盖层中O和Fe的含量很高，说明载流摩擦磨损过程中，铜基粉末冶金材料表面发生较严重的氧化，主要生成铁的氧化物。由于氧化层较均匀地分布在材料的摩擦表面，在两对摩面之间形成一个障碍带，对材料起到保护作用。一方面，氧化层减少了周围O与其他金属的接触机会，起到保护层的作用。另一方面，氧化层硬而脆，在对偶件施加的接触压力和摩擦力的共同作用下，氧化层与基底的界面处将产生拉应力，并在该层中结合较弱的部位发生微裂纹的形成与扩展，最终会导致其局部脱落。

图6-41所示为销试样在速度50m/s、载荷0.39MPa条件下，电流100A时的磨损形貌，图6-41（b）和（c）为图6-41（a）所示部分的局部放大图。从图中可以看出，100A条件下的摩擦表面以熔融的形貌和烧损坑为主，由电弧引起的烧损比60A时严重，烧损坑多而深，还有大范围的熔融形貌。

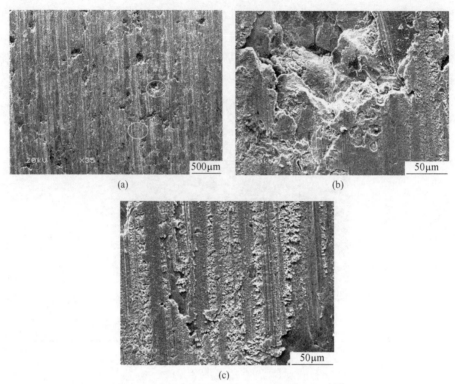

图 6-41　销试样摩擦表面形貌的 SEM 照片[41]

在试验较高电流（80A 和 100A）条件下，摩擦表面上没有光亮的氧化层，而是覆盖一层熔融物，和许多大小、深浅不一的凹坑。EDX 分析结果表明该熔融物中 O 和 Cu 的含量很高。一方面，由于电流增大，引起温升，导致接触表面物理状态发生变化，产生熔化。另一方面，由于电流的增大，离线产生的电弧引起摩擦表面产生电烧损严重，使磨损急剧增加。

为了更确切的判断在试验较低电流和较高电流条件下生成物的化学成分，及销试样磨损率相差大、磨损形貌不同的原因，在载荷为 0.39MPa、速度为 50m/s 条件下，分别对电流为 60A 和 100A 时的摩擦表面进行了 X 衍射分析（见图 6-42）。在电流 60A 条件下，

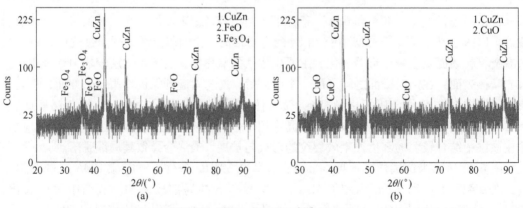

图 6-42　销试样摩擦表面 X 衍射分析[41]（0.39MPa，50m/s）

（a）60A；（b）100A

销试样摩擦表面生成了铁的氧化物，主要是 FeO 与 Fe₃O₄；在电流 100A 条件下，销试样摩擦表面生成了 CuO。60A 条件下的磨损率小，主要是由于摩擦表面形成了一层光亮的 FeO 与 Fe₃O₄ 氧化层，氧化层起到了一定的保护作用。可见摩擦表面形成氧化物的不同，是导致不同电流下磨损机制不同、磨损率相差很大的原因。

　　载流条件下，随着电流的增大，由于销试样与盘接触不良或者销高速通过盘表面低凹部分形成离线时而产生的电弧越严重。严重的电弧烧损，不仅造成销试样摩擦表面产生烧损坑，而且使销试样边缘材料呈块状掉下，从而磨损急剧增加，如图 6-43 所示。试验较高电流条件下，由于电弧的高温作用，材料的受流磨损急剧增加，出现了异常磨损现象。

　　载流条件下，当摩擦副间的接触破坏，导致表面电烧蚀，使表面质量下降，表面粗

图 6-43　销试样摩擦表面形貌的 SEM 照片[41]

糙，甚至形成不规则表面，从而导致摩擦磨损的加剧甚至恶化。同时由于真实接触粗糙峰减少，它们所承担的电通量加大，接触电阻增大，发热量增大。结果使粗糙峰实际接触时的瞬时闪温升高，加剧了峰点的软化甚至熔融，从而增加了磨损。同时随着电流的增大，接触面起弧严重，电弧烧损掉摩擦副材料，使磨损急剧增大。

　　李克敏[13]采用粉末冶金法制备了不同碳化硅颗粒增强铜基自润滑材料，研究了电流密度对材料摩擦磨损性能的影响。图 6-44 所示为摩擦速度 20m/s 时，C/Cu 复合材料和 3%SiC/C/Cu 复合材料（质量分数）的摩擦系数和磨损率随电流密度的变化曲线。从图中可以看出，复合材料摩擦系数随着电流密度的增大而逐渐减小，磨损率则随着电流密度的增大而不断增加。对于同一种材料，摩擦速度一定时，配副间所产生的摩擦热大致相同，而电流密度的增大，引起摩擦表面电阻热增加。由于电阻热和摩擦热的积累，摩擦表面温度升高，石墨氧化严重，石墨润滑层遭到破坏，但是摩擦面粗糙度增大会使电弧发生率增加，并且电流密度越大，激发电弧越容易产生。电弧的瞬间高温热效应将使材料表层熔

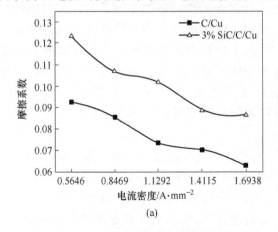

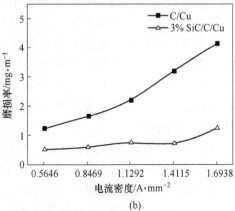

(a)　　　　　　　　　　　　　　(b)

图 6-44　电流密度对摩擦系数 (a) 和磨损率 (b) 的影响[13]

融，在摩擦表面形成了液态金属膜，配副间的剪切阻力降低，电流密度越大，电弧热效应越明显，材料的摩擦系数越小。由于摩擦面产生热量的急剧增加，材料表层基体熔融量增加，造成材料磨损率增加。

图 6-45 所示为 20m/s 速度条件下，3%SiC/C/Cu 复合材料（质量分数）在电流密度为 $1.1292A/mm^2$ 和 $1.6938A/mm^2$ 时的磨损表面形貌。从图中可以看出，$1.1292A/mm^2$ 电流密度下，材料表面石墨氧化严重，石墨坑的边缘区域在短电弧的作用下出现了轻微的电弧烧蚀，铜基体整体较平整；而因为有连续长电弧的发生，又出现了沿滑动方向一定宽度的电弧烧蚀条带，材料的磨损以磨粒磨损和电弧烧蚀磨损为主。随着电流密度的增大，电弧发生率增加，$1.6938A/mm^2$ 电流密度下，石墨完全氧化，大范围的连续长电弧使材料表面出现了大量的电弧烧蚀坑，烧蚀坑内附着了一层密集细小的熔融重凝铜颗粒。此时材料表层组织中碳化硅颗粒失去了铜基体的支撑，与重凝的铜颗粒一样作为磨粒存在于配副间，材料的磨损表现为更严重的电弧烧蚀磨损和磨粒磨损。随摩擦速度的增大，复合材料的摩擦系数和磨损率均不断增大；材料的磨损以磨粒磨损为主，速度大于 25m/s 时出现较明显的电弧烧蚀。

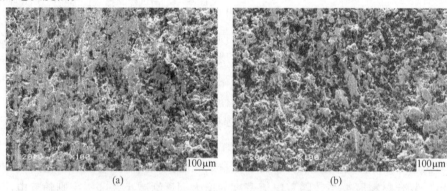

(a)　　　　　　　　　　　　　　(b)

图 6-45　不同电流密度下 3%SiC/C/Cu 复合材料磨损表面 SEM 形貌[13]

(a) $1.1292A/mm^2$；(b) $1.6938A/mm^2$

温毅博[20]探究了 Al_2O_3 弥散强化铜材料载流摩擦性能。图 6-46 所示为碳纤维质量分数为 1.5% 的复合材料在滑动速度为 10m/s 的情况下电流密度与摩擦系数和磨损率的关系。由图 6-46 可以看出，电流密度的提高会逐步降低材料的摩擦系数，但材料的磨损率却有所上升。这是由于在电接触过程当中，由于机械性功率损耗及电气性功率损耗，产生摩擦过程中的摩擦热和焦耳热，引起了材料表面的升温及表面结构软化。随着电流密度的提高，接触表面被电弧烧蚀的作用增强，摩擦界面软化甚至熔融，伴随着物料的转移，摩擦过程中会产生更多的电弧，更进一步地提高了摩擦副表面温度，并且电流越大，接触面温度提高越快，材料的抗塑性变形能力降低越快，最终材料的摩擦系数不断下降。

由于电阻焦耳热和接触电阻热的存在，复合材料在摩擦过程中电弧激发频率不断升高，导致其表面温度不断升高，表层材料的剥落、熔融和喷溅造成质量损失增大。随着电流密度的加大，电弧激发的瞬时温度和摩擦升温会导致材料的质量损失更加严重。

图 6-47 所示为石墨质量分数为 7.5%，滑动速度为 10m/s 时电流密度的大小对复合材料磨损性能的影响，其中图 6-47 (a) 为电流密度对摩擦副摩擦系数之间的关系。从图

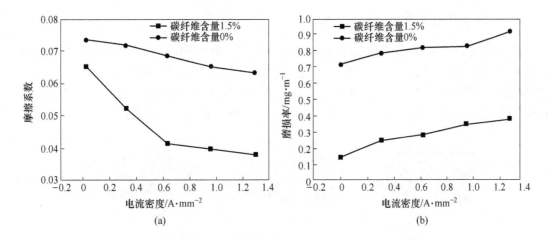

图 6-46　电流密度对复合材料摩擦系数（a）与磨损率（b）的影响[20]

（$V = 10m/s$，$T = 10s$，$\sigma = 0.89MPa$）

6-47可以看出，电流密度提高后，材料的摩擦系数逐步下降。图 6-47（b）为电流密度与材料磨损率之间的关系，由图可以看出：电流密度在不断提高时材料的磨损率也会上升。摩擦系数减小是因为在摩擦过程中电流密度的增加，电阻、摩擦及电弧产生的热量共同作用使得表面状态发生变化，熔融作用变得明显，因此摩擦系数持续减小。由于表面软化，在摩擦过程中摩擦副不断地产生熔融颗粒，伴随着摩擦的进行又逐渐冷却、堆积、剥落。

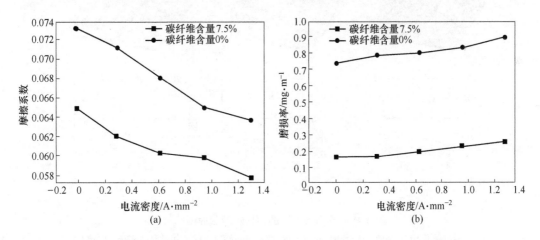

图 6-47　电流密度对复合材料摩擦系数（a）与磨损率（b）的影响[20]

（$V = 10m/s$，$T = 10s$，$\sigma = 0.89MPa$）

6.4.4　湿度对铜基粉末冶金材料摩擦磨损性能的影响

载流摩擦副的损伤受服役条件、环境因素等多重原因的影响，孙逸翔[42]针对湿度对载流磨损的影响，利用气氛可控单点载流磨损试验机，在滑动电接触条件下研究了湿度可控条件下铜材料的磨损机制。

6.4.4.1　磨损表面三维形貌分析

图 6-48（a）~（c）分别给出了未通电时（电流为 0A）不同相对湿度条件下（相对湿度为 10%、60%、92%）载流磨损情况，对应的深度分别为 10.505μm、12.615μm、12.103μm；图 6-48（d）~（f）所示为电流 10A 时不同相对湿度条件下（相对湿度为 10%、60%、92%）载流磨损情况，对应的深度分别为 9.877μm、11.943μm、9.916μm。

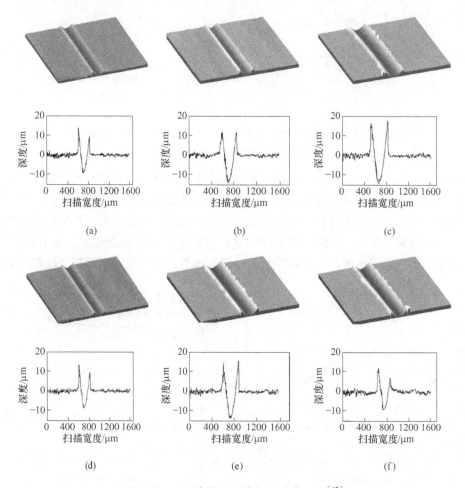

图 6-48　不同条件下的磨损形貌截面图[42]

（a）相对湿度 10%，电流 0A；（b）相对湿度 60%，电流 0A；（c）相对湿度 92%，电流 0A；
（d）相对湿度 10%，电流 10A；（e）相对湿度 60%，电流 10A；（f）相对湿度 92%，电流 10A

图 6-49 显示了相对湿度对磨损率的影响。通过磨损率对比，发现不通电条件下随着相对湿度从 10% 增加至 92%，磨损率有增加的趋势并在高湿度下基本稳定；通电后磨损率先增加后降低，均比未通电时小。在相对湿度 10%、60%、92% 条件下，通电时的磨损率分别减少了 0.49mg/m，1.16mg/m、6.2mg/m。在湿度值小于 60% 时，随着湿度的增加，无论是否通电，磨损率均增加。湿度值大于 60% 时，未通电时磨损率基本不变，通电后，磨损率下降。同时，通电后，随着湿度增大，磨损率的减小量增大。因此，可推断，通电前后不同湿度条件下的磨损机理发生了改变。

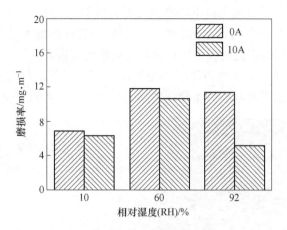

图 6-49　不同湿度下铜板材料磨损率[42]

6.4.4.2　磨损表面SEM分析

A　湿度10%

图 6-50 所示为湿度为 10% 条件下不同电流下磨损形貌。不通电时，如图 6-50（a）所示，铜板磨损表面有大量的黏着磨损现象，并伴随有大量犁沟。随着电流增大至 2A 和 10A，依然有大量的犁沟和撕裂，如图 6-50（c）所示，磨损形式无显著变化。

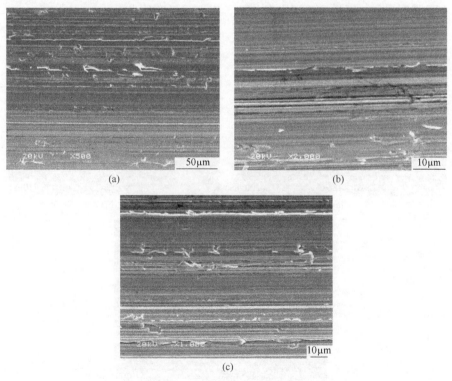

图 6-50　相对湿度为10%条件下不同电流下磨损形貌[42]

（a）0A；（b）2A；（c）10A

对相对湿度 10%、无电流条件下的磨损表面进行 EDS 分析，如图 6-51 所示。选取图中撕裂位置，得到撕裂处含氧量为 3.36%，高于整个磨损面的平均值 0.57%。可知在低湿度、无电流的纯机械磨损的情况下，产生黏着磨损处的铜和空气中的氧气发生作用，生成氧化物。在相对湿度为 10% 条件下，不论通电与否，材料磨损方式都是黏着磨损，并伴有少量氧化现象，说明通电前后主导的磨损机制并未发生本质变化。

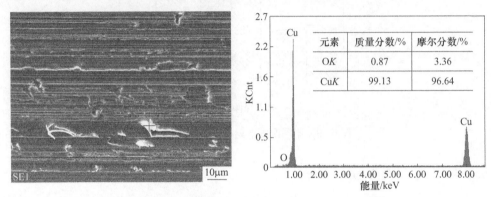

元素	质量分数/%	摩尔分数/%
OK	0.87	3.36
CuK	99.13	96.64

图 6-51　相对湿度 10% 无电流条件下表面 EDS 图谱[42]

B　湿度 60%

湿度为 60% 条件下，不通电时，如图 6-52（a），铜板磨损表面有少量撕裂和黏着磨损。电流为 2A 的条件下，没有明显的撕裂和黏着磨损的现象。电流为 10A 时，磨损表面几乎没有了撕裂现象，而且和不通电时相比，表面明显变的光滑。

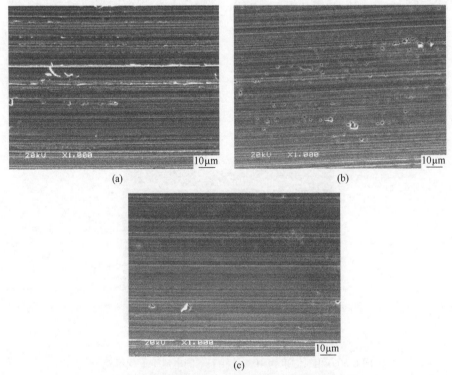

图 6-52　湿度为 60% 条件下不同电流下磨损形貌[42]

(a) 0A；(b) 2A；(c) 10A

如图 6-53 所示，对相对湿度 60%、电流 2A 条件下的磨损表面进行 EDS 分析。在非剥落坑位置选取区域，得到含氧量为 5.02%，高于表面平均含氧量 4.57%。因此，磨损表面生成了大量的氧化物，但由于氧化膜的连接强度不高，脆性较大，故磨损过程中更容易有材料的剥落现象。在湿度为 60% 条件磨损机理：无电流时为黏着磨损，有电流时，逐渐变为氧化磨损。

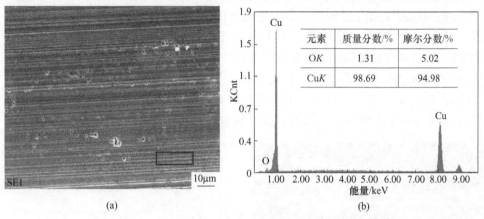

元素	质量分数/%	摩尔分数/%
OK	1.31	5.02
CuK	98.69	94.98

图 6-53　相对湿度 60%、电流 2A 条件下表面 EDS 图谱[42]

C　湿度 92%

图 6-54 所示为 92% 湿度条件下不同电流下磨损形貌。如 6-54（a）所示，不通电时，磨损表面依然可以看到剥落和撕裂现象，随着电流的增大，在电流 2A 和 10A 条件下（见图 6-54（b）和（c）），黏着现象有明显改善，并且磨损表面变得更加光滑。

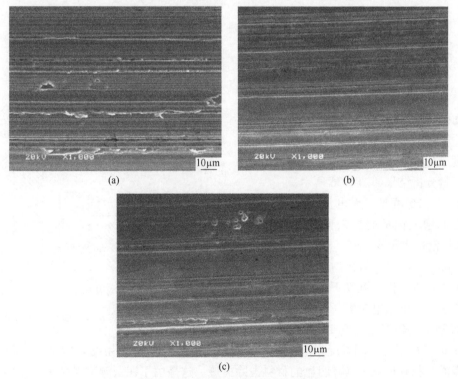

图 6-54　湿度为 92% 条件下不同电流下磨损形貌[42]

（a）0A；（b）2A；（c）10A

　　另外，从图 6-50（a）、6-52（a）、6-54（a）中可以看出，随着环境湿度的增大，无电流条件下铜板的磨损表面并没有得到显著改善。在相对湿度 10% 的条件下（见图 6-50），随着电流从 0A 增加至 10A，表面黏着磨损也未发生大幅变化。可见，高湿度无电流条件和低湿度小电流条件下，都不能有效改善材料表面的磨损情况。但是，在较高湿度下，如图 6-54（湿度值均为 92%，电流分别为 0A、2A、10A）所示，通电后黏着磨损程度减轻，表面趋于光滑。尤其是高湿度大电流（见图 6-54（c））与低湿度不通电（见图 6-50（a））的结果对比更加明显，湿度的变化引起了载流磨损机理的变化。

　　图 6-55 所示为对相对湿度 92%、电流 10A 条件下磨损表面 EDS 分析，在剥落坑附近选取区域，表面含氧量为 6.71%，高于表面平均含氧量 4.84%。和其他条件相比，含氧量更高，有更多的氧化物生成。因此，湿度的增加和电流的增加均促进氧化物生成。

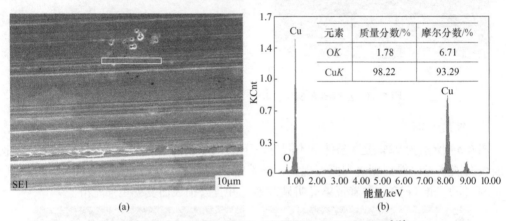

图 6-55　相对湿度 92%、电流 10A 条件下表面 EDS 图谱[42]

6.4.4.3　湿度条件下铜材料的磨损机理

　　电流和湿度的共同作用有利于改善材料表面的黏着磨损，为探索湿度通过何种微观途径起作用，利用 EDS 对磨损区氧化程度进行表征。不同湿度和电流条件下的含氧量分析结果如图 6-56 所示。

　　由图 6-56 可见，无电流条件下，随着湿度的增大铜板磨损表面的含氧量从 0.57% 逐渐增大至 4.29%。在 10A 电流条件下，随湿度的增加氧化物含量从 1.36% 增加至 4.84%。同一湿度下，通电时磨损面的含氧量比未通电时更高，增加程度分别为 1.38 倍、0.42 倍、0.12 倍。

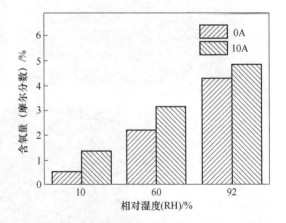

图 6-56　不同湿度和电流条件下磨损表面含氧量[42]

　　图 6-57 所示为不同湿度、电流条件下磨损表面 SEM 形貌。由图 6-57（a）可以看出，磨损表面有黏着现象，具有明显的材料去除痕迹。这是由于在低湿度条件下，不能形成完整的氧化膜，难以改善金属和金属之间的对摩，因此发生了图 6-57（a）所示的黏着现

象。图6-57（b）中可见片状白斑为氧化剥落。这是由于高湿度条件下，通电时发生电化学作用，有氧化膜形成，并出现了部分氧化膜剥落现象。图6-57（c）中磨损表面有条形丝状物出现，是由于表层氧化物磨屑参与材料表面磨损，切削摩擦表面形成的磨粒磨损痕迹。对比研究显示，随着湿度的增加和电流的介入，磨损机制从黏着磨损转变为氧化磨损和磨粒磨损。

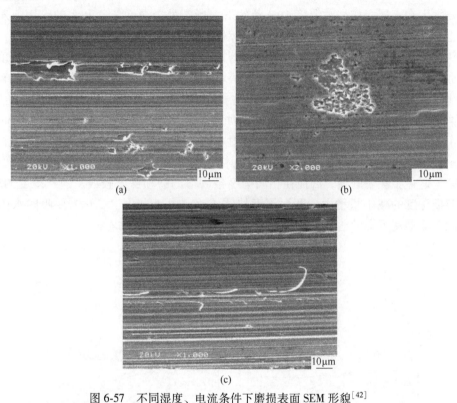

图6-57　不同湿度、电流条件下磨损表面 SEM 形貌[42]
（a）相对湿度10%，电流10A；（b）相对湿度92%，电流2A；（c）相对湿度92%，电流10A

使用三维形貌仪，多次测量磨损表面的粗糙度取平均值，得到不同条件下磨损表面粗糙度如图6-58所示。相同电流下，随湿度的增加，磨损表面粗糙度值逐渐减小。没有电流时，10%湿度下粗糙度值为0.452，是92%湿度下粗糙度值0.233的1.94倍。10A电流条件下，10%湿度下粗糙度值为0.381，是92%湿度下粗糙度值0.191的1.99倍。同一湿度条件下，通10A电流的铜板磨损表面粗糙度比无电流条件下铜板磨损表面粗糙度值小，表面更光滑。湿度为10%、60%、92%时，通电

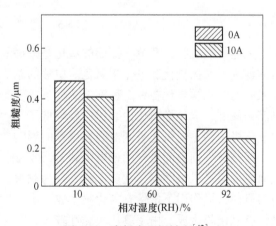

图6-58　磨损表面粗糙度[42]

后比通电前磨损表面粗糙度分别下降了15.7%、9.58%、18.02%。从图中也可以看出，

随湿度的增大，材料磨损表面越来越光滑。这说明氧化膜的形成避免了剧烈的黏着磨损，该结果与材料磨损表面扫描电镜下观察到的情况一致。

　　造成两种不同的材料去除方式和粗糙度变化趋势的原因是材料表面的磨损机制和氧化机制发生变化。未通电时，湿度对磨损表面的影响主要通过摩擦化学氧化起作用，反应机理如图 6-59（a）所示。水蒸气吸附在摩擦区域，通过摩擦化学作用使铜发生氧化去除，氧化主要发生在表层。如相对湿度 10% 条件下，撕裂处金属在氧气和水的作用下发生的氧化。也有微纳磨损研究认为，吸附水在摩擦作用下，在对摩副之间形成氧桥共价键，将摩擦能转化为化学能，促进铜材料的断键和磨损，本书在中低湿度下的机械磨损深度随湿度的增加而增加也证实了该观点。无论哪种解释，均表明摩擦化学氧化并不能形成较为完整的氧化膜，难以改善金属-金属对摩时的黏着磨损，磨损表面粗糙度值较大。通电后，摩擦表面增加了电化学氧化作用，反应机理如图 6-59（b）所示，可用 Cabrera-Mott 模型解释：水蒸气可在摩擦接触区域凝结形成吸附水膜，水在电场作用下被电离为氢氧根离子和氧离子，这些离子扩散至样品内部引起材料氧化，促进氧化膜的形成，从而隔离金属-金属对摩，避免了黏着磨损，因而在相同湿度条件下的磨损深度较浅。随着湿度的增大，通电后磨损深度的减小量增大，磨损深度整体减小。由于电化学氧化需要吸附水膜的参与，因此在低湿度下即使通电，磨损表面仍然存在较为明显的黏着损伤。

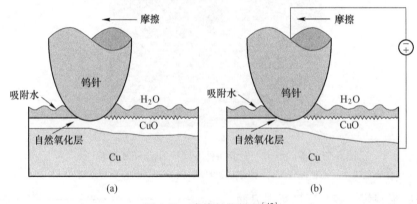

图 6-59　摩擦氧化机理[42]

　　上述研究表明，载流摩擦面的氧化是摩擦氧化和电化学氧化综合作用的结果，湿度的增加促进了摩擦氧化和电化学氧化。单独的摩擦化学氧化并不能有效改善黏着磨损，电流介入后的电化学氧化在一定程度上减轻了黏着磨损，降低磨损深度。尤其是在高湿度和大电流条件下，电化学氧化使磨损深度降低了 16.97%。该结果有助于深入理解载流摩擦面的氧化机制和不同氧化机制对磨损机理的影响[42]。

　　通过对磨损表面进行扫描电镜和 EDS 分析，在低湿度条件下（相对湿度 10%），磨损表面更多的是机械磨损，主要形式表现为黏着、撕裂，由于黏着、撕裂处能量较高，在单纯的机械磨损作用下依然有氧化物生成。中湿度条件下（相对湿度 60%），因此材料表面已经有氧化膜生成，由于氧化膜脆性较大，与基体连接强度较低，因此材料磨损出现氧化膜的剥落现象。此时形成的氧化物易成为颗粒状进而参与磨损，对表面铜表面有切削作用。在高湿度条件（相对湿度 92%），和低湿度、中湿度条件相比，电化学作用下生成更多的氧化物，形成氧化膜隔离金属-金属接触，此时材料表面的去除主要是材料的磨粒磨损和氧化磨损。随着湿度的增加和电流的增加，观察到了不同的氧化机制和磨损机制。

参 考 文 献

[1] 郑翠华. 基于特征参量的弥散强化铜基复合材料制备及其性能研究 [D]. 洛阳：河南科技大学，2012.

[2] 郑翠华，宋克兴，国秀花，等. 粉末冶金法制备纳米 MgO 颗粒增强铜基复合材料 [J]. 特种铸造及有色合金，2011，31（10）：955～958.

[3] 李岩，陈跃，上官宝，等. 覆铜铁粉对铜铁基粉末冶金闸片材料性能的影响 [J]. 热加工工艺，2016，45（6）：91～93，97.

[4] 白同庆. 添加微量锡对铜基摩擦材料性能的影响 [J]. 材料工程，1998（6）：30～32.

[5] 高飞，朗剑通，符蓉，等. 铝对铜基粉末冶金材料摩擦磨损性能的影响 [J]. 润滑与密封，2008（1）：18～21，26.

[6] 陈百明，张振宇，刘晓斌，等. 钨对铜基粉末冶金摩擦材料摩擦磨损性能的影响 [J]. 材料科学与工程学报，2010，28（1）：69～75.

[7] 袁振军，贺甜甜，杜三明，等. 硼铁含量对铜基粉末冶金制动材料性能的影响 [J]. 材料导报，2018，32（18）：3223～3229.

[8] 张学良. 高速列车用 Cu 基粉末冶金闸片材料的成分配比与性能研究 [D]. 洛阳：河南科技大学，2017.

[9] 张学良，陈跃，杜三明，等. Al_2O_3 和 SiO_2 质量分数配比对铜基粉末冶金制动材料摩擦磨损性能的影响 [J]. 河南科技大学学报（自然科学版），2017，38（4）：1～5，115.

[10] 高鸣. 准高速列车用铜基粉末冶金闸片材料的研制 [D]. 洛阳：河南科技大学，2011.

[11] 姚萍屏，李世鹏，熊翔. Fe 和 SiO_2 对铜基摩擦材料摩擦学行为的对比研究 [J]. 湖南有色金属，2003，19（5）：31～35.

[12] 赵翔，郝俊杰，于潇，等. Al_2O_3 颗粒镀铜对铜基粉末冶金摩擦材料 Al_2O_3-Fe-Sn-C/Cu 摩擦磨损性能的影响 [J]. 复合材料学报，2015，32（2）：451～457.

[13] 李克敏. 颗粒增强铜基自润滑材料的制备及其载流摩擦磨损性能研究 [D]. 洛阳：河南科技大学，2014.

[14] 袁振军. 硼铁对铜基粉末冶金制动材料摩擦磨损性能的影响 [D]. 洛阳：河南科技大学，2018.

[15] 上官宝，张永振，邢建东，等. 铜-二硫化钼粉末冶金材料的载流摩擦磨损性能研究 [J]. 润滑与密封，2007（11）：21～23.

[16] 李岩. 高速列车用铜基粉末冶金闸片材料的制备与性能研究 [D]. 洛阳：河南科技大学，2015.

[17] 丁华东，浩宏奇，金志浩. 石墨含量对铜基滑板烧结膨胀的影响 [J]. 中国有色金属学报，1996（3）：106～110.

[18] 陈军，姚萍屏，盛洪超，等. 碳对铜基粉末冶金摩擦材料性能的影响 [J]. 热加工工艺，2006（7）：13～16.

[19] 李世鹏，熊翔，姚萍屏，等. 石墨、SiO_2 在铜基摩擦材料基体中的摩擦学行为研究 [J]. 非金属矿，2003（6）：51～53.

[20] 温毅博. 碳含量对 Al_2O_3 弥散强化铜材料性能的影响 [D]. 洛阳：河南科技大学，2018.

[21] 白同庆，佟林松，李东生. MoS_2 对铜基金属陶瓷摩擦材料性能的影响 [J]. 材料工程，2006（5）：25～27，31.

[22] 龙波，白同庆，李东生. FeSO$_4$对铜基粉末冶金摩擦材料性能的影响 [J]. 材料导报，2008，22 (S1)：445~447.

[23] 王培，陈跃，张永振. 压制压力对铜基粉末冶金闸片材料的摩擦特性的影响 [J]. 润滑与密封，2013，38 (4)：23~26.

[24] 张鑫，张永振，杜三明，等. SPS温度对含铜包覆石墨铜基粉末冶金材料性能的影响 [J]. 润滑与密封，2019，44 (3)：1~7.

[25] 葛月鑫，杨正海，孙乐民，等. 烧结温度对铜-石墨复合材料性能的影响 [J]. 材料热处理学报，2019，40 (2)：8~14.

[26] 王培. 高速列车用铜基粉末冶金闸片材料的研制 [D]. 洛阳：河南科技大学，2013.

[27] 王培，陈跃，张永振，等. 烧结压力对铜基粉末冶金闸片材料摩擦学性能的影响 [J]. 机械工程材料，2014，38 (6)：66~69.

[28] 杨淑贞，马海英，张晓旭. 铜基粉末冶金刹车闸瓦材料的摩擦磨损性能研究 [J]. 铸造技术，2017，38 (9)：2093~2095.

[29] 朱旭光，孙乐民，陈跃，等. 高速制动工况下Cu基粉末冶金闸片材料摩擦磨损性能 [J]. 润滑与密封，2015，40 (11)：52~55，59.

[30] 朱旭光. 高速列车用Cu基粉末冶金闸片材料的制备与摩擦磨损性能研究 [D]. 洛阳：河南科技大学，2015.

[31] 吕乐华. 高速列车摩擦接地装置材料的制备及其载流摩擦磨损性能的研究 [D]. 洛阳：河南科技大学，2013.

[32] 刘敬超，赵燕霞，孙乐民，等. 离线率对铜基粉末冶金载流摩擦磨损性能的影响 [J]. 润滑与密封，2011，36 (6)：22~24，28.

[33] 冀盛亚，孙乐民. 铜基粉末冶金材料/铬青铜摩擦副中的电弧侵蚀机制 [J]. 润滑与密封，2011，36 (2)：57~61.

[34] 冀盛亚，孙乐民，刘敬超，等. 电弧能量对铜基粉末冶金/铬青铜摩擦副载流效率及载流稳定性的影响 [J]. 润滑与密封，2010，35 (11)：58~61，73.

[35] 赵燕霞，刘敬超，孙乐民，等. 速度对铜基粉末冶金/铬青铜摩擦副载流特性的影响 [J]. 热加工工艺，2010，39 (16)：4~6.

[36] 王悔改，上官宝，陈慧敏，等. 有无电流条件下石墨自润滑铜基粉末冶金材料的摩擦磨损行为研究 [J]. 铸造技术，2009，30 (11)：1409~1413.

[37] 刘敬超，王旭，赵培峰，等. 铜基粉末冶金载流摩擦磨损微观形貌分析 [J]. 润滑与密封，2009，34 (7)：14~17.

[38] 冀盛亚，孙乐民，上官宝，等. 铜基粉末冶金/铬青铜摩擦副载流摩擦磨损的电弧侵蚀特性研究 [J]. 润滑与密封，2009，34 (2)：5~7.

[39] 徐晓峰，宋克兴，杜三明. 载流条件下铜基粉末冶金材料的摩擦磨损行为 [J]. 材料保护，2008 (7)：66~68，89.

[40] 张晓娟，孙乐民，李鹏，等. 铜基粉末冶金材料载流摩擦学特性研究 [J]. 热加工工艺，2007 (14)：1~3.

[41] 张晓娟. 铜基粉末冶金材料载流摩擦磨损特性研究 [D]. 洛阳：河南科技大学，2010.

[42] 孙逸翔. 湿度对纯铜载流磨损的影响 [D]. 洛阳：河南科技大学，2017.

7 耐磨铜基材料的应用

7.1 航天领域应用

7.1.1 空间汇流环基本结构与性能

航天器电能由太阳能电池板驱动装置（solar array drive assembly，SADA）提供，卫星飞行过程中太阳能电池板需要转动对准太阳。汇流环是实现相对旋转机构间电流传导的唯一通道，其核心结构为环-刷构成的滑动载流摩擦副（见图7-1）[1]。汇流环也被称为导电环、集电环、电刷、旋转电气关节等。汇流环工作时电刷与滑环之间长期接触磨损，为了获得优异的电接触性能及耐磨性，工程上选用金银铜合金材料来加工滑环，电刷选用金镍合金丝[2]。典型的环体材料有低锌黄铜、铍青铜等铜合金，为增加导电性还需在环体表面镀一层金基合金，空间常用载流摩擦金属材料特性见表7-1[3]。其中，铍青铜是

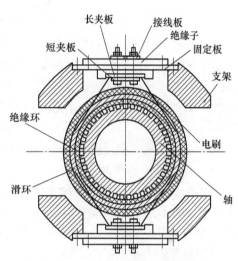

图 7-1 环-刷配副结构示意图[1]

一种优良的高导电高弹性合金，具有高的强度、弹性、硬度、耐磨性和导电性，且无磁性及具有冲击时不产生火花的性能，是航天工程中最常用的载流摩擦副基体材料。环体分盘式（见图7-2（a））和柱式两种（见图7-2（b）），每个环体上可加工不同滑道，滑道间由绝缘材料隔开。因此，同一个滑环可满足不同通道电传输，可同时传导电功率和通信信号。

表 7-1 空间常用载流摩擦金属材料特性[3,4]

材 料	电阻率 /mΩ·mm²·m⁻¹	抗拉强度/MPa	密度 /g·cm⁻³	熔点/℃	应用
AgAu40	105	163	14.6	1020	镀层、刷丝
AgCu10	20	280~550	10.3	800	环体、刷丝
QBe2	68	638~1128	9.23	900	环体

与环体配伍的电刷类型包括活塞型电刷、片状弹簧电刷和丝状弹性电刷。活塞型电刷的主要成分是石墨，因此体积和电阻较大；片状弹簧电刷是一种用于高速情况下的电刷，导电能力较低；丝状弹性电刷具有优异的弹性，施加一定预紧力可保持环-刷稳定接触，

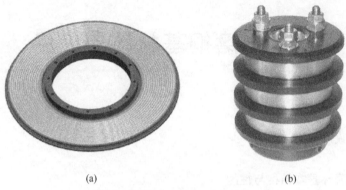

（a）　　　　　　　　　　　　　　　　　（b）

图 7-2　铜合金加工而成的环体

（a）盘式滑环；（b）柱式滑环

金属丝具有电阻较低、体积较小的优点，通过分布刷丝可满足不同的功率传导需求[1]。

　　由于汇流环是整个航天器能源输送的唯一通道，一旦发生异常将导致整体功率下降甚至失效，汇流环材料必须满足大功率、长寿命、高可靠性需求。因此，除铜材料自身静态物理性能和机械性能外，还需关注空间服役环境条件下的材料动态性能，评估指标如下[5]：

　　（1）工作环境：温度范围 −40~+65℃，真空度 $1×10^{-3}$Pa。

　　（2）环数：功率环 30~40 环，10A/环；信号环 40~60 环，0.5A/环。

　　（3）电性能指标：静态接触电阻变化不大于 2mΩ，动态接触电阻变化不大于 6mΩ；电噪声慢速时不大于 2mV/A，快速时不大于 5mV/A；绝缘电阻不小于 200MΩ；抗电强度 500V·AC·min；压降不大于 0.4V（功率环）或不小于 0.2V（信号环）。

　　（4）静摩擦力矩：0.8~1Nm。

　　（5）转速：0.06~0.60°/s。

　　（6）寿命：3 年。

7.1.2　环-刷配副接触特性

　　最基础的环-刷配副接触如图 7-3（a）所示，环体为平面圆盘，刷丝前端带弯钩，通过刷丝自身弹性预紧力构成点接触。其受力可用赫兹接触理论分析，几何模型如图 7-3（b）所示，环-刷几何外形可用正交平面坐标系中的主曲率半径表示，r_{1-1} 为刷丝自身半径，r_{1-2} 为弯钩半径，r_{2-1} 为滑道半径（图 7-3（a）滑道为平面，此值为无穷大），r_{2-2} 为预紧力方向上的环体半径（图 7-3（a）中的值为无穷大），预紧力为 Q 时的最大赫兹接触压力 P 为[6]：

$$P = \frac{3Q}{2\pi ab} \tag{7-1}$$

$$a = \alpha \sqrt[3]{\frac{3Q(\theta_1 + \theta_2)}{8\sum\rho}} \tag{7-2}$$

$$b = \beta \sqrt[3]{\frac{3Q(\theta_1 + \theta_2)}{8\sum\rho}} \tag{7-3}$$

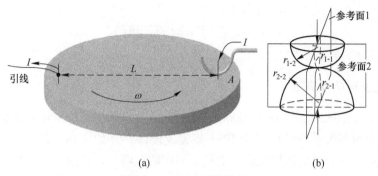

(a)   (b)

图 7-3 环-刷配副接触特性

(a) 环-刷配副接触示意图;(b) 赫兹接触几何模型

$$\theta_1 = \frac{4(1 - \nu_1^2)}{E_1} \tag{7-4}$$

$$\theta_2 = \frac{4(1 - \nu_2^2)}{E_2} \tag{7-5}$$

$$\cos\tau = \frac{\left|\dfrac{1}{r_{1-1}} - \dfrac{1}{r_{1-2}}\right| - \left|\dfrac{1}{r_{2-1}} - \dfrac{1}{r_{2-2}}\right|}{\sum\rho} \tag{7-6}$$

$$\sum\rho = \frac{1}{r_{1-1}} + \frac{1}{r_{1-2}} + \frac{1}{r_{2-1}} + \frac{1}{r_{2-2}} \tag{7-7}$$

$$S = \pi ab \tag{7-8}$$

式中,a、b 为接触椭圆的半轴;α、β 为辅助参数,通过式(7-6)计算并查询《金属材料滚动接触疲劳试验方法》(YBT 5345—2006)获得;ρ 为主曲率,是半径的倒数;E 为材料弹性模量;ν 为材料泊松比,同时也可根据式(7-8)求出接触面积。

进一步地,由接触面积 S 和已知配副材料电阻率 γ_1、γ_2 可求出接触电阻 R_c[7]:

$$R_c = \frac{\gamma_1 + \gamma_2}{4}\sqrt{\frac{\pi}{S}} \tag{7-9}$$

根据第四强度理论(最大剪应力理论),材料最大剪切应力是引起塑性材料破坏的原因,材料的许用剪应力不超过抗拉强度 σ 的 0.5,而金属材料最大剪应力约为最大赫兹接触压力 P 的 0.32。因此,可得许用赫兹接触压力 P_c[8]:

$$P_c \leqslant 1.56\sigma \tag{7-10}$$

可根据式(7-10)估算安全的赫兹接触压力,设计合理的几何尺寸和接触预紧力,保证刷丝和环之间的弹性接触。

与此同时,还需考虑铜合金是否能够承受电流发热。薛萍等人[1]报道了合金丝在标准温度和最高工作温度时的允许载流量。在最大电流负荷,配副材料最高允许工作温度 T_0 不超过80℃,允许温升 ΔT 为50℃。合金刷丝在标准温度20℃时最大允许电流 I_{20} 为:

$$I_{20} = 1.81\sqrt{(1/\gamma)d^3 - n\Delta T^{1+n}} \tag{7-11}$$

式中,γ 为合金丝电阻率;d 为直径;n 为系数,对于圆形接触件 $\Delta T < 20$℃ 时,$n = 0.40$,20℃ $< \Delta T < 65$℃ 时,$n = 0.38$。

在最高服役温度 T 的许用电流 I_T 为：

$$I_T = I_{20}\sqrt{1/[1 + \kappa(T - 20)]}$$ (7-12)

式中，κ 为电阻率的温度系数。

7.1.3　空间汇流环典型应用

　　国际空间站（international space station）于 1983 年由美国总统里根首先提出的，经过近十余年的探索和多次重新设计，于 1993 年完成设计并开始实施，2011 年 12 月完成组装工作。国际空间站的供电依靠太阳能帆板上装配的汇流环，转速为 0~65r/min。汇流环主体长 297mm，直径 163mm，装配后直径 264mm，重 12kg（见图 7-4）。汇流环用于传输 4 路 120V-25A 直流电、3 路 IEEE 802.3 以太网信号、6 路 MIL-STD-1553B 航空总线数据和 6 路 EIA-170NTSC 视频数据，另外还预留了 5 路备用线路[9]。

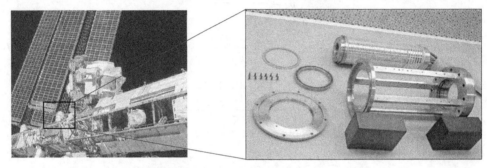

图 7-4　国际空间站太阳能帆板上装配的汇流环

　　2003 年 10 月 16 日，我国"神舟五号"飞船顺利回收，飞船使用的空间精密导电汇流环位置处于飞船电池帆板与飞船船体的交接处（见图 7-5（a）），在飞船旋转状态下起到控制信号和传输功能的作用。该产品由九江精密测试技术研究所研制生产。该所自 1994 年就开始接受任务研制该配件的功能机，1995 年开始生产该配件的初样机（见图7-5（b）），神舟一号至八号系列和天宫一号使用的汇流环都是由该所生产的[10]。"神舟八号"上的汇流环采用高压输电技术，其传输电功率更大[11]。

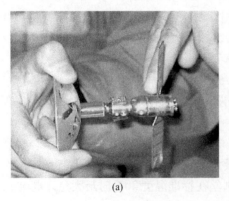

(a)　　　　　　　　　　　　　　　(b)

图 7-5　神舟五号飞船所用汇流环[10]

（a）汇流环位置示意图；（b）汇流环成品

美国 Honeybee Robotics 是一家专业提供空间汇流环的公司，在高可靠性、低扭矩、长寿命滑环设计制造方面有数十年技术积累，在美国空间运载火箭、卫星、航天器、导弹和士兵系统等领域担任主要的承包商和供应商。图 7-6 所示为该公司设计的空间汇流环，质量为 1.2kg，扭矩小于 $0.07N \cdot m$，在随机振动中能承受 10G，寿命大于 10^6 转[12]。该公司研制的太阳能帆板已成功用于美国空军"空间试验计划卫星"、格罗宇航公司 Genesis1 号和 Genesis2 号充气试验舱等项目。

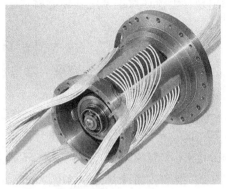

图 7-6 美国 Honeybee Robotics 公司研制的空间汇流环

7.2 航空领域应用

7.2.1 雷达汇流环基本结构与性能

第二次世界大战期间，雷达就已经出现了地对空、空对地（搜索）轰炸、空对空（截击）火控、敌我识别等技术。按照功能，雷达可分为警戒雷达、引导雷达、制导雷达、炮瞄雷达、机载火控雷达、测高雷达、盲目着陆雷达、地形回避雷达、地形跟踪雷达、成像雷达、气象雷达等。

雷达主要由天线、发射机、接收机（包括信号处理机）和显示器等部分组成。雷达天线是转动部件，它与固定部分间的功率传输和信号传输由汇流环完成。汇流环基本结构示意如图 7-7 所示，滑环转子导线一端与天线相连，一端接入固定在旋转轴上的环体上，刷丝与滑环定子导线相连并接至电源。一旦汇流环损坏，雷达将丧失发射功率，无法正常工作。汇流环失效原因主要有：（1）环间或环与地之间耐压不够，导致绝缘击穿后短路；

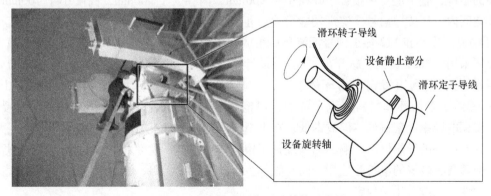

图 7-7 雷达汇流环位置及结构示意图

（2）电刷或导电环承受电流能力不足，导致烧毁；（3）电刷与导电环接触不良，在转动中时断时续，在接触点处产生打火，造成接触点处的导电环和触点损毁，严重时可导致环间短路[13]。汇流环的失效是典型的载流摩擦失效，随着隐身战机、超高速武器和静音潜艇的出现，汇流环对铜基耐磨导电材料的服役性能提出更高需求。国内公开报道中，某高速雷达汇流环服役性能如下[14]：

(1) 汇流环类型及其环数：信号环 14 环（低频），功率环 6 环。

(2) 电性能：最大功率 200W，最大电流 2A。

(3) 工作转速：180r/min。

(4) 工作环境：海洋环境，−30~70℃。

与空间汇流环类似，雷达汇流环环体上加工有多个滑道，可传输电功率和电信号，我国毕节市 CINRAD/CD 天气雷达系统环体上有 24 个滑道，基体材料为铜合金，具体功能见表 7-2。滑道表面镀有良好导电性和高硬度的铂金，各导电槽间由高硬度的耐磨塑料隔开，相互间绝缘[15]。

表 7-2　CINRAD/CD 天气雷达滑环滑道功能[15]

序号	功　能	序号	功　能	序号	功　能
1	俯仰同步机屏蔽	9	备用	17	俯仰驱动屏蔽
2	俯仰同步机信号 D2	10	备用	18	俯仰测速信号
3	俯仰同步机信号 D3	11	俯仰同步机信号 D1	19	俯仰驱动输出 1
4	机壳	12	110V 激磁电压	20	俯仰驱动输出 2
5	−2 度信号	13	110V 激磁电压	21	俯仰驱动输出 1
6	90 度信号	14	俯仰同步机屏蔽	22	俯仰测速屏蔽
7	俯仰同步机屏蔽	15	俯仰测速信号	23	俯仰驱动屏蔽
8	备用	16	俯仰测速屏蔽	24	俯仰驱动输出 2

7.2.2　雷达汇流环配副材料与加工

雷达汇流环环体基础材料以铜材料为主。马伯渊等人[16]报道了一种大直径多功能汇流环的结构，整个汇流环布置于外径小于 900mm，内径大于 500mm，高度小于 700mm 的狭长空间内。按传递信号及实现功能分类，汇流环由 4 环中频汇流环、7 环脉冲汇流环、20 环动力汇流环和 112 环小信号汇流环所组成。中频环、脉冲环主体材料采用 H62 黄铜，动力环采用 HPb59 黄铜。赵开富等人[14]设计了一台高速汇流环，环体材料为银铜合金。陆传琴等人[17]利用黄铜作为环体基材，在其表面镀贵金属以提高导电性。邓书山等人[18]总结了常用环体材料紫铜、黄铜、银铜合金的优缺点：紫铜电导率高，但易受腐蚀；黄铜电导率比紫铜低，但成本低，在大电流和性能要求不高的情况下可以采用；银铜合金具有良好的导热性能，铜的加入改善了银基体的强度、硬度和耐磨性，并降低熔焊倾向，使其具有较好的电接触性能，同时添加少量的镍、锂、铝、钒、锆、铍，可以显著提高力学性能，改善化学稳定性。

需要注意，合金元素的加入可能降低材料的导电性。如图 7-8 所示，采用粉末冶金法制备了碳化钨颗粒增强铜（WC/Cu）复合材料，随着 WC 质量分数增加，复合材料相对密度逐渐降低，硬度缓慢增大，电导率快速下降[19]。

选材时也需要考虑合金元素在服役过程中的动态变化对合金性能的影响[20]。采用纯

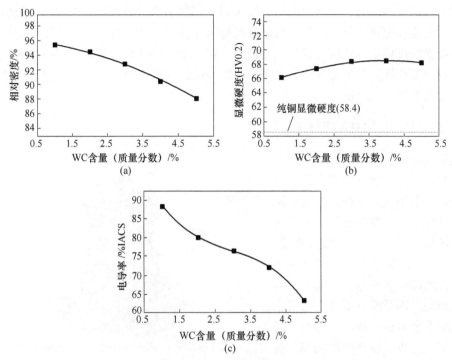

图 7-8 WC/Cu 复合材料性能随 WC 质量分数的变化曲线[19]
（a）复合材料相对密度；（b）显微硬度；（c）电导率

度 99.95% 以上的 Au 和 99.9% 以上的 Cu、Ni、Zn、Mn、Re（Re = Sc、La、Ce、Pr、Nd、Sm、Gd）为原料，熔炼 $Au_{60}CuNiRe_{0.5}$ 和 $Cu_{40}NiZnMnCe$ 合金，分别制成刷丝和环体组成环-刷配副。加入微量稀土后将造成合金晶格畸变，在摩擦升温过程中，稀土元素将向表面扩散富集，从而降低表面能和接触表面黏着能，进而降低摩擦系数。X 射线光电子能谱分析表明，大气中配副摩擦过程中 Cu、Ni 等元素发生氧化，表面所形成的氧化膜能够起到阻碍黏着的作用。但是，表面氧化必然降低导电性，同时由于氧化的不均匀性，也将导致导电稳定性下降。

雷达汇流环结构形状复杂，对其尺寸、形位公差、表面粗糙度要求很高，使制造汇流环产生了较多的技术难点。过石正等人[21] 报道了雷达汇流环加工工艺的研究与应用，认为最大的难点是解决装夹和加工中的变形，特别是径向和轴向变形的控制。针对上述难点，过石正等人采取如下措施：

（1）变形问题。1）减小弯制变形：铜圆下料后，先进行 850℃ 的高温软化处理，增加铜圆的伸长率，方便成型，减小内应力。2）采用焊接工装：将铜圆在工装上焊接。3）铜环在工装上的处理：焊接后，立即对零件进行火焰退火，消除部分焊接应力。4）人工校正变形：铜环从工装上拆卸后，对其进行整形。5）铜环周转工装：由于铜环是薄壁易变形件，为保证工序间的周转和运输中不变形，制作了运输周转工装。

（2）加工问题。1）加工工艺方案：先粗加工，单面保留精加工余量 0.5mm，然后对工件进行（150±10）℃ 的低温退火处理，消除粗加工的应力，最后进行精加工。2）装夹方法：车铜环两端面时，制作一副工装，工装装夹在车床上，中间有一环槽，槽内放置铜环。3）加工顺序：两次调面先反复车加工铜环的端面，确保两端面的平行和平面度。4）

综合应用：如加冷却液、控制切削热、加大刀具切削前角以减小车加工的径向切削力。

雷达汇流环配副选材需要综合考虑服役需求、材料特性、配副关系、接触特性等，特别是材料服役过程中可能面临磨损机制转变，进一步加剧选材复杂性。现有的研究结果也表明，片面提高硬度等静态性能未必能最终提高动态的载流摩擦性能，合理的材料选配关系仍然是未来研究的关键。

7.2.3　火箭发动机耐高温铜材料

氢氧发动机属于液体火箭发动机中的一种，液氢、液氧分别作为燃料和氧化剂。中国航天推进技术研究院研制的 YF-77 氢氧发动机是新一代大运载火箭长征五号芯一级推力装置。如图 7-9 所示，氢氧发动机的真空推力增大，燃烧室热流越大、温度越高及室压越大，需要推力室内壁材料在高温工况下具备更优异的导热性、高低温强度、冷热低周疲劳性能等，还需与氢具有很好的相容性[22]。目前常用的内壁铜合金材料见表 7-3[23]。

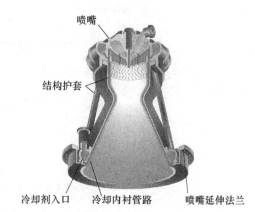

喷嘴

结构护套

冷却剂入口　冷却内衬管路　喷嘴延伸法兰

图 7-9　液体火箭发动机中可能用到铜合金的部件[22]

表 7-3　火箭发动机耐高温铜材料合金元素（质量分数）　　　　　（%）

材料	Cr	Nb	Zr	Al	O	Ag
GRCop-84	6.65	5.85				
AMZIRC（C15000）			0.15			
Glidcop Al-15（C15715）				0.15	0.17	0.17
Cu-Cr（C18200）	0.9					
Cu-Cr-Zr（C18150）	1.0		0.1			
NARLOY-Z			0.5			3.0

7.2.3.1　AMZIRC

20 世纪 70 年代末 Taubenblat 等人[24]开发并应用锆无氧铜合金（AMZIRC），通过固溶处理使第二相粒子充分均匀融入基体内快冷至过饱和固溶体状态，经冷加工造成材料内部的位错缠结和亚晶界产生，阻碍位错的运动提高强度。冷变形后时效析出 Cu₃Zr，进一步提升强度和热导性能。少量锆的加入（质量分数为 0.15%）基本没有改变纯铜的宏观结晶特性，结晶温度区间较窄、流动性好、不易产生区域偏析。

7.2.3.2　NARLOY-Z

美国宇航局研制出了一种专利产品 NARLOY-Z，由北美洛克韦尔公司采用真空离心铸造工艺生产。真空状态下将熔化的 NARLOY-Z 合金倒入一旋转的模具中，模具一直旋转到合金凝固。离心力将密度小的氧化物分离到铸锭内侧，密度大的纯合金分离到铸锭外侧，这样最终铸锭心部是氧化物、夹杂物和其他杂质，外围是致密的纯合金[25]。经锻造和旋压工艺获得砂漏形火箭发动机衬层，然后在衬层中加工上百条冷却剂通道。工作时−253℃的液氢流经冷却剂通道，吸收来自内侧3300℃高温火焰的热量。

在高温下，蠕变性质比常温下的机械性能对组织变化更为敏感。以NARLOY-Z合金为例，高温蠕变试验结果数据见表7-4[26]。在中温蠕变（700K）区，位错黏滞滑移过程是蠕变过程中速率的控制机制，在高温蠕变（800K）区被晶界扩散机制所控制。蠕变后合金显微组织发生了明显的变化，发生了晶粒细化现象且温度越高越明显。随着蠕变的进行，位错滑移在受阻的情况下，在滑移面上塞积，将"大"晶粒分割成很多"小"晶粒，起到了晶粒"碎化"的作用，形成亚晶组织而使得晶粒度提高。再结晶时，由位错分割组成的胞状结构，在加热过程中将作为再结晶的核心，重新产生了无畸变的细小晶粒，使晶粒度得到进一步的提高。

表7-4 NARLOY-Z合金的高温蠕变数据[26]

试验编号	温度/K	应力/MPa	初始应变/%	总应变/%	持续时间/h
1	600	280	0.300	0.464	1
2	700	230	0.327	1.139	1
3	700	200	0.283	0.747	1
4	700	180	0.256	0.572	1
5	800	120	0.204	0.953	1
6	800	100	0.135	0.788	1
7	800	80	0.022	0.541	1
8	900	60	0.176	14.352	1
9	900	50	0.104	13.410	1
10	900	40	0.092	12.871	1

7.2.3.3 GRCop-84

美国宇航局格林研究中心开发出一种高性能铜合金，用粉末冶金法制成的这种合金可用于火箭发动机。这种合金牌号为GRCop-84，其组成为Cu-8Cr-4Nb（原子比例），是一种弥散强化合金[27]。合金中的Cr和Nb形成Cr_2Nb相，在超过1600℃时仍保持稳定。GRCop-84材料具有优异的导电、热膨胀、强度、抗蠕变、延展性和低频疲劳等性能。这种材料用真空感应熔炼和惰性气体雾化技术制成，可用于火箭发动机套筒，并可用于其他受热部件（见图7-10）。

综合测试表明[29]，GRCop-84材料的热膨胀至少比NARloy-Z合金低7%，热膨胀低使得GRCop-84材料内部的热应力小，可延长引擎的

图7-10 GRCop-84铜合金制品[28]

使用寿命。GRCop-84 材料的导热性为纯铜 70%~83%，而略差于 NARloy-合金，但远优于多数同样强度的其他材料。在试验温度范围内，GRCop-84 材料的屈服强度约为 NARloy-Z 合金的 2 倍。在经过模拟铜焊处理后，GRCop-84 材料的剩余强度高于 NARloy-Z 合金，在经过更高的温度处理（例如热等静压处理）后，GRCop-84 材料的一些性能有所下降，但仍明显优于 NARloy-Z 合金。GRCop-84 材料的杨氏模量低于纯铜，因此材料内部的热应力较小，有利于延长材料的使用寿命。

7.3　微电子系统中的应用

7.3.1　真空电子器件

真空电子器件泛指借助电子在真空或者气体中与电磁场发生相互作用，将一种形式电磁能量转换为另一种形式电磁能量的器件。主要包括高频和超高频发射管、波导管、磁控管等，广泛用于广播、通信、电视、雷达、导航、自动控制、电子对抗、计算机终端显示、医学诊断治疗等领域。人类历史上第一台计算机 ENIAC 上就使用了 17468 个不同的真空管。由于铜及其合金具有导电、导热、弹性、耐蚀、装饰并具有便于机械加工、无磁性等特点，被广泛应用于波管管壳和螺旋线、环杆慢波线，速调管的腔体、漂移管和调谐杆，磁控管的腔体等部件。

电子无氧铜是一种应用广泛的金属材料，通常作为电子管的阳极、散热片、输出窗非匹配封接材料、排气管等重要部件的材料。无氧铜应用的最根本要求是含氧量低、均匀。普通铜含氧量为 0.02%~0.1%，在氢气或含氢的还原气氛中加热处理，会出现氢病。其机理是：氧元素分布在铜的晶界上并形成氧化亚铜，在氢气或含氢的还原气氛中加热处理时，氢渗入铜中与氧化亚铜反应，生成铜和水蒸气。高温下水蒸气的压力很大，剧烈地向表面逸出，使铜沿晶界开裂变脆，导致材料漏气，使真空电子器件失效。Yagodzinskyy 等人观察到了氢对磷掺杂无氧铜断裂的影响，发现氢导致铜界面上形成大量气孔（见图 7-11），大幅降低了断裂韧性[30]。因此，国家标准规定无氧铜的含氧量应低于 0.003%，国际标准

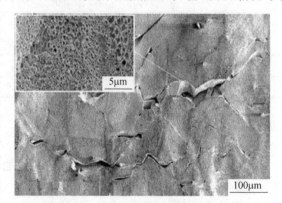

图 7-11　无氧铜发生氢脆时的晶界

规定含氧量应低于 0.001%。俄罗斯对真空电子器件用无氧铜的氧含量控制很严，氧含量甚至低于 0.0001%。俄罗斯生产的无氧铜可靠性极高，多次进入氢炉、焊接，都未发现微裂纹或氢病现象[31]。目前，俄罗斯在检验含氧量时仍采用反复弯曲法。

无氧铜的力学性能较差，通常采用合金化或复合化进一步改善铜材料力学性能。钨铜合金既具有钨的高强度、高硬度、低膨胀系数等特性，又具有铜的高塑性、良好的导电导热性等特性，可作为微电子壳体材料。国内外普遍采用的制造方法主要是烧结—熔渗法和混粉烧结法，尽管前者所制得的产品具有很高的骨架强度和相对密度，但熔渗后需要进行机加工以去除多余的金属铜，增加了额外的工序和费用，降低了材料的利用率。采用混粉

烧结法制备钨铜薄板需要经过制坯、烧结和压延加工等主要工序，其中烧结是整个工艺流程中的重要环节，烧结质量的好坏是决定该材料性能高低，以及能否进行进一步压延加工的关键。在上述技术中，由于钨、铜液相浸润性差且又互不溶解，因此无论是液相烧结或是固相烧结均难以使烧结产品的相对密度大于 98%。复压复烧或者后续热加工虽可提高产品密度，但成本增加，效率降低。原始钨颗粒在烧结过程中要长大 5~10 倍，致使烧结中钨晶粒进一步粗化。为了提高钨铜合金的烧结密度，可采用化学共沉淀法制备合金材料[32]。将浓 HNO_3 在搅拌条件下加到硝酸铜溶液中，再将混合溶液加到 $(NH_4)_2WO_4$ 溶液中进行化学共沉淀反应。反应 1h 后对产物进行干燥，可得到复合氧化物粉末。再用氢还原得到纳米级钨铜复合粉末（见图 7-12（a）），经成型和烧结得到超细弥散分布钨铜合金（见图 7-12）。烧结温度 1250℃ 时结构最为致密，性能最佳，相对密度为 99.7%。

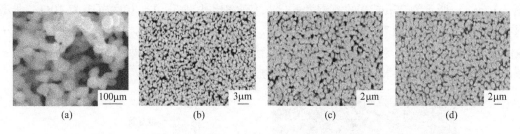

(a)　　　　　(b)　　　　　(c)　　　　　(d)

图 7-12　化学共沉淀法制备的钨铜合金结构[32]

（a）未烧结的钨铜复合粉末；（b）烧结温度 1200℃；（c）烧结温度 1250℃；（d）烧结温度 1300℃

真空电子器件是由多种材料（包括金属材料和非金属材料）通过焊接方法连接成为结构复杂的构件。芯片的高度集成化和电子封装密度的不断提高，导致电子元器件单位功率越来越大，发热量大的问题凸显。但由于不同材料之间的热膨胀率等物理性能差别明显，选择合理的连接技术尤为重要。铜/钨铜/铜热沉复合材料就是一种典型的层状复合材料，其芯材钨铜合金有低的热膨胀系数，两边的铜片有良好的导热导电性能，最终生产出来的复合材料能兼顾两者的优点。这类材料由于加工容易、成本低、产品有良好的综合性能而被广泛应用。

7.3.2　印刷电路

用化学等方法把电路布线图印制在绝缘材料支撑的铜版上，可形成相互连接的电路。然后在印刷线路板上与外部的连接处冲孔，把分立元件的接头或其他部分的终端插入，焊接后形成完整的印刷电路（printed circuit board，PCB）。印刷电路的发明是集成电路的产生基础条件，目前几乎所有电子产品中均含印刷电路（见图 7-13）。

在印刷电路设计加工中，常用 OZ（盎司）作为铜厚度的单位，1OZ 铜厚的定义为 1 平方英寸（1 英寸＝2.54cm）面积内铜箔的质量为 1 盎司，对应的物理厚度为 35μm。铜箔丝厚度为

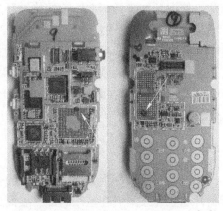

图 7-13　手机中印刷电路正反面照片[34]

35μm，线条宽度为 1mm 时，线条的横切面的面积为 0.035mm²，通常取电流密度 30A/mm²，每毫米线宽可以流过 1A 电流。此外，厚度超过 105μm 的铜箔称为厚铜箔，厚度超过 300μm 的铜箔称为超厚铜箔，厚度超过 600μm 的铜箔称为超 MAX 铜箔。厚铜箔及超厚铜箔的性能最突出的表现为稳定的通过大电流以及更好的散发高热量，主要应用于电源功率模块和汽车电子部件。世界厚铜箔及超厚铜箔主要生产企业有：古河电工公司、卢森堡电路铜箔有限公司、金居开发铜箔股份有限公司、长春石油化学股份有限公司、中科英华股份有限公司等[33]。

　　普通印刷电路板上的铜一般是镀铜材料。申晓妮等人[35]研究了次磷酸钠化学镀铜体系，含有混合添加剂的镀液在 80℃下稳定时间可达 48h。在优化条件下化学镀铜 20min，获得的镀层附着力满足 GB 5270—1985 标准。磁控溅射方法更为先进，可在微孔中镀铜，图 7-14（a）所示为 25μm 宽的镀铜微孔[36]，高宽比达到 5∶1，互联电阻为 10Ω。典型磁控溅射设备结构如图 7-14（b）所示，型号为 ECR-650，包括真空系统（机械泵和分子泵）、微波 ECR 系统、对靶中频磁控溅射系统、环形直流磁控溅射系统、辅助霍尔离子源、真空室、靶台加热装置以及衬底偏压系统等几个部分[37]。

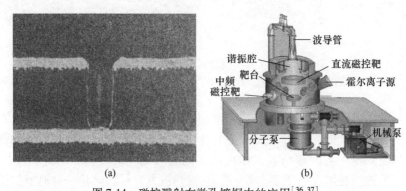

（a）　　　　　　　　　（b）

图 7-14　磁控溅射在微孔镀铜中的应用[36,37]

（a）镀铜微孔剖面形貌，图中宽度为 25μm；（b）磁控溅射设备示意图

　　相比于磁控溅射，化学镀方法成本较低，易于大规模生产，但化学镀方法也急需改进。比如，Yang 等人[34]分析了镀铜材料功能失效原因，微观分析认为亮化剂中含 S 成分，和铜反应生成了 Cu_xS，导致断路失效。另外，电流密度不当导致铜沉积过程中晶粒粗化，使铜延性降低，在后续的热循环过程中容易诱发裂纹。

　　聂刚等人[38]发明提供了一种采用 3D 打印技术制作多层电路板的方法，所用电路原料粉末为铜合金粉末配比一定数量的锡粉末，所用 3D 成型方法为激光照射成型。加工时首先利用计算机辅助制造（CAM）技术完成电路板设计，并传送至 3D 打印机。利用激光 3D 打印使金属粉末在耐热绝缘层基体上直接成型电路。该方法成本低、反应快、设备投入小，生产的电路缺陷少，是潜在的印刷电路小批量定制化生产方法。

7.3.3　芯片互联线

　　集成电路是指以半导体晶体材料为基片（芯片），采用专门的工艺技术将组成电路的元器件和互连线集成在基片内部、表面或基片之上的微小型化电路。这种微电路在结构上比最紧凑的分立元件电路在尺寸和质量上小成千上万倍。它的出现引起了计算机的巨大变革，成为现代信息技术的基础。集成电路中的晶体管通过导线连接，最初由沉积的金属铝充当导线。1999 年美国劳伦斯伯克利国家实验室在集成电路中沉积了铜导线。由于铜的电阻更低，导线的直径更为精细，从而促进了集成电路的小型化和低能耗化[39]。如图 7-15 所示，由 Cu 代替 Al 后互连线的电阻降低 40%，若用低介电常数值的电介质材料代替 SiO_2 后可使寄生电容降低 50%，Cu/低介电常数值电介质材料系统能使 IC 的速度提高 4 倍。

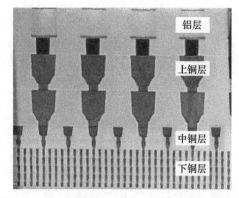

图 7-15　富士通开发的 45nm 芯片中的铜连接线

但是，Cu 在 Si 和氧化物中扩散速度快，一旦进入 Si 器件中会成为深能级受主杂质，使器件的性能退化甚至失效，但随着扩散的不断发生，Cu 层完全被耗尽，完全形成 Cu_3Si 化合物。针对 Cu 在 Si 中易扩散的问题，研究人员提出在 CuSi 中间加入一层阻挡层来阻止 Cu 向 Si 中扩散。目前被用作铜布线扩散阻挡层的材料主要是 TiN 和 TaN[40]。随着芯片微型化的发展，研究者发现 Ta 等材料很难进一步降低厚度，而原位自生阻挡层巧妙地解决了这个难题。铜中的合金元素可以扩散至与之接触的介电材料界面处，通过退火可以形成阻挡层。原位自生阻挡层可有效抵抗电致迁移和应力诱导的阻挡失效。通过阻挡层可以避免 Cu 基引线材料向基体扩散，通过边界改性或自生技术可以调控阻挡层性能并有效降低阻挡层厚度，为进一步提升芯片性能提供技术支撑。

多层互连芯片生产工艺对每一层都有严格的全局平坦性要求，若层间平坦化效果不好，随互连层数增加，平面度误差逐层积累，表面凹凸差异增大，将造成后续光刻工艺刻蚀不准确，降低芯片的成品率和整体性能。随着集成电路互联层不断增加，平坦化成为集成电路制造中不可或缺的关键技术。化学机械平坦化（chemical mechanical planarization，CMP）工艺于 1965 年首次被提出（见图 7-16），但是传统的 CMP 工艺存在较高的正压力，低介电常数介质层在 CMP 过程中容易从衬底剥离，并且 CMP 抛光液中游离磨粒运动具有不定性，使抛光表面存在较多缺陷。电化学机械平坦化（electrochemical mechanical planarization，ECMP）技术利用摩擦电化学原理控制工件表面的磨损过程，可以在低载荷、无磨粒、无氧化剂条件下进行，兼备 CMP 技术及电抛光工艺的特点，并且结合电化学检测手段易于实现自动控制和终点检测，特别适合面向下一代芯片 Cu/低介电常数互连结构的平整化要求[41]。

因化学和物理性质的差异，阻挡层金属与铜布线的化学机械抛光速率不同。郭玉龙等人[42]对商用 32nm 铜/低介电常数介质互连结构芯片进行进一步的化学机械抛光实验。发现抛光压力过大和过小均会造成宏观缺陷和导线腐蚀。压力过大时，机械作用过强，很容易形成宏观上的大型碟型缺陷。当压力过小时，机械作用偏弱，化学作用过强（见图 7-17（a））。在相同抛光下压力和抛光速度下，阻挡层抛光液对于铜的去除速率原本就高于对低介电常数材料的去除速率，因此化学作用过强很容易腐蚀铜线（见图 7-17（b））。在电路设计中，布线是非均匀的。一些区域会有布线，相邻区域也许因为功能性需要没有布线。这种布线的非均匀性在平坦化过程中的影响也会很明显。有布线区域的整体硬度会

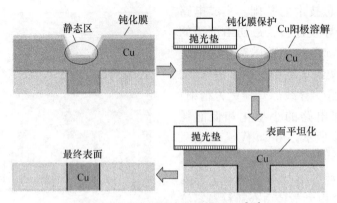

图 7-16　铜的化学机械抛光过程[41]

高于无布线区域，这同样会导致去除的非均匀性。并最终导致互连线层表面的高低起伏不平。王弘英等人[43]针对不同材料去除速率不同的难题，在初抛过程中采用高络合、低氧化、小粒径、高浓度的抛光剂，在终抛过程中采用高机械、低化学的抛光剂，通过两步抛光最终全局平面化。随着制造工艺进步，互连线最小线宽进一步降低，互连线和电介质的物理化学特性有了新变化，不同材料去除速率的差异将更为突出，极大地影响芯片制造的成品率。

图 7-17　集成电路平坦化损伤[42]

(a) 机械作用过强引起的宏观损伤；(b) 化学作用过强引起的腐蚀

CMP 过程完成后，铜线条表面会残留 CuO 颗粒，它对器件的稳定性影响显著甚至导致失效（见图 7-18），因此在 CMP 后清洗时必须把 CuO 从铜表面去除[44]。清洗剂的主要成分有两种，一种是 FA/O II 型碱性螯合剂，它主要用来去除 CuO，另一种是 FA/O I 型表面活性剂，它主要用来解决铜表面的腐蚀问题[45,46]。FA/O II 型螯合剂是一种有机胺碱，不仅能调节 pH 值，还能在 CMP 条件下与表面生成的 CuO 和 Cu(OH)$_x$ 发生反应生成稳定可溶的络合物，同时使化学吸附在表面的 SiO$_2$ 随着氧化物或氢氧化物的脱落而脱离表面。活性剂的表面张力较低，容易在晶圆表面铺展，将物理吸附在表面的颗粒托起，被清洗液带走。

随着摩尔定律的推进，IBM 公司 Watson 研究中心认为未来芯片铜布线面临的挑战包括[44]：（1）7nm 制程节点时的最小线宽、缺陷尺寸等指标为 2~3nm，已达到现有测试技术的极限；（2）在 300mm 或 450mm 整体晶片上布线的均匀性；（3）CMP 过程中复杂的

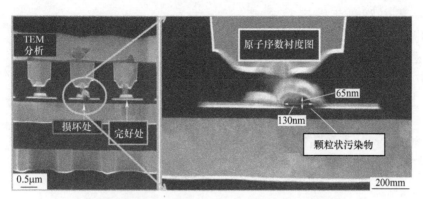

图 7-18 抛光残余颗粒导致器件失效的 TEM 图像[44]

数据收集算法、动态检测与控制、实时反馈和调控；（4）单次 CMP 过程完成全局平坦化；（5）成本。铜布线涉及物理、化学、机械、材料、热力学等学科，仍需更为深入的研究和分析。

7.3.4 集成电路引线框架

为了保护集成电路或混合电路的正常工作，需要对它进行封装，并在封装时把电路中大量的接头从密封体内引出来。这些引线要求有一定的强度，构成该集成封装电路的支承骨架，称为引线框架（见图 7-19）。实际生产中，为了高速大批量生产，引线框架通常在一条金属带上按特定的排列方式连续冲压而成。框架材料占集成电路总成本的 $1/3 \sim 1/4$，而且用量很大。铜合金价格低廉，有高的强度、导电性和导热性，加工性能、针焊性和耐蚀性

图 7-19 引线框架

优良，通过合金化能在很大范围内控制其性能，能够较好地满足引线框架的性能要求，已成为引线框架用量最多的材料。20 世纪 60 年代由美国奥林公司研发的 C194 铜合金是最早的引线框架材料，其主要成分是 Cu-Fe 合金。随着世界各国对引线框架的加工方法及引线框架材料的研究投入大量的人力、物力、财力，技术上得到重大发展。具有代表性的合金有三菱公司研发的 OMCLI 强化型合金，神户制钢研制的 KFL20 高导电铜合金，KFC-SH 高导电铜合金。目前国外最好的铜合金之一的牌号为 NK-120[47]。Cu-Cr-Zr 系合金由于极易发生析出强化而被认为是最有潜力满足大规模或超大规模集成电路引线框架要求的合金[48]。

集成电路对引线框架材料的要求如下[49]：

（1）导电性能。引线框架在塑封体中起到芯片与外连接的作用，因此要求它要有良好的导电性。另外，在电路设计时，有时地线通过芯片的隔离墙连到引线框架的基座，这就更要求它要有良好的导电性。有些集成电路的工作频率较高，为减少电容和电感等寄生效应，对引线框架的导电性能要求就更高，导电性越高，引线框架产生的阻抗就越小。

（2）导热性能。超大规模集成电路集成度的飞速提高，功率提高的同时体积越来越

小，导致集成电路热流密度越来越高[50]。如图 7-20 所示，芯片散热需求呈现出快速增长趋势。Bipolar 双极型晶体管芯片散热需求 15 年间增长了约 20 倍，CMOS 场效应管芯片散热需求增长更快，Intel Core Extreme QX9775 芯片散热高达 80W/cm²。高散热需求对引线框架材料的导热性提出越来越高的需求。

（3）热匹配。由于电子产品是由不同材料的部件构成的，其各部件的热膨胀系数也不一样，在交界面处所受应力、应变较大，引起塑封体与引线框架

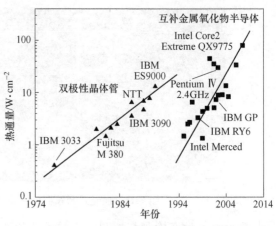

图 7-20　芯片散热需求发展趋势[51]

开裂现象。甚至电源开启与关闭会引起芯片温度波动，也会造成器件各层材料之间出现较大热应力。随着工艺水平的提高，器件集成度相应提高，芯片温度逐渐变大；当工艺达到 0.13μm 时，芯片生热率增大将导致芯片热量严重积累，使芯片性能和可靠性受到严重影响；工艺达到 0.15μm 时，应力达到足以破坏芯片的程度，需要对封装材料和系统结构重新设计。

近年来，世界各国所开发出的高强度高导电集成电路引线框架用合金中具代表性的合金有 OMCL-1、KLF-201、KFC-SH 和 EFTEC 等，主要性能见表 7-5[52]。为打破国外技术封锁，研制和开发出具有我国独立知识产权的高性能铜基引线框架材料是十分必要的，而多元微合金化无疑将是高性能铜基引线框架材料的发展方向。中铝洛阳铜业有限公司、清华大学、河南科技大学等国内单位投入大量研究工作，部分产品满足了国内部分市场需要，填补了国内空白，缓解了铜合金框架材料供求的矛盾，相关材料的主要性能见表 7-6[52]。

表 7-5　常用的引线框架合金及其性能[52]

合金系列	合金牌号	化学成分 w/%	抗拉强度 /MPa	伸长率/%	电导率 /%IACS	热导率 /W·(m·K)⁻¹
Cu-Fe	C19400	Cu-2.35Fe-0.12Zn-0.03P	362~568	4~5	55~65	262
	C19500	Cu-1.5Fe-0.8Co-0.6Sn-0.05P	360~670	3~13	50	197
	C19700	Cu-0.6Fe-0.2P-0.04Mg	380~500	2~10	80	173
	KFC	Cu-0.10Fe-0.034P	294~412	5~10	90	364
Cu-Ni-Si	C64710	Cu-3.2Ni-0.7Si-0.3Zn	490~588	8~15	40	220
	KLF-125	Cu-3.2Ni-0.7Si-1.25Sn-0.3Zn	667	9	35	—
	C70250	Cu-3.0Ni-0.6Si-0.1Mg	585~690	2~6	35~40	147~190
Cu-Cr	QMCL-1	Cu-0.3Cr-0.1Zr-0.05Mg	590	8	82	301
	EFTEC64T	Cu-0.3Cr-0.25Sn-0.2Zn	560	13	75	

续表 7-5

合金系列	合金牌号	化学成分 w/%	抗拉强度/MPa	伸长率/%	电导率/%IACS	热导率/W·(m·K)⁻¹
Cu-Sn	C50710	Cu-2Sn-0.2Ni-0.05P	490~588	9	35	155
其他	C15100	Cu-0.1Zr	294~490	3~21	95	360
	C15500	Cu-0.11Ag-0.06P	275~550	3~40	86	345

表 7-6 我国生产及研制的引线框架材料[52]

合金牌号	化学成分 w/%	抗拉强度/MPa	伸长率/%	电导率/%IACS	硬度(HV)	研制单位
Tp0	Cu-(0.015~0.04)P	≥245	15	>85	>75	中铝洛阳铜业有限公司
TFe0.1	Cu-0.1Fe-0.03P	335~410	4~5	>80	85~150	中铝洛阳铜业有限公司
QFe2.5	Cu-2.5Fe-0.05Zn-003P	365~441	5~6	>60	115~145	中铝洛阳铜业有限公司
TFe0.15	Cu-0.15Fe-0.0P-0.1Zn	510	8	75	15	清华大学、中铝洛阳铜业有限公司
QSi0.7	Cu-3.2Ni-0.7Si-0.3Zn	800	≥6	56	220	清华大学、中铝洛阳铜业有限公司
QSi0.25	Cu-0.1Ni-0.25Si-0.1Zn	550	≥6	61	160	清华大学、中铝洛阳铜业有限公司
JK-2	Ni<2, Sn<1.5	608	6	32	—	江苏冶金研究所

7.4 汽车领域的应用

汽车用铜每辆 10~21kg，随着汽车类型和大小而异，铜合金主要用于散热器、液压装置、齿轮、轴承、刹车摩擦片、配电和电力系统、垫圈以及各种接头、配件和饰件等。中国汽车市场已进入以大众消费为基础的成长发展期，近十年平均年增长率10%以上，快速发展的汽车产业对铜合金产品的品种、质量和数量提出更高的需求。制造一辆汽车对铜材料的需求见表7-7[53]，汽车行业对铜合金的需求快速增长。

表 7-7 汽车工业对铜合金的需求与增长趋势[53]

种类	每辆车耗/kg	1990 年需求/t	1995 年需求/t	2000 年需求/t
黄铜板	1.42	1068	2097	3241
紫铜棒	0.02	15	29	45
黄铜带	0.7~15.7	15848	31129	48108
锡青铜带	0.251	187	368	568
精密铜管	0.416	311	610	943
铜棒	9.8	7317	14373	22213
表面涂层铜带	—	700	1200	1700
精密铜棒	0.191	142	280	433
锡青铜棒	0.073	55	107	165
锡青铜线	0.033	25	48	75
黄铜线	0.109	81	160	247
硅青铜棒	0.115	86	169	261

7.4.1　散热器

超薄水箱铜带（见图 7-21）是汽车工业需求的一种重要的材料，特别是近几年来汽车工业处于大发展时期，先进的管带式散热器的推广应用使超薄水箱带的需求量逐年增加。目前我国仍是高精度超薄带箔的净进口国，生产正处于低水平小规模向高水平规模化发展的过程中，扩大铜合金超薄带箔的生产势在必行。

图 7-21　铜带散热件

由于散热器用铜合金工作条件的特殊性，除了关注材料力学性能、导热性能外，还需关注耐腐蚀性能。采用大气熔炼法制备微合金化铜合金，在纯铜中分别加入微量的 Ni、Sn、Cr、Zr 四种元素，在熔炼时 Ni 和 Sn 以纯金属加入，Cr 和 Zr 以中间合金的形式加入[54]。Cu-0.25Ni 软化温度为 395℃，Cu-0.25Sn 软化温度为 440℃左右，Cu-0.25Cr 软化温度已达 460℃，Cu-0.25Zr 软化温度则可达到 475℃。微量 Ni、Sn、Cr、Zr 四种元素对纯铜耐腐蚀性能有不同程度的提升。在汽车散热器用 Cu-Zn 系铜合金添加不同含量的合金元素 Sr 或 Y，有利于提高汽车散热器用 Cu-Zn 系铜合金的拉伸性能、耐腐蚀性能和抗疲劳性能；与未添加合金元素的铜合金相比，复合添加合金元素 Sr 和 Y 可使铜合金的室温抗拉强度增加 87MPa、腐蚀电位正移 358mV[55]。

在开发优质散热铜合金的同时，结构设计是提升铜产品散热功能的另一途径。通过风洞试验，可获取散热器冷却水进出口温度、水流量、冷却空气进出口温度、空气流量、散热量、风阻及水阻等相关实验数据[56]。根据实验数据研究分析散热器的散热量、风阻与散热带波距的关系。散热量和风阻均与散热带波距成反比，需要优化设计以尽可能提高散热量同时保持较低风阻。另外，双排水管散热量仅比单排增加 4.24%～15.11%，单风阻却增加 1 倍，不建议使用双排散热。通过统计 20 个工况点时的散热量、风侧阻力、水侧阻力以及出气温度和出液温度[57]，发现管带式散热器的水侧散热量和气侧散热量都随风速或水流量的提高而增加，反之则减少。散热量沿着风速方向变化的幅度要大于沿着水流量方向的幅度。

除了散热功能外，散热器作为整车结构的一部分，对汽车其他性能也有影响。比如，汽车散热器是阻碍汽车电磁干扰泄漏的有效屏障。徐中明[58]通过分析汽车散热器结构，将其简化成具有一定厚度的密集孔阵结构，进而建立其仿真计算模型。利用有限积分理论，研究了汽车散热器结构参数对其近场电磁屏蔽效能的影响。计算结果发现，其他条件相同时，散热器截面单孔面积越小，孔间距越大，散热器厚度越大，则其近场屏蔽效能越高；铜质散热器近场屏蔽效能明显大于同规格的铝制散热器；矩形孔散热器的近场屏蔽效能高于同规格的梯形孔散热器；采用对称排列的梯形孔散热器其近场屏蔽效能略高于采用斜交排列的梯形孔散热器。

7.4.2　汽车轴承

如图 7-22 所示，汽车发动机主轴承的作用是支承曲轴，保证曲轴正常运转和动力输出。发动机上主要的承载部位较多地采用滑动轴承，这类轴承一般做成剖分的，剖分后的两半形似瓦片，因此又称为轴瓦。柴油机上承受载荷最大的是支承曲轴的主轴承和连接曲轴和连杆的连杆轴承。滑动轴承由优质碳素钢制成的瓦背和附着在它上面的减磨合金组成。根据瓦背厚度不同分为厚壁轴瓦和薄壁轴瓦两类。滑动轴承的减磨合金材料要求具有耐疲劳、耐腐蚀和良好的

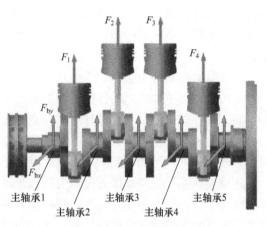

图 7-22　汽车发动机曲轴轴承

减磨性能。适合制作轴承减磨合金的材料有巴氏合金、铜铅合金和锡铝合金等。巴氏合金多用于负荷不高的发动机上，其疲劳强度差，机车柴油机上很少采用。铜铅合金的强度高，承载能力大，但表面性能差。为改善其表面性能，可在铜铅合金上镀一层铅锡合金，形成钢背—铜铅合金—镀层的三层合金轴瓦，这种合金轴瓦层广泛应用在机车柴油机上。锡铝合金表面有一层铝的氧化膜，因此其耐磨性和耐腐蚀性都好。在较宽的轴瓦上，为了便于机油沿轴向分布，在轴瓦剖分的对口处开有油槽，称为垃圾槽，槽内可储存机油中的杂质。

随着汽车工业的飞跃发展和环保理念的增强，对铜基合金滑动轴承材料提出了更加严苛的要求，不仅希望铜基轴承材料无铅化，而且还要其具有高的承载能力、抗疲劳特性，以及具有一定的耐高温和腐蚀能力。用粉末烧结法制备典型铜-铅（CuPb10Sn10，CuPb24Sn1）和铜-镍（CuNi9Sn6）双金属轴承材料，并在 HDM-20 端面摩擦磨损试验机上进行了试验[59]。无铅铜镍轴承材料具有明显时效硬化现象，经 400℃ 左右加热后，硬度保持最高，且始终比两种典型铜铅材料的硬度大，耐热性较好。低载荷、润滑充分条件下无铅铜镍轴承材料与典型铜铅轴承材料表现出基本相当的摩擦学性能，但无铅铜镍轴承材料的跑合性稍差，且明显受载荷和速度的影响。逐级加载油润滑情况下，无铅铜镍轴承材料随载荷增大摩擦副率先发生破坏，减摩、抗黏着性能不如含铅材料。利用自润滑相代替铜铅材料中的铅制备自润滑铜基复合材料，是开发无铅铜基轴承的另一技术路线。采用粉末冶金工艺制备无铅铜铋石墨滑动轴承材料，在 M-200 摩擦磨损试验机上进行无油润滑和少油润滑条件下的摩擦磨损试验[60]，无论是干摩擦还是油润滑条件下，添加适宜含量石墨后都能使铜铋石墨轴承材料的减摩耐磨性能有明显提高。选用镀铜石墨和机械合金化法制备的铜锡合金粉，采用粉末冶金法烧结制备的石墨/铜合金复合材料，也可代替铜

铅合金，实现发动机滑动轴承材料的无铅化[61]。含 FeS 铜基双金属材料具有较好的摩擦磨损特性，显示出 FeS 取代铅的可行性[62]。

7.4.3　制动材料

随着路面质量和汽车技术的发展，汽车的行驶速度越来越高，但随之而来的交通安全事故也日益严重，给人们的生命和财产造成了巨大的损失。虽然汽车安全技术（如制动防抱死系统（ABS）、安全气囊等）在一定程度上提高了驾驶的安全性，但最基本和根本的问题仍是提高制动器性能。目前，国内外汽车制动摩擦材料的研究还主要是从材料成分设计出发。

制动材料在成分上包括铜合金基体、润滑组元、摩擦组元，通过调整不同成分的比例和种类可以获得不同的制动性能。需要指出的是，片面增加制动材料的静态力学性能并不能提高制动性能，制动材料设计时必须充分考虑真实工况下的摩擦系数、磨损率等动态性能。在给定成分的前提下，制备工艺决定了制动材料的性能；在不同的服役条件下，相同材料表现出不同的制动性能，其本质原因在于干摩擦副的 PV 特性。

制动过程实质是靠摩擦力做功消耗汽车动能，在干摩擦制动条件下，绝大部分能量转化为摩擦热。在反复制动过程中，制动盘摩擦面会形成热斑和热疲劳裂纹，表面热疲劳裂纹不断扩展会导致制动盘最终失效。开展制动盘表面热斑特征及疲劳裂纹萌生和扩展机制研究，对深入了解制动盘疲劳失效行为、确保车辆运行安全具有重要理论意义和工程价值。通过缩比试验和数值模拟相结合的方法，依据相似原理，按照几何学相似、运动学相似、动力学相似的相似原则设计缩比试样，在 MM1000 摩擦试验机上可以再现制动热斑[63]。制动性能的失效主要表现为摩擦学性能失效，制动材料的失效主要表现为热疲劳失效。因此，在铜基制动材料开发和设计时，不仅要考虑材料的热导率、硬度、弹性模量等静态性能，还需考虑高速情况下的摩擦学性能、热疲劳性能等动态性能。

7.4.4　同步器

同步器可以从结构上保证待啮合的接合套与接合齿轮的花键齿在达到同步之前不可能接触，可以避免齿间冲击和噪音（见图 7-23）。同步器就是在结合套和齿轮组上布置的摩擦片，但是与一般的摩擦片有所不同的是，这个摩擦片的摩擦面是锥形的。它的直接作用就是在直齿和圆盘的立齿相互接触以前，提前进行摩擦作用，从而将转速较大的一侧的能

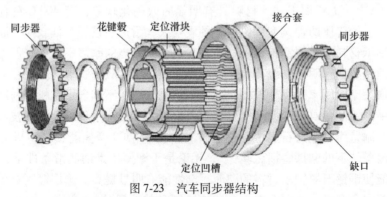

图 7-23　汽车同步器结构

量传递给转速较小的一侧，保证转速较小的一侧转速提高，使之与转速较大的一侧转速同步。我国同步器齿环的制造技术起步于 20 世纪 80 年代，到 21 世纪初，已经能生产轿车、轻、微、中、重载货车的 40 多个品种的同步器齿环。双锥同步器在减小同步力和提高同步效果方面有了进一步的发展。双锥同步器除了同步器齿环外，又多了一个精锻内环和钢质双锥中环。同步器齿环有铜环和钢环两种，均采用精锻工艺制造，内环、外环材料是铜合金。根据中华人民共和国有色金属行业标准（YS/T 669—2013）的规定，同步器齿环用挤制铜合金管的力学性能应该满足表 7-8 的要求。

表 7-8 同步器齿环用挤制铜合金管的力学性能

牌号	状态	抗拉强度/MPa	断后伸长率/%	布氏硬度 HB	洛氏硬度 HRB
HMn57-2-2-0.5	M30			140~170	
HMn59-2-1.5-0.5				145~191	
HMn62-3-3-0.7		≥539	≥5		≥83
HMn62-3-3-1		≥535	≥12		≥85
HMn64-8-5-1.5		≥650	≥5	210~260	
HAl61-4-3-1		≥635	≥2		≥95
HAl64-5-4-2				205~235	
HAl60-5-2-2		≥590	≥12		≥85~105
HAl59-1-4-1		≥637	≥6		≥95
HNi55-7-4-2		635	2	220~270	

黄铜作为同步器锥环是近年来国际上发展起来的，尤其是在汽车领域内显得尤为突出。通过 Mn、Si、不同微量元素的添加，可以改善黄铜合金的基体组织、第二相形貌、第二相分布、合金的耐磨性能、切削性能和抗脱锌腐蚀性能等[64]。在工艺方面，利用国内技术已经能够制备符合汽车行业要求的复杂黄铜。采用水平连铸，热挤压和快速水冷的工艺制备 CuZnMnAlSiFeCeB 复杂黄铜合金型材[65]，挤压态组织合金铸态组织均匀，无气孔和夹杂等缺陷。挤压淬火态合金组织为 β+少量 α+均匀分布强化相。合金挤压淬火后的性能为抗拉强度 783MPa，断后伸长率 5.89%。热处理工艺对 HMn59-2-1-0.5 锰黄铜齿环组织及性能均有影响，齿环热精锻成型后采用直接风冷、空冷的冷却方式及 750℃固溶200℃时效 1h 均可满足齿环 α≤5% 及硬度 HB＝168±8 的组织及性能要求；锻后直接空冷及时效处理后的齿环耐磨性达到了与德国同种齿环相当的水平[66]。

汽车技术的不断发展对变速器性能提出了更高的要求，新产品的研发需要海量的数据积累，先进的测试设备必不可少。我国此类试验台研发也取得了一定的成果，但在核心技术上与国外同类产品存在差距，大部分试验台技术水平还不够高。李靖[67]在参照全国汽车标准化技术委员会变速器技术委员会组织起草的汽车行业标准《汽车机械式变速器台架试验方法》（QC/T 568—1999）、《汽车机械式变速器总成台架试验方法 第 1 部分：轻微型》（QC/T 568.1—2010）征求意见稿及日本《手动变速箱台架性能试验规程》（JASO-C203）基础上，研发了同步器性能试验台。试验台动力采用交流电机后驱反拖方式，换挡机械手采用双步进电机驱动实现选挡及挂挡。

7.4.5　电极帽

中国汽车制造行业的蓬勃发展起源于 20 世纪 90 年代，现在已进入高效化生产阶段，同时，汽车市场的竞争也越来越激烈。要在汽车行业中处于不败之地，就必须在汽车生产中提高生产效率，降低汽车的制造成本，而焊接在这个环节中起着至关重要的作用。电阻焊作为传统汽车制造中的一项重要工艺，在车身底板、车顶、车门、侧围及车身总成的焊装过程中都得到了大量应用。轿车的白车身结构是其主要承载结构，在轿车制造中对整车质量起着决定性的作用（见表 7-9）。在白车身的制造和焊装过程中大量应用到了电阻焊，统计显示，每辆汽车车身上都约有 4000~6000 个电阻焊焊点（见表 7-10）。在汽车制造中焊点质量至关重要，因为焊点质量的好坏，直接决定了白车身质量的好坏，进而影响到整车的制造质量。

表 7-9　电极材料使用性能与点焊质量缺陷

电极使用性能	电极外部特征	点焊质量缺陷
常温硬度低 软化温度低	直径过大	虚焊、弱焊
	表面不平	飞溅、毛刺、焊点变形
	表面剥落	焊点凹坑、鼓包
	电极发软	电极消耗过快、寿命短
常温电导率低	接触电阻增加	飞溅、毛刺
		过烧、烧穿
		电极黏连
	散热作用下降	电极过热
		电极黏连
		电极消耗过快

表 7-10　车身电阻焊焊点统计

焊接设备	悬挂点焊机+手工焊钳	机器人点焊机	多点焊机	固定电焊机	合计
设备台数	331+478	20	16	28	863
焊点数	2704	530	332	43	3609
焊点比例/%	74.9	14.7	9.2	1.2	100

电极帽属于焊接电极的一种，用于电阻焊接设备的焊接，如固定式点焊机、悬挂式点焊机及机械手点焊机等，因为套于电极连杆上，所以称作电极帽（见图 7-24）。焊接一定的次数后（一般为 1000~1200 点），由于磨损而需要修磨或更换，属于焊接消耗品。制造电极的材料满足以下要求[68]：（1）有足够的高温硬度与强度，再结晶温度高；（2）有高的抗氧化能力，与焊件材料形成合金的倾向小；（3）在常温和高温都有合适的导电、导热性；（4）具有良好的加工性能。

电阻焊电极用铜合金材料的发展历史分 3 个阶段。第 1 阶段，20 世纪 70 年代末之前

(a)   (b)

图 7-24　电极帽在汽车制造中的应用

(a) 汽车焊接；(b) 电极帽

是高导电、中等硬度的非热处理硬化合金。这类材料只能通过冷作硬化提高硬度，且再结晶温度低，适用于焊接要求不高的地方。常用的电极材料有紫铜、镉铜、银铜。第 2 阶段，从 20 世纪 80 年代初至 90 年代初是热处理强化合金。通过热处理和冷变形联合加工，利用添加少量析出强化合金元素进行合金化，在不显著降低电导率的同时显著提高合金的强度和使用温度，是国内外应用最广泛的电极用铜合金。常用的典型材料有铬铜和铬锆铜。第 3 阶段，从 20 世纪 90 年代开始，要求电极材料的抗拉强度在 600 MPa 以上，同时具有高的电导率。此类铜合金材料多为固溶时效强化型合金，是高强度、中等电导率的电极材料。这类材料的铸件通过适当的热处理，可以具有接近锻件的力学性能。常用材料有铍钴铜、镍铍铜。同时也发展了一些具有专用性能的铜合金，如合金硬度很高的铍铜要求高硬度及软化温度的钨铜、铜和碳化钨等烧结材料。实际生产中常用铜基电极材料的成分及性能见表 7-11。

表 7-11　常用铜合金电极材料的成分及性能

材料名称	成分质量分数/%	硬度 HV30	电导率/MS·m⁻¹	软化温度/K	适用范围
纯铜 Cu-ETP	Cu≥99.9	50~90	56	423	制造焊铝及铝合金的电极 镀层钢板电焊
镉铜 CuCd1	Cd=0.7~1.3	90~95	43~45	523	
锆铌 CuZrNb	Zr=0.10~0.25	107	48	773	
铬铜 CuCr1	Cr=0.3~1.2	100~140	43	748	焊接低碳钢、低合金钢、不锈钢、高温合金、电导率低的铜合金及镀层钢
铬锆铜 CuCr1Zr	Cr=0.25-0.65 Zr=0.08-0.20	135	43	823	
铬铝镁铜 CuCrAlMg	Cr=0.4~0.7 Al=0.15~0.25 Mg=0.15~0.25	126	40	—	
铬铌锆铜 CuCrZrNb	Cr=0.15~0.4 Zr=0.10~0.25 Nb=0.08~0.25 Ce=0.02~0.16	142	45	848	

材料名称	成分质量分数/%	硬度 HV30	电导率/MS·m⁻¹	软化温度/K	适用范围
铍钴铜 CuCo2Be	Co = 2. 0 ~ 2. 8 Be = 0. 4 ~ 0. 7	180 ~ 190	23	748	焊接电阻率高和高温强度高的材料
硅镍铜 CuNi2Si	Ni = 1. 6 ~ 2. 5 0. 5 ~ 0. 8	168 ~ 200	17 ~ 19	773	
钴铬硅铜 CuCo2CrSi	Co = 1. 8 ~ 2. 3 Cr = 0. 3 ~ 0. 8 Si = 0. 3 ~ 1. 0 Nb = 0. 05 ~ 0. 15	183	26	600 ~ 873	
W75Cu	Cu = 25	220	17	1273	复合电极镶块材料
W78Cu	Cu = 22	240	16	1273	
W70Cu	Cu = 30	300	12	1273	

由于点焊电极一直处于高温高压的状态下，铜电极在高温下将发生再结晶、第二相粗化和溶解，因而加工硬化、析出强化等常规方法均难以奏效，固溶强化又会大大降低材料的传导率。为了能在不过多牺牲热导率和电导率的前提下改善铜的力学性能，尤其是改善耐热稳定性，经研究发现采用稳定弥散强化相强化铜基复合材料是解决这一矛盾的较好方法。弥散强化铜基复合材料是利用铜与一定比例的具有高熔点、高硬度、具有良好的热稳定性的陶瓷颗粒（如 Zr_2O_3、SiO_2、Al_2O_3、TiC、WC 等）混合，通过粉末冶金的方法制成。由于通过第二相质点在铜基体上的弥散分布使其强化，且这些化合物在高温下非常稳定，不易分解，不会与基体发生反应而溶入。因此该类材料在高温下有较强的抗氧化性能，较高的软化温度（1000K 以上）。目前，研究的最充分的是氧化铝弥散强化铜电极，软化温度在 1100K 以上，焊接镀锌钢板时不易产生黏附现象，使用寿命为铜电极的 4 ~ 10 倍。

7.5　高压电器领域的应用

国际上公认的高低压电器的交流分界线是 1kV（直流则为 1500V）。交流 1kV 以上为高压电器，1kV 及以下为低压电器。高压电器按其功能可分为开关电器（主要有高压断路器、高压隔离开关、高压熔断器、高压负荷开关和接地短路器）、限制电器（包括电抗器、避雷器）、变换电器（又称互感器）。触头是高压断路器、开关柜、隔离开关、接地开关的重要部件，其性能直接影响这些高压电器的质量及使用寿命（见图 7-25）。

触头材料是用于开关、继电器、电气连接及电气接插元件的电接触材料，又称电触头材料（见图 7-26）。电触头直接承担分断和接通电路并承载正常工作电流或在一定的时间内承载过载电流的功能，各类电器的关键功能，如配电电器的通断能力，控制电器的电气寿命，继电器的可靠性，都取决于触头的工作性能和质量。同时触头也是开关电器中最薄弱的环节和容易出故障的部分：一旦触头系统不能正常工作，如电力系统发生短路时，高压断路器触头拒绝断开，将引起极为严重的后果。触头材料应具有合适的硬度，较小的硬度在一定接触压力下可增大接触面积，减小接触电阻、降低静态接触时的触头发热和静熔

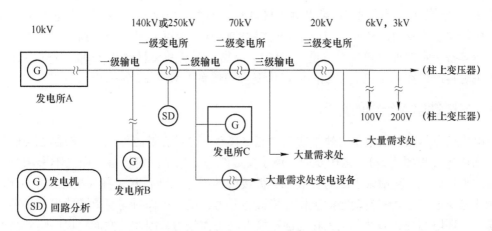

图 7-25 触头在电力系统中的需求

焊倾向，并且可降低闭合过程中的动触头弹跳。较高的硬度可降低熔焊面积和提高抗机械磨损能力。触头材料应具有较高的电导率以降低接触电阻，低的二次发射和光发射以降低电弧电流和燃弧时间。触头应具备高的化学稳定性，具有较强的抵抗气体腐蚀的能力，以降低对材料的损耗。触头电接触性能实质是物理化学性能的综合体现，并且各种特性相互交叉作用，包括：表面状况和接触电阻、耐电弧侵蚀和抗材料转移能力、抗熔焊性等。

图 7-26 触头材料

高强高导 Cu-Cr 合金是近年来新发展起来的功能结构材料，具有较高的强度、良好的塑性和优良的导电性，在生产中得到广泛的应用。铜铬触头材料中铬含量从 12.5%～75%（质量分数）的范围内变化时[69]，铬含量越低，电流开断能力越高。当铬含量减少后，电弧聚集时间和电流开断后的阳极熔化时间都缩短，铜铬触头的侵蚀量变大，因而存在最优铬含量兼顾开断能力和耐烧蚀性能。通过添加稀土元素可以改善 Cu-Cr 合金显微组织和硬度。工业生产常采用真空感应熔炼法及电弧熔炼等先进工艺制造 CuCr 触头，其中涉及许多专利和技术秘密。实际上，这些技术已成为特定的制造商或用户商业竞争的核心。

目前，中国已经成为全球电触头材料的生产大国，产量占世界的 40%以上。全球电触头材料行业，除中国企业以外的大型制造企业主要集中在欧洲和日本。与国际知名企业相比，国内企业在产业集中度、产销规模、产品结构和技术水平方面整体存在明显的差距，产品同质化严重、生产粗放、质量一致性差、产品可靠性低、附加值小。国产材料大部分集中在中低端市场，高端市场主要被国外制造商占据。据中国电器工业协会电工合金分会 2015 年统计,目前国内从事电触头材料专业生产的企业约有 30 家(仅包括分会会员单位中能够生产材料的企业),属于国营体制的仅有 2 家(包括研究院所),其中约有 10家企业具备一定的规模和技术力量。2014 年,我国铜基触头材料为 720t,保守估计我国电触头材料产量在"十三五"期间的年均复合增长率将保持在 7%~8%[70]。

7.6　高速铁路系统中的应用

电力机车从接触线或供电轨中获取电能,接触线分布在铁路沿线,一般制成两侧带沟槽的圆柱状(见图 7-27)。沟槽是为了便于安装线夹并悬吊固定接触线而又不影响受电弓滑板的滑行取流。接触线下面与受电弓滑板接触的部分呈圆弧状,称为接触线的工作面。接触线与受电弓之间的滑动摩擦工作环境极为恶劣,正常工作时需要承受冲击、振动、温差变化、环境腐蚀、磨耗、电火花烧蚀和极大的工作张力,因此其性能直接影响到高速列车的安全运行。

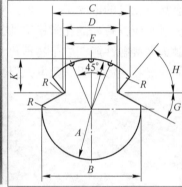

A—截面直径(高度);
B—截面宽度;
C—头部宽度;
D—槽底间距;
E—槽尖间距;
K—头部高度;
R—圆角半径;
H—上斜角;
G—下斜角

图 7-27　接触线截面形状示意图

境外高速铁路使用的接触线主要为铜合金,具体情况见表 7-12[71],铜锡合金居多。根据中华人民共和国铁道行业标准《电气化铁路用铜及铜合金接触线》(TB/T 2809—2017),我国正在使用的铜合金接触线及其成分见表 7-13,其中 O 含量表示采用连铸+热连轧工艺时产品含氧量不大于 0.0030%,表中未标注数值的表示合金不涉及该元素。不同类型的接触线物理性能见表 7-14,生产出的铜合金必须满足表格中的性能需求。

表 7-12　境外高速铁路使用的接触线[71]

国家或地区	线路名称	设计速度/km·h⁻¹	长度/km	接触线	年份
德国	法兰克福—科隆	330	215	铜镁	2002
	纽伦堡—英格尔斯特	330	88	铜镁	2004
法国	大西洋线	300	282	铜锡和铜镁	1990
	北方线	300	333	铜镁	1993
	地中海线	350	302	铜镁	2001
西班牙	马德里—巴塞罗那	350	730	铜镁	2004

续表 7-12

国家或地区	线路名称	设计速度/km·h⁻¹	长度/km	接触线	年份
日本	山阳新干线	300	300	铜锡	1997
	东北，上越新干线	275	800	铜锡	1982
	东海道新干线	270	500	铜锡	1992
	秋田新干线	275		铜锡	1997
	九州新干线	260	130	铜锡	2004
中国台湾	台北—高雄	350	345	铜锡	2005

表 7-13 中华人民共和国铁道行业标准规定的铜合金接触线及其成分

类别	代号	成分（质量分数）/%										
		Cu	Ag	Mg	Sn	Bi	O	Pb	P	Cr	Zr	其他
铜	CT	≥99.90	—	—	—	≤0.0005	≤0.0030	≤0.0050	—	—	—	≤0.03
铜银	CTA	余量	0.08~0.12	—	—	≤0.0005	≤0.0030	—	—	—	—	≤0.03
铜锡	CTS	余量	—	—	0.01~0.20	—	≤0.0030	—	—	—	—	≤0.10
	CTSM	余量	—	—	0.15~0.40	—	≤0.0030	—	—	—	—	≤0.10
	CTSH	余量	—	—	0.35~0.70	—	≤0.0030	—	—	—	—	≤0.10
铜镁	CTM	余量	—	0.10~0.40	—	—	—	—	≤0.01	—	—	≤0.10
	CTMM	余量	—	0.22~0.60	—	—	—	—	≤0.01	—	—	≤0.10
	CTMH	余量	—	0.30~0.70	—	—	—	—	≤0.01	—	—	≤0.10
铜铬锆	CTCZ	余量	—	—	—	—	—	—	—	0.20~1.00	0.02~0.20	≤0.10

表 7-14 中华人民共和国铁道行业标准规定的铜合金接触性能

牌号	拉伸强度/MPa	软化率/%	伸长率（未软化）/%	反复弯曲开裂	反复弯曲断开	扭转圈数	卷绕圈数	电导率/%IACS	电阻率/Ω·mm²·m⁻¹	电阻温度系数
CT	≥360	—	≥3.0	≥4	≥6	≥5	≥3	≥97	≤0.01777	0.00380
CTA	≥370	≥90	≥3.0	≥4	≥6	≥5	≥3	≥97	≤0.01777	0.00380
CTS	≥380	≥90	≥3.0	≥4	≥6	≥5	≥3	≥93	≤0.01854	0.00320
CTSM	≥430	≥90	≥3.0	≥4	≥6	≥5	≥3	≥80	≤0.02155	0.00320
CTM										0.00310
CTSH	≥500	≥90	≥3.0	≥4	≥6	≥5	≥3	≥68	≤0.02535	0.00320
CTMM										0.00270
CTMH	≥530	≥90	≥3.0	≥4	≥6	≥5	≥3	≥65	≤0.02653	0.00270
CTCZ	≥560	≥95	≥3.0	≥4	≥6	≥5	≥3	≥75	≤0.02299	0.00320

7.6.1　纯铜接触线

原材料采用纯铜，主要是利用其高导电性及良好的加工性。但其机械强度太低，仅有 250MPa，拉断力仅为 27.5kN（见图 7-28）。纯铜接触线（CT）的导电性优异、耐蚀性好，在我国成都、贵阳酸雨严重的地区工作未发现严重腐蚀，因而得到广泛应用。纯铜接触线的性能会受杂质元素及加工工艺的影响[72]。纯铜接触线经冷拉成型后，其金相组织纵向明显被拉长，而横向金相组织呈细小均匀分布；纯铜接触线的软化温度为 200℃ 左右；经冷加工强化的纯铜接触线的电导率和抗拉强度分别达到了 97.5% IACS 和 374MPa。

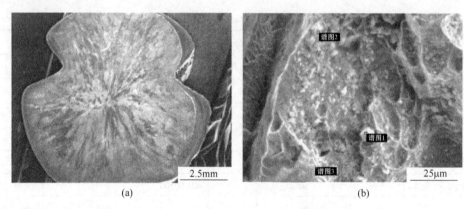

图 7-28　纯铜接触线断口形貌[73]
（a）宏观形貌；（b）微观形貌

经冷加工的铜接触线存在两个问题：一是表面和内部硬化程度不一样，表面硬度大于内部硬度，在使用时内、外磨损不一样。二是随加工程度的提高，虽然强度随之提高，但其抗高温软化性能却随之降低，所以大大影响了其载流量（电流越大，电阻热越大）。受电弓滑板高速通过接触线时产生机械摩擦生热，机车通过受电弓滑板取流，接触电阻产生焦耳热，离线的电弧、火花以及机车启动、爬坡及事故大电流等因素都将使接触线的工作表面处于局部过热状态而产生软化，造成强度和表面硬度下降，磨耗加快等问题。因此，在高速、繁忙、重载线路上，纯铜接触线无法满足要求，只适合在速度低于 200km/h 的铁路上使用[74]。

7.6.2　银铜合金

银铜合金（CTA）具有高导电、高导热性、高抗磁性、高耐蚀性、高塑性以及良好的加工成型能力等一系列优点，成为制造铁路接触网中接触线的主要材料。银含量影响铜银合金接触线坯抗拉强度和导电性，对于连铸连轧法（SCR 法）制备的铜银合金，随着银含量由 894.4g/t 增加至 1250g/t，铜银合金抗拉强度由 236.52MPa 增加至 245.73MPa，铜银合金电阻率由 0.01706Ω·mm²/m 增加至 0.01723Ω·mm²/m。银含量为 997.9g/t 时铜银合金综合性能最佳，其抗拉强度为 241.45MPa，电阻率为 0.0171Ω·mm²/m[75]。国内时速 120km、160km 的电气化铁路和城市地铁、轨道交通大量采用铜银接触线。铜银接触线中含银量为 0.08%~0.12%，每生产 1t 铜银合金接触线需要消耗白银 1.5kg（生产过程中有一定的成品率及金属损耗）。白银是贵重金属资源，若以市场容量1万吨/年计算，每年将消耗白银15000kg。随着我国铁路电气化程度的不断提高，运营里程的不断增加，城市地铁和轨道交通建设的不断发展，贵重金属白银的消耗量将不断扩大，因此急须开发替代产品。

7.6.3 铜锡合金

日本拥有世界上最早的新干线（1964年），当时的接触线材质以铜银合金为主。为了进一步改善其耐磨性、抗拉性、耐热性等性能，日本于1978年实现了铜锡合金接触线的应用。铜锡合金（CTS）具有优良的抗拉强度、电导率、耐磨损性、耐热性和耐腐蚀性等。沈阳北恒新材料有限公司成功开发生产出低强度铜锡接触线（CTSL），其综合性能指标达到铜银合金接触线的水平。铜锡合金坯料可以采用上引连铸或水平连铸方法生产。合金元素锡可直接加入铜的熔体中，锡基本不损耗，成分均匀稳定。在低锡铜合金接触线生产过程中，通过在连铸连轧过程中添加适量的金属锡，充分利用锡合金固溶强化效果，以及后续较大的冷加工硬化作用，使低锡铜合金接触线获得比铜银合金接触线更大的强度及相对较好的导电性[76]。云南铜业古河电气有限公司于2002年着手对CuSn合金接触线进行研制与开发，2002年3月生产出第一批CuSn合金接触线，2002年4月对该批接触线在衡广线良田—太平里进行挂线试验，经过半年的试运行，供电段给予了较高的评价[77]。该公司自主研制开发的CuSn合金接触线可按国家标准、铁道部标准、日本标准及用户要求进行专业化生产。经铁道部产品质量监督检验中心接触网零部件检验站对各种规格CuSn合金接触线的严格测试，各项性能指标均已达到或超过铁道部标准，并且CuSn合金接触线在拉伸强度、耐磨性等许多方面表现出优异的特性。低锡合金接触线（CTSL）替代铜银合金接触线（CTAH）可为国家节约贵金属资源，降低接触线的制造成本，延长接触线的使用寿命，使铁路运行更加安全可靠。铜锡接触线（CTS）各项技术指标均满足OCS-2的要求，可以用于时速250km的客运专线上。高强铜锡接触线（CTSH）各项技术指标均满足OCS-3的要求，可以用于时速350km的客运专线上。

7.6.4 铜镁合金

铜镁合金（CTM）由德国首先研制成功，具有强度高（达500MPa）的优点。它是能满足列车高速行驶要求的接触线，主要应用在准高速、高速铁路线。德国国家铁路公司（DB）在汉诺威—哥廷根主干线上安装TCuMg接触线，在规定区段平行安装了作为试验用的CuAg接触线。1993年到2000年7年间的测量数据表明，铜镁合金接触线使用寿命约为铜银合金接触线的4倍。法国"大西洋线"，设计时速为300km，采用的铜锡接触线和铜镁接触线各占50%。我国于2003年在秦沈客运专线引进德国Rim120铜镁接触线。然而，传统的上引（或水平）连铸冷加工制造的铜镁合金接触线保留着粗大的铸态晶粒的金相组织，导致其机电性能分散性大、强度偏低，平直性差，不利于机车提高取流质量[78]。2009年我国中铁建电气化局集团康远新材料有限公司成功研制上引连续挤压工艺生产的超细晶强化型铜合金接触线[79]。目前我国速度300km/h的高速铁路全部采用铜镁合金接触线，工作张力为28.5~30kN，更高速度铁路接触线的工作张力可达33~35kN。

金属镁是一种活泼的碱金属，易氧化、燃烧。作为合金元素的金属镁不能直接加入到熔融状态的铜水中，必须预先制作成"铜-镁中间合金"，然后再加入上引连铸机的熔炉中。一般采用非真空感应电炉制造铜镁中间合金，制造过程中镁的烧损严重，并且造成一定程度的金属氧化物粉尘污染。在上引连铸机（或水平连铸机）上生产铜镁合金的坯料杆，在熔炼过程中，由于金属镁的烧损，需要适时进行镁含量的分析，以便控制坯料杆的合金成分。从生产工艺、质量控制、制造成本、保护环境等方面比较，铜镁接触线明显弱于铜锡接触线。

7.6.5　铜铬锆合金

早在 20 世纪 90 年代，日本神户制钢已经开发出抗拉强度达 600MPa 以上、电导率在 80%IACS 以上的铜铬锆系合金。Cu-Cr-Zr 合金（CTCZ）是一种析出硬化型高强高导合金。这种合金是通过向 Cu-Cr 合金添加少量的 Zr 元素，使得析出过程产生 Cr 和 Cu_3Cr 相。由于 Cr 和 Zr 的交互作用，不仅使两相的析出变得细小，还使析出相由片状变为颗粒状，从而改善了材料的强度和硬度。由于其室温下铜的溶解度极小，可获得较高的导电性[80]。

目前，国内为了满足电气化铁路不断提速的新要求，在铜合金化领域中进行了深入的探索和研究，以期找到高强、高电导率的理想材质。大连理工大学完成的"高性能铜合金连铸凝固过程电磁调控技术及应用"项目获得 2015 年国家技术发明二等奖。高铁系统对接触网导线性能具有极高的要求，既要具有高强度、高导电性，还要能够承载大电流、耐高温、抗氧化和耐腐蚀。研究人员研发的铬锆铜合金接触线的性能优于日本 PHC 接触导线，不但解决了铬锆铜合金在非真空下连铸的世界难题，建成了世界首条铬锆合金水平电磁连铸生产线，使我国拥有了制造时速大于 350km 高铁接触线的技术及产业化能力。同时，铬锆铜接触线的电导率比原来的铜镁合金电导率提高了约 18%IACS，开辟了合金凝固行为同步辐射研究领域的新思路，形成了新热点[81]。

自 1997 年京广、京沪、京哈三大干线第一次大提速开始，中国铁路经历了六次大提速，现在的"中国高铁"时速已突破 350km。国内主要客运专线用铜合金接触线见表7-15[71]，铜合金接触线须具备优良的综合力学性能，使用寿命长，抗事故能力强，大修周期延长，能节省大修投资，减少大修带来运输干扰影响。满足机械性能要求，提高电导率是铜合金接触线发展的方向。

表 7-15　国内主要客运专线用铜合金接触线[71]

线路	设计速度/km·h^{-1}	长度/km	接触线	建设年份
秦皇岛—沈阳客专	250	320	铜银	2004
青岛—济南客专	200	348	铜锡	2006
北京—天津城际	350	115	铜镁	2007
合肥—南京客专	250	166	铜锡	2007
合肥—武汉客专	250	357	铜锡	2008
武汉—广州客专	350	880	铜镁	2009
郑州—西安客专	350	300	铜镁	2009
温州—台州—宁波客专	250	280	铜锡	2009

续表 7-15

线路	设计速度/km·h^{-1}	长度/km	接触线	建设年份
温州—福州客专	250	312	铜锡	2009
福州—厦门客专	250	273	铜锡	2009
上海—南京客专	350	296	铜镁	2010
广州—深圳—香港	350	102	铜锡	2010

参 考 文 献

[1] 薛萍，罗新华，冷勇，等. 大电流旋转电滑环的研制 [J]. 光纤与电缆及其应用技术，2008（6）：9~12.

[2] 邢立华，卢锦明，李耀娥，等. 空间用精密导电滑环的研制 [J]. 导航与控制，2015，14（1）：59~64.

[3] 樊幼温，卿涛. 空间精密仪器仪表摩擦学工程 [M]. 北京：中国宇航出版社，2013.

[4] 尹平. 贵/廉复合材料用银合金复层的腐蚀及磨损性能研究 [D]. 重庆：重庆理工大学，2011.

[5] 李超，周世雄. 空间汇流环的探讨 [J]. 电子机械工程，2001（2）：16~19.

[6] 冈本纯三. 球轴承的设计计算 [M]. 北京：机械工业出版社，2003.

[7] 周文韬. 导电滑环的接触力学特征与磨损寿命分析 [D]. 湘潭：湘潭大学，2014.

[8] Johnson K L. Contact mechanics [M]. Cambridge：Cambridge university press，1987.

[9] Sjöholm M，Mäusli P A，Bonner F，et al. Development and qualification of the International Space Station Centrifuge Slip Ring Assembly [J]. Journal of Pharmacology & Experimental Therapeutics，2005，334（3）：945~954.

[10] 曹诚平. 组图："神舟五号"核心配件九江造 [EB/OL].（2003-10-16）. http：//news. sina. com. cn/o/2003-10-16/1953931480s. shtml.

[11] 陈尚平. 神舟八号飞船重要部件九江造 [EB/OL].（2011-10-26）. http：//jx. people. com. cn/GB/190181/16020811. html.

[12] Chris S，Ron H，Jason H. Brushless Slip Ring for High Power Transmission [C] //13th European Space Mechanisms & Tribology Symposium，Vienna，Austria，2009，6673.

[13] 李超. 雷达系统中功率汇流环的保护 [J]. 电子机械工程，2007，023（5）：31~33，43.

[14] 赵开富，胡斌. 某高转速汇流环的设计 [J]. 零八一科技，2006（1）：51~56.

[15] 武孔亮，邹书平，吴劲松，等. CINRAD/CD 型天气雷达汇流环故障剖析 [J]. 贵州气象，2014，38（5）：43~45.

[16] 马伯渊，赵克. 大直径多功能汇流环的结构设计特点 [J]. 机械设计与制造，2002（4）：87~88.

[17] 陆传琴. 汇流环新材料配对试验与分析 [J]. 火控雷达技术，1999（1）：45~50.

[18] 邓书山，赵克俊，康成彬，等. 汇流环关键材料选用探讨 [J]. 电工材料，2014（1）：39~42.

[19] 张治国，张蓓，李卫，等. WC 颗粒增强铜的载流摩擦磨损行为 [J]. 材料热处理学报，2016（5）：17~21.

[20] 虞澜. 金-稀土合金电刷丝的磨损机理研究 [J]. 摩擦学学报，2002，22（4）：282~285.

[21] 过石正，过希文. 对某雷达汇流环加工工艺的研究与应用 [J]. 科技信息：科学教研，2008（14）：362~363.

[22] Iii H C D G, Ellis D, Loewenthal W. Comparison of AMZIRC and GRCop-84 [M]. Materials Science and Technology 2005 Conference and Exhibition, Pittsburgh PA, 2005.

[23] 邹鹤飞, 徐坤和, 张芹梅, 等. 运载火箭氢氧发动机推力室内壁用铜合金材料研究进展 [J]. 航空制造技术, 2015, 58 (s2): 50~56.

[24] Esposito J J, Zabora R F. Thrust chamber life prediction volume I-Mechanical and physical properties of high performance rocket nozzle materials [R]. NASA CR-134806, 1975.

[25] 刘萝威. NASA 航天飞机轨道飞行器的先进材料与工艺 [J]. 飞航导弹, 2003 (12): 54~55.

[26] 张超. 航天动力系统用铜合金材料的高温力学行为研究 [D]. 镇江: 江苏科技大学, 2011.

[27] David H, Ellis L, Loewenthal W S. Comparison of GRCop-84 to other high thermal conductive Cu alloys [R]. NASA/TM-2007-214663, E-15798, 2007.

[28] Ellis D L. GRCop-84: A High-Temperature Copper Alloy for High-Heat-Flux Applications [R]. NASA/TM-2005-213566, E-15011, 2005.

[29] 晓松. 美国国家航空、航天局格伦研究中心开发出 GRCop-84 粉末冶金新材料 [J]. 粉末冶金工业, 2005 (3): 42.

[30] Yagodzinskyy Y, Malitckii E, Saukkonen T, et al. Hydrogen-enhanced creep and cracking of oxygen-free phosphorus-doped copper [J]. Scripta Materialia, 2012, 67 (12): 931~934.

[31] 刘征, 高陇桥. 俄罗斯真空电子器件用无氧铜的现状和应用 [J]. 真空电子技术, 2005 (1): 62~65.

[32] 姚惠龙, 林涛, 罗骥, 等. 化学共沉淀法制备钨铜合金 [J]. 稀有金属材料与工程, 2009, 38 (2): 348~352.

[33] 祝大同. 厚铜印制电路板及其应用领域的新扩大 [C]//第十四届中国覆铜板技术·市场研讨会论文集, 仙桃, 2013.

[34] Ji L N, Gong Y, Yang Z G. Failure investigation on copper-plated blind vias in PCB [J]. Microelectronics Reliability, 2010, 50 (8): 1163~1170.

[35] 申晓妮, 任凤章, 赵冬梅, 等. 基于 PCB 的次磷酸钠化学镀铜研究 [J]. 材料科学与工艺, 2012, 20 (3): 17~23.

[36] Borecki J, Felba J, Posadowski W. Magnetron Sputtering Deposition of Copper on Polymers in High Density Interconnection PCB's [C]// 5th International Conference on Polymers and Adhesives in Microelectronics and Photonics, Warsaw, Poland, 2005: 192~196.

[37] 彭琎, 陈广琦, 宋宜驰, 等. 聚酰亚胺柔性基底上磁控溅射金属铜膜的电学性能研究 [J]. 物理学报, 2014, 63 (13): 395~400.

[38] 聂刚, 谢峰, 龙海敏. 一种采用 3D 打印技术制作多层电路板的方法: 中国, CN 201410626086 [P]. 2015-04-01.

[39] 筱施. 铺设铜导线的集成电路 [J]. 科学, 1999, 5: 58.

[40] 刘正. 集成电路铜互连中钽硅氮扩散阻挡层的制备及其阻挡特性研究 [D]. 长沙: 中南大学, 2008.

[41] 王金虎. 铜互连芯片基材的摩擦电化学性能研究 [D]. 哈尔滨: 哈尔滨工业大学, 2012.

[42] 郭玉龙, 郭丹, 潘国顺, 等. 布线图案导致的集成电路平坦化损伤研究 [J]. 电子元件与材料, 2014 (7): 60~65.

[43] 王弘英, 刘玉岭, 郝景晨, 等. ULSI 制备中铜布线的两步抛光技术 [J]. 半导体学报, 2003, 24 (4): 433~437.

[44] Krishnan M, Lofaro M F. 2-Copper chemical mechanical planarization (Cu CMP) challenges in 22nm back-end-of-line (BEOL) and beyond [M] //BABU S. Advances in Chemical Mechanical Planarization

（CMP）．Woodhead Publishing，2016：27~46.

［45］顾张冰，牛新环，刘玉岭，等．超精密加工中铜表面 CMP 后残余金属氧化物的去除 ［J］. 稀有金属，2017（2）：146~154.

［46］杨柳，刘玉岭，檀柏梅，等．新型碱性清洗液对 CMP 后残留 SiO_2 颗粒的去除 ［J］. 电子元件与材料，2018，37（5）：96~99，105.

［47］罗斐．铜合金引线框架材料的现状与发展浅析 ［J］. 装备制造技术，2017（5）：269~270.

［48］Liu P，Kang B X，Cao X G，et al. Strengthening mechanisms in a rapidly solidified and aged Cu-Cr alloy ［J］. Journal of Materials Science，2000，35（7）：1691~1694.

［49］李银华，刘平，田保红，等．集成电路用铜基引线框架材料的发展与展望 ［J］. 材料导报，2007，21（7）：24~26.

［50］孙炳华，孙海燕，孙玲．集成电路引线框架的热性能分析 ［J］. 南通大学学报（自然科学版），2006，5（4）：57~59.

［51］Lu B，Meng W J，Mei F. Microelectronic chip cooling：an experimental assessment of a liquid-passing heat sink，a microchannel heat rejection module，and a microchannel-based recirculating-liquid cooling system ［J］. Microsystem Technologies，2012：341~352.

［52］范莉，刘平，贾淑果，等．铜基引线框架材料研究进展 ［J］. 材料开发与应用，2008，23（4）：101~107.

［53］戈学忠，邵长城，么伟存，等．加强有色金属新材料研制为天津汽车工业发展配套服务 ［J］. 汽车工程师，1995（1）：7~13.

［54］陆萌萌．微量元素对汽车水箱铜带组织性能的影响 ［D］. 赣州：江西理工大学，2015.

［55］文超，周振．合金元素对汽车散热器用铜合金性能的影响研究 ［J］. 制造业自动化，2014（11）：77~79.

［56］童正明，侯鹏，梁淑君，等．汽车散热器传热特性的风洞实验研究 ［J］. 上海理工大学学报，2014（6）：543~547.

［57］叶斌．基于试验的汽车管带式散热器传热与流阻建模及其优化设计研究 ［D］. 合肥：合肥工业大学，2014.

［58］徐中明，杜明磊，丁良旭，等．汽车散热器近场电磁屏蔽特性仿真研究 ［J］. 系统仿真学报，2013，25（3）：535~539.

［59］唐红跃．铜镍与铜铅轴承材料的摩擦学性能研究 ［D］. 合肥：合肥工业大学，2016.

［60］梁建钊．铜铋石墨滑动轴承材料摩擦学特性研究 ［D］. 合肥：合肥工业大学，2013.

［61］张志佳．发动机滑动轴承用无铅铜基复合材料的研究 ［D］. 天津：天津大学，2012.

［62］薛露．FeS/Cu 基双金属轴承材料摩擦学性能研究 ［D］. 合肥：合肥工业大学，2017.

［63］张骏．基于缩比试验的热斑研究 ［D］. 北京：北京交通大学，2012.

［64］傅政．汽车同步器齿环锰黄铜组织及其性能研究 ［D］. 赣州：江西理工大学，2013.

［65］孙永辉，汪明朴，李周，等．高强耐磨稀土高锰黄铜的组织与性能 ［J］. 有色金属科学与工程，2016，7（4）：61~66.

［66］康布熙，刘平，周伯楚，等. 轿车同步器锰黄铜齿环精锻后的热处理及组织性能研究 ［J］. 金属热处理，2005，30：228~230.

［67］李靖．机械式变速器用同步器同步性能测试试验台的设计与研究 ［D］. 武汉：武汉理工大学，2011.

［68］李美霞，杨涛，郭志猛．电阻焊电极用铜合金材料的研究进展 ［J］. 河北工业科技，2007，25（10）：116~118.

［69］陈军平．真空断路器铜铬触头材料中铬含量对开断能力的影响 ［J］. 电工合金，1997（4）：

35~38.

[70] 陈妙农. 我国电触头行业面临新的挑战 [J]. 电工材料, 2005 (1): 29~38.

[71] 陈绍华. 铜锡合金在电气化铁路接触网上的应用 [J]. 世界有色金属, 2012 (11): 54~57.

[72] 刘强, 崔建忠, 许光明, 等. 杂质元素及加工工艺对无氧铜接触线性能的影响 [J]. 东北大学学报 (自然科学版), 2005, 26 (3): 240~243.

[73] 宋丽平. 接触线断裂的失效分析 [J]. 九江职业技术学院学报, 2015 (4): 71~73.

[74] 李明茂. 适用于高速电气化铁路的铜合金接触线 [J]. 铁道机车车辆, 2005, 25 (1): 30~32.

[75] 袁杰, 管桂生, 孙凯. 银含量对铜银合金接触线坯抗拉强度和导电性能的影响 [J]. 云南冶金, 2016, 45 (4): 62~65.

[76] 傅坚. 替代铜银合金接触线可行性探讨 [J]. 中国金属通报, 2013 (11): 42~43.

[77] 唐丽. CuSn 合金接触线的特性研究 [J]. 铁道机车车辆, 2008, 28 (3): 76~78.

[78] 张强, 王作祥. 铜镁合金接触线的引进与技术自主再创新 [J]. 电气化铁道, 2009 (1): 23~27.

[79] 刘轶伦. 高速铁路新型铜镁接触线关键技术 [J]. 铁道机车车辆, 2014, 34 (2): 112~115.

[80] 周倩, 李雷, 李强, 等. 新型高强高导接触导线用 Cu-Cr-Zr 系合金研究进展 [J]. 有色金属加工, 2008, 37 (6): 4~8.

[81] 辽晚. 大连高铁导线技术打破国外垄断 [J]. 军民两用技术与产品, 2016 (3): 26.

8 耐磨铜基材料摩擦学测试技术

8.1 干摩擦学性能的研究方法与评估

摩擦磨损发生在相互接触的运动表面，表面接触状态决定了摩擦磨损性能。但由于摩擦的运动性、样品不可视性以及粗糙接触的随机性，目前仍然仅能采集整个摩擦面的摩擦力、载荷、温升等统计信号，无法获取接触微区压力、摩擦闪温等实时信号。研究者仍然采用离线检测手段推测摩擦接触行为和磨损机制。尽管现有测试技术无法完全还原实时摩擦磨损状态，但对揭示摩擦学本质仍有重大意义。

8.1.1 表面形貌分析技术

在一定尺度下，任何光滑的接触表面都呈现出粗糙不平的形貌（见图 8-1），真实的接触实际上仅发生在部分凸出峰之间。宏观接触行为实际上是大量微区接触行为的集合，接触峰的数目及面积由接触应力导致的接触峰变形决定并影响接触系统的宏观行为[1]。微观形貌检测发现，实际接触面积约为名义接触面积的 10^{-2} 到 10^{-4}[2]。因此，准确分析摩擦表面状态是揭示摩擦磨损机制的前提。

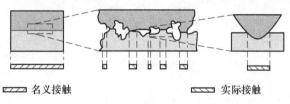

▨ 名义接触　　　　　▨ 实际接触

图 8-1　粗糙表面接触示意图[1]

8.1.1.1 理论与建模分析

由于接触表面的不可视特性，无法通过直接观察方法获取微接触区信息，构建理论模型和借助计算机进行模拟分析成为人们无奈的选择。1881 年，赫兹首先研究了弹性球体的接触问题，研究了接触应力和法向加载力，接触体的曲率半径，以及弹性模量之间的关系，提出赫兹接触理论。该理论是经典接触力学成果，该模型基于理论光滑表面的接触应力分布，为解决疲劳等问题提供了理论解释，目前仍然在轴承、齿轮等摩擦副设计中起重要作用。

赫兹接触理论需要满足 3 个假设：（1）接触体是线性弹性体，服从广义胡克定律；（2）光滑表面，只有法向作用力，不存在切向摩擦力；（3）接触面尺寸与接触体表面的曲率半径相比是小量[3]。显然，赫兹接触理论并不完全符合摩擦接触，人们对该理论进行了修正。1966 年，Greenwood 和 Williamson 提出了基于统计分析的粗糙表面和光滑表面之间弹性和弹塑性混合接触模型，即 G-W 模型。G-W 模型假设：（1）在一个名义平面上分布着很多微凸体，其峰高分布近似于 Gauss 分布；（2）所有微凸体至少在峰顶处为旋转抛物面，并具有相同的曲率半径；（3）微凸体的高度是随机变化的；（4）微凸体在接触时，其变形相互独立；（5）没有大的变形。G-W 模型首次将表面形貌高度分布看成随机变量，真实接触面积、接触微凸体数和载荷均与表面轮廓高度的概率密度函数有关。G-W 模型的一个重要假设是微凸体的接触相互独立，这种假设只有在轻载小变形时才近似成立。载荷大、微凸体变形严重时将产生较大误差。此外，微凸体峰顶曲率半径相同的假设也与实际不符。尽管该模型能对经典摩擦定律作出解释，但只适用于较低载荷[4]。

    Whitehouse 和 Archard 在 G-W 模型的基础上提出了 W-A 模型。他们假设：（1）表面粗糙度各向同性，因而可以研究一条轮廓的性质；（2）表面轮廓高度服从 Gauss 分布；（3）表面轮廓高度的自相关函数为指数形式。Whitehouse 和 Archard 由试验发现较高的微凸体要比较低的微凸体的峰顶曲率半径小，峰顶曲率半径与峰高的分布并不独立。W-A模型更侧重用数学和随机过程理论研究粗糙表面的接触，但两者计算结果差别不大[5]。

    研究表明，测试所得表面粗糙度是测量仪器分辨率的函数。在一定的测量条件下获得的统计学表面表征参数，只能反映与仪器分辨率及采样长度有关的粗糙度信息，而不能反映表面粗糙度的全部信息。因而以这些统计学参数为基础建立的接触模型对表面接触状态的计算结果也就表现出不确定性。表面形貌的高度分布具有非稳定的随机特性，并不是处处连续光滑的，且具有统计自相似和自仿射特性，粗糙表面具有分形特点（见图 8-2）[6]。基于 Weierstrass-Mandelbrot 分形函数，可以对二维和三维分形粗糙表面进行模拟仿真，表面分形维数 D 越大，粗糙表面形貌越精细（见图 8-3）。1991 年 Majumda 和 Bhushan 基于分形理论提出了二维粗糙表面接触模型，即 M-B 接触模型[7]。

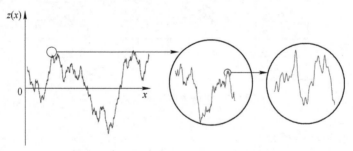

图 8-2 表面轮廓统计自仿射性示意图[6]

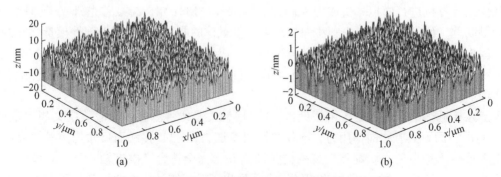

(a)   (b)

图 8-3 分形维数 D 对三维分形粗糙表面形貌的影响[6]

(a) $D=2.4$；(b) $D=2.8$

M-B 模型还存在以下几个不足之处：（1）认为接触表面的变形形式只有弹性变形和塑性变形 2 种方式，没有考虑弹塑性变形形式。（2）将弹性变形到塑性变形的转化或者塑性变形到弹性变形的转化看成是一个突变的过程，这种变形的转化形式不符合客观规律和实际情况。（3）很多重要因素如材料加工硬化、硬度随深度的变化、变形微接触点间的摩擦力等都没有加以考虑。但分形理论仍然是分析粗糙表面接触的有力工具。孙见君[8]基于分形理论，探讨了微凸体变形机制、粗糙表面的真实接触面积和接触载荷的关系，揭示了接触界面的孔隙率和真实接触面积随端面形貌、表面接触压力等参数变化的规律。微凸体变形机制研究表明，粗糙表面微凸体承载变形依次为弹性变形、弹塑性变形和塑性变形。接触界面的初始孔隙率随着分形维数的增大而增大；随着分形维数的增大和尺度系数减小，孔隙率快速减小，直至填实，变为零。刘宇基于 W-M 分形函数的三维粗糙表面摩擦生热研究发现，随着分形维数增大，摩擦区域块状热区的数量减少，而点状热区的数量增多；相对速度越大时，接触区域最顶端的微凸体节点温度也越大，非接触区域温度上升速率也越快；施加载荷增大时，微凸体的最高闪温点的温度变化幅度不大，但会影响热区的数量大小与次闪温点和非接触点的温度。计算机技术的飞速发展促进了粗糙表面建模分析。Megalingam 等人[9]使用有限元方法研究了不同自相关长度和表面粗糙度的粗糙表面，并考虑了弹塑性变形和临近微凸峰的相关影响，分析了接触压力、真实接触面积和接触压力和粗糙表面的关系。Martin Pletz 等人[10]使用多尺度方法建立了轮轨滚动接触疲劳模型，计算了塑性形变过程中的裂纹扩张和粗糙度引起的表面形变，基于该模型还可以定量预测滚动接触疲劳磨损。Alfredsson 利用有限元方法分析了单个微凸峰对滚动疲劳的影响。模拟分析显示，微凸峰大幅增加了微区接触压力和剪应力（见图8-4（a）），与平面接触相比产生了明显的应力集中，并导致疲劳优先发生于应力集中处[11]。

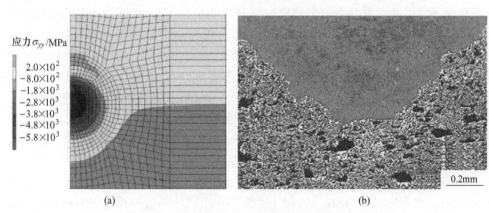

图 8-4 单个微凸峰对滚动疲劳的影响[11]

（a）单个微凸峰诱发的局部应力集中；（b）磨损表面单个疲劳点蚀坑

基于 M-B 接触模型，粗糙表面的分形特征与测试尺度无关，可以提供存在于分形面上所有尺度范围内的全部表面形貌信息。因此，依据表面分形特性建立的接触模型，使表面接触的分析结果具有确定性、唯一性。然而，无论是理论模型还是基于模型基础上的数值计算模拟，对于微接触区的大小、形状及分布都做了大量的简化和假设，因此模拟分析的结果很难直接应用在工程和技术层面；同时，模拟分析难以解决接触状态的动态、随机分布的难题。

8.1.1.2 扫描电子显微镜

扫描电子显微镜（scanning electron microscope, SEM）是聚焦电子束在试样表面逐点扫描成像。如图8-5 所示，由电子枪发射出的电子束，在加速电压的作用下，经过电磁透镜会聚成一个细小的电子探针，在末级透镜上部扫描线圈的作用下，电子探针在试样表面作光栅状扫描。高能量电子与所分析试样物质相互作用，会产生各种信息。所获得各种信息的二维强度和分布与试样的表面形貌、晶体取向及表面状态等因素有关，所以通过接收和处理这些信息，便可以得到表征试样微观形貌的扫描电子图像。扫描电子显微镜因其分辨率高、景深大、图像更富立体感、放大倍数可调范围宽等优点而被广泛应用于半导体、无机非金属材料及器件等的检测。特别是桌面型扫描电镜，占地面积小、维护成本相对较低、便于移动甚至可以达到便携式，极大地推动了电镜技术的普及。

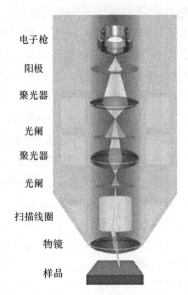

电子枪
阳极
聚光器
光阑
聚光器
光阑
扫描线圈
物镜
样品

图 8-5　扫描电子显微镜原理示意图

磨损机制图是表征材料在特定接触模式、滑动速度、试验载荷下的磨损机制转换关系，扫描电镜对区分材料磨损机制至关重要。通过扫描电子显微镜等对磨损表面（断面）和磨屑的形态及微观结构进行观察，探讨了触变成型在干滑动条件下的磨损机理并绘制了金属材料的磨损机制图。在轻微磨损阶段，金属材料磨面有平行于滑动方向的突点及少量絮状磨粒（见图8-6（a）），材料断面有约 $10\mu m$ 厚的热影响区及未剥离的磨粒（见图8-6（b））。该磨损被认为是氧化磨损和磨粒磨损的混合磨损形式。随着载荷的增加，轻微磨损发生了从氧化磨损到剥层磨损的逐渐转变，磨损过程明显发生金属性转移，表面形成坑状脱落（见图8-6（c））。典型的磨屑具有发光的金属表面和蝶形的形状，尺寸约 $50\mu m$（见图8-6（d））。继续增加载荷和滑动速度，由于邻近接触面的金属层发生塑性变形而产生大规模的表面损坏，在反复滑动中产生微裂纹并不断扩张并导致材料疲劳损伤（见图8-6（e）），亚表层微裂纹逐渐扩张到表层，对摩偶件断面热影响区约 $20\mu m$ 厚（见图8-6（f））。在更高的载荷和更快的滑动速度下，磨屑的生成并不是塑性变形引起的，而是熔化的合金在滑动方向上扩散至接触面边缘冷却形成（见图8-6（g）），熔化层厚度为 $30\sim40\mu m$（见图8-6（h））。通过扫描电子显微镜的观察，在干滑动条件下的磨损行为可分轻微磨损和严重磨损。其中轻微磨损可分为氧化磨损和剥层磨损两种形式，严重磨损包括严重塑性变形引起的磨损和熔融磨损，据此可提出材料干滑动条件下的磨损机制图[12]。

8.1.1.3 三维形貌仪

扫描电子显微镜能得到二维的表面形貌，无法获取高度方向上的信息，因而难以表征粗糙度、磨损深度、磨损体积等三维信息。

白光扫描干涉法（原理见图8-7）用白光作为光源，分别经标准反射镜和被测试件表

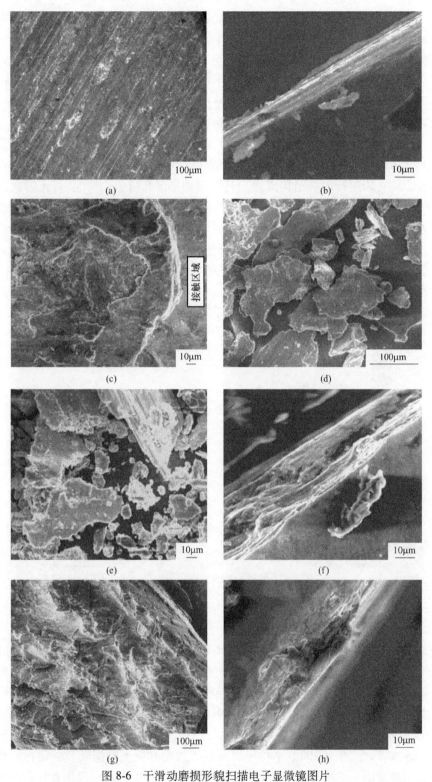

图 8-6　干滑动磨损形貌扫描电子显微镜图片

（a）轻微磨损形貌；（b）轻微磨损时的热影响区；（c）剥落区；（d）剥落产生的磨屑；
（e）疲劳损伤；（f）疲劳损伤面的热影响区；（g）熔融区；（h）熔融时的热影响区

面反射后，汇聚并产生干涉[13,14]。白光光源的相干长度非常短，只有当两路光束的光程接近相等时才能观察到白光干涉条纹。白光干涉条纹的光强随光程差变化，当光程差为零时，光强出现峰值。在扫描时，记录下被测面上每一点对应的干涉光强达到最大时的光程差，那么在完成扫描后整个被测区域的表面形貌就能计算出来。白光干涉用于各种精密、超精密表面形貌，台阶、沟槽、膜厚等表面特征的非接触测量。

激光共聚焦显微镜技术是另外一种高分辨率三维光学成像技术。主要特点在于其光学分层能力，即获得特定深度下焦点内的图像。图像通过逐点采集，以及之后的计算机重构而成。因此它可以重建拓扑结构复杂的物体。对于不透明样品，可以进行表面作图，而对于透明样品，则可以进行内部结构成像。其原理如图 8-8 所示[14]，从点光源发出的光成像到物镜的焦平面上，如果被测表面在焦点位置，探测器接收到的能量最大；当被测表面在离焦位置时，探测器接收到的能量变小。测量时控制物点与被测面重合，保证探测器有最大输出，便可描画出被测表面的形貌。共聚焦的原理早在 1957 年就由美国科学家马文·明斯基注册为专利，但实际上经过 30 年的时间及相应专用激光器的发展，直至 1980 年代末这项技术才成为标准技术。

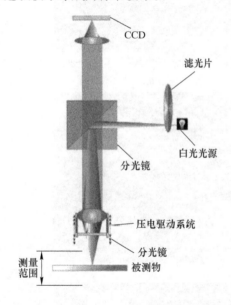

图 8-7　白光干涉三维形貌仪原理[13,14]

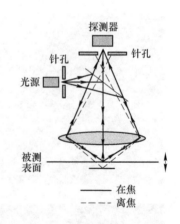

图 8-8　激光共聚焦显微镜原理[14]

无论是白光干涉法还是激光共聚焦法，均可以准确、快速地得到磨损表面三维信息。孙逸翔[15]采用白光干涉三维形貌仪对磨损深度进行表征，不同相对湿度条件下铜板截面磨损深度如图 8-9 所示。图中上方为表面形貌图，下方曲线为剖面轮廓图，从中可以获取磨痕的宽度和深度。当湿度为 10%、60%、92%，电流为 10A 时，载流磨损深度分别为 9.877μm、11.943μm、9.916μm。张燕燕[16]使用白光干涉三维形貌仪对碳滑板载流磨损区域进行三维成像（见图 8-10），从中可以发现沿滑动方向上磨损具有一定方向性。在入口处磨损面相对光滑，而出口方向相对粗糙。结合其他分析手段，该作者认为在入口处的损伤机制为机械损伤，出口处的损伤机制为电弧烧蚀。

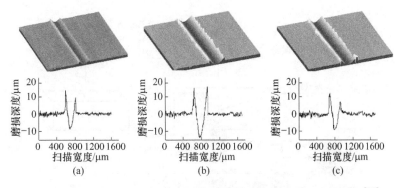

图 8-9 白光干涉三维形貌仪获取的不同湿度条件下载流磨损深度[15]

(a) 10%；(b) 60%；(c) 92%。

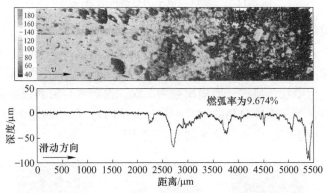

图 8-10 白光干涉三维形貌仪获取的载流磨损形貌图[16]

8.1.1.4 原子力显微镜

最早提出纳米尺度上科学和技术问题的是著名物理学家诺贝尔奖获得者 Feynman，1959 年他在演讲"There is Plenty of Room at the Bottom"中提出，如果人类能够在原子/分子的尺度上来加工材料制备装置，我们将有许多令人振奋的新发现。自 1986 年问世以来[17]，原子力显微镜（atomic force microscope，AFM）逐渐成为纳米科技中最重要的工具之一。原子力显微镜主要用于表面形貌扫描、表面微/纳加工、表面性能测试等领域[18,19]。如图 8-11 所示，原子力显微镜工作时，使用悬臂梁来感知针尖与样品之间的交互作用并发生摆动或扭转。激光照射在悬臂梁末端，悬臂梁的形变会使反射光的位置改变，光电位置传感器会记录此偏移量，并将其转化为电信号传导给反馈回路，以控制压电陶瓷驱动器做相应的伸缩。最后再将样品的表面特性以三维图片的形式记录下来。原子力显微镜的主要工作模式有接触模式、非接触模式、轻敲模式等。

宋晨飞[20]利用原子力显微镜表征了 KOH 刻蚀后的石英表面形貌。图 8-12（a）所示为原始石英表面，其表面均方根（RMS）粗糙度为 0.15nm。在 318K 温度下刻蚀 1h 后，其表面未见明显变化（见图 8-12（b）），均方根粗糙度仍为 0.15nm。图 8-13（c）所示为纳米加工区域和原始表面的交界处，图 8-12（d）所示为加工区域表面，表面均方根粗糙度仍为 0.15nm。只有当温度达到 328K 时，表面才出现刻蚀缺陷，如图 8-12（e）所示。

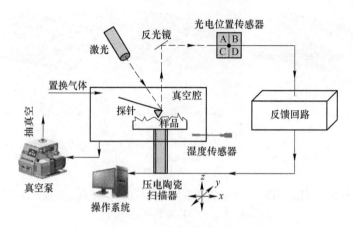

图 8-11　气氛可控原子力显微镜示意图[20]

通过原子力显微镜的形貌表征，可以发现温度低于 328K 时 KOH 刻蚀不会对石英表面质量造成影响。原子力显微镜在表征磨损深度时，其分辨率优于 0.1nm，可分辨出原子层级别的材料去除。如图 8-13 所示，利用原子力显微镜对单晶硅表面磨损区域成像，从中可以发现磨损区域呈台阶状，最深处磨损次数为 2 次，次深处台阶磨损次数为 1 次，深度为 0nm 的区域为原始表面。通过单晶硅结构可知，Si（100）晶面间距为 0.136nm，经测量，磨损去除的单晶硅原子层厚度分别为 8 层和 4 层[21]。

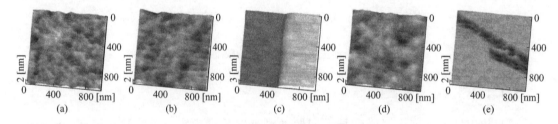

图 8-12　KOH 刻蚀后的石英表面形貌[20]

（a）原始石英表面；（b）318K 温度下原始石英表面的刻蚀结果；（c）318K 温度下加工区域边界；
（d）318K 温度下加工区域的刻蚀结果；（e）328K 温度下刻蚀后出现的缺陷

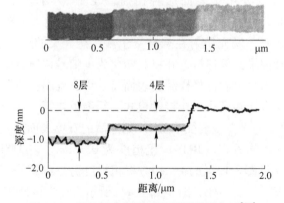

图 8-13　单晶硅表面的原子层级磨损表征[21]

8.1.2　表面成分分析技术

1919 年 Ostwald 首次提出"机械化学（Mechano-chemistry）"这一新的学科分支，旨在研究材料在机械能作用下发生的化学和物理化学变化。1984 年德国学者 Heinicke 出版了第一部《摩擦化学》（Tribochemistry）专著，标志着它已成为机械学与物理化学相结合的一门交叉学科[22]。摩擦化学现象包括吸附、摩擦扩散、摩擦化学反应和摩擦膜等。摩擦化学的发生必将导致表面成分发生变化，进而影响摩擦磨损性能。因此，摩擦表面成分分析是揭示摩擦学性能变化、材料损伤的重要途径。

8.1.2.1　能谱仪

能谱仪（energy dispersive spectrometer，EDS）用来对材料微区成分元素种类与含量分析，配合扫描电子显微镜与透射电子显微镜的使用。各种元素具有自己的 X 射线特征波长，特征波长的大小则取决于能级跃迁过程中释放出的特征能量，能谱仪利用不同元素 X 射线光子特征能量不同这一特点来进行成分分析。能谱仪同电子显微镜主机共用一套光学系统，可对材料中感兴趣部位的化学成分进行点分析、线分析、面分析。

能谱仪线扫描是指电子束沿样品表面选定的直线轨迹作所含元素浓度的线扫描分析。例如某一样品由不同层次组成，试图确定每一层次的成分时，在该样品的截面图像上从样品内部向表面拉一条直线，电子束沿着直线进行扫描，采集每一层次元素的特征 X 射线，它们的计数值变化将分别以曲线形式显示在荧光屏上，每条曲线的高低起伏反映所对应元素沿着扫描线浓度的变化。使入射电子束在样品表面某一区域作光栅扫描，能谱仪固定接收某一元素的特征 X 射线信息，每采集一个特征 X 射线光子，在荧屏上的对应位置打一个亮点，亮点集中的部位，就是该元素的面分布图。如果被测样品由多种元素组成，可以得到每个元素的面分布图。

岳洋等人[23]通过能谱仪分析滚动载流摩擦表面的成分变化，进而揭示载流摩擦表面损伤机制。在未磨试样表面（区域 1）O∶Cu 原子个数比为 0.095（见图 8-14（a））。在 30N 纯机械滚动摩擦表面，未发生显著变形区（区域 2）的 O∶Cu 原子个数比为 0.093（见图 8-14（b）），表面显著变形区（区域 3）O∶Cu 原子个数比为 0.097（见图 8-14（c））。同样在 30N 载荷下，外加 20V 电压时摩擦表面大部分区域（区域 4）粗糙度降低，O∶Cu 的值为 0.117（见图 8-14（d））。与原始表面相比，单纯机械摩擦和载流摩擦原有表面的氧化程度均未发生显著变化。载流表面局部出现的材料去除现象（见图 8-14（d））并非是氧化的直接作用，应该和电流引起的其他作用有关。图 8-14（e）显示载流磨损区（区域 5）的 O∶Cu 原子个数比为 0.302，几乎是原有表面的 3 倍。由于原有表面的氧化作用不明显，研究者认为是电阻热导致的黏着磨损，然后新生金属表面暴露在空气中继续被氧化，导致载流磨损区域氧元素含量增加。Liu 等人[24]研究了低温等离子碳氮共渗处理 316LVM 不锈钢在 Ringer 溶液中的磨损行为。研究者认为低温等离子碳氮共渗处理使 316LVM 不锈钢表层（MNC430）形成 S 相，具有显著的耐磨性。该结论的主要依据如图 8-15 所示，原始 316LVM 不锈钢（MU）磨损表面含大量的 O 和 Cl，而 MNC430 磨损表面相关信号不明显。Cl 元素来源于 Ringer 溶液，该溶液对原始 316LVM 不锈钢造成严重的腐蚀磨损。Wang 等人[25]在不同气氛中研究了单晶硅的磨损情况，利用线扫描能谱获得磨痕中线的氧元素分布。从图 8-16 可以发现，氮气环境下磨损的氧含量明显低于大气和氧气下磨痕氧含量，该结果表明氧气对单晶硅氧化起重要作用。

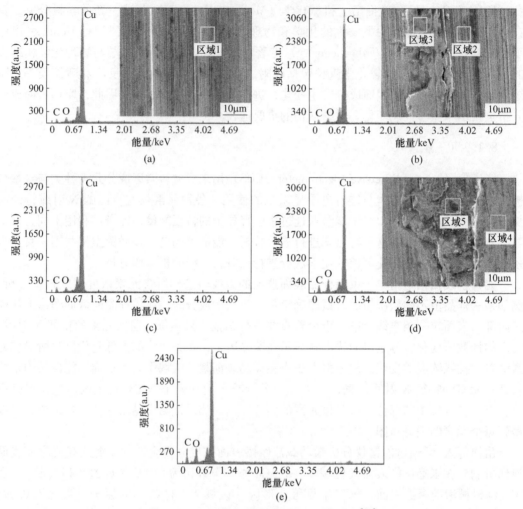

图 8-14　不同工况下纯铜摩擦表面能谱图[23]

（a）0N-0V-区域1；（b）30N-0V-区域 2；（c）30N-0V-区域 3；（d）30N-20V-区域 4；（e）30N-20V-区域 5

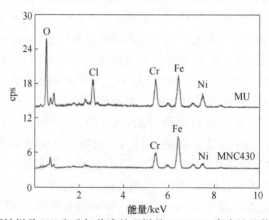

图 8-15　原始样品 MU 和碳氮共渗处理样品 MNC430 磨痕处的能谱对比[24]

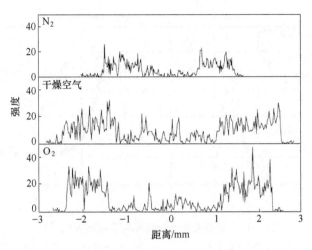

图 8-16 氧元素线扫描能谱[25]

8.1.2.2 X 射线光电子能谱

X 射线光电子能谱分析（X-ray photoelectron spectroscopy，XPS）是用 X 射线去辐射样品，使原子或分子的内层电子或价电子受激发射出来。被光子激发出来的电子称为光电子，可以测量光电子的能量，以光电子的动能为横坐标，相对强度（脉冲/s）为纵坐标可做出光电子能谱图，从而获得待测物组成（见图 8-17）。XPS 主要应用是测定表面的化学组成或元素组成，原子价态，表面能态分布，表面电子的电子云分布和能级结构等。而前文所述的能谱仪仅能得

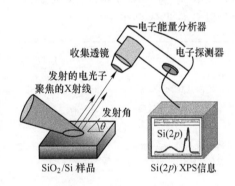

图 8-17 XPS 原理示意图

到摩擦表面元素组成和含量，不能得到化合态信息。XPS 特别适合于研究摩擦表面的化学变化，如摩擦氧化、电烧蚀、摩擦膜等。

Yu 等人[26]在研究单晶硅纳米磨损时发现，在一定载荷范围内，单晶硅经过金刚石探针摩擦后磨损表面出现凸起现象。为揭示纳米凸起的形成机制，Yu 在大气环境中用面磨损的方式在 $20\mu m \times 20\mu m$ 区域内制备了高度为 3.5nm 的凸起结构。采用 X 射线光电子能谱分析该结构的成分，图 8-18（a）所示为凸起区域和原始表面 Si 2p 图谱，图中均发现有 SiO_2 信号，但凸起区域 SiO_2 信号更强烈。图 8-18（b）所示为凸起区域和原始表面氧元素深度分布，元素表面有 0.5nm 厚的自然氧化层，凸起区域的氧化层厚度为 2nm，小于凸结构自身高度。Yu 等人在真空中也发现单晶硅经摩擦后可形成凸结构，因而断定氧化并非凸结构形成的原因。

Zhang 等人[27]研究了碳滑板/铬青铜载流摩擦副的损伤机理。在电流 100A，速度 100km/h 条件下，摩擦后碳表面形成摩擦膜，通过能谱分析发现摩擦膜含铜元素。因此，研究者认为载流摩擦条件下铜转移至碳表面，但无法分析是铜金属还是铜氧化物。该作者进一步使用 XPS 对摩擦膜表征，在全谱中发现摩擦后碳表面增加了铜元素和氧元素（见

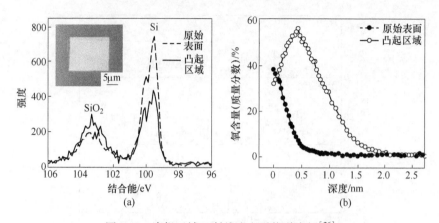

图 8-18　磨损区域 X 射线光电子能谱表征[26]

(a) 凸起区域和原始表面 Si 2p 图谱；(b) 凸起区域和原始氧元素深度分布

图 8-19 (a))，此结果与能谱结果一致。然后对铜元素做单谱分析 (见图 8-19 (b))，分峰结果显示铜元素在 943.8eV 和 941.3eV 有明显的激振峰，这是铜氧化物的特有标志峰。同时，Cu 2$p_{3/2}$ 峰在 933.6eV 处特别强烈，而在 932.7eV 信号十分微弱，表明绝大部分铜元素以 CuO 形式存在。

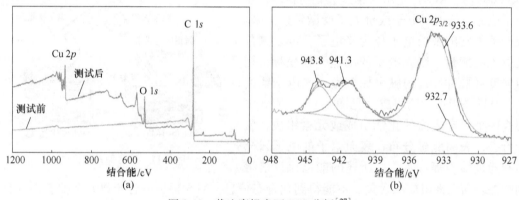

图 8-19　载流磨损表面 XPS 分析[27]

(a) 全谱；(b) Cu 单谱

8.1.3　滑动摩擦试验技术

滑动摩擦是基本的摩擦运动形式之一，广泛存在于制动、行走、弓网、切削等工况。对于滑动摩擦基础研究，一般采用商业化的通用摩擦磨损测试，摩擦副运动模式包括往复式和旋转式；对于应用研究，一般需特殊定制试验机，用于模拟各种接近真实工况的摩擦学条件。

8.1.3.1　通用多功能摩擦磨损测试

通用摩擦磨损测试一般采用 UMT 多功能摩擦磨损测试仪，该设备采用经典的销盘式测试模型 (见图 8-20)，运动模式包括旋转式和线性往复式，主要用于测定润滑涂层、润滑膜、润滑油、润滑剂润滑性能评价以及耐磨涂层/膜、硬质涂层、抗划痕材料的使用寿命和摩擦学行为测试。UMT 系列由控制器和检测器组成，控制器是由八个数据通道和一个对所有运动模式进行模拟的智能化执行器所组成。因此，在一个测试过程中 UMT 可实现多种信号的同时原位检测：摩擦力、载荷力、转矩、材料表面的接触电阻、声发射、温度、磨损量、纵向位移等。在检测器上装有高精密度的传感器，可以监测样品在垂直和水平方向的位置、受力情况以及运动状态。另外在系统的选配件中还提供了试验过程中对界面微变化情况进行实时监控数字摄像系统，三维表面形貌仪，原子力显微镜。并且在此系统上还可以增加高低温环境湿度控制系统和真空系统。

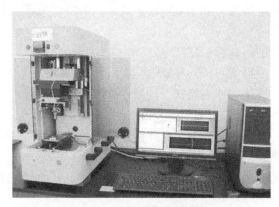

图 8-20　UMT 多功能摩擦磨损测试仪

UMT 试验机具有丰富的扩展功能，能够模拟各种苛刻环境下的摩擦学测试。李欣欣[28]对 UMT-3 往复式摩擦磨损夹具进行改造，其中上试样（橡胶圆柱试样）固定，下试件（平面不锈钢）随着试验机的曲柄连杆机构按照给定的位移做往复运动，形成圆柱/平面线接触形式（见图 8-21（a））。改造后的设备用于研究丁腈橡胶密封圈老化磨损机理，所获得的摩擦系数如图 8-21（b）所示。刘林林[29]在 UMT-2M 摩擦试验机上，测试升/降温（室温至 750℃）条件下在 Si_3N_4 陶瓷球/GH126 镍基高温合金盘间添加高铼酸盐前后的摩擦系数。

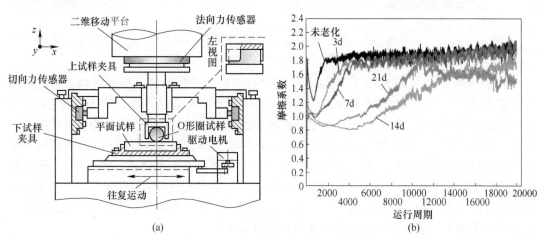

图 8-21　UMT 用于密封圈材料滑动摩擦测试[28]

（a）模拟圆柱/平面线接触；（b）摩擦系数测试结果

8.1.3.2 高温高速销盘摩擦测试

MMS-1G 高温高速销盘摩擦磨损试验机主要用于评定金属、非金属及复合材料等材料在各种条件下的摩擦磨损性能，可在改变温度、速度、摩擦配偶材料、表面粗糙度、硬度等参数的各种情况下进行试验，可测量材料摩擦温升、摩擦系数等值。该设备由河南科技大学与济南试金集团有限公司联合研制（见图 8-22），主要性能如下[30]：

（1）主轴转速范围：60~12000r/min（盘试样外径 ϕ160mm）；

（2）主轴转速示值准确度：在 1000r/min 以下，示值误差不超过±2r/min，示值重复误差不大于 2r/min；

（3）高温炉温度范围：室温~800℃；

（4）高温炉温度控制精度：100~800℃范围内不超过±3℃；

（5）高温炉气氛：在连续冲入氮气（纯度 99.9%以上）的条件下，炉内氧气含量应能达到 1%以下；

（6）试验力范围：75~450N（销试样外径 ϕ14mm，截面积约 150m^2）；

（7）可测量最大摩擦力矩：20N·m；

（8）极限性能：在 800℃、12000r/min、空载条件下，主轴正常连续运转时间不少于 15min。

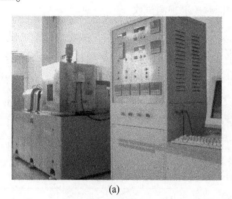
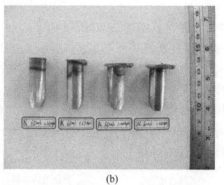

(a)　　　　　　　　　　　　　　　(b)

图 8-22　MMS-1G 型高温高速摩擦磨损试验机[31]

（a）试验机外观；（b）销试样，尺寸为 ϕ14mm×42.3mm

张永振等人[31]采用 MMS-1G 型高温高速摩擦磨损试验机研究了在氧气和二氧化碳两种气氛环境中 CrNiMo 钢/H96 黄铜摩擦副的高速干滑动摩擦磨损特性。二氧化碳气氛环境中的摩擦表面温度高于氧气气氛环境中的摩擦表面温度，其主要磨损机制为磨粒磨损、金属流变和黏着磨损；而氧气气氛环境中主要表现为氧化磨损和黏着磨损。该设备还可以使用热电偶对摩擦表层进行测温，实现实时摩擦温升测试。基于该功能，张永振[32]研究发现摩擦表面的温度随着速度、载荷的增加而增加；在摩擦初期摩擦温度显著增加，摩擦因数快速下降，当达到某一数值后形成一个动态的平衡。随着摩擦温度的升高，磨损机制发生转变，由黏着磨损转变为磨粒磨损和黏着磨损共同作用。

8.1.3.3 制动摩擦测试

西安顺通机电应用技术研究所研发了 MM-1000 等系列制动材料性能测试系列缩比试

验台架。制动材料性能及其制品闸片、闸瓦的性能测试，满足大惯量、高速度、大扭矩、高温工况状态下紧急刹车制动、瞬间制动、长距离拖磨制动、连续制动工况状态下的制动性能测试，试验结果与 1∶1 台架试验结果保持了对应性。河南科技大学引进了 MM1000-Ⅱ型摩擦磨损性能试验机（见图 8-23），主要性能如下：

（1）轴向压力：0.2～10kN；

（2）主轴转速：500～9000r/min 无级可调；

（3）惯量配置：主轴系统惯量为 35.0g·m²，惯量盘组合范围为 9.8～1538.6g·m²，组合基本单位为 9.8g·m²；

（4）摩擦力矩测量范围：0～200N·m；

（5）湿式试验供油装置：供油量为 1.2L/min；

（6）可根据不同式样规格配置卡具盘和对偶盘；

（7）主电机功率：11kW、50Hz、380V；

（8）整机系统总容量：13.5kW；

（9）电源配置：交流 380V、220V、50Hz，直流 5V、12V、24V。

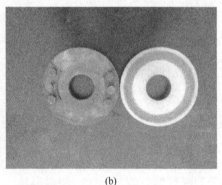

(a)   (b)

图 8-23　MM1000-Ⅱ型摩擦磨损性能试验机

（a）摩擦副装配图；（b）摩擦副材料

张永振等人[33]利用 MM1000-Ⅱ型摩擦磨损性能试验机制动条件对铜基闸片材料摩擦磨损性能的影响，发现一定制动压力条件下，随着制动速度的增加，摩擦因数和磨损率均呈现先增大后减小的趋势。试验模拟实际列车参数为：轴质量 16t，车轮直径 890mm，摩擦半径 251mm，摩擦面积 400cm²。

8.1.3.4　气氛摩擦磨损试验测试

可控气氛微型摩擦磨损试验仪是专门用于测试各种涂层或固体润滑材料摩擦学性能的试验装置。可在不同组分的环境气氛或低真空状态下进行栓-盘或球-盘两组不同摩擦副的测试实验。WTM-2E 型可控气氛微型摩擦磨损试验机配备进口高精度摩擦力传感器、精密位移平台、精密升降支架等测量平台。由计算机自动进行数据采集，即时显示摩擦系数的变化曲线。该仪器自动控制精度高、调速范围宽、加载负荷小、数据测量精确、操作简便。主要性能如下：

（1）试验载荷范围：20～1000g；

（2）主轴转速：200～3000r/m（无级调速）；

（3）摩擦系数（摩擦力）动态显示：精度 0.02%FS；

（4）对磨球直径：3～5mm；

（5）X 轴移动距离：0～20mm；

（6）Y 轴升降高度：0～25mm；

（7）试样尺寸：ϕ8～30mm，厚度：0.5～10mm；

（8）环境气氛：N_2、O_2、CO_2、He 及惰性气体；

（9）仪器主机质量：35kg；

（10）电源输入：210～235V、50～60Hz、功率 2000W。

张永振等人[34]利用气氛摩擦磨损试验机，研究了常温下 CrNiMo 钢/黄铜配副在不同氮/氧混合气氛比例条件下的干滑动摩擦磨损性能。随着氮/氧混合气氛中氧气气氛比例的增加，销试样磨损率和配副的摩擦因数整体均呈现降低趋势；磨损机制逐渐由黏着磨损和磨粒磨损向氧化磨损、磨粒磨损和黏着磨损共同作用机制转变；摩擦表面生成铁和铜的氧化物，且氧化物的成分随着氧气含量不同而有所不同。牛永平等人[35]利用气氛摩擦磨损试验机，考察了 PTFE 及其纳米 Al_2O_3 复合材料在干摩擦条件下，在氧气、50%氧气/50%氮气、空气及氮气等气氛环境中的摩擦磨损特性。在氧气和氮气环境气氛下的摩擦因数最大，但磨损量最小；氧气气氛环境最有利于提高 PTFE 及其复合材料的摩擦学综合性能，氮气环境次之。

8.1.3.5   磁场摩擦磨损测试

随着电磁技术的应用，越来越多的机电设备工作在磁场中，大到磁约束核聚变反应器，小到微机电系统（MEMS），从民用的电磁制动器到军用的电磁炮和电磁弹射器，从电机和发电机中的电刷/换向器到继电器和接触器中的触点等，这些设备的摩擦副在工作时都会受到磁场的影响。为此，河南科技大学研发了 HY-100 磁场摩擦磨损试验机，可在销试样上施加垂直磁场进行销盘摩擦磨损试验（见图 8-24）。线圈上可施加直流磁场或交流磁场，磁场强度大小可通过改变线圈的电流进行无级调整。盘的旋转速度可通过改变变频器的频率进行无级调整；伺服电机、丝杠滑台和压力传感器可实现外部载荷的闭环控制；外部载荷、摩擦扭矩、线圈电流、旋转速度等参数可实现在线监控和记录。可进行磁吸力的测量，在不同载荷、转速、磁场强度情况下进行销盘摩擦磨损试验。试验机外部线圈的磁场强度范围是 0～90kA/m。

利用该试验机，张永振等人进行了有磁场和无磁场下不同磁性材料的摩擦磨损试验，研究了磁感应强度、速度、载荷对 45 钢摩擦学性能的影响规律，分析了磁场中 45 钢从严重磨损转变到轻微磨损试验过程中销盘磨痕和磨屑的形貌与成分等的变化，利用电磁学理论，建立了销/盘摩擦副的三维静磁场有限元模型、二维微凸峰接触区的静磁场有限元模型、磨屑受力模型、直流磁场促进 45 钢实现严重-轻微磨损转变的物理模型。该成果丰富了磁场干摩擦学理论，为磁场干摩擦学的实际应用、实现摩擦系统的主动控制提供理论依据[36]。

8.1.4   滚动摩擦试验技术

滚动摩擦具有摩擦系数低、磨损率低等优势，历史上车轮用滚动摩擦代替了滑动摩

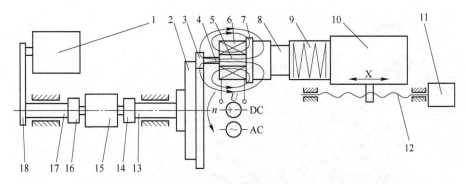

图 8-24　HY-100 型销盘式摩擦磨损试验机工作原理图[36]

1—主电机；2—底盘；3—盘试样；4—销试样；5—铁芯；6—线圈；7—底板；8—拉压力传感器；
9—弹性机构；10—滑台；11—伺服电机；12—丝杠；13—前主轴；14—前联轴器；
15—动态扭矩传感器；16—后联轴器；17—后主轴；18—皮带

擦，极大解放了人类生产力。滚动摩擦主要存在于滚动轴承、轮轨、轮胎等工况下，服役条件复杂，影响因素较多。随着铁路客货运量的增大和列车速度的提高，由轮轨间滚动接触疲劳造成的破坏越来越严重，尤其是高速、重载的线路。轮轨间的滚动接触疲劳不仅大大增加了铁路的运营成本，而且直接危害行车安全。滚动摩擦磨损的研究一直备受关注。

　　MMS-2A 摩擦磨损试验机可做各种金属材料及非金属材料（尼龙、塑料等）在滑动摩擦、滚动摩擦、滚滑复合摩擦和间歇接触摩擦等多种状态下的耐磨性能试验，用于评定材料的摩擦机理和测定材料的摩擦系数（见图 8-25）。并可模拟各种材料在干摩擦、湿摩擦、磨料磨损等不同工况下摩擦磨损试验。该机采用计算机控制系统，可实时显示试验力、摩擦力矩、摩擦系数、试验时间等参数，并可记录实验过程中摩擦系数—时间曲线。滚动摩擦试验能调节实现不同的滑差率；该产品所做结果符合《金属磨损试验方法——MM 型磨损试验》（GB/T 12444.2—1990）和《塑料滑动摩擦磨损试验方法》（GB/T 3960—1983）。由于该机功能多，结构简单可靠，使用方便，有多个标准试验方法建立在该机型上，且在国外使用较多，因此在国内摩擦学研究领域也有非常广泛的应用。MMS-2A 型滚动摩擦试验机的性能如下：

（1）试验力：2000N；

（2）摩擦力矩测量范围：0~15N·m；

（3）上试样轴转速：20~800r/min；

（4）下试样轴转速：18~720r/min；

（5）上试样轴向移动距离：±4mm；

（6）摩擦力矩测量范围（四档标尺）：0~15N·m；

（7）试验力示值相对误差：±2%；

（8）试验力示值重复性相对误差：±2%；

（9）摩擦力矩示值相对误差：±2%；

（10）摩擦力矩示值重复性相对误差：±2%；

（11）时间控制范围：数显控制 1s~9999min；

（12）转数控制范围：数显控制 1~999999。

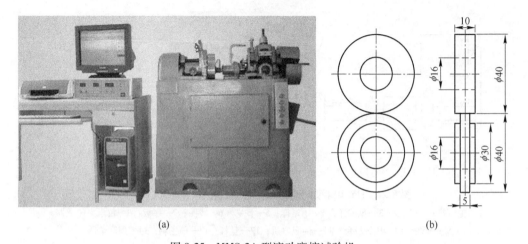

图 8-25　MMS-2A 型滚动摩擦试验机

（a）试验机外观；（b）用于模拟轮轨接触的样品示意图

　　王文健[37]在 MMS-2A 型滚动摩擦试验机上研究了干态、水态和水砂态三种工况下轮轨材料间的摩擦磨损行为。随水态、干态到水砂态工况的变化，车轮试样表面从粗糙凸起并伴有轻微剥落向严重剥落损伤转变，钢轨材料的表面损伤主要表现为片层状剥离并伴有剥落现象，但较车轮材料的剥落损伤程度轻。在 MMS-2A 滚动摩擦磨损试验机上进行轮轨模拟试验时，模拟准则为 Hertz 接触准则，要保证模拟试样接触与现场一致，必须在实验室条件下使得两试样椭圆接触斑的长、短半径之比和两试样间的平均接触应力与现场工况相同。

　　GPM-30A 滚动接触疲劳试验机主要用于模拟滚动接触零件（如轴承、轮轨、轧辊等）工况的失效试验，将一恒定的载荷施加于滚动或滚动加滑动接触的试样，使其接触表面受到循环接触应力的作用。通过控制和改变负荷、速度、滑差率、时间、摩擦配偶材料、表面粗糙度、硬度等参数的情况下进行测试，以评定试样材料的疲劳破坏机理，评价材料在滚动接触状态下的疲劳寿命，并可完成齿轮接触疲劳、轴承接触疲劳、轮轨磨耗试验等。该机为卧式框架结构，由变频电机控制加载和旋转，由主动轴运动系统、陪试轴运动系统、试验力加载系统、测量系统、润滑系统及冷却系统、摩擦副装夹部分、电气控制箱、工业控制计算机测控系统等部分组成（见图 8-26）。该设备满足《金属材料滚动接触疲劳试验方法》（GB/T 10622—1989）、《滚动轴承材料接触疲劳试验方法》（JB/T 10510—2005）、《金属材料滚动接触疲劳试验方法》（YB/T 5345—2006）等标准测试方法。主要性能参数如下：

　　（1）试验力：1.0~30kN，无级可调；

　　（2）试验力加载精度：指示值±1%；

　　（3）试验力长时保持示值误差：满量程的±1%；

　　（4）试验扭矩：1~45N·m；

　　（5）扭矩示值相对误差：±1%之内；

　　（6）试验转速：300~5800r/min，无级可调转速误差±10r/min；

　　（7）试验时间控制范围：1~9999h；

　　（8）试验转数显示与控制范围：1~999999999。

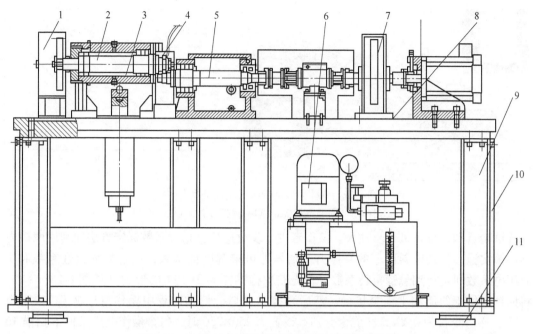

图 8-26 GPM-30A 滚动接触疲劳试验机结构示意图

1—齿轮箱（改变滑差率）；2—陪试运动系统；3—液压作动器；4—循环油箱；5—主动轴运动系统；
6—液压泵站；7—固定齿轮箱；8—工作台；9—机架；10—壳体；11—调整垫铁

8.1.5 微观摩擦学试验技术

纳米摩擦学或称微观摩擦学、分子摩擦学，是在纳米尺度上研究摩擦界面上的行为、变化、损伤及其控制的科学。纳米摩擦学在学科基础、研究方法、实验测试设备和理论分析手段等方面都与宏观摩擦学研究有很大差别。实验测试仪器是各类扫描探针显微镜以及专门的微型实验装置[38]。

8.1.5.1 微观摩擦磨损测试

目前商业化的原子力显微镜配备有摩擦力显微镜（FFM）功能，因此可以有效地探测微观滑动过程中的摩擦力变化，此时探针针尖与样品构成摩擦副（见图 8-27（a））。在探针相对于样品做往复运动的时候，由于接触副间的摩擦，会产生平行于样品表面的切向力，此切向力会造成针尖悬臂梁的扭转，悬臂梁扭转的效果会通过激光反射到四象限检测器上而被检测（见图 8-27（b））。摩擦力的测量基于探针悬臂的扭转，所得数据为激光反射光斑水平位移电信号，并非力信号。因此，需要准确标定探针悬臂扭转系数，将所测电信号转化为力信号。

Varenberg 等人利用 Mikromasch 公司生产的 TGF11 标准样品进行标定，该结构含 Si(100) 和 Si(111) 晶面组成的斜面，倾角为 57.74°。标定时需测试斜面摩擦力信号、平面摩擦力信号、黏着力信号，摩擦系数的求解依赖于黏着力和悬臂弹性系数，需要在不同载荷下多次测试验证，试验量较大，且方程组经常无解。对此，钱林茂等人研究发现悬臂扭转系数随着载荷的增加而变化显著，可选取高载荷下相对稳定的数值以降低误差，但也

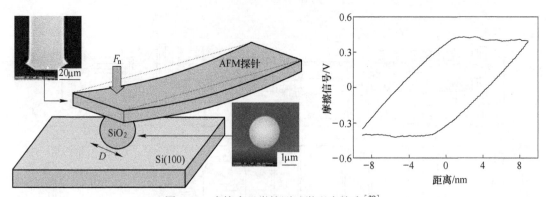

图 8-27　摩擦力显微镜测试微观摩擦力[39]

（a）探针与样品接触示意图；（b）摩擦力信号（电信号）

导致试验量和计算量进一步加大。该作者进一步改进探针扭转系数标定方法并利用摩擦力显微镜实施。仅获取斜面上的摩擦力电信号即可求解摩擦系数，结合悬臂弹性系数和 Z 向压电系数即可得到悬臂扭转系数。首先获取标准样品 TGF11 的形貌（见图 8-28（a）），将探针定位于斜面和平面交接处。然后摩擦力成像，扫描过程中操作电压从 0.1V 增至 3.1V，递增步长为 0.2V，在成像分别率设置为 256×256 时，每个操作电压条件下扫描 16 次，Trace、Retrace 分别扫描 8 次，即可同时获得平面和斜面的摩擦力电信号（见图 8-28（b））。将斜面摩擦力电信号导出为数值，通过简单运算即可获得探针的扭转刚度，进而将电信号转变为力信号，同时平面上所测数据用于验证摩擦系数是否准确[40]。

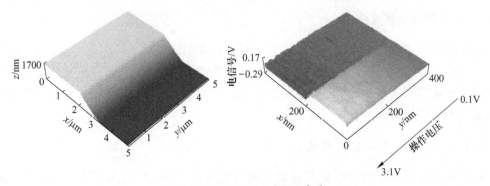

图 8-28　摩擦力显微镜标定[40]

（a）标准样品 TGF11 的形貌；（b）平面、斜面交接处的摩擦力电信号

余家欣等人[40]选择了微机电系统典型的结构材料单晶硅（100）作为研究对象，利用摩擦力显微镜及二氧化硅探针模拟 MEMS 的真实接触情况，系统研究了黏着力对纳动分区的影响，环境气氛对纳动运行和损伤的影响，以及表面亲/疏水性对纳动运行和损伤的影响；最后分析了 Si（100）/SiO₂ 纳动磨损的机理，着重强调了摩擦化学反应在单晶硅纳动磨损中的作用。

8.1.5.2　纳米压痕/划痕测试

纳米压痕测试仪主要适用于测量纳米尺度的硬度与弹性模量，测量结果通过载荷及压入深度曲线计算得出，无须应用显微镜观测压痕面积。纳米划痕测试仪专用于表征材料表面的摩擦磨损性能或者厚度小于 1000nm 的薄膜的附着力。纳米压痕/划痕往往集成于一台设备，使用时注意切换模式。安东帕公司生产的纳米压痕仪（见图 8-29）主要技术参数如下：

（1）最大载荷：300mN，分辨率：±5μN；

（2）最大压入深度：10μm，分辨率：±0.3nm；

（3）最大工作范围：75mm ×75mm；

（4）压头型号：Berkovich 以及曲率半径为 2μm 和 20μm 的球形压头。

纳米划痕仪主要技术参数如下：

（1）加载范围：10μN～100mN；

（2）最小划痕长度：200μm；

（3）最大压入深度：500μm，分辨率：±15nm；

（4）最大工作范围：105mm×135mm；

（5）压头型号：曲率半径 2μm 的球形压头。

图 8-29　纳米压痕/划痕仪外观

张赜文[41]采用纳米压痕仪，研究了单晶硅表面的径向纳动运行行为和损伤特征。相对于尖端曲率半径，压头在一定压入深度下的等效曲率半径是决定材料纳动损伤程度的更有效参数。随着载荷和循环次数的增大，纳动损伤逐渐加剧。随着纳动次数增加，单晶硅表面产生了短小的径向裂纹，其数量和长度随着纳动循环次数的增加而增大，最后产生脱落碎片（见图 8-30）。

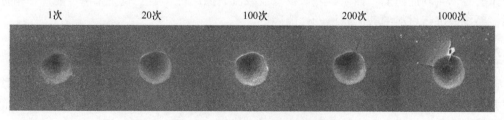

图 8-30　硅表面径向纳动损伤[41]

郑上尧[42]用纳米划痕仪的球形金刚石针尖试验研究了人牙釉质的微观摩擦学性能。结果表明牙釉质的划痕磨损行为与它的微观结构密切相关。由于釉间质的"缓冲作用"，在划痕载荷较大的情况下，沿平行于釉柱中心轴方向的划痕损伤比沿着垂直于釉柱中心轴方向的划痕损伤要轻微一些（见图 8-31）。当纳米划痕的法向载荷从 0 增大到 0.5mN 时，牙釉质表面羟基磷灰石（HA）颗粒的尺寸从 70nm 逐渐减小到 20nm，当载荷继续增大时，HA 颗粒的尺寸不再发生变化。牙釉质表面 HA 颗粒的这种碎裂行为有助于降低牙釉质中的应力集中，同时也有助于抑制牙齿表面在咀嚼过程中产生的微裂纹的扩展。

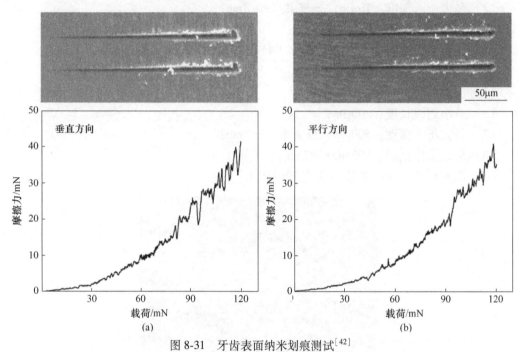

图 8-31　牙齿表面纳米划痕测试[42]

（a）划痕方向垂直于釉柱中心轴方向；（b）划痕方向平行于釉柱中心轴方向

8.2　载流摩擦学性能的研究方法

载流摩擦副是典型的功能摩擦副，不仅要关注摩擦副材料的性能与损伤，同时需要关注导电能力和导电质量。由于摩擦/导电共面接触特性，载流摩擦副的摩擦学性能和导电性能相互耦合，机械损伤和电损伤相互耦合，表面质量恶化与载流摩擦性能相互耦合。因此，电流全程参与载流摩擦磨损过程是科学评估载流摩擦学性能的基本要求，但普通干摩擦试验难以实现此功能。因而必须研发专业载流摩擦设备，建立载流摩擦性能评估指标体系，系统地进行材料的载流摩擦学性能测试。

8.2.1　载流摩擦磨损试验方法

由于载流摩擦副工作于各类苛刻环境中，不同工况下载流摩擦评估需求不同，导致难以开发通用型或标准型载流摩擦试验机。研究者往往根据自身需求设计研发设备，因而国内外的载流摩擦学设备各具特色，使用者需要根据需求谨慎选择。

8.2.1.1　高速滑动载流摩擦测试

我国高速铁路日新月异，受电弓与接触网之间的载流摩擦接触向着高速、重载和大电流的趋势发展。为适应高速、大电流条件下的载流摩擦测试，河南科技大学自主研发了

HST-100 型销-盘式载流摩擦磨损试验机，主要由高速传动模块、销-盘模块、柔性加载模块及与计算机主机相连接的测控模块组成，如图 8-32 所示。试验机通过销试样与高速旋转的盘试验之间的对磨来模拟弓网之间的相对运动。摩擦盘由 QCr0.5 加工而成，直径 180mm。IAG132M-3000-15 型-变频调速电机驱动传动轴高速旋转带动摩擦盘与销试样产生相对运动，最大旋转线速度可达 100m/s。销试样固定在卡具上，与摩擦盘垂直接触，利用电液伺服阀控制液压缸对摩擦副施加动态载荷来模拟弓网之间的柔性接触。试验机选择低压恒流源作为试验用电源，最大输出电流为 300A。试验过程中，电流通过一侧销试样，流经摩擦盘，最后再回到另一侧销试样，形成完整的电流回路，从而模拟弓网之间电能的传输。

图 8-32　HST-100 型销-盘式载流摩擦磨损试验机

柔性加载是 HST-100 型载流摩擦磨损试验机最具特色的功能，测控系统将动态接触力信号转换成电信号传给电液伺服阀，通过调节液压油的输出流量来控制液压缸推杆对销-盘试样施加动态载荷。轮辐式压力传感器用来检测实际输出载荷，并将实际载荷反馈给测控系统，组成闭环控制系统进行多次调节，最终动态接触力振幅波动度可减小至 2% 以内。试验机可实现正弦波、三角波、方波、梯形波、斜波及组合波等多种波形载荷的输入，通过改变波形的基值、幅值和频率，实现任意参数动态波形的调整。柔性加载工作原理如图 8-33 所示。

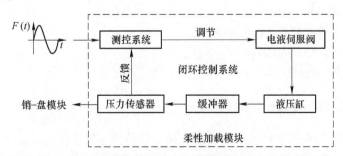

图 8-33　HST-100 型销-盘式载流摩擦磨损试验机柔性加载原理

中国铁道科学研究院基于弓网接触特性，提出车速为 500km/h 的高速铁路弓网关系模拟试验方法并研发了测试设备（见图 8-34）。将接触线安装在圆盘上，通过圆盘的旋转速度模拟机车的运行速度，通过圆盘平动模拟接触网拉出值，通过圆盘的垂向运动模拟接触网振动；将受电弓安装在激振台上，使受电弓按照实际轨道不平顺振动，模拟动车组振动对受电弓的影响。设计高速弓网关系试验台，验证其模拟接触网振动时波形具有良好的跟随性和重复性[43]。该设备的主要技术指标如下：

（1）试验速度：≤500km/h；

（2）试验电流：AC，0~1000A；

（3）主盘运动参数：水平往复运动距离为-350~+350mm，垂直激振振幅为-100~+100mm，垂直激振频率为≤10Hz，垂直激振波形为正弦波、随机波或接触网振动谱；

（4）受电弓滑板垂直振动参数：激振振幅为-50~+50mm，激振频率为≤7Hz，振动波形为正弦波、方波、三角波、随机波，滑板对接触线的垂直压力≤300N。

图 8-34 高速铁路弓网关系模拟试验台

西南交通大学研制了交流高速弓网摩擦磨损试验机，其结构示意图如图 8-35 所示。该试验机使用环-块式结构，主要由转动盘、滑板架、机座、交流供电系统、数据采集和控制系统组成。转动盘直径 1100mm，其外周镶嵌接触线材料。转动盘和转动轴之间、滑板架和滑板座之间安置绝缘材料来保证试验电流流通。主要技术参数如下：

（1）交流电功率：150kW；

（2）交流电流：10~800A；

（3）交流电压：500V、1000V、3000V 三档；

（4）滑动速度：30~400km/h；

（5）滑板往复滑动频率：0.3~300Hz；

（6）法向载荷：10~3000N；

（7）温度：20~400℃。

8.2.1.2 环-刷电接触性能测试

中南大学研制了环-刷电接触测试设备，用于评价贵金属刷丝的载流摩擦性能[45]。该试验机驱动部分为环试样，两侧装有两个电刷，起到导电作用。环的上底面安装被测刷丝，并与侧面的电刷构成导电回路（见图 8-36）。试验时可以设置载荷、转速、运行距离、电流等参数，并且能在真空中完成载流摩擦试验。环-刷接触压降由 Fluke 8864A 精密万用表测得，采样频率为 1Hz。电压波形由 Yokogawa DL 850 示波器测得，采样频率为

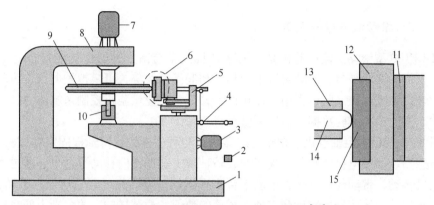

图 8-35 交流高速弓网摩擦磨损试验机[44]

1—底座；2—砝码；3—伺服电机；4—滑轮装置；5—升降台；6—接触副；7—驱动电机；8—悬臂；
9—旋转盘；10—导电轴；11—绝缘板；12—碳滑块夹具；13—旋转盘；14—接触线；15—碳滑板

1000Hz。该试验机主要用于测试空间用导电材料的载流摩擦磨损性能。

Sawyer 等人[46]报道了一种高电流密度载流摩擦试验机，同样采用环-刷配副形式。该试验机夹持的样品为弯钩状金属丝，与金属环上底面接触，接触载荷由法向位移控制。配副可以浸泡在 PTFE 制成的溶液腔中，模拟各种腐蚀环境（见图 8-37）。环试样由步进电机驱动，从而形成滑动载流摩擦。该试验机的电流密度可达到 440A/cm²，可以模拟高功率电刷的电接触状态，可获取实时摩擦系数和动态电阻、动态电流。

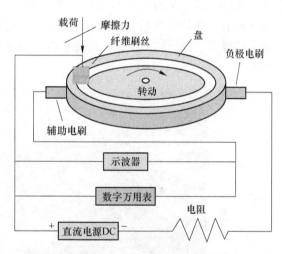

图 8-36 中南大学环-刷电接触测试设备[45]

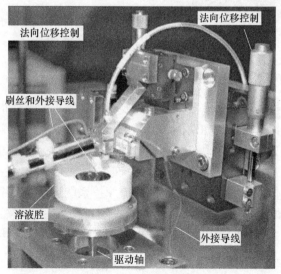

图 8-37 高电流密度载流摩擦试验机[46]

8.2.1.3　滚动载流摩擦测试

FTM-CF100 型滚动载流试验机是由河南科技大学与南京神源生智能科技有限公司联合研制，含加载移动平台、滚动载流平台和冷却润滑模块等，可模拟轴电流、滚环导电等各类滚动电接触工况。试验机采用一体化设计，配备专业试验机控制系统软件、试验数据分析软件，实时检测试验数据、输出试验报告。

如图 8-38 所示，定轴电机、扭矩传感器以及与其连接的旋转轴被固定在试验机平面，而压力传感器、动轴电机以及与其连接的旋转轴被安装在法向移动平台上，通过水平放置的伺服电机转动，带动丝杠旋转，推动平台水平运动，进而完成对试样径向载荷的施加，布置于其间的压力传感器可准确测定外加载荷的数值。两试样的对滚分别由两台独立的伺服电机控制，两试样滚动的速率可独立调控，完成不同滚滑比的试验。通过水平放置的伺服电机推动加载移动平台实现，载荷数值由载荷传感器测定。试样对滚由定轴电机、动轴电机（随加载移动平台运动）控制，滚动速度独立控制，滚滑比可控。扭矩传感器装在定轴电机上，样品装配后在预设实验条件下空转（对磨副不接触）进行扭矩零点标定，扣除主轴摩擦、样品转动惯量、传动等造成的额外扭矩，从而获得准确的扭矩并计算滚动摩擦力。

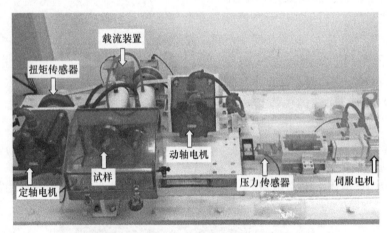

图 8-38　FTM-CF100 型滚动载流试验机

8.2.2　载流摩擦副动态性能评估指标

通过专业载流摩擦试验机获取数据后，需要科学、完善的评估指标反映载流摩擦学性能。传统摩擦学性能评估指标，如摩擦系数、磨损率等，均适合于载流摩擦学性能评估。一些电学性能指标，如电导率、电阻率、接触电阻等静态指标，也可以初步反映载流摩擦材料的导电性能。但是，载流摩擦性能并非传统摩擦学性能和电学性能的叠加。各项性能的静态值或平均值评估方法并不能准确反映载流摩擦系统运动过程中的动态服役特性，也不能反映基于摩擦/载流共面接触的摩擦学性能失效和载流性能失效之间的耦合关系。

为准确描述载流摩擦副的导电行为，采用载流效率描述配副导电能力：

$$\eta = \bar{I}/I_{max} \qquad (8\text{-}1)$$

式中，$\bar{I}$ 和 I_{max} 分别代表电流平均值和最大电流值，最大电流值采用静态接触下的电流值。

采用燃弧率 K 描述单位时间内电弧时间占比：

$$K = \frac{\sum_{i=1}^{n} N_i \Delta t}{t} \times 100\% \tag{8-2}$$

式中，N 为单燃弧次数；Δt 为单燃弧时长；t 为测试总时长。

采用电弧能描述电弧对载流摩擦系统的影响程度：

$$E = t \sum_{n=1}^{n} u(n)i(n) \tag{8-3}$$

式中，t 为燃弧时间；$u(n)$、$i(n)$ 分别为燃弧过程中的动态电压和动态电流。

采用稳定性 δ 表示摩擦/载流性能的波动性，δ 数值越小稳定性越高，例如电流稳定性：

$$\delta = \frac{\sigma_A}{\bar{A}} \times 100\% = \frac{\sqrt{\frac{1}{n}\sum_{i=1}^{n}(x_i - \bar{A})^2}}{\bar{A}} \times 100\% \tag{8-4}$$

式中，x_i 为瞬时采样电流值；$\bar{A}$ 为电流平均值；σ_A 为标准差。

由于摩擦和导电发生在同一表面，导致摩擦/载流性能或失效之间存在显著的耦合关系。为定量描述这种关系，河南科技大学采用相关系数 γ（皮氏积矩相关系数）进行分析。γ 的绝对值越接近 1，相关越密切，计算方法如下：

$$\gamma = \frac{\sum(X-\bar{X})(Y-\bar{Y})}{\sqrt{\sum(X-\bar{X})^2(Y-\bar{Y})^2}} - \frac{\sum XY - \frac{\sum X \sum Y}{n}}{\sqrt{\sum X^2 - \frac{\sum X^2}{n}}\sqrt{\sum Y^2 - \frac{\sum Y^2}{n}}} \tag{8-5}$$

式中，X、Y 分别为不同工况下测试的摩擦/载流的同步数据。

载流摩擦副动态性能评估的复杂程度高于传统机械摩擦性能评估，我们不仅需要关注载流摩擦副的能力（平均值），还需关注其质量（动态性能）。在耦合关联性评估中，还要求相关试验数据必须为同步数据，对试验机采样频率和时间坐标提出更高要求。

参 考 文 献

[1] Gotsmann B，Lantz M. Quantized thermal transport across contacts of rough surfaces [J]. Nature materials，2013，12（1）：59~65.

[2] 温诗铸，黄平. 摩擦学原理 [M].2 版. 北京：清华大学出版社，2002.

[3] Johnson K L. Contact mechanics [M]. Cambridge：Cambridge university press，1987.

[4] 魏龙，顾伯勤，冯飞，等. 粗糙表面接触模型的研究进展 [J]. 润滑与密封，2009，34（7）：112~117.

[5] Whitehouse D J，Archard J F，Tabor D. The properties of random surfaces of significance in their contact

[J]. Proceedings of the Royal Society of London A Mathematical and Physical Sciences, 1970, 316 (1524): 97~121.

[6] 成雨. 三维分形表面的接触性能研究 [D]. 西安：西安理工大学, 2017.

[7] Majumdar A. Fractal model of elastic-plastic contact between rough surfaces [J]. J Tribol Trans ASME, 1991.

[8] 孙见君, 嵇正波, 马晨波. 粗糙表面接触力学问题的重新分析 [J]. 力学学报, 2018, 50 (1): 68~77.

[9] Megalingam A, Mayuram M. Effect of surface parameters on finite element method based deterministic Gaussian rough surface contact model [J]. Proceedings of the Institution of Mechanical Engineers, Part J: Journal of Engineering Tribology, 2014, 228 (12): 1358~1373.

[10] Pletz M, Daves W, Yao W, et al. Multi-scale finite element modeling to describe rolling contact fatigue in a wheel-rail test rig [J]. Tribology International, 2014, 80: 147~155.

[11] Alfredsson B, Dahlberg J, Olsson M. The role of a single surface asperity in rolling contact fatigue [J]. Wear, 2008, 264 (9): 757~762.

[12] 任峻, 马颖, 陶钦贵, 等. 触变成型 AZ91D 镁合金的干滑动磨损机制图研究 [J]. 摩擦学学报, 2016, 36 (3): 310~319.

[13] Emilia P, Paul M, Denis M, et al. White light scanning interferometry adapted for large-area optical analysis of thick and rough hydroxyapatite layers [J]. Langmuir the Acs Journal of Surfaces & Colloids, 2007, 23 (7): 3912~3918.

[14] 王淑珍. 基于白光干涉超精密表面形貌测量方法与系统研究 [D]. 武汉：华中科技大学, 2010.

[15] 孙逸翔, 岳洋, 宋晨飞, 等. 相对湿度对铜材料载流磨损的影响 [J]. 河南科技大学学报（自然科学版）, 2018 (1): 1~4.

[16] Zhang Y Y, Song C. Arc discharges of a pure carbon strip affected by dynamic contact force during current-carrying sliding [J]. Materials, 2018, 11 (5): 796.

[17] Binnig G, Quate C F, Gerber C. Atomic force microscope [J]. Physical Review Letters, 1986, 56 (9): 930~933.

[18] Giessibl F J, Quate C F. Exploring the nanoworld with atomic force microscopy [J]. Physics Today, 2006, 59 (12): 44~50.

[19] Wouters D, Schubert U S. Nanolithography and nanochemistry: Probe-related patterning techniques and chemical modification for nanometer-sized devices [J]. Angewandte Chemie-International Edition, 2004, 43 (19): 2480~2495.

[20] 宋晨飞. 单晶石英表面低损伤的摩擦诱导纳米加工研究 [D]. 成都：西南交通大学, 2013.

[21] Chen L, Wen J, Zhang P, et al. Nanomanufacturing of silicon surface with a single atomic layer precision via mechanochemical reactions [J]. Nature Communications, 2018, 9 (1): 1542.

[22] Heinicke G. Tribochemistry [M]. Berlin: Akademie-Verlag, 1984.

[23] 岳洋, 孙逸翔, 孙毓明, 等. 载荷和电压对纯铜滚动载流摩擦学性能的影响 [J]. 摩擦学学报, 2018, 38 (1): 67~74.

[24] Liu J, Dong H, Buhagiar, et al. Effect of low-temperature plasma carbonitriding on the fretting behaviour of 316LVM medical grade austenitic stainless steels [J]. Wear, 2011, 271 (9): 1490~1496.

[25] Wang X D, Yu J X, Chen L, et al. Effects of water and oxygen on the tribochemical wear of monocrystalline Si (100) against SiO_2 sphere by simulating the contact conditions in MEMS [J]. Wear, 2011, 271 (9): 1681~1688.

[26] Bingjun Y, Hanshan D, Linmao Q, et al. Friction-induced nanofabrication on monocrystalline silicon

[J]. Nanotechnology, 2009, 20 (46): 465303.

[27] Zhang Y Y, Zhang Y Z, Du S M, et al. Tribological properties of pure carbon strip affected by dynamic contact force during current-carrying sliding [J]. Tribology International, 2018, 123: 256~265.

[28] 李欣欣. 热氧老化对干摩状态下丁腈橡胶摩擦学特性影响的研究 [D]. 杭州: 浙江工业大学, 2016.

[29] 刘林林. 高铼酸盐宽温度范围润滑行为研究 [D]. 沈阳: 中国科学院金属研究所, 2011.

[30] 铁喜顺, 李建朝, 张永振, 等. MMS-1G 试验机软件的开发及应用 [J]. 润滑与密封, 2006 (7): 165~167.

[31] 王观民, 张永振, 杜三明, 等. 不同气氛环境中钢/铜摩擦副的高速干滑动摩擦磨损特性研究[J]. 摩擦学学报, 2007, 27 (4): 346~351.

[32] 段海涛, 杜三明, 张永振, 等. 高速干滑动条件下钢/铜摩擦副摩擦磨损表面摩擦热规律研究[J]. 润滑与密封, 2007, 32 (10): 40~42.

[33] 朱旭光, 孙乐民, 陈跃, 等. 制动条件对 Cu 基闸片材料摩擦磨损性能的影响 [J]. 河南科技大学学报 (自然科学版), 2015, 36 (4): 1~4.

[34] 袁文征, 邱明, 张永振, 等. 氮/氧混合气氛环境下钢/铜摩擦副摩擦学性能研究 [J]. 润滑与密封, 2010, 35 (2): 48~51, 83.

[35] 牛永平, 蔡利华, 张永振. 不同气氛环境中纳米 Al_2O_3/PTFE 复合材料摩擦磨损特性研究 [J]. 润滑与密封, 2009, 34 (4): 24~27.

[36] 韩红彪. 直流磁场干摩擦的耦合作用机制研究 [D]. 西安: 西北工业大学, 2016.

[37] 郭静, 王文健, 刘启跃, 等. 不同工况下轮轨材料间的摩擦磨损行为 [J]. 机械工程材料, 2013, 37 (1): 43~46.

[38] 钱林茂, 田煜, 温诗铸. 纳米摩擦学 [M]. 北京: 科学出版社, 2013.

[39] Yu J, Qian L, Yu B, et al. Effect of surface hydrophilicity on the nanofretting behavior of Si (100) in atmosphere and vacuum [J]. Journal of Applied Physics, 2010, 108 (3): 501.

[40] 宋晨飞, 孙逸翔, 孙毓明, 等. 基于斜面的摩擦力显微镜探针扭转系数标定改进方法 [J]. 摩擦学学报, 2018, 38 (6): 652~657.

[41] 张赜文, 余家欣, 钱林茂. 压头曲率半径对单晶硅径向纳动损伤的影响 [J]. 机械工程学报, 2010, 46 (9): 107~112.

[42] Zheng S Y, Zheng J, Gao S S, et al. Investigation on the microtribological behaviour of human tooth enamel by nanoscratch [J]. Wear, 2011, 271 (9): 2290~2296.

[43] 王亚春, 陈立明, 杨才智. 高速铁路弓网关系模拟试验研究 [J]. 中国铁道科学, 2018, 39 (3): 81~87.

[44] 付文明. 电流对滑板/接触线载流滑动摩擦磨损性能影响的研究 [D]. 成都: 西南交通大学, 2017.

[45] Xie X L, Zhang L, Xiao J K, et al. Sliding electrical contact behavior of AuAgCu brush on Au plating [J]. Transactions of Nonferrous Metals Society of China, 2015, 25 (9): 3029~3036.

[46] Argibay N, Sawyer W G. Low wear metal sliding electrical contacts at high current density [J]. Wear, 2012, 274~275: 229~237.